AF343468

ÉLÉMENS D'ALGÉBRE,

PAR CLAIRAUT.

DERNIERE ÉDITION.

SUPPLÉMENT

CONTENANT

DES NOTES INSTRUCTIVES, ET DES ADDITIONS UTILES ;

Par THEVENEAU, ancien Professeur des Gardes de la Marine.

TOME SECOND.

A PARIS,

Chez EMERY, libraire, rue du Foin-St.-Jacques, n°. 295.

AN X = 1801.

AVERTISSEMENT

DE L'AUTEUR.

L'ALGÉBRE de Clairaut a joui de tout tems d'une estime soutenue, et méritée sans doute sous le double aspect de l'ordre et de la clarté. Mais il s'en faut bien cependant qu'elle soit au niveau des connoissances actuelles : c'est pour l'y faire monter, que nous publions ce second volume, dont les Notes sont le commentaire du premier, et dont les Additions en sont le Supplément.

ERRATA.

Pag.	Lignes	Fautes	Lisez
4	11	$x +\quad x$	$x + \frac{1}{2} x$
10	10	par	pour
10	11	ou de	ou
30	12	moins	plus
51	av. dern.	$+ y$	$+ y^2$
59	2 et 6	0,0484359230442	0,0484359229932
59	8	0,9515640736958	0,9515640737008
60	18	je sépare	je sépare de trois en trois chiffres
80	17, 2e. col.	$m\,(\,af\,)$	$m\,(\,a + f\,)$
94	19	que 30 ʄʄ	que 36 ʄʄ
97	13	$- c\,(\,as -$	$- c\,(\,as -$
100	dern.	$\dfrac{b'c - bc'}{a^b - a'b}$	$\dfrac{b'c - bc'}{ab' - a'b}$
114	21	origines des valeurs	origines et valeurs
116	dern.	enfin	encore
117	18	$6 - 6.5 . 106 - 1. - 30 . 106 = -432$	$7 - 6.5 . 106 - 1. - 30 . 106 = 0$
117	28	$\dfrac{-432}{0}$	$\dfrac{0}{0}$
124	15	$\dfrac{138 - 30y}{}$	$\dfrac{138 - 30y}{6}$
125	7	$y = \dfrac{b}{c} = \dfrac{4}{50}$	$y = \dfrac{c}{b} = \dfrac{50}{4}$
125	10	$\frac{4}{12}$	$\frac{cx}{2}$
130	1	quotient	diviseur
177	10	$\dfrac{y^2}{1}$	$\dfrac{y^2}{\dfrac{z}{1}}$
212	4	$a + d$	$a + d'$
220	18	$ax^2 + ay^2$	$cx^2 + cy^2$
417	18	a, bc	a, b, c

NOTES

SUR

LA PREMIERE PARTIE.

Notes 1 et 2 sur l'article IV.

CET article va nous fournir le sujet de deux notes. Dans la première, nous enseignerons la manière de trouver la plus grande part, à l'aide du seul raisonnement. Dans la seconde, nous exposerons une nouvelle façon de résoudre ce problème, persuadés que ces différens raisonnemens et ces diverses opérations, qui tous cependant conduisent au même résultat, sont très-propres à donner aux lecteurs l'habitude du calcul.

1°. Pour faire voir comment on peut se passer du secours de l'Algèbre, dans la recherche de la plus grande part, je dis : si je connoissois cette part, je connoîtrois aussitôt la moyenne, en retranchant 180^{tt} de la plus grande ; et je trouverois la plus petite, en retranchant 115^{tt} de la moyenne, ce qui revient à retrancher 180^{tt}, plus 115^{tt} ou 295^{tt} de la plus grande. Donc, puisque le problème dit que, quelleque soit la plus grande part, cette part, plus la moyenne, plus la plus petite, doivent faire

Tome II.   A

890tt, il s'ensuit que la plus grande part, plus encore cette même part moins 180tt, plus enfin cette même part moins 295tt, ou en tout que trois fois la plus grande part, moins 180tt, et moins encore 295tt, ou moins 475tt doivent faire 890tt. Il est donc clair alors que le triple de la plus grande part doit surpasser 890tt de 475tt ; donc ce triple doit être égal à 890tt, plus 475tt, ou à 1365tt. Donc cette part est égale au tiers de 1365tt, ou à 455tt ; donc la moyenne part vaut 455tt moins 180tt, ou 275tt ; et la plus petite vaut 275tt moins 115tt, ou 160tt, comme on les avoit déjà trouvées.

2°. Maintenant cherchons algébriquement la troisième manière qui doit résoudre le problême ; pour cela, je raisonne ainsi : soit z la moyenne part ; il est clair que, puisque cette part est plus petite que la plus grande de 180tt, et plus grande que la plus petite de 115tt, la première doit être exprimée par $z + 180$, et la dernière par $z - 115$, dont la somme d'un côté fait évidemment $3z + 180 - 115$, ou $3z + 65$, et de l'autre doit faire 890. On a donc l'équation $3z + 65 = 890$; donc $3z$ sont moindres que 890 de 65 ; donc $3z = 890 - 65$, ou $3z = 825$; donc $z = \frac{825}{3} = 275$, comme on l'avoit déjà trouvé deux fois : de-là il est aisé de conclure que, puisque la plus grande part surpasse la moyenne de 180tt, cette part doit valoir 275tt + 180tt ou 455tt ; et que, puisque la plus petite part est surpassée par la moyenne de 115tt, cette part doit valoir 275tt — 115tt, ou 160tt, résultats absolument conformes à ceux qu'on avoit déjà obtenus par les deux méthodes précédentes.

Note 3 sur le problême de l'article V.

Ce problême peut être résolu de quatre manières, et,

en général, tout problème du même genre peut être résolu d'autant de manières qu'il y a de co-partageans. En effet, on peut prendre pour l'inconnue la part de telle personne qu'on voudra. Cherchons, par exemple, la part du second. Si l'on suppose que sa part soit représentée par . . . . y

celle de la première sera évidemment . $y + 300$

celle de la troisième . . . . $y - 250$

et enfin celle de la quatrième sera . . . $y - 250 - 200$.

Or la somme de ces parts fait $4y - 400$; d'un autre côté, elle doit faire 9600 ; donc $4y - 400 = 9600$.

Mais si $4y$ ne sont égaux à 9600, que lorsqu'on en retranche 400, il faut donc que $4y = 9600 + 400$, ou que $4y = 10000$.

Mais si $4y$ sont égaux à 10000, un seul y ne doit donc valoir que le quart de 10000, ou $\frac{10000}{4}$, ou 2500. De-là, il est aisé de conclure que, la première part valant 300^{tt} de plus que la seconde, cette part doit égaler 2500^{tt} + 300^{tt} ou 2800^{tt} ; que la troisième valant 250^{tt} de moins que la seconde, vaut 2500^{tt} — 250^{tt} ou 2250^{tt} ; enfin, que la quatrième part, valant 200^{tt} de moins que la troisième, vaut 2250^{tt} — 200^{tt} ou 2050^{tt} ; et c'est effectivement ce qu'on avoit déjà trouvé, en cherchant la plus petite part.

Note 4 sur l'article VI.

Je vais résoudre ce problème, en cherchant la première part, parce qu'il se présente, pour trouver l'expression de la seconde, une difficulté qu'il est bon de prévenir.

Soit donc x, ce qui revient pour la première part, indépendamment des 180^{tt} qu'elle doit avoir de plus que la seconde ; cette première part sera donc $x + 180$. Mais à présent comment exprimer la seconde ? Pour cela, je raisonne ainsi : puisque la première part a un tiers de plus que la seconde, sur 1^{tr} que celle-ci doit avoir, celle-là doit avoir $1 + \frac{1}{3}$ ou $\frac{4}{3}$. Donc on trouvera ce que doit avoir la seconde part, quand la première a x, en disant $\frac{4}{3} : 1 = x :$ à un quatrième terme qui vaut ... $\frac{1 \times x}{\frac{4}{3}}$ ou $\frac{3}{4} x$; si on ajoute maintenant les deux parts, on aura pour leur somme $x + 180 + \frac{3}{4} x$: mais cette somme vaut aussi 5500 ; donc on a cette égalité $x + 180 + \frac{3}{4} x = 5500$, ou $x + \frac{3}{4} x = 5500 - 180$, ou $x + \frac{3}{4} x = 5320$, ou enfin $\frac{7}{4} x = 5320$, qu'on peut écrire ainsi : $7 \times \frac{1}{4} x = 5320$; mais puisque 7 fois $\frac{1}{4} x$ vaut 5320, $\frac{1}{4} x$ doit valoir le septième de 5320, c'est-à-dire, 760 ; de plus, $\frac{1}{4} x$ valant 760, x doit valoir 4 fois 760, ou 3040. Il ne s'agit donc plus, pour avoir la plus grande part, que d'ajouter 180 à 3040, ce qui donnera 3220, et pour avoir la plus petite, qu'on sait n'être que les $\frac{3}{4}$ de la plus grande, que de prendre les $\frac{3}{4}$ de 3040, ou, ce qui est plus court, de retrancher le $\frac{1}{4}$ de 3040 de ce nombre lui-même ; le reste 2280 sera la plus petite part, ainsi qu'on l'avoit déjà trouvée.

Note 5 sur l'article VII.

Nous allons encore résoudre d'une autre manière le problème des trois marchands, parce qu'elle est de beaucoup plus courte que celle de l'auteur.

Soit donc x la part du troisième, indépendamment des 3000^{tr} qu'il doit avoir pour ses soins ; sa part totale sera donc . . . . $x + 3000$

Celle du second devant être à celle-ci dans le
rapport de 13 à 10, doit être les . . . . $\frac{13}{10}$ de x.
De même, celle du premier devant être à celle
du troisième dans le rapport de 17 à 10, sera $\frac{17}{10} x$.
Et comme la somme de ces trois parts est d'un côté

$$x + 3000 + \tfrac{13}{10} x + \tfrac{17}{10} x,$$

et que, de l'autre, elle doit aussi égaler 100000 ᵗᵗ, on
aura donc l'équation . . . .

$$x + 3000 + \tfrac{13}{10} x + \tfrac{17}{10} x = 100000$$

ou $\qquad x + \tfrac{13}{10} x + \tfrac{17}{10} x = 100000 - 3000 = 97000.$

Or, x ou $\tfrac{10}{10} x + \tfrac{13}{10} x + \tfrac{17}{10} x = \tfrac{40}{10} x = 4 x$; on a donc
$4 x = 97000$; et enfin $x = \tfrac{97000}{4} = 24250$. Ajoutant 3000
à ce nombre, on a 27250 ᵗᵗ pour la part totale du troisième, comme de l'autre manière. Pour trouver les deux
autres, il ne s'agit plus que de prendre les $\frac{13}{10}$ et les $\frac{17}{10}$ de
24250, ou de multiplier tour-à-tour 24250 par $\frac{13}{10}$ et $\frac{17}{10}$,
ou seulement 2425 par 13 et 17, ce qui donne 31525
et 41225.

Note 6 sur l'article VIII.

L'auteur avance dans cet article qu'il est difficile de
donner des préceptes clairs, pour mettre un problème en
équation, et que ce n'est que par des exemples qu'on y
peut parvenir : certainement, la multiplicité et la variété
des exemples sont très-utiles, pour acquérir la facilité
de poser les équations ; mais il n'est pas si difficile que
Clairaut le suppose, de trouver une règle générale qui
conduise à ce but ; cette règle se trouve dans l'Algèbre de
Bézout (page 38, artillerie.) La voici : représentez la
quantité ou les quantités cherchées, chacune par une

lettre ; et, ayant examiné avec attention l'état de la question, faites, à l'aide des signes algébriques, sur ces quantités, et les quantités connues, les mêmes opérations et les mêmes raisonnemens, que vous feriez, si connoissant les valeurs des inconnues, vous vouliez les vérifier. Nous allons tout-à-l'heure opérer sur un exemple.

Note 7 sur l'article XVIII.

Il est plusieurs cas où la règle donnée par l'auteur est susceptible d'abbréviation ; c'est lorsque les dénominateurs des fractions sont les produits de plusieurs facteurs égaux. Soit proposé, par exemple, cette équation $\frac{5}{6} x + \frac{1}{3} = \frac{7}{12} x + \frac{5}{9}$; on voit qu'on peut la mettre sous cette forme :

$$\frac{5}{3 \times 2} x + \frac{1}{3 \times 1} = \frac{7}{3 \times 4} x + \frac{5}{3 \times 3}$$

équation qui revient à $\frac{5}{2} x + 1 = \frac{7}{4} x + \frac{5}{3}$, en supprimant tous les 3, ce qui est permis, puisque par là on ne fait que multiplier les deux membres par 3. J'écris ensuite la dernière équation comme il suit : $\frac{5}{2} x - \frac{7}{4} x = \frac{5}{3} - 1$, ou $\frac{10}{4} x - \frac{7}{4} x = \frac{2}{3}$, ou $\frac{3}{4} x = \frac{2}{3}$, ou $x = \frac{2}{3} \times \frac{4}{3} = \frac{8}{9}$.

Si l'on eût suivi la règle donnée par Clairaut, on auroit eu d'abord,

$$\frac{5 \times 6 \times 3 \times 12 \times 9}{6} x + \frac{1 \times 6 \times 3 \times 12 \times 9}{3}$$

$$\frac{7 \times 6 \times 3 \times 12 \times 9}{12} x + \frac{5 \times 6 \times 3 \times 12 \times 9}{9}$$

ensuite $5 \times 3 \times 12 \times 9 x + 6 \times 12 \times 9 = 7 \times 6 \times 3 \times 9 x + 5 \times 6 \times 3 \times 12$, et $1620 x + 648 = 1134 x + 1080$, et $1620 x - 1134 x = 1080 - 648$, et $486 x = 432$, d'où $x = \frac{432}{486} = \frac{8}{9}$ en divisant les deux termes par 54, leur plus grand commun diviseur ; on voit combien cette règle est longue en comparaison de la première.

Il n'est même pas nécessaire, pour se servir de cette abbréviation, que tous les dénominateurs de l'équation aient un facteur commun ; il suffit que cette propriété ait lieu séparément pour ceux des termes connus et inconnus : si l'on avoit, par exemple, $\frac{1}{2}\,x - \frac{1}{3} = \frac{1}{2}\,x - \frac{1}{4}$, j'écrirois . . . .

$$\frac{1}{3} - \frac{1}{4} = \frac{1}{2}\,x - \frac{1}{2}\,x,\ \text{ou}\ \frac{5}{2 \times 3} - \frac{1}{3} = \frac{1}{2}\,x - \frac{5}{2 \times 8}\,x,$$

où l'on voit que, si l'on multiplie les deux termes de la seconde fraction par 2, ainsi que les deux termes de la troisième, on aura $\frac{1}{3} - \frac{1}{4} = \frac{1}{6}\,x - \frac{1}{6}\,x$, qui se réduisent tout de suite à $\frac{1}{6} = \frac{1}{6}\,x$, qui donne $x = \frac{12}{6} = \frac{1}{4}$.

Note 8 sur l'article XIX.

Comme l'auteur répète ici ce qu'il a dit dans l'article VIII, sur la difficulté de donner une règle générale, pour mettre un problème en équation, je vais appliquer au problème des ouvriers, celle de Bézout, que nous avons citée dans la note 6.

Si je connoissois la somme que possède celui qui les fait travailler, je dirois : puisque sur le pied de 3ᵗᵗ chacun, il lui manque 8ᵗᵗ, cette somme plus 8ᵗᵗ doit être triple du nombre des ouvriers ; donc appellant cette somme x, on a d'abord $\dfrac{x + 8}{3}$ égal au nombre des ouvriers. De même, puisqu'il reste 3ᵗᵗ, quand chaque ouvrier n'en reçoit que 2 , il faut que $\dfrac{x-3}{2}$ soit encore

égal au nombre des ouvriers ; donc $\dfrac{x+8}{3}$ et $\dfrac{x-3}{2}$ étant

chacun égal au même nombre , sont égaux entr'eux ; d'où

résulte l'équation $\dfrac{x+8}{3} = \dfrac{x-3}{2}$. On se conduiroit pour

tout autre problème , d'une manière analogue.

Note 9 sur les articles XXXII et XXXIII.

L'auteur a tort de croire qu'on puisse être étonné que le résultat d'une addition soit négatif; en effet , d'après lui-même , qu'est-ce qu'une addition? une simple réduction · et qu'est-ce qu'une réduction? une collection de quantités , les unes positives , les autres négatives , où la somme des négatives peut aussi bien l'emporter sur celle des positives , que la somme des positives sur celle des négatives.

Note 10 sur l'article XXXIV.

La règle des signes pour la soustraction peut se démontrer des deux manières suivantes:

1°. L'on sait qu'en général le reste d'une soustraction ajouté avec la quantité soustraite , doit égaler la quantité dont on a soustrait ; donc si de a on a soustrait b , il faut que le reste soit tel , qu'ajouté avec b , il égale a ; ce reste ne peut donc être que $a - b$; on voit de même que si de a on eût soustrait $- b$, le reste devroit être

$a + b$, pour qu'ajouté avec $- b$, quantité soustraite, il redevînt la quantité a dont on a soustrait. (Séance des Écoles Normales , tome I des *Leçons* , p. 387.)

2°. Soit donnée la quantité $a + b$, il est clair qu'on en retrancheroit $+ b$, en effaçant cette même quantité dans $a + b$, ce qui le réduiroit à a ; de même on voit que si de $a - b$ on vouloit retrancher $- b$, il suffiroit d'effacer $- b$, ce qui donneroit encore a pour reste. Cela posé, si au lieu de a , on écrit $a + b - b$, ce qui est évidemment la même chose, on voit que, pour retrancher de a ou de $a + b - b$ la quantité $+ b$ ou $- b$, il faut écrire $a - b$ ou $a + b$, c'est-à-dire, changer le signe de la quantité à soustraire.

Note 11 sur les articles LIX , LX et LXI.

Nous allons placer ici les règles des signes , tirées des leçons des Écoles Normales (tome Ier., p. 388). Voyons d'abord la multiplication. Voici les propres termes du Cit. Laplace : « Quant au signe du produit , il doit être positif , si les signes du multiplicateur sont les mêmes ; s'ils sont différens , le signe du produit doit être négatif. Cette règle présente quelque difficulté ; on a de la peine à concevoir que le produit de $- a$ par $- b$ soit le même que celui de $+ a$ par $+ b$. Pour rendre cette identité sensible , nous observerons que le produit de $- a$ par $+ b$ est $- ab$, puisque ce produit n'est que $- a$ répété autant de fois qu'il y a d'unités dans b. Nous observerons ensuite que le produit de $- a$ par $+ b - b$ est nul , puisque le multiplicateur est nul. Ainsi le produit de $- a$ par $+ b$ étant $- ab$, celui de $- a$ par $- b$ doit être d'un signe contraire ou égal à $+ ab$ pour le détruire. Quant à la division....., on donne au quotient le signe $+$ ou le signe $-$, suivant que les signes du dividende et du diviseur sont les mêmes ou contraires. Cela résulte de ce que le produit du quotient par le diviseur est égal au dividende. D'après cette dernière règle,

$$\frac{+cd}{+d} = +c \, ; \quad \frac{+ab}{-b} = -a \, ; \quad \frac{-xx}{+x} = -x \, ; \text{ enfin}$$

$$\frac{-xy}{-y} = +x \, ;$$ car par-tout le produit du diviseur par le quotient reproduit le dividende avec son signe.

On pourroit encore généralement démontrer la règle des signes par la multiplication, en supposant seulement, ce qui est évident, que $+a$ par $+b$, ou de $+b$ par $+a$, fût $+ab$; car alors 1°. dans les deux produits de $+a$ par $b-b$, le premier étant $+ab$, le second doit être $-ab$; donc $+$ par $-$ donne $-$; 2°. dans les deux produits de $b-b$ par $+a$, le premier étant $+ab$, le second doit être $-ab$; donc $-$ par $+$ donne $-$; 3°. dans les deux produits de $b-b$ par $-a$ ou de $-a$ par $b-b$, le second doit être $+ab$; donc $-$ par $-$ donne $+$.

Note 12 sur l'article LXXXI.

Ces valeurs générales, et sur-tout celle de z, sont beaucoup trop compliquées ; on a trouvé depuis Clairaut des formules générales aussi élégantes que faciles pour les valeurs des inconnues du premier degré, en quelque nombre qu'elles soient : j'en parlerai à la fin des additions qui vont suivre.

FIN DES NOTES DE LA PREMIÈRE PARTIE.

ADDITIONS

A LA PREMIERE PARTIE.

INTRODUCTION.

La marche que l'auteur s'est prescrite, est certainement recommandable, sous le double aspect de l'ordre et
de la clarté ; mais on ne peut se dissimuler que cette
marche même l'entraîne souvent dans deux défauts considérables, qui sont la prolixité dans la partie soit théo-
rique, soit pratique de l'ouvrage, et un trop grand iso-
lement dans les différentes parties des règles générales ;
et l'on n'aura pas de peine à croire qu'il n'en pouvoit
être autrement, lorsqu'on réfléchira que Clairaut, en
s'astreignant à suivre la route longue, pénible et incer-
taine des inventeurs, devoit se voir exposé, d'un côté à
se répéter souvent, et de l'autre, à disséminer dans un
long espace les exemples partiels sur lesquels il vouloit
se fonder pour être en droit de généraliser les règles.

Il existe encore dans cet ouvrage deux défauts non
moins essentiels. C'est d'abord qu'il présuppose dans le
lecteur des connoissances en Arithmétique, qui sont plutôt du domaine de l'Algèbre. De ce genre, sont les proportions, les progressions et les racines soit quarrées,
soit cubiques des nombres, matières dont il ne parle pas,
ou sur lesquelles il ne donne que quelques notes fort
courtes, qui souvent même ne sont que de pures défini-

tions. Mais ce vice ne peut être imputé à la marche adoptée par Clairaut ; il faut s'en prendre à l'époque où il vivoit, et où l'on étoit loin d'avoir assigné les bornes, qui doivent naturellement séparer l'Arithmétique de l'Algèbre ; ce qui ne paroîtra guères étonnant, à ceux qui savent combien il y a peu de tems que ces bornes paroissent fixées d'un accord unanime. Nous allons à l'instant revenir sur cet article.

Le second défaut et le plus grand de tous, c'est qu'il s'en faut de beaucoup que l'auteur ait renfermé dans son ouvrage tout ce que l'Algèbre peut offrir d'intéressant et d'utile. Ici, ce sont des théories qui sont loin d'être complettes ; là, des parties qui ne sont rien moins que suffisamment développées. Enfin, il est une foule de matières dont il n'a aucunement parlé ; et dans ce nombre on peut citer sur-tout les théories des proportions et progressions, tant Arithmétiques que Géométriques, celle des logarithmes, la méthode des coëfficiens indéterminés, les séries récurrentes, l'analyse indéterminée, la résolution des équations, soit à l'aide des fonctions des racines, soit par approximation, les fractions continues, etc. Mais les deux défauts dont nous venons de parler ne doivent pas plus être attribués à l'auteur, que les deux premiers ; et l'on doit encore les imputer à son tems, où la plupart des théories précédentes n'étoient pas même connues.

J'ai tâché, autant qu'il étoit en moi, d'obvier à tous les défauts que je viens de citer. Pour cela, 1°. j'ai rassemblé, sous un même point de vue, les différentes règles éparses dans l'ouvrage ; 2°. j'ai donné, aux endroits convenables, les théories des proportions, progressions, etc. ; 3°. j'ai rectifié quelques démonstrations hazardées, et j'ai donné à d'autres toute la généralité dont elles manquoient ;

4°. j'ai completté les théories imparfaites ; 5°. de celles qui étoient entièrement omises, j'ai établi celles qui m'ont paru les plus utiles. En un mot, je n'ai rien épargné, pour que le lecteur, après avoir joui des avantages qui résultent de la marche de l'auteur, n'eût pas à souffrir de ses inconvéniens.

Avant d'entrer en matière, je préviens le lecteur que, pour qu'il retire le plus de fruit possible de ces additions, il est essentiel qu'il se soit pénétré des connoissances renfermées, soit dans le texte, soit dans les notes de chaque partie qui les précède. Par-là, j'éviterai au lecteur et à moi des circonlocutions fastidieuses : d'ailleurs, des additions à des élémens ne doivent pas se traîner pas à pas comme les élémens eux-mêmes. Je préviens encore que si j'avois besoin de recourir pour un moment à des connoissances Arithmétiques, que je suppose encore étrangères aux lecteurs, aux proportions, par exemple, j'aurai soin de leur fournir sur ces articles, et en très-peu de mots, les légères notions qui seront nécessaires pour l'intelligence de ce que je voudrai dire : par ce second moyen, je pourrai souvent donner plus de poids à mes raisonnemens.

ADDITION I.

Définition de l'Algébre, et ses avantages sur l'Arithmétique.

1. LE lecteur qui aura lu avec quelque attention les notions qui précèdent, voit déjà qu'on peut définir l'Algébre, *une Arithmétique universelle et abrégée*. Elle est *universelle*, en ce qu'au moyen de ses caractéres généraux, elle ne dépend point de la valeur de tel ou tel nombre. Elle est *abrégée*, en ce qu'à l'aide de ces mêmes caractéres, et sur-tout de ses signes, elle abrège beaucoup la longueur des raisonnemens et des opérations, qui entravent sans cesse la marche de l'Arithmétique. Telles sont l'idée et la définition qu'on doit donner de l'Algébre, lorsqu'on veut la comparer à l'Arithmétique : mais si on la considère, abstraction faite de cette dernière science et indépendamment de tout système de numération, il suffira de l'appeller avec Newton, *l'Arithmétique universelle*. Mais, dans ce qui va suivre, nous ne parlerons de l'Algébre que sous le premier point de vue, c'est-à-dire, comparée à l'Arithmétique.

2. En Arithmétique comme en Algébre, veut-on arriver à la solution d'un problème proposé ? Il faut d'abord établir une suite plus ou moins longue de raisonnemens, qu'on appelle démonstration, et par laquelle on arrive à une règle quelconque ; il faut ensuite exécuter une suite plus ou moins compliquée d'opérations, qui mènent au résultat demandé. La première partie constitue la

théorie de la science, et l'autre en est la pratique. De plus, un problême peut être ou particulier ou général, selon que l'on veut résoudre ou un seul cas proposé, ou tous les cas de même espèce. Cela posé, envisageons d'abord un cas particulier, et nous verrons bientôt combien l'Algèbre abrège les raisonnemens et les opérations de l'Arithmétique. Quant au choix de ce cas particulier, plus le problême que nous résoudrons sera simple et facile, plus aussi il fera voir combien l'on doit restreindre les bornes de l'Arithmétique.

3. Soit donc proposée cette question : la différence de deux nombres est 12, leur somme fait 20 ; quels sont ces nombres ?

Ici, celui qui ne connoît que l'Arithmétique, sera obligé de parcourir longuement le cercle fatiguant des raisonnemens qu'on va lire : il pourra dire, par exemple, (car, même par le simple raisonnement, ce petit problême peut se résoudre de plusieurs manières) : puisque la différence des deux nombres cherchés fait 12, le plus grand est égal à la différence 12, augmentée du plus petit : donc dans la somme du plus grand et du plus petit, au lieu du plus grand je pourrai substituer 12, augmenté du plus petit. Donc cette même somme peut s'exprimer par la différence 12 augmentée du plus petit, et encore augmentée du plus petit, c'est-à-dire, par 12, augmentée du double du plus petit nombre. Mais, d'un autre côté, je sais que cette somme fait 20. Donc 12, plus le double du plus petit nombre, égalent 20 ; donc le double du plus petit nombre est égal à la somme 20, diminuée de la différence 12, c'est-à-dire à 8. Donc enfin, le plus petit nombre est égal à la moitié de 8 ou à 4. Enfin, puisque j'ai trouvé que le plus grand nombre est égal à la différence 12, augmentée du plus petit nombre ou de 4, il est clair que le plus grand nombre est 16.

L'Algébriste, au contraire, certain des principes de la science Algébrique, sans se fatiguer par les longs raisonnemens qu'on vient de lire, traduira aussitôt les deux conditions du problême par le moyen des deux équations suivantes :

$x - y = 12 . . . . . x + y = 20$, et ensuite il n'aura plus qu'à écrire $x = 12 + y . . . . . 12 + y + y = 20$, ou $2 y + 12 = 20$, ou $2 y = 20 - 12 = 8$, ou $y = \frac{8}{2} = 4$; donc $x = 12 + y = 12 + 4 = 16$.

Nous avons bien voulu, dans l'exemple précédent, suivre absolument la même marche dans les deux solutions, pour faire voir que même en ce cas l'Algébre, par la précision des raisonnemens, l'emportoit sur l'arithmétique. Que seroit-ce donc si, en résolvant la question comme on va le voir, et comme le feroit l'analyste un peu exercé dans l'Algébre, on eût ajouté membre à membre les deux équations $x - y = 12 . . . x + y = 20$; ce qui eût donné tout de suite $2 x = 12 + 20 = 32$, ou le plus grand nombre $x = \frac{32}{2} = 16$. Ou bien, si l'on eût retranché la première équation de la seconde, ce qui auroit donné $2 y = 20 - 12$, ou $2 y = 8$ ou y, c'est-à-dire, le plus petit nombre $= \frac{8}{2} = 4$.

4. C'est par un semblable artifice de calcul, ou par mille autres semblables, auxquels l'Arithmétique, gênée par ses entraves, ne peut pas s'élever, que l'Algébre, comme on vient de le prouver, simplifie et abrége les raisonnemens qu'est obligée de faire l'Arithmétique. Je dis plus : à l'aide de ces mêmes ressources, elle peut simplifier et abréger aussi les opérations. En veut-on un exemple assez simple ? Supposons qu'en vertu du résultat d'une opération, pour avoir le nombre que l'on cherche,

cherche, il s'agisse de diviser la différence des quarrés
de deux nombres, (on appelle quarré d'un nombre, le
produit de ce nombre par lui-même,) des quarrés,
par exemple, de 33 et de 28 par la somme 61 de ces
mêmes nombres, l'Arithméticien formera d'abord le produit de 33 par 33, et celui de 28 par 28, et après avoir
retranché le second quarré 784 du premier quarré 1089,
il divisera la différence 305 par 61 ; ce qui lui donnera
5 pour le résultat cherché ; l'Algébriste, au contraire,
qui sait qu'en général $a^2 - b^2 = (a + b)(a - b)$,
et que $\dfrac{(a + b)(a - b)}{a + b} = a - b$, n'aura d'autre chose
à faire, pour parvenir au même résultat, que de retrancher 28 de 33.

5. Ce que nous venons de dire, ne regarde que les
problémes ou les propositions particulières. Si de-là, nous
voulions nous élever, ou à la solution d'un problême pris
dans toute sa généralité, ou à la démonstration d'une
proposition embrassée sous un aspect général ; alors l'A-
rithméticien se trouvera placé entre deux écueils, contre
l'un desquels il ne pourra manquer de venir échouer.
Dans ces cas, en effet, ou, pour éviter la prolixité, il
appuiera sa règle ou sa démonstration sur un exemple
particulier, et alors il tombera dans le défaut de conclure du particulier au général ; ou, pour éviter ce dernier défaut, il donnera un exemple général, et alors il
tombera dans une assommante prolixité.

Veut-on un exemple de ces deux cas ? Soit proposé
d'abord de démontrer que le quarré de tout nombre de
deux chiffres, est composé de ces trois parties, 1°. du
quarré des dixaines ; 2°. du produit du double des dixaines, multipliées par les unités ; 3°. enfin, du quarré des

unités ; j'ouvre le premier livre d'Arithmétique, celui de Bézout, par exemple, et j'y vois que l'Auteur, pour prouver sa proposition, commence par se donner un nombre particulier de deux chiffres, qui est 54 ; qu'ensuite il multiplie successivement les unités et les dixaines de ce nombre, d'abord par les unités, et ensuite par les dixaines de ce même nombre, ce qui lui donne quatre produits ; qu'alors réunissant les deux produits semblables, il obtient en effet les trois produits suivans : 1°. 16, quarré des unités 4 ; 2°. 400, double du produit des 5 dixaines par les 4 unités ; 3°. enfin 2500, quarré des 5 dixaines : qu'enfin de ce seul exemple, il conclud qu'en général tout nombre de deux chiffres renferme dans son quarré les trois parties déjà énoncées, conclusion défectueuse, comme on l'a déjà dit, et où l'Algébriste se garde bien de tomber.

En effet, après avoir représenté généralement par la lettre a, par exemple, les dixaines, et par b les unités d'un nombre quelconque de deux chiffres, il multipliera $a + b$ par $a + b$ lui-même ; et, après avoir trouvé pour les quatre produits partiels $a^2 + ab + ab + b^2$, il fera la réduction, et aura les trois parties cherchées $a^2 + 2ab + b^2$, et cela par une méthode non-seulement moins longue, mais encore générale, et par cela même beaucoup plus satisfaisante que la première.

Soit proposé à présent, pour exemple du second cas, de prouver généralement que le cube d'un nombre de deux chiffres (le cube d'un nombre est le produit de ce nombre par son quarré ; 1728, par exemple, est le cube de 12, parce qu'il est le produit de 12 par 144, quarré de 12) est toujours composé des quatre parties suivantes : 1°. du cube des dixaines ; 2°. de trois fois le produit du quarré des dixaines, multiplié par les unités ; 3°. de trois fois le produit des dixaines, multipliées par le quarré des unités; 4°. enfin, du cube des unités. L'Algébriste multiplieroit, comme il suit, $a^2 + 2ab + b^2$ quarré de $a + b$, par $a + b$

$$a^2 + 2ab + b^2$$
$$a + b$$

$$a^3 + 2a^2 b + ab^2$$
$$+ \quad a^2 b + 2ab^2 + b^3$$

$$a^3 + 3a^2 b + 3ab^2 + b^3$$

et réunissant, deux à deux, les quatre produits semblables $2a^2 b$, $a^2 b$ et ab^2, $2ab^2$, il trouveroit pour résultat les quatre produits énoncés.

Voyons à présent comment se tirera de cette démonstration l'Arithméticien, qui voudra aussi s'appuyer sur un exemple général. Il dira d'abord : (c'est encore Bézout que je cite), puisque le cube d'un nombre est le produit de ce nombre par son quarré; multiplions donc les trois parties dont on sait que le quarré est composé, par les dixaines d'abord, et ensuite par les unités de ce même nombre; et pour figurer les six produits partiels qui doivent résulter de cette multiplication, il formera le tableau suivant :

1°. Le quarré des dixaines . . . multiplié le cube des dixaines,
2°. Le double des dixaines par les le double du quarré des dixaines
   par les unités. . . . . dixaines par les unités.
3°. Le quarré des unités . . . donne le quarré des unités par les dixaines

4°. Le quarré des dixaines . . multiplié le quarré des dixaines par les unités.
5°. Le double des dixaines par les le double des dixaines par le quarré
   par les unités. . . . . unités des unités.
6°. Le quarré des unités. . . donne le cube des unités.

Alors, réunissant le second de ces six résultats avec le quatrième, et le troisième avec le cinquième, il parviendra enfin à avoir prouvé généralement la vérité de la proposition précédente. Mais cette méthode, par sa longueur, n'est-elle pas propre à fatiguer l'esprit et à rebuter la mémoire ?

6. D'après les nombreux avantages que je viens d'assigner à l'Algèbre sur l'Arithmétique, il est aisé d'en conclure qu'il faut renfermer celle-ci dans des barrières très-étroites : et si l'on me demande dans quelles limites on doit la circonscrire ? je répondrai qu'elle doit se contenter d'embrasser les quatre règles fondamentales, c'est-à-dire, l'addition, la soustraction, la multiplication et la division, appliquées, tant aux nombres entiers, qu'aux fractions, soit décimales, soit ordinaires ; on pourra y joindre quelques notions et deux ou trois propositions relatives aux rapports et proportions géométriques, pour servir de base à quelques règles, telles que celles de trois et de société, la règle conjointe et celle d'alliage simple, parce que toutes ces règles se trouvent, d'après des raisonnemens et des opérations si simples, que l'Algèbre ne sauroit leur être appliquée avec fruit. Telle est la marche que je crois qu'on doit suivre, et que j'r moi-même suivie en effet dans mes élémens d'Arithmétique.

Mais, objectera-t-on, cette marche n'est pas celle qu'ont suivie des Auteurs d'un grand mérite. J'en conviens ; mais la plupart d'entre eux ont été entraînés par des considérations particulières. Je n'en citerai qu'on exemple, et c'est Bézout qui va me le fournir. Il avoit été chargé par le Gouvernement de faire un cours à l'usage de la Marine. Les aspirans à ce corps ne devoient être tenus de répondre que sur l'Arithmétique, la Géométrie, la Trigonométrie rectiligne, et quelques parties élémentaires de la Navigation ; mais ces parties et la Trigonométrie sont souvent appuyées sur la connoissance des Logarithmes. Il a fallu donc qu'il en donnât la théorie et les usages avec le secours seul de l'Arithmétique. Aussi finit-il par-là son cours sur cette partie. De plus, les logarithmes sont fondés sur les progressions, tant Arithmétiques que Géométriques. De plus encore, pour l'insertion de moyens géométriques entre deux nombres proposés, et pour étendre le plus loin possible les avantages des logarithmes, il avoit besoin de faire connoître les racines quarrées et cubiques des nombres. Aussi a-t-il fait précéder ses logarithmes de la théorie des progressions, et celle-ci des régles pour l'extraction des racines. Il en a été de même de plusieurs Auteurs qui ont réglé leur marche d'après des intérêts différens.

ADDITION II.

Considérations générales sur les lettres Algébriques.

7. Je viens de faire voir que les avantages de l'Algèbre sur l'Arithmétique provenoient de la généralité de ses lettres et de ses signes. Je vais exposer ici sur ces caractères diverses réflexions qui m'ont paru dignes de quelque attention. Voyons d'abord les lettres. Les premiers avantages dont devoient jouir les lettres, étoient évidemment la généralité, et la plus grande facilité tant à les lire qu'à les former. Or, tous ces avantages se trouvent éminemment dans les lettres de notre alphabet, puisqu'on les connoît depuis l'enfance, et que, d'un autre côté, toute lettre, a, par exemple, est aussi propre à représenter le nombre 3 que le nombre 30, etc., ou la fraction $\frac{1}{4}$ que le nombre fractionnaire $\frac{1}{2}$.

8. Comme il arrive quelquefois, et on en a déjà vu un exemple dans le problème général de x, y et z, dans trois équations à trois inconnues ; comme il peut arriver, dis-je, que les lettres de notre alphabet ne soient pas suffisantes, il faut bien alors avoir recours aux lettres d'un autre alphabet. On a choisi celui de la langue Grecque, parce qu'on supposoit, ce qui étoit vrai autrefois, qu'un jeune homme, qui se livroit à l'étude des Mathématiques, sortoit d'un collège, où il devoit avoir puisé les principes de la langue Grecque. Mais aujourd'hui cette hypothèse seroit d'autant plus mal fondée, que la jeunesse, loin d'être versée dans cette langue, ne sait pas même la Latine. Il est donc nécessaire de lui présenter un tableau qui la dispense d'avoir recours à

une Grammaire, pour y chercher les figures et les valeurs des lettres Grecques.

Alphabet de la langue Grecque.

Rang des lettres.	Grandes lettres.	Petites lettres.	Leurs valeurs.	Leurs prononciations.
1	Α	α	a	alpha
2	Β	β, ϛ	b	bêta
3	Γ	γ, ς	g	gamma
4	Δ	δ, ∂	d	delta
5	Ε	ε	e	epsilon
6	Ζ	ζ	z	zêta
7	Η	η	ê	êtn
8	Θ	θ, ϑ	th	thêta
9	Ι	ι	i	iota
10	Κ	κ	k	cappa
11	Λ	λ	l	lambda
12	Μ	μ	m	mu
13	Ν	ν	n	nu
14	Ξ	ξ	x	xi
15	Ο	ο	o	omicron
16	Π	π, ϖ	p	pi
17	Ρ	ρ, ϱ	r	rho
18	Σ	σ, ς	s	sigma
19	Τ	τ, 7	t	tau
20	Υ	υ	u	upsilon
21	Φ	φ	ph	phi
22	Χ	χ	ch	chi
23	Ψ	ψ	ps	psi
24	Ω	ω	ô	oméga.

9. D'après ce qu'on vient de lire, il sembleroit qu'on
pourroit à volonté adopter telle ou telle lettre, pour
représenter indistinctement telle ou telle quantité. Cependant il n'en est pas ainsi, et nous allons faire voir que
souvent, tant le choix qu'on fait des lettres, que les mo-
difications qu'on leur fait subir, contribuent à distinguer

plus clairement, et à fixer plus aisément dans la mémoire les quantités qu'elles représentent.

1°. L'on sait déjà que les quantités connues doivent être représentées par les premières lettres a, b, c, d, etc. de notre alphabet, tandis que les quantités inconnues s'expriment par les dernières x, y, z. Il en seroit de même, si l'on avoit à se servir de l'alphabet Grec. On emploieroit les premières lettres α, β, γ, etc., pour exprimer les quantités données, tandis que pour les quantités cherchées, on adopteroit les dernières φ, χ, ψ, ω. Ici nous observerons en passant, qu'on évite ordinairement d'employer la lettre o, parce qu'on peut trop aisément la confondre avec le zéro; et que quelquefois, pour représenter une inconnue, on se sert de la lettre w de l'alphabet anglais.

10. 2°. Souvent, et bientôt on en verra des exemples, on emploie la lettre initiale d'un mot, pour exprimer la manière d'être d'une quantité, ou une opération qu'on doit lui faire subir. Ainsi, on emploie les lettres L ou l, initiales du mot logarithme, pour exprimer le logarithme d'un nombre, c'est-à-dire, qu'on écrit La ou la, pour représenter le logarithme de a. De même pour exprimer la racine quarrée d'une quantité, on se sert de la lettre r, initiale du mot racine ; cependant, pour un usage qu'on verra ci-après, on l'a défigurée, et on l'écrit ainsi, $\sqrt{}$.

11. 3°. Il est même plusieurs lettres, qui, sans être les initiales d'un mot, sans même aucune raison apparente, ont cependant été consacrées par l'usage, pour représenter tel ou tel nombre. C'est ainsi qu'on verra que la lettre e a été adoptée pour exprimer le nombre 2,7182818...., dont le logarithme hyperbolique est 1 ; que la lettre Grecque π désigne en Géométrie le rapport du diamètre à la circonférence, etc.

12. 4°. On se sert encore des lettres initiales, pour indiquer le rôle que joue une quantité dans un problème ou dans une formule générale : c'est ainsi que l'on désigne par n le nombre des termes, et par d la différence entre les termes consécutifs d'une progression arithmétique. (On appelle progression arithmétique une suite de termes dont chacun surpasse celui qui le précède, ou est surpassé par lui d'une même quantité, qu'on appelle différence. Ainsi 4, 7, 10, 13, 16, 19 forment une progression arithmétique, dont le premier terme est 4, le dernier 19, la différence 3, et le nombre des termes 6).

13. Quelquefois le rang qu'occupe une lettre dans l'alphabet, indique le rang qu'occupe elle-même, dans telle ou telle question, la quantité que cette lettre représente. C'est ainsi que, pour exprimer généralement le premier et le dernier termes d'une progression arithmétique, on se sert ordinairement de α et de ω, première et dernière lettres de l'alphabet Grec.

C'est en désignant ainsi les quantités, soit par des lettres initiales, soit par le rang qu'occupent les lettres, qu'on parvient à rendre très-facile la lecture de toute formule algébrique. Ainsi veut-on exprimer généralement, au moyen des lettres adoptées ci-dessus, pour représenter généralement le premier terme et le dernier, le nombre et la différence des termes d'une progression arithmétique ; veut-on, dis-je, exprimer généralement et d'une manière aisée à retenir, que la somme de ses termes est égale au produit de la somme du premier et du dernier termes, par la moitié du nombre des termes ; après avoir représenté généralement cette somme par la lettre s, initiale du mot somme, on écrira $s = \overline{\alpha + \omega}\,\dfrac{n}{2}$.

14. On emploie aussi quelquefois les lettres accentuées, comme a^{I}, a^{II}, a^{III}, a^{IIII}, etc., qu'on prononce *a* prime, *a* seconde, *a* tierce, *a* quarte, etc. Par ce moyen, on obtient deux avantages ; le premier, d'économiser les lettres, qui souvent sans cela seroient bientôt épuisées ; le second, de faire mieux reconnoître le rôle que joue telle ou telle quantité. Nous ne citerons ici qu'un exemple, et cet exemple sera tiré de la page 117 qui renferme les trois équations suivantes à trois inconnues.

$$a\,x + b\,y + c\,z = d$$
$$e\,x + f\,y + g\,z = h$$
$$i\,x + k\,y + l\,z = m.$$

On sent bientôt que si l'on avoit eu seulement une équation et une inconnue de plus, tout l'alphabet seroit presque épuisé. Au lieu qu'en écrivant, comme il suit, les trois équations précédentes,

$$a\,x + b\,y + c\,z = d$$
$$a'x + b'y + c'z = d'$$
$$a''x + b''y + c''z = d''$$

non-seulement on ménage les lettres, mais encore il suffit de savoir que a, b et c sont les coëfficiens respectifs de x, y et z, pour savoir aussi que a' et a'' sont ceux de x, b' et b'', ceux de y, c' et c'', ceux de z, connoissance qui peut même servir à faciliter les moyens de trouver les expressions générales de ces inconnues.

15. Il est encore d'autres notations très-utiles ; par exemple, on verra que, lorsqu'on veut exprimer généralement la somme des puissances zéro, des puissances premières, des quarrés, des cubes, etc., de plusieurs quantités a, b, c, d, etc., c'est-à-dire, $a^o + b^o + c^o + d^o$, etc., ou $a^{\mathrm{1}} + b^{\mathrm{1}} + c^{\mathrm{1}} + d^{\mathrm{1}}$, etc., ou $a^2 + b^2 + c^2 + d^2$, etc., ou $a^3 + b^3 + c^3 + d^3$, etc. on se sert de la lettre S,

initiale du mot somme, en mettant en bas et vers la droite de cette lettre, le chiffre qui représente la puissance qu'on veut exprimer, c'est-à-dire, qu'on écrit S_0, S_1, S_2, S_3, etc., pour représenter la somme des puissances ci-dessus. Nous parlerons des autres notations, à mesure que l'occasion s'en présentera.

* * *

ADDITION III.

Tableau, valeurs et origine des signes.

16. J'ai déjà dit qu'on avoit inventé les signes pour abréger certaines expressions, qui souvent répétées, exposoient à des redites et à des longueurs continuelles et fastidieuses. Comme ces signes sont dans l'auteur éloignés les uns des autres à des distances quelquefois trop considérables, et que d'ailleurs il n'a pas fait mention de plusieurs, nous allons les rassembler sous un même point de vue, ce qui nous fournira, d'ailleurs, l'occasion de montrer, en passant, leur origine et leur filiation.

Aussitôt que deux quantités quelconques sont données, on peut les considérer sous deux aspects différens ; car on peut ou les comparer entre elles, ou exécuter sur elles quelques opérations, comme les ajouter ensemble, soustraire l'une de l'autre, etc.

S'agit-il de comparer ensemble deux quantités a et b ? alors il se présente deux manières ; car 1°. l'on peut vouloir exprimer que a égale b, ou qu'il est plus grand ou plus petit que b. Dans le premier cas, on se sert du signe =, et l'on écrit $a = b$, qu'on prononce a *est égal à b*; dans les deux autres cas, on incline les deux barres l'une vers l'autre, de sorte que la pointe formée par cette inclinaison, soit du côté de la plus petite quantité, ou que l'ouverture se trouve du côté de la plus grande. Ainsi $a > b$, $a < b$, veut dire et se prononce *a plus grand que b, a plus petit que b*.

17. 2°. L'on peut chercher aussi, dans la comparaison de deux quantités, a et b, de combien la première surpasse l'autre, ou est surpassée par elle, ou combien l'une contient l'autre, ou est contenue en elle. Or, on a vu en Arithmétique que, dans le premier cas, ou cherchoit le rapport Arithmétique de a à b, que l'on exprimoit $a \cdot b$, et dans le second le rapport Géométrique de a à b, qu'on écrivoit ainsi $a : b$, et qu'on prononçoit a est à b, tandis que, dans le rapport Arithmétique, on prononçoit a est arithmétiquement à b. L'on a vu encore que, lorsqu'on avoit deux rapports Arithmétiques ou Géométriques égaux ; par exemple, le rapport Arithmétique de $a \cdot b$ égal à celui de $c \cdot d$, ou le rapport Géométrique de $a : b$ égal à celui de $c : d$, on indiquoit cette égalité, en séparant les deux rapports par deux ou quatre points, selon qu'il s'agissoit de rapports Arithmétiques ou Géométriques ; que, dans ce cas, l'assemblage des quatre termes des deux rapports, formoit une proportion Arithmétique ou Géométrique, et qu'enfin ces proportions $a \cdot b : c \cdot d$, ou $a : b :: c : d$, se prononçoient également a est à b, comme c est à d, excepté que, dans le premier cas, on disoit a est arithmétiquement à b. Nous terminerons cet article, par observer que Clairaut, pour exprimer l'égalité des deux rapports Géométriques $a : b$ et $c : d$, se sert, et avec assez de rai-

son , du signe =, et qu'il écrit par conséquent la proportion $a : b : : c : d$, ainsi qu'il suit , $a : b = c : d$.

18. Une suite de rapports égaux , tels que le second terme de chaque rapport soit égal au premier du rapport suivant, comme $a . b ; b . c ; c . d$, etc., ou bien $a : b ; b : c ; c : d$, etc. , forment ce qu'on appelle une progression Arithmétique ou Géométrique : alors pour les représenter d'une manière abrégée , ou ne répète qu'une fois chaque terme commun à deux rapports consécutifs , mais on fait précéder la suite de ces termes , de ces signes $\div$, $\div$; ainsi, l'on écrit les deux progressions ci-dessus $\div a . b . c . d$. etc. $\div a : b : c : d :$ etc.

19. Tant qu'on n'a fait que comparer les grandeurs d'une manière générale et abstraite , on n'a eu besoin que des signes ci-dessus ; mais dès qu'on a voulu parvenir au résultat de cette comparaison , alors se sont présentées des opérations à exécuter. En effet, il est aisé de voir que si on veut connoître dans $a > b$ et $a < b$, ou dans $a . b$ et $a : b$, de combien a est plus grand ou plus petit que b , ou combien a contient b , ou y est contenu , il faut pour cela soustraire ou diviser. Je vais donc faire connoître tous les autres signes usités en Algébre : mais, comme ce sujet est assez aride par lui-même , pour lui ôter une partie de sa sécheresse, j'exposerai l'origine , et , si l'on peut parler ainsi , la filiation des régles , et par conséquent des signes , auxquels chacune d'elles donne naissance.

Il est clair que , quelque opération qu'on pratique sur une quantité quelconque a , après l'opération, cette quantité ne peut être qu'augmentée ou diminuée : or, c'est par l'addition qu'on augmente une quantité , et par la soustraction qu'on la diminue ; il est donc naturel de penser que toutes les opérations peuvent se ramener à l'une de ces deux règles ; et c'est ce qui a lieu en effet, comme on va le voir. Partons d'abord de l'addition.

Veut-on ajouter à a une quantité b, on se sert du signe $+$, et on écrit $a + b$, qu'on prononce a plus b. Si b étoit égal à a, $a + b$ deviendroit $a + a$, qu'on écrit $2a$, et qu'on prononce deux a, et l'on voit que c'est à partir de là que commencent les coefficiens et la multiplication. Si l'on avoit à ajouter $a + b + c$, $a + b + c + d$, etc., et que b, c, d... fussent tous égaux à a, on auroit pour les sommes cherchées $3a$, $4a$,... ma ; m étant le nombre moins un des lettres b, c, d, etc. Lorsque le coefficient m de a devient égal à a lui-même, alors on a la quantité $a\,a$, qu'on écrit a^2, et qu'on prononce a quarré ou simplement a deux, et de là naissent les exposans et l'élévation aux puissances. L'on voit donc que la multiplication n'est qu'une addition répétée, et que le quarré d'un nombre n'est que l'addition de ce nombre, répété autant de fois qu'il a d'unités. C'est ainsi que le produit 35 de 5 fois 7 n'est que l'addition répétée de $7 + 7 + 7 + 7 + 7$, et que 49 quarré de 7 n'est que l'addition de $7 + 7 + 7 + 7 + 7 + 7 + 7$, c'est-à-dire, de 7 répété 7 fois.

Passons maintenant à la soustraction. Si de a je veux ôter b, j'écris $a - b$, que l'on prononce a moins b. Si à présent je suppose que a soit successivement égal à $2b$, $3b$, $4b$..... mb, il est clair que, pour épuiser a, il faudra en retrancher b, 2 fois, 3 fois, 4 fois..... m fois de suite. Or, on sait que 2, 3, 4.... m sont les quotiens qu'on obtient en divisant $2b$, $3b$, $4b$.... mb par b. Donc le quotient de la division n'est que le nombre de fois qu'une soustraction est répétée. Enfin, si l'on suppose m égal à b, a deviendra $b\,b$, ou b^2, qui, divisé par

b, donne b ; or, b est ce qu'on appelle la racine quarrée de b^2, qu'on écrit ainsi $\sqrt{b^2}$; donc la racine d'une quantité n'est aussi que le nombre de fois qu'une soustraction est répétée, mais où le nombre qu'on soustrait, et où le nombre de fois de suite qu'on le soustrait, sont tous deux égaux à cette racine.

20. Ce que nous venons de dire dans cet article, va nous servir pour faire voir d'une manière plus précise et plus étendue, la filiation des règles et des signes Algébriques. Ce qu'on va lire est un extrait fort abrégé de ce qu'on trouve dans Euler (Elémens d'Algébre, p. 150, tome Iᵉʳ.) Si on part de l'addition, la plus simple des opérations qu'on puisse pratiquer sur deux nombres a et b, et si l'on appelle leur somme c, on aura $a + b = c$, d'où l'on tire tout de suite $a = c - b$ et $b = c - a$, et voilà évidemment l'origine de la soustraction ; de plus, le nombre qu'on veut soustraire pourroit être plus grand que celui dont on veut le soustraire, et le reste alors seroit une quantité négative.

On vient de voir (19) que l'addition répétée d'une même quantité faisoit naître la multiplication. Supposons donc que a et b soient les deux facteurs d'un produit égal à c, on a l'équation $ab = c$, d'où l'on tire $a = \dfrac{c}{b}$ et $b = \dfrac{c}{a}$, d'où naissent la division, et les fractions qui suivent la division, où il se trouve un reste. Sur quoi l'on observera que le signe de la division est le même en Algèbre qu'en Arithmétique.

On a vu encore (19), et l'on sait d'ailleurs par la première partie, que le produit de a par a fait a^2, ou a puissance deux ; que celui de a par a et encore par a fait a^3, ou a puissance trois, etc. ; d'où il suit que si l'on a un nombre b de facteurs, tous égaux à a, leur produit sera a^b, ou a puissance b. En supposant donc que a^b est égal à c, on aura l'équation $a^b = c$. Mais ici l'on ne peut plus obtenir indifféremment, comme dans les deux cas ci-dessus, la valeur de a et celle de b. Cela provient de ce que dans $a + b = c$, a et b jouent absolument le même rôle, puisqu'il est tout-à-fait indifférent d'écrire $b + a = c$, et de ce qu'il en est de même dans la seconde équation $a b = c$, où l'on peut écrire $b a = c$, tandis que dans $a^b = c$, ce ne seroit pas la même chose d'écrire $b^a = c$, puisque 2^1, par exemple, n'est pas la même chose que 3^2. Nous n'entrerons pas dans d'autres détails sur ce sujet, qui exige du Lecteur plus de connoissances qu'il n'en doit avoir. Il nous suffira de dire que dans $a^b = c$ les valeurs de a et de b se trouvent par des opérations fort différentes, puisque a se trouve par une extraction de racine, et que b ne peut s'obtenir que par le secours des logarithmes. Nous observerons seulement que de là sont nés aussitôt les extractions de racines, et le signe radical $\sqrt{}$; nous avons déja vu que ce signe n'étoit que la lettre r, initiale du mot racine ; mais on en a écarté les jambes, pour pouvoir y placer commodément un chiffre, destiné à indiquer le degré de la racine qu'on vouloit extraire. Ainsi, pour indiquer qu'il faut extraire la racine troisième ou *cubique* de a, la racine quatrième de b^3, on écrit $\sqrt[3]{a}$, $\sqrt[4]{b^3}$; la racine quarrée est la seule qui ne reçoive pas de chiffre.

21. Dans tout ce que l'on vient de dire sur les signes, on n'a opéré que sur des quantités monomes. S'il s'agissoit de multiplier des polynomes, de les élever à quelque puissance, ou d'en extraire quelque racine, il suffiroit de les recouvrir d'une barre dans toute leur longueur, ou de les enfermer entre deux crochets ; ainsi, pour indiquer qu'on

qu'on doit multiplier $a + b$ par $c + d$, on écrira $\overline{a + b} \times \overline{c + d}$, ou $(a + b)(c + d)$, en observant pour le premier cas, d'interposer le signe $\times$, qui s'énonce *multiplié par*, entre les deux barres, de peur qu'elles ne se confondent. Soit proposé ensuite d'élever $a^2 + ab + b^2$ au quarré, on écrira $\overline{a^2 + ab + b^2}^2$, ou $(a^2 + ab + b^2)^2$, si l'on vouloit enfin indiquer l'extraction de la racine cubique de $a^3 + b^3$, on écriroit $\sqrt[3]{a^3 + b^3}$, ou $\sqrt[3]{}(a^3 + b^3)$.

22. Pour completter ce qu'on vient de lire sur les signes, il ne me reste plus qu'à parler des doubles signes : ce qui ne sera pas long ; car je n'aurai, dans la suite de cet ouvrage, à me servir que des signes $\pm$ et $\mp$, qu'on prononce *plus ou moins* et *moins ou plus*, et d'ailleurs ce que j'en dirois, ne seroit pas entendu, puisqu'on auroit besoin pour cela de connoissances renfermées dans la seconde partie.

23. Terminons ce chapitre par un tableau succinct et général des signes usités en Algèbre, de leurs valeurs, et des opérations auxquelles la plûpart d'entre eux ont rapport.

RÈGLES.		SIGNES.	PRONONCEZ.
Addition		$a + b$	a plus b.
Soustraction		$a - b$	a moins b.
Multiplication	Monomes	ab	a multiplié par b.
	Polynomes	$\overline{a+b} \times \overline{c+d}$ ou $(a+b)(c+d)$	a plus b multiplié par $c+d$.
Division et fractions		$\dfrac{a}{b}$	a divisé par b.
Puissances	Monomes	a^m	a puissance m.
	Polynomes	$\overline{a+b}^{\,m}$ ou $(a+b)^m$	$a + b$ puissance m.
Racines	Monomes	$\sqrt[m]{a}$	Racine m de a.
	Polynomes	$\sqrt[m]{a+b}$ ou $\sqrt[m]{(a+b)}$	Racine m de $a + b$.
Signes de comparaison		$a = b$	a égale b.
		$a > b$	a plus grand que b.
		$a < b$	a plus petit que b.
Rapports	Arithmétique.	$a \ . \ b$	a est arithmétiquement à b.
	Géométrique.	$a : b$	a est à b.
Proportions	Arithmét.	$a \ . \ b ; c \ . \ d$	a est à b arithmétiquement, comme c est à d.
	Géométriq.	$a : b : : c : d$	a est à b comme c est à d.
Progressions	Arithmétiq.	$\div \, a \, . \, b \, . \, c \, . \, d$ etc.	a est arithm. à b, comme b est à c, comme c est à d, etc.
	Géométriq.	$\div\!\div \, a : b : c : d$ etc.	a est à b, comme b est à c, comme c est à d, etc.
Doubles signes.		$a \pm b$	a plus ou moins b.
		$a \mp b$	a moins ou plus b.
Logarithmes		$L . a$ ou $l \, a$	Logarithme de a.
Sommes.		S_m	Somme des puissances m.

ADDITION IV.

Récapitulation des règles données dans la première partie.

24. Le tableau précédent n'offre que l'indication des règles données dans la première partie de ce cours ; il reste encore à les effectuer ; et, comme ces règles, ainsi que je l'ai déjà dit dans l'introduction, sont éparses dans un grand nombre de pages, et même souvent morcelées, je crois qu'il sera utile pour le Lecteur de lui en offrir l'ensemble.

1°. *La réduction.*

25. On choisira successivement, parmi toutes les quantités proposées, celles qui seront semblables ; ensuite on ajoutera d'un côté les coefficiens des termes positifs, et de l'autre, ceux des termes négatifs ; et, retranchant la plus petite somme de la plus grande, on donnera au reste le signe de cette dernière. Enfin, à la suite des quantités semblables ainsi réduites, on écrira, telles qu'elles sont, les termes dissemblables.

Observons à ce sujet que deux quantités, pour être semblables, doivent nécessairement être composées des mêmes lettres, affectées des mêmes exposans. Quant aux signes et aux coefficiens, ils peuvent différer dans les deux, sans qu'elles cessent d'être semblables ; ainsi $-a^2bc$ et $+3a^2bc$ sont des termes semblables ; mais $3a^2bc^2$, $3ab^2c^2$, $3a^2b^2c$, quoique composés des mêmes signes, des mêmes coefficiens , et des mêmes lettres , sont des termes dissemblables.

2°. L'addition.

26. Ecrivez les quantités les unes à côté des autres , absolument telles qu'elles sont , et faites la réduction.

3°. La soustraction.

27. Changez tous les signes de la quantité à soustraire , écrivez-la ainsi à la suite de la quantité dont il faut soustraire , et faites la réduction.

4°. La multiplication des monomes.

Cette opération exige qu'on connoisse les quatre régles suivantes :

1°. Celle des signes , qui veut que le produit ait le signe + , lorsque les deux facteurs ont le même signe , et qu'il ait le signe — , lorsque ces facteurs ont des signes différens.

2°. Celle des coefficiens, par laquelle on multiplie les coefficiens des deux facteurs , d'après les régles données dans l'Arithmétique , pour la multiplication des entiers ou des fractions.

3°. Celle des lettres, qui dit d'écrire , les unes immédiatement à côté des autres , toutes les lettres différentes , qui entrent, tant dans le multiplicande que dans le multiplicateur.

4°. Celle des exposans , d'après laquelle on affecte chaque lettre du produit , d'un exposant égal à la somme des exposans de cette même lettre dans les deux facteurs.

5°. La multiplication des polynomes.

28. Multipliez successivement tous les termes du mul-

tiplicande par chaque terme du multiplicateur, en commençant de gauche à droite, et en observant, à chaque produit partiel, les quatre règles données (27) pour la multiplication des monomes; ensuite faites la réduction.

6°. *La division des monomes.*

29. Il faut, pour opérer cette division, faire précisément l'inverse de ce qu'on a prescrit de faire pour la multiplication des monomes. Il faudra donc observer les quatre règles suivantes :

1°. Celle des signes, d'après laquelle on donnera au quotient le signe $+$, si le dividende et le diviseur sont de même signe, et, au contraire, le signe $-$, s'ils ont des signes différens.

2°. Celle des coefficiens, qui prescrit d'en faire la division, selon les règles données en Arithmétique, pour la division des entiers et des fractions.

3°. Celle des lettres, par laquelle il faut effacer, dans le dividende et le diviseur, les lettres qui leur sont communes, lorsqu'elles ont le même exposant.

4°. Celle des exposans, qui dit de n'écrire chaque lettre qu'une fois, avec un exposant égal à la différence de ses deux exposans primitifs, et dans celui des deux termes, où elle a le plus grand exposant.

7°. *La division des polynomes.*

30. On commencera par ordonner le dividende et le diviseur, par rapport à une même lettre. On divisera ensuite, l'un par l'autre, les deux premiers termes à gauche du dividende et du diviseur, selon les règles données (29) pour la division des monomes; on écrira le quotient sous le diviseur : multipliant alors tous les termes

du diviseur par ce quotient , on portera chaque produit
partiel , mais avec un signe contraire , sous les termes
correspondans du dividende ; ensuite on fera la réduction ;
et l'on recommencera à diviser le premier à gauche des
termes restans du dividende par le premier à gauche du
diviseur, et l'on aura un second quotient sur lequel on
opérera , comme il vient d'être dit , et l'on continuera
ces divisions partielles , jusqu'à ce que tous les termes du
dividende se trouvent épuisés.

Observons ici que , si , après avoir ordonné le dividende
et le diviseur par rapport à une lettre , il se trouvoit que
cette lettre eût le même exposant dans plusieurs termes ;
alors il faudroit , pour éviter tout tâtonnement , ordonner de nouveau par rapport à une autre lettre.

8°. *Des fractions littérales.*

31. L'addition , la soustraction , la multiplication , la
division des fractions littérales , et même leur réduction
au même dénominateur , se font précisément de la même
manière que l'enseigne l'Arithmétique. La méthode, pour
trouver le plus grand commun diviseur de deux fractions ,
est la seule qui admette quelque modification. Mais comme
l'Auteur l'a donnée , d'une manière générale , dans l'article LXXIII , j'y renvoie le Lecteur.

9°. *Résolution générale des équations du premier degré.*

32. 1°. A une inconnue. On commencera par réduire
les termes , s'il y a lieu , et par chasser les fractions, s'il
y en a : ensuite on passera tous les termes affectés de
l'inconnue dans un même membre , et tous les termes connus dans l'autre. Alors on divisera tout le second membre , par tout ce qui multiplie l'inconnue dans le pre-

mier ; enfin , l'on essayera, s'il est possible , de réduire à
sa plus simple expression, la fraction qui exprime la
valeur cherchée de l'inconnue.

33. 2°. A plusieurs inconnues. Prenez dans chaque
équation la valeur d'une même inconnue, n'importe laquelle. Égalez la première valeur successivement à chacune des autres, et vous aurez une équation, et une
inconnue de moins. Prenez encore dans chaque équation
la valeur d'une des inconnues restantes ; égalez tour-à-
tour la première valeur à toutes les autres , et vous aurez
encore une équation, et une inconnue de moins. Continuez à opérer de la même manière, jusqu'à ce que vous
n'ayez plus qu'une équation et qu'une inconnue. Tirez-en
la valeur d'après la règle générale ci-dessus. Alors si, en
suivant une marche rétrograde, vous substituez la valeur
de cette inconnue dans l'une des deux équations à deux
inconnues , vous aurez la valeur d'une seconde inconnue.
Substituant ensuite les valeurs de ces deux inconnues,
dans l'une des trois équations à trois inconnues, vous
aurez la valeur d'une troisième inconnue, et ainsi de
de suite , jusqu'à la dernière , qu'on obtiendra, en substituant les valeurs de toutes les autres inconnues , dans
l'une quelconque des équations proposées. Mais je me
propose de revenir bientôt sur ce sujet.

ADDITION V.

*Règles abrégées , et exemples utiles pour la multipli-
cation.*

34. On peut reprocher à l'Auteur de n'avoir donné sur
la multiplication, que des exemples insignifians , qui ne

laissent aucune trace dans l'esprit, et dont on ne peut retirer aucun théorème utile. Il faut cependant excepter un de ces exemples, c'est celui de la case 3 de la planche I, où l'on apprend, sans cependant que Clairaut le fasse appercevoir, que le produit de la somme $2\,a^4\,x^2 + 3\,b^4\,y^2$ de deux quantités, par leur différence $2\,a^4\,x^2 - 3\,b^4\,y^2$ est égal à la différence $4\,a^8\,x^4 - 9\,b^8\,y^4$ des quarrés de ces deux quantités; ce qui d'ailleurs se voit, et plus simplement, et plus clairement, en multipliant $a + b$ par $a - b$, dont le produit est $a^2 - b^2$.

Nous allons réparer ce tort de l'Auteur, en mêlant plusieurs exemples utiles, aux exemples d'abbréviation que nous nous proposons de donner.

35. Nous allons d'abord parler de deux cas aussi simples qu'utiles. Si on forme le produit du binome $a + b$ par lui-même, c'est-à-dire, si on forme le quarré de $a + b$, on aura $a^2 + 2\,a\,b + b^2$; si on multiplie ce quarré par $a + b$, on aura pour le cube de $a + b$ ou pour $(a+b)^3$, $a^3 + 3\,a^2\,b + 3\,a\,b^2 + b^3$, ou $a^3 + b^3 + 3\,a\,b\,(a+b)$; ce qui apprend à l'instant deux théorèmes fort utiles; savoir, 1°. que le quarré d'un binome est égal à la somme des quarrés de chaque terme, et au double produit de ces termes; et 2°. que le cube d'un binome est égal à la somme des cubes de chaque terme, plus au triple du quarré du premier par le second, plus encore au triple du quarré du second par le premier; ou plus brièvement, que le cube d'un binome est égal à la somme des cubes de chaque terme, plus au triple du produit de ces termes par leur somme. Observons ici que si l'on avoit eu à former le quarré ou le cube de $a - b$, on eût trouvé $a^2 - 2\,a\,b + b^2$, et $a^3 - 3\,a^2\,b + 3\,a\,b^2 - b^3$, où l'on voit que l'on a les mêmes produits que dans $(a+b)^2$ et $(a+b)^3$, aux signes près, qui sont alter-

nativement $+$ et $-$. Ceci va nous servir dans l'instant, ainsi que l'équation $(a+b)(a-b)=a^2-b^2$.

36. Mais auparavant observons que, même dans la pratique de l'opération, l'Auteur n'a pas suivi la marche la plus propre à faciliter les réductions. Car, au lieu d'écrire chaque produit partiel l'un sous l'autre, il vaut mieux, pour opérer plus commodément les réductions, les reculer tous successivement d'un rang vers la gauche. Soit pris pour exemple, celui qui se trouve dans la case 4 de la planche I, on opérera comme il suit.

$$\begin{aligned}
&5ab + 3ac - c^2\\
-&5ab + 3ac - c^2\\
\hline
-&25a^2b^2 - 15a^2bc + 5abc^2\\
&\qquad + 15a^2bc + 9a^2c^2 - 3ac^3\\
&\qquad\qquad - 5abc^2 - 3ac^3 + c^4\\
\hline
-&25a^2b^2 \qquad\qquad + 9a^2c^2 - 6ac^3 + c^4
\end{aligned}$$

L'on voit qu'en opérant ainsi, les termes semblables $-15a^2bc$, $+15a^2bc$; $+5abc^2$, $-5abc^2$; et $-3ac^3$, $-3ac^3$ sont les uns sous les autres, tandis qu'ils sont tous à des colonnes verticales différentes, dans l'exemple de la case 4.

37. Parcourons à présent quelques exemples d'abréviation, et pour cela voyons d'abord les cas, où la formule $(a+b)(a-b)=a^2-b^2$ peut nous être utile; ces cas ne seront pas fort difficiles à trouver, puisque l'exemple ci-dessus en offre déjà un. En effet, je puis regarder $5ab + 3ac - c^2$ comme égal à $+(3ac-c^2) + 5ab$, et $-5ab + 3ac - c^2$ comme $+(3ac-c^2) - 5ab$. D'où je vois qu'en regardant $3ac - c^2$ comme un seul terme d'un binome, et $5ab$ comme le second, il s'agit de multiplier la somme des deux termes d'un bi-

nome par leur différence. Leur produit sera donc la différence de leurs quarrés, c'est-à-dire, $(3\,a\,c - c^2)^2$
$- (5\,a\,b)^2$, or (35) $(3\,a\,c - c^2)^2$ égale le quarré du
premier terme, ou $9\,a^2\,c^2$, moins le double du premier
par le second, ou $- 6\,a\,c^3$, plus le quarré du second ou
$+ c^4$; d'ailleurs, le quarré de $5\,a\,b = 25\,a^2\,b^2$. Donc
$(5\,a\,b + 3\,a\,c - c^2)\,(-5\,a\,b + 3\,a\,c - c^2)$
$= 9\,a^2\,c^2 - 6\,a\,c^3 + c^4 - 25\,a^2\,b^2$, comme on l'a-
voit déjà trouvé.

Veut-on un autre exemple ? Soit proposé de multiplier
$x^3 + 3\,x^2\,y + 3\,x\,y^2 + y^3$ par $x^3 - 3\,x^2\,y + 3\,x\,y^2 - y^3$.
Si l'on se servoit de la méthode ordinaire, on auroit à
faire les seize produits partiels, et les cinq réductions qui
suivent.

$$x^3 + 3\,x^2\,y + 3\,x\,y^2 + y^3$$
$$x^3 - 3\,x^2\,y + 3\,x\,y^2 - y^3$$
$$\overline{}$$
$$x^6 + 3\,x^5\,y + 3\,x^4\,y^2 + x^3\,y^3$$
$$\qquad - 3\,x^5\,y - 9\,x^4\,y^2 - 9\,x^3\,y^3 - 3\,x^2\,y^4$$
$$\qquad\qquad\quad + 3\,x^4\,y^2 + 9\,x^3\,y^3 + 9\,x^2\,y^4 + 3\,x\,y^5$$
$$\qquad\qquad\qquad\qquad\quad - x^3\,y^3 - 3\,x^2\,y^4 - 3\,x\,y^5 - y^6$$
$$\overline{}$$
$$x^6 \qquad\quad - 3\,x^4\,y^2 \qquad\quad + 3\,x^2\,y^4 \qquad\quad - y^6$$

Au lieu qu'avec le secours des théorèmes énoncés dans
l'article 35, on peut opérer cette multiplication de deux
manières différentes, et toutes deux bien plus abrégées
que celle qui précède.

38. En effet, 1°. si l'on regarde $x^3 + 3\,x\,y^2$ comme le premier terme, et $3\,x^2\,y + y^3$ comme le second terme d'un
binome, on voit que le multiplicande n'est autre chose que
$(x^3 + 3\,x\,y^2) + (3\,x^2\,y + y^3)$, et que le multiplicateur revient à $(x^3 + 3\,x\,y^2) - (3\,x^2\,y + y^3)$: ce produit doit donc être égal à . . . .
$$(x^3 + 3\,x\,y^2)^2 - (3\,x^2\,y + y^3)^2\,;$$

or $(x^3 + 3 x y^2)^2 = x^6 + 6 x^4 y^2 + 9 x^2 y^4$, et $(3 x^2 y + y^3)^2 = 9 x^4 y^2 + 6 x^2 y^4 + y^6$: retranchant à présent les trois derniers termes des trois premiers, on aura $x^6 - 3 x^4 y^2 + 3 x^2 y^4 - y^6$, comme ci-dessus.

2°. Si l'on observe que le multiplicande est $(x + y)^3$, et que le multiplicateur est $(x - y)^3$, (35) on verra que le produit doit être celui des six binomes $(x + y)$ $(x + y)(x + y)(x - y)(x - y)(x - y)$. Or, on peut les multiplier dans l'ordre qu'on veut. Ce produit revient donc à celui des six quantités $(x + y)(x - y)$ $(x + y)(x - y)(x + y)(x - y)$, ou $(x^2 - y^2)$ $(x^2 - y^2)(x^2 - y^2)$, ou $(x^2 - y^2)^3$, que l'on voit être $x^6 - 3 x^4 y^2 + 3 x^2 y^4 - y^6$.

39. En général, on pourra ramener aux cas ci-dessus, la multiplication de deux polynomes, dont les termes ne différeront que par les signes, et cela, en regardant ceux de même signe, comme ne formant qu'un terme d'un binome, dont le second sera la somme des termes de signes contraires. Ainsi, soit proposé de multiplier $a^4 - a^3 b + a^2 b^2 - a b^3 + b^4$ par $a^4 + a^3 b - a^2 b^2 - a b^3 - b^4$, on regardera ces facteurs comme s'ils étoient égaux à $+ (a^4 - a b^3) + (a^2 b^2 - a^3 b + b^4)$ et $+ (a^4 - a b^3) - (a^2 b^2 - a^3 b + b^4)$; et leur produit étant alors $(a^4 - a b^3)^2 - (a^2 b^2 - a^3 b + b^4)^2$, on n'aura plus qu'à multiplier chacune de ces quantités par elle-même, et retrancher le second produit du premier ; ce qui ne demandera pas seulement la moitié des produits et des réductions qu'exigeroit la méthode ordinaire de la multiplication.

40. Je dis plus : il faudroit adopter cette règle, quand même il se trouveroit un terme de plus dans l'un des facteurs, ou quand les coefficiens d'un des termes ne

seroient pas les mêmes dans chacun d'eux. Si on avoit, par exemple, à multiplier $a^2 + 3ax - x^2$ par $a^2 - 3ax$, où le multiplicande renferme le terme x^2, qui n'est pas dans le multiplicateur, on regarderoit le produit total, comme devant être composé des deux produits $(a^2+3ax)(a^2-3ax) - x^2(a^2 - 3ax) = a^4 - 9a^2x^2 - a^2x^2 + 3ax^3 = a^4 - 10\,a^2x^2 + 3ax^3$, ce qui ne demande que quatre produits et une réduction, tandis que, par la méthode ordinaire, on trouveroit les six produits partiels et les deux réductions suivantes :

$$a^2 + 3ax - x^2$$
$$a^2 - 3ax$$
$$\overline{\qquad\qquad\qquad}$$
$$a^4 + 3a^3x - a^2x^2$$
$$\quad\ -3a^3x - 9a^2x^2 + 3ax^3$$
$$\overline{\qquad\qquad\qquad}$$
$$a^4 \qquad\qquad - 10a^2x^2 + 3ax^3.$$

Soit maintenant proposé de faire le produit de $a^3 - 2a^2b + b^3$ par $a^3 + 3a^2b + b^3$, on décomposeroit ce dernier en $a^3 + 2a^2b + b^3 + a^2b$, et l'on voit qu'alors on auroit à faire les deux produits suivans : $(a^3 - 2a^2b + b^3)(a^3 + 2a^2b + b^3) + a^2b(a^3 - 2a^2b + b^3)$, dont le premier revient à $(a^3 + b^3) - 2a^2b \times (a^3 + b^3) + 2a^2b$, ou à $(a^3 + b^3)^2 - (2a^2b)^2 = a^6 + 2a^3b^3 + b^6 - 4a^4b^2$, et dont le second est $a^5b - 2a^4b^2 + a^2b^4$; ajoutant, on a . . . . . . $a^6 + a^5b - 6a^4b^2 + 2a^3b^3 + a^2b^4 + b^6$, ce qui est encore plus court que par la méthode ordinaire.

41. Lorsqu'on a plusieurs multiplications successives à faire, il est souvent plus avantageux de multiplier dans un certain ordre que dans tout autre. Nous n'en donnerons que l'exemple suivant : soit le quarré de $a+b+c+d$

à multiplier par le quarré de $a + b - c - d$. J'observe
1°. que le produit revient à . . . .
$(a+b+c+d)(a+b+c+d)(a+b-c-d)(a+b-c-d)$
qu'on peut écrire ainsi $(a+b+c+d)(a+b-c-d)$
$\times (a+b+c+d)(a+b-c-d)$.

2°. Je vois que si je fais, pour abréger, $a+b=m$,
$c+d=n$, la quantité précédente se changera en
$(m+n)(m-n)\times(m+n)(m-n)=(m^2-n^2)(m^2-n^2)$
$=(m^2-n^2)^2=m^4-2m^2n^2+n^4$. Avant d'effectuer
ces opérations, j'observe que, puisque $m=a+b$, et
que $n=c+d$, lorsque j'aurai trouvé que $m^2=a^2+2ab+b^2$
et que $m^4=(a^2+2ab+b^2)^2=a^4+4a^3b+6a^2b^2+4ab^3$
$+b^4$, j'aurai tout de suite $n^2=c^2+2cd+d^2$, et
$n^4=c^4+4c^3d+6c^2d^2+4cd^3+d^4$, en chan-
geant dans les valeurs de m^2 et m^4, a en c, et b en d.
Quant à la valeur de $-2m^2n^2$, je multiplierai
$a^2+2ab+b^2$ par $c^2+2cd+d^2$, ce qui me
donnera, en doublant tous les termes, et en changeant
tous leurs signes, $-2a^2c^2-4abc^2-2b^2c^2-4a^2cd$
$-8abcd-4b^2cd-2a^2d^2-4abd^2-2b^2d^2$.
Donc $n^4-2m^2n^2+n^4$, ou $(a+b+c+d)^2\times(a+b-c-d)^2$
$$=\begin{cases} a^4+4a^3b+6a^2b^2+4ab^3+b^4-2a^2c^2-4abc^2 \\ -2b^2c^2-4a^2cd-8abcd-4b^2cd-2a^2d^2-4abd^2 \\ -2b^2d^2+c^4+4c^3d+6c^2d^2+4cd^3+d^4. \end{cases}$$

Que le lecteur s'exerce à présent à former les produits
demandés dans leur ordre naturel, il verra quelle différence de longueur il trouvera dans les deux manières.

J'ai insisté un peu sur ces exemples, parce
qu'ils accoutument les commençans à décomposer les
quantités ; ce qui est de la plus grande utilité dans une
infinité de circonstances. Nous aurions même pu, en faisant voir de quelles parties sont composés les quarrés,
les cubes, etc., des trinomes, des quadrinomes, etc.,

donner une foule d'exemples encore plus abrégés ; mais ceux qu'on a vus, suffisent pour mettre sur la voie.

42. Nous allons finir ce chapitre par un exemple singulier et d'un autre genre, qui nous sera utile dans la suite. Si l'on avoit à multiplier $y^2 + ay + a^2$, ou $y^3 + ay^2 + a^2y + a^3$, ou $y^4 + ay^3 + a^2y^2 + a^3y + a^4$, etc. par $y - a$, on trouveroit les produits suivans :

$$
\begin{array}{ll}
y^2 + ay + a^2 & \qquad y^3 + ay^2 + a^2y + a^3 \\
y - a & \qquad y - a \\
\hline
y^3 + ay^2 + a^2y & \qquad y^4 + ay^3 + a^2y^2 + a^3y \\
\quad - ay^2 - a^2y - a^3 & \qquad\quad - ay^3 - a^2y^2 - a^3y - a^4 \\
\hline
y^3 \dots\dots\dots - a^3 & \qquad y^4 \dots\dots\dots\dots - a^4
\end{array}
$$

$$
\begin{array}{l}
y^4 + ay^3 + a^2y^2 + a^3y + a^4 \\
y - a \\
\hline
y^5 + ay^4 + a^2y^3 + a^3y^2 + a^4y \\
\quad - ay - a^2y^3 - a^3y^2 - a^4y - a^5 \\
\hline
y^5 \dots\dots\dots\dots\dots\dots - a^5 \text{ , etc.}
\end{array}
$$

D'où l'on peut conclure par les loix de l'analogie, que si on multiplie en général $y^n + a y^{n-1} + a^2 y^{n-2} + \dots + a^{n-1} y + a^n$, par $y - a$, le produit sera $y^{n+1} - a^{n+1}$; quelque soit le nombre entier n : ce dont on peut encore se convaincre généralement, en observant que le produit d'un terme quelconque du multiplicande par y, excepté y^n, étant détruit successivement par le produit du terme précédent du même multiplicande par $- a$, il ne peut rester que deux produits, savoir, celui de y^n par y, et celui de a^n par $- a$, c'est-à-dire, y^{n+1} et $- a^{n+1}$.

Si l'on fait $n + 1 = m$, d'où $n = m - 1$; l'équation précédente :

$$(y^n + ay^{n-1} + a^2 y^{n-2} \ldots + a^{n-1} y + a^n)(y - a)$$
$$= y^{n+1} - a^{n+1} \text{ devient}$$
$$(y^{m-1} + ay^{m-2} + a^2 y^{m-3} \ldots + a^{m-2} y + a^{m-1})$$

$(y - a) = y^m - a^m$; et si l'on fait dans cette dernière équation $a = 1$, on trouvera

$$(y^{m-1} + y^{m-2} + y^{m-3} \ldots + y + 1)(y - 1) = y^m - 1.$$

ADDITION VI.

Règles abrégées et exemples utiles pour la division.

43. Les mêmes raisons qui m'ont engagé à écrire le chapitre précédent, m'engagent de nouveau à écrire celui qu'on va lire.

Voyons d'abord s'il ne seroit pas possible d'abréger les opérations que l'Auteur exige pour opérer la division. Pour cela, je prends l'une quelconque des divisions qu'il propose de faire dans la table II. La première, par exemple, où il s'agit de diviser $2 a^4 - 13 b a^3 + 31 b^2 a^2 - 38 b^3 a + 24 b^4$ par $2 a^2 - 3 b a + 4 b^2$; et bientôt, avec une légère attention, je vois;

1°. Que, lorsque Clairaut prescrit de porter, sous chaque dividende partiel, mais en changeant leurs signes, les produits de tous les termes du diviseur par chaque nouveau quotient; il prescrit à la fois plusieurs opéra-

tions superflues : car d'abord , puisque le premier terme
à gauche de chaque produit détruit toujours le premier
terme du dividende correspondant, il est inutile de faire
ce produit , et il faut se contenter d'effacer ce premier
terme , après qu'on aura trouvé le quotient.

2°. Ensuite, qu'au lieu de poser les autres termes du produit sous les termes correspondans du dividende , avec
un signe contraire , pour indiquer la soustraction , on
économisera le tems et le papier , en soustrayant tout de
suite chaque produit partiel , du terme semblable du dividende , soustractions qui seront presque toujours faciles : ensuite on effacera , à chaque soustraction , le terme
dont on aura soustrait.

3°. Qu'il est fort inutile d'abaisser , à chaque division
partielle le reste des termes du dividende total.

Reprenons à présent l'exemple ci-dessus , et opérons
sur cet exemple comme il suit, et comme on vient de
l'enseigner, excepté cependant que , pour plus de clarté,
l'on n'effacera pas les termes.

$$2a^4 - 13ba^3 + 31b^2a^2 - 38b^3a + 24b^4 \left\{ \frac{2a^2 - 3ba + 4b^2}{a^2 - 5ba + 6b^2} \right.$$
$$-10ba^3 + 27b^2a^2$$
$$+12b^2a^2 - 18b^3a$$

Voici le procédé : je divise $2a^4$ par $2a^2$; le quotient
est a^2; et j'efface $2a^4$, puis je multiplie $-3ba$ par
a^2 ; j'ai pour produit $-3ba^3$, qui ôté de $-13ba^3$,
donne pour reste $-10ba^3$, et j'efface $-13ba^3$; enfin
je multiplie $+4b^2$ par a^2 , et j'ai pour produit $+4b^2a^2$,
qui, ôté de $+31b^2a^2$, que j'efface, donne pour reste $27b^2a^2$:
et mon second dividende partiel est $-10ba^3 + 27b^2a^2$,
avec les deux termes supérieurs restans $-38b^3a$ et
$+24b^4$, que je laisse où ils sont. Je divise alors de nouveau

veau le premier terme $-10\,b\,a^3$ de mon nouveau dividende $-10\,b\,a^3 + 27\,b^2\,a^2 - 38\,b^3\,a + 24\,b^4$ par $2\,a^2$, premier terme du diviseur : le quotient est $-5\,b\,a$, par lequel, après avoir effacé le premier terme $-10\,b\,a^3$ du divi-dende, je multiplie successivement les deux derniers termes $-3\,b\,a$ et $+4\,b^2$ du diviseur ; ce qui me donne les deux produits $+15\,b^2\,a^2$ et $-20\,b^3\,a$, qui donnent les deux restes $+12\,b^2\,a^2$ et $-18\,b^3\,a$, après avoir été tour-à-tour retranchés de $27\,b^2\,a^2$ et $-38\,b^3\,a$, que j'efface tous deux. Mon troisième dividende est donc $+12\,b^2\,a^2 -18\,b^3\,a + 24\,b^4$. Je divise enfin $+12\,b^2\,a^2$ par $2\,a^2$; le quotient est $+6\,b^2$; j'efface d'abord $+12\,b^2\,a^2$; en-suite multipliant $-3\,b\,a + 4\,b^2$ par $+6\,b^2$, j'ai les deux produits $-18\,b^3\,a$, et $+24\,b^4$, qui, ôtés des termes restans du dividende, donnent zéro pour reste.

44. Si, avant de commencer une division, on s'ap-percevoit qu'il y eût une lettre commune à tous les ter-mes du dividende ou du diviseur, ou de tous les deux, on simplifieroit l'opération de la manière suivante.

Soit prise pour exemple du premier cas, la division de $a^3\,b^2 - a^2\,b^2\,d + a\,b^2\,d^2 - b^2\,d^3$ par $a^2 + d^2$; je vois d'abord que b^2 est commun à tous les termes du di-vidende, qui revient alors à $b^2(a^3 - a^2\,d + a\,d^2 - d^3)$. Ainsi, au lieu de diviser $a^3\,b^2 - a^2\,b^2\,d + a\,b^2\,d^2 - b^2\,d^3$ tout entier par $a^2 + d^2$, je ne divise par $a^2 + d^2$, que $a^3 - a^2\,d + a\,d^2 - d^3$, et ayant trouvé pour quotient $a - d$, je multiplie $a - d$ par b^2, et j'ai $a\,b^2 - b^2\,d$ pour le quotient total, que je trouve par-là plus brièvement que par la méthode ordinaire. D'où l'on voit que, pour abréger dans pareil cas, il faut délivrer d'abord le dividende du facteur commun à tous ses ter-mes, mais qu'il faut aussi, après avoir trouvé le quo-tient, le multiplier par ce facteur.

Tome II.   D

Quant au second cas, soit $a^2 - b^2$ à diviser par $ac + bc$, je vois que le diviseur est $(a+b)c$. Or,

$$\frac{a^2 - b^2}{(a+b)c} = \frac{a^2 - b^2}{a+b} \times \frac{1}{c} = \frac{a-b}{c}.$$ Donc en ce cas, on

délivrera le diviseur du facteur commun à tous ses termes, et après avoir trouvé le quotient, on le divisera par ce facteur. Je prendrai pour exemple d'un cas, où le dividende et le diviseur sont tous deux affectés de facteurs respectivement communs à tous leurs termes, le troisième exemple de la table II, où il s'agit de diviser $a^3 d^3 - 3ca^2 d^3 + 3c^2 ad^3 - c^3 d^3 + c^2 a^2 d^2 - c^3 ad^2$ par $a^2 d^2 - 2cad^2 + c^2 d^2 + c^2 ad$. J'observe que le dividende, ayant d^2 à tous ses termes, n'est autre chose que $d^2(a^3 d - 3ca^2 d + 3c^2 ad - c^3 d + c^2 a^2 - c^3 a)$, et que le diviseur $= d(a^2 d - 2cad + c^2 d + c^2 a)$. Je vois alors que d étant facteur commun du dividende et du diviseur, je puis l'effacer dans celui-ci, et écrire d seulement dans celui-là ; d'où il suit, d'après le premier cas, qu'après avoir trouvé pour quotient $a - c$, je n'aurai plus qu'à le multiplier par d, pour avoir le quotient total cherché $ad - cd$.

45. Il est souvent fort utile de savoir décomposer les quantités en plusieurs facteurs : car, par ce moyen, on abrège de beaucoup les divisions : je n'en veux pour exemple que celui que je viens de citer, où il a fallu diviser $a^3 d - 3ca^2 d + 3c^2 ad - c^3 d + c^2 a^2 - c^3 a$ par $a^2 d - 2cad + c^2 d + c^2 a$, pour trouver le quotient $a - c$. En effet, avec quelque habitude du calcul, on auroit vu que dans le dividende, $a^3 d - 3ca^2 d + 3c^2 ad - c^3 d = (a - c)^3 d$, et que l'autre partie $c^2 a^2 - c^3 a = c^2 a(a - c)$; donc tout le dividende $= (a - c)^3 d + (a - c)c^2 a$: or, à cause que $a - c$ est facteur

commun de ces deux termes, il est clair que le dividende $= (a - c) [(a - c)^2 d + c^2 a]$. Mais le diviseur n'est autre chose que $(a^2 - 2ca + c^2)d + c^2 a = (a - c)^2 d + c^2 a$. Donc, puisque $d (a - c)^2 + c^2 a$, est facteur commun du dividende et du diviseur, on peut le supprimer, et le quotient sera comme ci-dessus $(a - c)$.

Cette méthode d'abbréviation est fort utile et fort commune, non seulement dans la division, mais encore dans la recherche du plus grand commun diviseur des quantités littérales.

46. Il est encore un cas, où l'art de décomposer une quantité en plusieurs facteurs, est d'un grand avantage; c'est lorsque le produit de plusieurs quantités, dont la multiplication n'est qu'indiquée, doit être ensuite divisé par une quantité, ou par le produit seulement indiqué de plusieurs quantités.

Soit pour exemple le produit de $(a^2 - b^2)(a^2 + b^2)$ à diviser par $a + b$. Au lieu de multiplier $a^2 - b^2$ par $a^2 + b^2$, pour diviser ensuite le produit $a^4 - b^4$, par $a + b$, ce qui donneroit pour quotient $a^3 - a^2 b + ab^2 - b^3$; je remarque que $a^2 - b^2 = (a + b)(a - b)$; supprimant alors le facteur $a + b$ commun au dividende et au diviseur, je n'ai plus en tout qu'à multiplier $a^2 + b^2$ par $a - b$, ce qui me donne le produit $a^3 - a^2 b + ab^2 - b^3$, comme ci-dessus, mais d'une manière bien plus courte.

Soit encore à diviser le produit indiqué de . . . . $(2x^2 - 3xy + y^2)(2x^3 - 3x^2 y + 3xy^2 - 2y^3)$, par le produit de $(2x - y)(2x^2 - xy + 2y^2)$; au lieu de multiplier d'abord les deux premiers facteurs, ensuite les deux seconds, et enfin de diviser le premier produit par le second, j'observe, 1°. que $2x^2 - 3xy + y$ $= x^2 - 2xy + y^2 + x^2 - xy = (x - y)^2 + x(x - y)$

$= (x - y)(x - y + x) = (x - y)(2x - y)$: or, $2x - y$ est facteur à la fois dans le dividende et dans le diviseur : je le supprime donc par-tout, et il ne me reste plus au dividende que le facteur $x - y$. Je vois, 2°. que $2x^3 - 3x^2 y + 3xy^2 - 2y^3$ peut se décomposer en $x^3 - 3x^2 y + 3xy^2 - y^3 + x^3 - y^3$, et que $x^3 - y^3 = (x - y)(x^2 + xy + y^2)$; donc $2x^3 - 3x^2 y + 3xy^2 - 2y^3 = (x - y)^3 + (x - y)(x^2 + xy + y^2) = (x - y)\left[(x - y)^2 + x^2 + xy + y^2\right] = (x - y)(x^2 - 2xy + y^2 + x^2 + xy + y^2) = (x - y)(2x^2 - xy + 2y^2)$; mais alors je remarque que $2x^2 - xy + 2y^2$ est un facteur commun au dividende et au diviseur ; je le supprime donc dans tous deux, et je n'ai plus qu'à multiplier le facteur restant du dividende $x - y$ par le premier facteur restant $x - y$; ce qui me donne tout de suite pour le quotient cherché $x^2 - 2xy + y^2$.

Pour faire voir toute la brièveté de ce procédé, et pour exercer le Lecteur, il n'a qu'à faire le calcul tout au long, il trouvera ce qui suit :

$$
\begin{array}{l}
2x^3 - 3x^2 y + 3xy^2 - 2y^3 \\
2x^2 - 3xy + y^2 \\
\hline
4x^5 - 6x^4 y + 6x^3 y^2 - 4x^2 y^3 \\
\quad - 6x^4 y + 9x^3 y^2 - 9x^2 y^3 + 6xy^4 \\
\qquad\quad + 2x^3 y^2 - 3x^2 y^3 + 3xy^4 - 2y^5 \\
\hline
4x^5 - 12x^4 y + 17x^3 y^2 - 16x^2 y^3 + 9xy^4 - 2y^5 \\
\quad - 8x^4 y + 12x^3 y^2 - 14x^2 y^3 \\
\qquad\quad + 4x^3 y^2 - 4x^2 y^3 + 5xy^4
\end{array}
$$

$$
\begin{array}{l}
2x^2 - xy + 2y^2 \\
2x - y \\
\hline
4x^3 - 2x^2 y + 4xy^2 \\
\quad - 2x^2 y + xy^2 - 2y^3 \\
\hline
\left\{
\begin{array}{l}
4x^3 - 4x^2 y + 5xy^2 - \dots \\
\hline
x^3 - 2x^2 y + y^2
\end{array}
\right.
\end{array}
$$

47. Parcourons maintenant plusieurs cas singuliers de la division.

1°. Il peut arriver que le dividende, n'ayant pas plus de termes que le diviseur, le quotient en ait beaucoup plus que chacun d'eux ; dans ce cas , à chaque division partielle, le produit du diviseur par le quotient engendre sans cesse, jusqu'à la dernière division exacte , de nouveaux termes dans le dividende.

2°. Ce qui est bien plus singulier encore , ce qu'on vient de dire peut arriver, lors même que le dividende a beaucoup moins de termes que le diviseur. Voici un exemple de chaque cas :

$$-\quad a^7 \left\{ \begin{array}{l} y - a \\ \overline{y^6 + ay^5 + a^2 y^4 + a^3 y^3 + a^4 y^2 + a^5 y + a^6} \end{array} \right.$$

$$+a\,y^6$$
$$+a^2 y^5$$
$$+a^3 y^4$$
$$+a^4 y^3$$
$$+a^5 y^2$$
$$+a^6 y$$

$$\overline{} -a^6 \left\{ \frac{y^5 + ay^4 + a^2 y^3 + a^3 y^2 + a^4 y + a^5}{y - a} \right.$$
$$-ay^5 - a^2 y^4 - a^3 y^3 - a^4 y^2 - a^5 y$$

Ces deux quotiens ne paroîtront plus singuliers, si l'on se rappelle ce qu'on a dit à la fin du chapitre précédent ; car on y a vu que

$$(y^n + ay^{n-1} + a^2 y^{n-2} \ldots + a^{n-1} y + a^n) \, (y - a)$$

$$= y^{n+1} - a^{n+1}, \text{ d'où il suit que } \frac{y^{n+1} - a^{n+1}}{y - a}$$

$$= y^n + ay^{n-1} + a^2 y^{n-2} \ldots + a^{n-1} y + a^n ;$$

$$\text{et que } \frac{y^{n+1} \ldots\ldots\ldots\ldots\ldots - a^{n+1}}{y^n + ay^{n-1} + a^2 y^{n-2} \ldots + a^{n-1} y + a^n} = y - a.$$

Enfin, que si, dans ces deux dernières formules, on fait successivement $n = 6$ et $n = 5$, les deux seconds membres donneront les deux quotiens qu'on vient de trouver.

48. Ces cas sont fort rares; il l'est même que deux quantités quelconques proposées se divisent exactement; de même qu'on a vu en Aritmétique qu'il étoit rare que deux nombres donnés fussent exactement divisibles l'un par l'autre; mais de même aussi qu'on y a vu que l'on pouvoit, au moyen des décimales, approcher du véritable quotient, aussi près qu'on le vouloit; de même en Algébre, on peut, au moyen d'une suite de termes, qui vont toujours en décroissant de valeur, approcher du véritable quotient, d'aussi près qu'on le desire.

49. Pour nous faire mieux comprendre, supposons que j'aie à diviser $x^2 + 2bx + b^2 + a$ par $x + b$. Je trouve d'abord pour quotient $x + b$; mais il me reste encore a à diviser par $x + b$, ou $\dfrac{a}{x + b}$.

Pour faire cette division, je me conduis comme on va le voir.

$$\begin{array}{l} a \\ -\dfrac{ab}{x} \\ +\dfrac{ab^2}{x^2} \\ -\dfrac{ab^3}{x^3} \\ +\dfrac{ab^4}{x^4} \\ -\ \text{etc.} \end{array} \left\{\begin{array}{l} x+b \\[4pt] \dfrac{a}{x} - \dfrac{ab}{x^2} + \dfrac{ab^2}{x^3} - \dfrac{ab^3}{x^4} + \dfrac{ab^4}{x^5} - \text{etc.} \end{array}\right.$$

D'abord je divise a, ou plutôt j'indique la division

de a par x, en écrivant $\dfrac{a}{x}$; puis multipliant le second

terme b du diviseur par le quotient $\dfrac{a}{x}$, j'ai $\dfrac{ab}{x}$ que je

porte au dividende avec le signe $-$; divisant ensuite

$-\dfrac{ab}{x}$ par x, j'ai pour quotient $-\dfrac{ab}{x^2}$, qui, multiplié

par $+\,b$, et porté au dividende avec le signe $+$, donne

pour troisième dividende $+\dfrac{ab^2}{x^2}$; le divisant alors par

x, j'ai pour troisième quotient partiel $+\dfrac{ab^2}{x^3}$; je ne

vais pas plus loin, parce que la loi, soit des restes,
soit des quotiens successifs, est manifeste.

A présent j'observe, 1°. que si, au lieu de $\dfrac{a}{x+b}$, on

avoit eu $\dfrac{a}{x-b}$, on auroit trouvé, en opérant de la

même manière, pour restes ou pour dividendes par-

tiels successifs, $+\dfrac{ab}{x}$, $+\dfrac{ab^2}{x^2}$, $+\dfrac{ab^3}{x^3}$, $+\dfrac{ab^4}{x^4}$, $+$etc.

et pour quotiens successifs, $+\dfrac{a}{x}$, $+\dfrac{ab}{x^2}$, $+\dfrac{ab^2}{x^3}$,

$+\dfrac{ab^3}{x^4}$, $+\dfrac{ab^4}{x^5}$, $+$ etc.; 2°. que, dans chaque suite,

$\dfrac{a}{x}$ étant facteur commun de tous les termes, on pourra

écrire ainsi ces deux suites . . . .

$$\frac{a}{x}\left(1 - \frac{b}{x} + \frac{b^2}{x^2} - \frac{b^3}{x^3} + \frac{b^4}{x^4} - \text{etc.}\right),$$

$$\frac{a}{x}\left(1 + \frac{b}{x} + \frac{b^2}{x^2} + \frac{b^3}{x^3} + \frac{b^4}{x^4} + \text{etc.}\right).$$

3°. Enfin, que si b est $< x$, les termes de chacune iront en diminuant de grandeur; (alors ces suites, qu'on nomme aussi *séries*, s'appellent *convergentes*, et on les nomme au contraire *divergentes*, quand leurs termes vont en augmentant) : car un terme de la série actuelle étant le produit du terme qui le précède, par $\frac{b}{x}$, qui est une fraction, puisque b est $< x$, doit être plus petit que le terme précédent, et d'autant plus petit, que x sera plus grand que b.

50. Mon intention n'est pas ici de m'étendre sur les *suites* ou *séries*, auxquelles d'ailleurs je destine par la suite un chapitre à part : mais je n'ai pu m'empêcher d'en dire un mot par deux raisons; la première, parce que c'est ici leur place naturelle, puisque c'est à la division qu'elles doivent leur origine primitive; et la seconde, parce que je puis dès l'instant en faire une application assez utile.

Je viens de dire au commencement de l'article 48, qu'on pouvoit comparer les suites aux décimales : ce que j'ai ajouté depuis, ne peut que faire voir qu'elles sont à l'Algèbre, ce que les décimales sont à l'Arithmétique. En effet, toutes deux naissent de leur division respective; toutes deux donnent un quotient de plus en plus approché, parce qu'ils vont des deux côtés en diminuant de grandeur. Mais l'avantage reste ici comme à l'ordinaire, à l'Algèbre, qui par sa généralité, et sa flexibilité à se prêter à toutes les conditions qu'on veut lui imposer, peut simplifier les opérations mêmes les plus simples de l'Arithmétique; prouvons cette assertion.

Rien de plus aisé sans doute, que de réduire une fraction ordinaire en décimales, puisqu'il suffit, pour cela, de diviser par le dénominateur, le numérateur, suivi d'autant de zéros qu'on veut avoir au quotient de chiffres; et cependant cette opération si simple, l'Algébre, en certains cas, peut l'abréger, au moyen de l'une des séries précédentes, et même conduire à des vérités utiles. Pour cela, reprenons notre seconde équation . . . . . .

$$\frac{a}{x-b} = \frac{a}{x} + \frac{ab}{x^2} + \frac{ab^2}{x^3} + \frac{ab^3}{x^4} + \frac{ab^4}{x^5} + \text{etc.}, \text{ et}$$

supposons que $a = mb$, on aura $\dfrac{a}{x-b} = \dfrac{mb}{x-b} = \dfrac{mb}{x}$

$$+ \frac{mb^2}{x^2} + \frac{mb^3}{x^2} + \frac{mb^4}{x^3} + \frac{mb^5}{x^5} +, \text{ etc.}$$

ou $m \left(\dfrac{b}{x} + \dfrac{b^2}{x^2} + \dfrac{b^3}{x^3} + \dfrac{b^4}{x^4} + \dfrac{b^5}{x^5} + \text{etc.} \right).$

Supposons de plus que x soit une puissance quelconque de 10, on voit, 1°. que $\dfrac{b}{x}$ sera une fraction décimale, et

ensuite que plus b sera petit, plus aussi $\dfrac{b}{x}$ le sera, et

moins il faudra prendre de termes de la dernière série,

$m \left(\dfrac{b}{x} + \dfrac{b^2}{x^2} + \dfrac{b^3}{x^3} + \dfrac{b^4}{x^4} + \dfrac{b^5}{x^5} + \text{etc.} \right)$, pour ar-

river à un quotient d'un ordre de décimales demandé. On est déjà en état de voir que, lorsque le dénominateur d'une fraction sera peu au-dessous de 10, ou 100, ou 1000, etc., on doit trouver par la série précédente sa valeur

en décimales, plus vite que par la méthode de l'Arithmétique. En veut-on un exemple?

Soit 1°. à réduire en décimales $\dfrac{56}{9993}$; je décompose
cette fraction en $\dfrac{56}{10000-7}$ ou $\dfrac{8\times7}{10000-7}$; en comparant avec $\dfrac{mb}{x-b}$, j'ai $b=7$, $m=8$, $x=10000$,
$\dfrac{b}{x}=0,0007$; donc $m\times\dfrac{b}{x-b}$

$$=m\left(\frac{b}{x}+\frac{b^2}{x^2}+\frac{b^3}{x^3}+\frac{b^4}{x^4}+\frac{b^5}{x^5}+\text{etc.}\right)=$$

$8(0,0007)+(0,0007)^2+(0,0007)^3+(0,0007)^4+$ etc.

Si l'on ne veut avoir la valeur de $\dfrac{56}{9993}$ qu'à un dix-
millième près, il suffira de multiplier $\dfrac{b}{x}=0,0007$ par
8, et on aura $0,0056$; veut-on l'avoir avec 8 chiffres
décimaux ? on multipliera $\dfrac{b}{x}+\dfrac{b^2}{x^2}=0,0007+0,00000049$
ou $0,00070049$ par 8, ce qui donnera $0,00560392$. Si on
l'avoit voulu avoir avec 16 chiffres décimaux, on auroit
ajouté ensemble $0,0007+0,00000049+0,000000000343$
$+0,000000000002401$, ou $0,0007004903432401$, qui,
multiplié par 8, donnera $0,0056039227459208$.

Soit pour second exemple $\dfrac{48}{991}$ ou $\dfrac{5\frac{1}{3}\times9}{1000-9}$, la série devient . . . .
$5\tfrac{1}{3}(0,009+0,000081+0,000000729+0,0000000006561+$ etc.)
Si je prends la somme des termes renfermés entre les deux
crochets, j'aurai $0,009081755561$, qui, multiplié par

$5\frac{1}{4}$, donnera pour la valeur de $\dfrac{48}{991}$ au douzième ordre de décimales près , 0,048435923042. Si le numérateur étoit très-grand, on se conduiroit comme on va le voir :

Soit donné $\dfrac{943}{991}$; je regarde cette fraction comme $\dfrac{991}{991} - \dfrac{48}{991}$, ou comme $1 - \dfrac{48}{991}$, et après avoir trouvé la fraction ci-dessus 0,048435923042 pour valeur de $\dfrac{48}{991}$, je la retranche de 1, où je prends son complément Arithmétique : ce qui me donnera tout de suite 0,951564076958 pour valeur de $\dfrac{943}{991}$.

Enfin, si l'on avoit $\dfrac{7}{9993}$, ou $\dfrac{7}{10000-7}$, on voit que $m = 1$, et qu'alors, pour avoir la valeur de cette fraction avec 16 décimales , il suffiroit de ne pas multiplier par 8, 0,0007004903432401 , valeur de $\dfrac{7}{9993}$, trouvée dans le premier exemple.

Les cas, auxquels on peut appliquer la méthode précédente, sont beaucoup plus nombreux qu'ils le paroissent au premier coup-d'œil. Il suffit très-souvent de multiplier les deux termes de la fraction proposée par un certain nombre, pour les y ramener : ainsi soit donné $\dfrac{6}{49}$ ou $1 - \dfrac{43}{49}$, je multiplie 6 et 49 par 2, et j'ai à évaluer $\dfrac{12}{98}$ ou $6 \times \dfrac{2}{100-2}$. Soit encore $\dfrac{16}{1997}$, je multiplierai les deux termes 16 et 1997 par 5, et j'aurai $\dfrac{80}{9985}$ $= 5\frac{1}{3} \times \dfrac{15}{10000-15}$. Si j'avois à réduire $\dfrac{1}{142857}$, je multiplierois 1 et 142857 par 7, et j'aurois $\dfrac{7}{999999}$, ou $7 \times \dfrac{1}{1000000-1}$. Quant à la manière de trouver le facteur convenable, elle est fort simple, puisqu'il ne faut que diviser par le dénominateur, l'unité suivie d'autant de zéros qu'il a de chiffres. Ainsi, on trouve le premier facteur 2, en divisant 100 par 49 ; le second facteur 5, en divisant 10000 par 1997, etc.

51. De toutes les conséquences qu'on pourroit tirer de ce qui précède, nous ne donnerons que les deux suivantes :

On peut quelquefois trouver la valeur d'une fraction décimale approchée en fraction ordinaire exacte : c'est lorsque l'on trouve à des distances égales la première, la seconde, la troisième, etc. puissances d'un nombre. Ainsi, supposons que je sache que 0,0003000900270081 provient de la réduction d'une fraction ordinaire en décimales ; je retrouverois cette fraction, en observant que, puisque de quatre en quatre chiffres, on a 3, 3^2, 3^3, 3^4,

elle doit provenir de $\dfrac{3}{10000-3}$, ou de $\dfrac{3}{9997}$.

Soit encore donné 0,011122345802051, je vois que si je sépare le nombre décimal proposé, il est la somme de $0,011 + (0,011)^2 + (0,011)^3 + (0,011)^4 + (0,011)^5$, ou de $0,011 + 0,000121 + 0,000001331 + 0,00000001464 1 + 0,0000000001610051$: la fraction cherchée est donc

$$\frac{11}{1000-11} = \frac{11}{989}.$$

Si l'on donnoit enfin 0,9473684375, je ne vois pas qu'ici je puisse trouver des puissances successives : alors je retranche cette fraction de l'unité, et j'ai 0,0526315625, et je vois que, dans cet état, elle est la somme de $0,05 + (0,05)^2 + (0,05)^3 + (0,05)^4 + (0,05)^5$, ou de $0,05 + 0,0025 + 0,000125 + 0,00000625 + 0,0000003125$.

Donc cette fraction vaut $\dfrac{5}{100-5}$, ou $\dfrac{5}{95}$; donc la fraction donnée vaut $1 - \dfrac{5}{95}$, ou $\dfrac{90}{95}$, ou $\dfrac{18}{19}$.

52. On peut encore tirer, de ce qu'on a dit, la démonstration de ces deux propositions:

1°. que $1 = \dfrac{1}{2} + \dfrac{1}{4} + \dfrac{1}{8} + \dfrac{1}{16} +$ etc. etc.

2°. que $\dfrac{1}{2^n} = \dfrac{1}{2^{n+1}} + \dfrac{1}{2^{n+2}} + \dfrac{1}{2^{n+3}} + \dfrac{1}{2^{n+4}} +$ etc.

En effet, $1 = \dfrac{5}{5} = \dfrac{5}{10-5} = 0,5 + (0,5)^2 + (0,5)^3 + (0,5)^4 +$ etc. $= \dfrac{1}{2} + \dfrac{1}{4} + \dfrac{1}{8} + \dfrac{1}{16}$, etc.

De plus, si on divise les deux membres 1 et $\dfrac{1}{2} + \dfrac{1}{4} + \dfrac{1}{8} + \dfrac{1}{16}$, etc. par 2^n, on a

$$\dfrac{1}{2^n} = \dfrac{1}{2^n 2} + \dfrac{1}{2^n 2^2} + \dfrac{1}{2^n 2^3} + \dfrac{1}{2^n 2^4} +\text{ etc. ou}$$

$$\dfrac{1}{2^n} = \dfrac{1}{2^{n+1}} + \dfrac{1}{2^{n+2}} + \dfrac{1}{2^{n+3}} + \dfrac{1}{2^{n+4}} +\text{ etc.}$$

Mais en voilà, pour le moment, assez sur les suites. Nous y reviendrons, comme nous l'avons déjà dit.

ADDITION VII.

Des proportions Arithmétiques ou des équi-différences.

53. Nous avons déjà expliqué, (17) ce qu'étoient, et comment se marquoient les rapports et les proportions

tant Arithmétiques que Géométriques. Je vais traiter les
théories des proportions par l'Algèbre, et on verra avec
quelle facilité elle fait trouver toutes leurs propriétés.
Mais auparavant il n'est pas hors de propos de faire remarquer que les dénominations mêmes de proportions Arithmétiques et Géométriques sont vicieuses, et d'indiquer
celles qu'on devroit leur substituer. D'abord le vice de
ces noms vient de ce que l'idée de proportion ne s'allie
qu'à tout ce qui suppose une proportion Géométrique.
Quand on dit, par exemple, qu'on doit proportionner
sa dépense à son revenu, que les parties d'une colonne
doivent être en proportion, etc., on n'entend alors
par proportion, que l'égalité de deux rapports Géométriques. D'ailleurs, pourquoi la proportion Arithmétique
seroit-elle plus Arithmétique, que la proportion Géométrique? ou pourquoi celle-ci seroit-elle plus Géométrique que l'autre? Au contraire, l'idée primitive de
celle-ci est fondée sur l'Arithmétique, puisque celle des
rapports vient essentiellement de la considération des
nombres. Ces dernières lignes sont tirées des séances des
Ecoles Normales; (Lagrange, IIe. partie, débats,
tome I, page 46) : et d'après les vices qu'offrent les noms
ci-dessus, il propose d'appeller équi-différence la proportion Arithmétique, et de conserver son nom à la proportion Géométrique Je me permettrai ici deux observations : par la première, je répondrai, au vice
d'impropriété qu'on impute à la dénomination de
proportion Géométrique, qu'on ne lui a sans doute
donné ce nom que parce qu'elle étoit la seule, bien peu
de cas exceptés, dont on fit usage dans la Géométrie.
En second lieu, je remarquerai que, si l'on veut substituer le mot *équi-différence*, à ceux de proportion Arithmétique, la brièveté, la justesse et la clarté du discours,

et sur-tout l'analogie, semblent aussi exiger qu'on remplace par le mot *équi-quotient* ceux de proportion Géométrique. Cependant pour me conformer à l'usage, je conserverai aux proportions, dans tout ce que je vais dire, les noms d'Arithmétique et de Géométrique.

54. Tout rapport Arithmétique, s'évaluant par la différence qui se trouve entre ses deux termes, il s'ensuit que, si on représente généralement un tel rapport par $a . b$, la différence sera représentée par $b - a$ ou $a - b$, selon que a sera plus petit ou plus grand que b; si donc on représente la différence par d, et qu'on suppose $b - a = + d$, $a - b$ sera $- d$: d'où il suit que tout rapport Arithmétique donne l'équation $b - a = \pm d$, selon que b est $>$ ou $< a$. Cette équation donne tout de suite $b = a \pm d$; donc, dans le rapport général de $a . b$, au lieu de b, on pourra substituer sa valeur $a \pm d$, et l'on aura alors $a . a \pm d$ pour l'expression générale de tout rapport Arithmétique. Ainsi, dans le rapport $5 . 7$, où $a = 5$ et $d = 2$, on a $5 . 5 + 2$. Pour représenter, au contraire, $a . a + d$ dans le rapport $4\frac{3}{4} . 3\frac{1}{2}$ ou $4\frac{9}{12} . 3\frac{6}{12}$ dans lequel $a = 4\frac{9}{12}$ et $d = - 1\frac{3}{12}$, on aura le rapport $4\frac{9}{12} . 4\frac{9}{12} - 1\frac{3}{12}$ pour exprimer $a . a - d$. On peut conclure aisément de là,

1°. que pour rendre les deux termes d'un rapport Arithmétique égaux, il suffit de retrancher du second, ou de lui ajouter la différence, selon qu'il faudra prendre le signe supérieur ou inférieur dans la formule générale $a . a \pm d$; car par là ce rapport devient $a . a \pm d \mp d$, ou $a . a$.

2°. Que l'on peut ajouter aux deux termes d'un rapport, ou en retrancher un même nombre, sans que le rapport soit altéré; car alors le rapport général $a . a \pm d$ devient $a + m . a + m \pm d$, ou $a - m . a - m \pm d$, dont la différence est des deux côtés $\pm\, d$, comme au-paravant.

55. D'après la définition même du mot *équi-diffé-rence*, substitué à ceux de proportion Arithmétique, il faut, dès qu'il y a proportion entre deux rapports $a\,.\,b$, et $e\,.\,f$, que $b - a = f - e$; mais $b - a = \pm\, d$; donc $f - e = \pm\, d$; donc $f = e \pm\, d$; donc toute proportion Arithmétique $a\,.\,b : e\,.\,f$, peut, si l'on substitue, au lieu de b, $a \pm\, d$, et au lieu de f, $e \pm\, d$, se rendre généralement par $a\,.\,a \pm\, d : e\,.\,e \pm\, d$.

Il est bon de se rappeller ici, et cela regarde aussi les proportions Géométriques, 1°. que, si l'on envisage les rapports seuls, le premier terme de chaque rapport s'appelle *antécédent*, et le second *conséquent*. Mais que, si l'on embrasse toute la proportion, le premier et le troisième termes se nommeront premier et second antécédens, et le second et le quatrième, premier et second conséquens ; 2°. que le premier et le dernier termes s'appellent les *extrêmes*, et le second et le troisième, les *moyens*. 3°. Enfin, qu'une proportion soit Arithmétique, soit Géométrique, s'appelle *continue*, quand les deux moyens sont égaux. Ainsi $a\,.\,b : b\,.\,c$ qui s'écrit $\div\, a\,.\,b\,.\,c$, est une proportion Arithmétique continue, et $a : b : : b : c$, qui s'écrit $\div\, a : b : c$ est une proportion Géométrique continue.

Cela posé, et d'après la proportion arithmétique générale $a\,.\,a \pm\, d : e\,.\,e \pm\, d$, on conclura aisément toutes les propositions suivantes :

1°. Dans toute proportion arithmétique, la somme des extrêmes est égale à la somme des moyens; en effet, si l'on ajoute séparément ces deux sommes, on aura $a + e \pm\, d$, et $a \pm\, d + e$, qui sont évidemment égales.

2°.

2°. Que, dans toute proportion Arithmétique continue, le double du terme moyen est égal à la somme des
extrêmes : car dans la proportion générale, $a . a \pm d :$
$e . e \pm d$, e devenant égal à $a \pm d$, elle se change en
$a . a \pm d : a \pm d . a \pm 2 d$, ou $\div a . a \pm d . a \pm 2 d$,
où l'on voit que le double du terme moyen $2 a \pm 2 d$
$= a \pm a \pm 2 d$, somme des extrêmes.

3°. Il suit de ces deux propositions, que, pour trouver un terme quelconque d'une proportion Arithmétique,
dont on connoît les trois autres, il faut, si c'est un
extrême qu'on cherche, retrancher l'autre extrême de la
somme des moyens ; et si c'est un moyen, retrancher
l'autre moyen de la somme des extrêmes : ainsi cherche-t-on le troisième terme de la proportion $9 . 16 : x . 28$,
je vois que $x = 9 + 28 - 16 = 21$, ce qui donne la
proportion $9 . 16 : 21 . 28$. Mais cherche-t-on le pre-
mier terme de $x . \frac{7}{12} : \frac{5}{6} . \frac{3}{4}$, je pose $x = \frac{7}{12} + \frac{5}{6} - \frac{3}{4} = \frac{2}{3}$;
de sorte que j'ai la proportion $\frac{2}{3} . \frac{7}{12} : \frac{5}{6} . \frac{3}{4}$, dont on re-
connoît la justesse, en réduisant tous les termes au dé-
nominateur commun 36 ; car elle devient $\frac{24}{36} . \frac{21}{36} : \frac{30}{36} . \frac{27}{36}$,
où la différence $d = \frac{3}{36}$.

4°. Que si l'on cherche un moyen entre deux quantités, il faut prendre la moitié de la somme des extrêmes.
Ainsi, dans $\div 12 . x . 28$, $x = \frac{40}{2} = 20$, et la proportion continue devient $\div 12 . 20 . 28$.

5°. Enfin que la proportion primitive $a . b : e . f$, donne,
en la comptant, les huit changemens
qui suivent . . . . $a . e : b . f$
$$b . a : f . e$$
$$b . f : a . e$$
$$e . f : a . b$$
$$e . a : f . b$$
$$f . e : b . a$$
$$f . b : e . a$$

et qui forment tous proportion , puisque par-tout la somme des extrèmes , égalée à celle des moyens , donne , par de simples transpositions de membres, et de termes dans chaque membre, l'équation primitive $a + f = b + e$. Je n'en dirai pas davantage, pour le moment , sur les proportions Arithmétiques, parce que mon intention est d'y revenir à la fin de l'addition suivante , où je vais parler des proportions Géométriques.

ADDITION VIII.

Des proportions Géométriques , ou des équi-quotiens.

56. Soit $a : b$ un rapport Géométrique quelconque : on peut exprimer le quotient de deux manières , ou par $\dfrac{a}{b}$, ou par $\dfrac{b}{a}$: mais une fois pour toutes , nous avertissons , qu'à l'avenir, nous évaluerons tout rapport Géométrique , en divisant le conséquent par l'antécédent. Soit donc $\dfrac{b}{a}$ le rapport de $a : b$; et supposons que le quotient de $\dfrac{b}{a} = q$, on tirera de cette équation $b = a q$: donc tout rapport Géométrique peut s'exprimer généralement par $a : a q$.

Dans cet état , on voit que la fraction $\dfrac{a q}{a}$, qui remplace la fraction $\frac{b}{a}$, valeur du rapport $a : b$, a ses deux termes divisibles par a, et peut se réduire à $\frac{q}{1}$, ce qui donne le nouveau rapport $1 : q$. Il sera donc toujours aisé de ramener un rapport Géométrique donné, à n'avoir que l'unité pour premier terme ; il ne faudra, pour cela, que diviser ses deux termes par le premier.

EXEMPLES. 1°. $9 : 27$ devient $1 : 3$; 2°. $12 : 42$ ou $\frac{42}{12} = \frac{3\frac{1}{2}}{1}$ ou $1 : \frac{7}{2}$; 3°. $4\frac{2}{3} : 8\frac{1}{6} = \frac{14}{3} : \frac{49}{6}$; or $\frac{49}{6}$ divisé par $\frac{14}{3} = \frac{7}{4}$; donc $4\frac{2}{3} : 8\frac{1}{6}$ se change en $1 : \frac{7}{4}$, etc.

57. Soit présentement un autre rapport quelconque $e : f$, tel qu'on ait la proportion $a : b :: e : f$, il faut que $\frac{f}{e} = \frac{b}{a} = q$; donc $f = e\,q$; d'où $e : f$ se change en $e : e\,q$; d'où encore la proportion Géométrique générale $a : b :: e : f$ se change en cette autre, non moins générale qu'elle, $a : a\,q :: e : e\,q$.

58. Il suit de là, 1°. que dans toute proportion Géométrique, (et cette propriété est d'une application aussi utile que féconde, dans toutes les branches de Mathématiques) le produit des extrêmes est égal au produit des moyens, puisque $a\,e\,q = a\,q\,e$: donc en général, dans la proportion $a : b :: e : f$, l'on a l'équation $af = be$.

2°. Que dans une proportion Géométrique continue, le produit des extrêmes est égal au quarré d'un moyen : puisque, dans une telle proportion, le troisième terme e devenant $a\,q$, $a : a\,q :: e : e\,q$, se change en . . . $a : a\,q :: a\,q : a\,q \times q$ ou $a\,q^2$, et qu'alors il est clair que le produit des extrêmes $a \times a\,q^2$ ou $a^2\,q^2$, égale le quarré du moyen $a\,q$, qui est aussi $a^2\,q^2$.

3°. Que, de ces deux propositions, on peut conclure, que, pour trouver un terme quelconque d'une proportion Géométrique, il faut, si c'est un moyen qu'on cherche, diviser le produit des extrêmes par le moyen connu, puisque dans $af = be$, $b = \dfrac{af}{e}$ et $e = \dfrac{af}{b}$, et, si c'est un extrême, diviser le produit des moyens par l'extrême connu, puisque $a = \dfrac{be}{f}$, et que $f = \dfrac{be}{a}$.

4°. Que pour trouver un moyen Géométrique, dans une proportion continue, il faut prendre la racine quarrée du produit des extrêmes, puisque la proportion $a : b :: e : f$ devenant alors $a : b :: b : f$, ou $\therefore a : b : f$, on doit avoir $af = b^2$. Mais ces deux membres étant égaux, leurs racines quarrées sont égales ; donc $\sqrt{b^2} = \sqrt{af}$. Mais $\sqrt{b^2} = b$: donc $b = \sqrt{af}$.

59. Exemples pour le premier cas. Soit 1°. proposé de trouver le troisième terme, ou le second moyen de cette proportion, $8 : 32 :: x : 16$, j'aurai $x = \dfrac{8 \times 16}{32} = \dfrac{128}{32}$ $= 4$. Observons qu'au lieu de $8 : 32 :: x : 16$, on peut (56) écrire (et c'est ce qu'il ne faut jamais manquer de faire, quand cela est possible) $1 : 4 :: x : 16$; ce qui donne $x = \frac{16}{4} = 4$, comme ci-dessus.

Soit, 2°. demandé de trouver le premier extrême de cette proportion, $x : 4\frac{2}{3} :: 5\frac{1}{4} : 3\frac{1}{2}$; j'observe que le second rapport peut (56) se réduire à celui de $\frac{3}{2} : 1$; donc $x = \frac{3}{2} \times \frac{14}{3} = 7$. D'où je tire la proportion $7 : 4\frac{2}{3} :: 5\frac{1}{4} : 3\frac{1}{2}$.

60. Exemple pour le second cas. Soit proposé de trouver le terme moyen de la proportion continue $\therefore 3 : x : 27$, j'ai ici $x^2 = 3 \times 27 = 81$; d'où $x = \sqrt{81} = 9$; ce qui donne $3 : 9 :: 9 : 27$.

Je ne peux donner ici qu'un exemple fort simple de racine quarrée à extraire, parce que ce ne doit être que dans les additions à la seconde partie, que l'on verra la manière d'extraire la racine quarrée des nombres : mais cet exemple suffit pour faire voir comment, en pareil cas, on doit toujours se conduire.

61. On vient de démontrer généralement que, dans toute proportion, le produit des extrêmes est égal au produit des moyens ; il est aisé de faire voir l'inverse de cette proposition ; c'est-à-dire, que si le produit de deux quantités est égal au produit de deux autres, l'on peut toujours, avec les quatre, établir une proportion, pourvu que les deux facteurs d'un membre en forment les extrêmes ou les moyens, et que les facteurs de l'autre membre soient les moyens ou les extrêmes : en effet, si $be = af$, on aura, en divisant les deux mem-

bres par ae, $\dfrac{be}{ae} = \dfrac{af}{ae}$ ou $\dfrac{b}{a} = \dfrac{f}{e}$, ce qui donne

$a : b :: e : f$.

On voit bien aussi que si $\dfrac{b}{a}$ étoit $<$ ou $> \dfrac{f}{e}$, le pro-

duit be seroit aussi $<$ ou $>$ que le produit af, puisque l'inégalité des deux rapports subsisteroit toujours, en les multipliant tous deux par la même quantité ae. On voit encore, que si af étoit $>$ ou $< be$, les quatre quantités ne sauroient être en proportion, puisqu'en divisant les deux membres de *l'inégalité* $af >$ ou $< be$, par le même nombre ae, l'inégalité subsisteroit encore ; ce qui

donneroit $\dfrac{f}{e} >$ ou $< \dfrac{b}{a}$. Donc ces deux rapports étant

inégaux, ils ne sauroient former une proportion.

62. Si dans l'équation $af = bc$, on change tour-à-

tour de place , d'abord les facteurs de chaque membre ,
et ensuite les membres eux-mêmes , on trouvera les huit
équations suivantes , qui reviennent évidemment à la
même, ou à l'équation $af = be$. Voici ces huit combinaisons :

$$af = be \qquad fa = be \qquad af = eb \qquad fa = eb$$
$$be = af \qquad be = fa \qquad eb = af \qquad eb = fa$$

Si à présent , avec chacune des équations précédentes , on
forme une proportion, qui ait pour premier et second extrêmes, le premier et second facteurs du premier membre
de l'équation correspondante , et pour premier et second
moyens , le premier et le second facteurs du second
membre, on en tirera les huit proportions suivantes , qui
répondent aux huit proportions Arithmétiques de l'addition VII :

$$a:b::e:f \qquad f:b::e:a \qquad a:e::b:f \qquad f:e::b:a$$
$$b:a::f:e \qquad b:f::a:e \qquad e:a::f:b \qquad e:f::a:b$$

Qu'on compare à présent chacune de ces proportions à la
proportion primitive $a:b::e:f$, on verra que les deux
antécédens et les deux conséquens peuvent toujours former
les termes d'un même rapport : donc , puisque d'ailleurs
on a vu qu'on pouvoit diviser les deux premiers termes
d'une proportion , et les deux derniers , par un même
nombre, il est clair que l'on pourra diviser deux termes
quelconques d'une proportion par un même nombre ,
pourvu que ces termes ne soient pas ou les deux extrêmes
ou les deux moyens. On voit bien que, puisqu'un rapport
n'est qu'une fraction, on peut aussi multiplier , par un
même nombre , dans les mêmes cas où l'on vient de
voir qu'on pouvoit diviser. Cette double propriété sert à
simplifier souvent les opérations à faire , pour trouver
un terme d'une proportion, dont les autres sont connus.

EXEMPLES. 1°. $32 : x :: 72 : 27$; divisez les antécédens 32 et 72 par 8, et vous aurez $4 : x :: 9 : 27$; ensuite divisez les deux termes du dernier rapport par 9; il viendra $4 : x :: 1 : 3$; donc $x = \dfrac{4.3}{1} = 12$; ce qui est bien plus court que de multiplier 32 par 27, et de diviser le produit par 72. 2°. $4\frac{2}{5} : 3\frac{3}{5} :: \frac{4}{5} : x$; si l'on réduit les deux premiers termes en fraction, on aura $\frac{22}{5} : \frac{18}{5} :: \frac{4}{5} : x$; les divisant par 11, on a $\frac{2}{5} : \frac{18}{55} :: \frac{4}{5} : x$; les multipliant alors par 3, il vient $\frac{6}{5} : 1 :: \frac{4}{5} : x$; enfin divisant les deux antécédens par $\frac{6}{5}$, on a $1 : 1 :: 1 : x$, qui vaut évidemment 1. Nous ferons bientôt plusieurs applications de cette méthode d'abbréviation.

63. De même que toute proportion fournit une équation, de même aussi de toute équation on peut tirer une proportion.

EXEMPLES. Soit $x^2 - y^2 = a b - b x$; cette équation n'étant autre chose que $(x + y)(x - y) = b(a - x)$, on en déduira la proportion suivante : $x + y : b :: a - x : x - y$. Soit encore $x^4 - z^4 = a^2$; on aura $x^2 - z^2 : a :: a : x^2 + z^2$, ou $a : x^2 - z^2 : a : x^2 + z^2$. Soit enfin $x^2 = 1$, on aura $1 : x :: x : 1$, ou $x : 1 :: 1 : x$.

64. Si à l'équation $\dfrac{a}{b} = \dfrac{e}{f}$ qu'on peut tirer de l'équation générale $a f = b e$, on ajoute dans chaque membre une même quantité k, on aura $\dfrac{a}{b} + k = \dfrac{e}{f} + k$; d'où l'on obtient $\dfrac{a + k b}{b} = \dfrac{e + k f}{f}$; et ensuite $\dfrac{e + k f}{a + k b} = \dfrac{f}{b}$; mais $a f = b e$ donne $\dfrac{f}{b} = \dfrac{e}{a}$; donc $\dfrac{e + k f}{a + k b} = \dfrac{f}{b} = \dfrac{e}{a}$; ce qui

fournit les proportions suivantes, $a + kb : e + kf :: b : f$, et $a + kb : e + kf :: a : e$. Si au lieu d'ajouter k aux deux membres de l'équation $\dfrac{a}{b} = \dfrac{e}{f}$, on en eût retranché k, on seroit arrivé, par une marche absolument semblable à cette proportion $a - kb : e - kf :: b : f$, ou $:: a : e$. Donc on peut dire qu'en général dans toute proportion $a : b :: e : f$, le premier antécédent, augmenté ou diminué de son conséquent, pris un certain nombre de fois, est au second antécédent, augmenté ou diminué de son conséquent pris le même nombre de fois, comme le premier antécédent, est au second antécédent, ou comme le premier conséquent est au second conséquent.

Si dans $a + kb : e + kf :: a : e :: b : f$ et $a - kb : e - kf :: a : e :: b : f$, on fait $k = 1$, on aura ces proportions. La somme ou la différence des deux premiers termes de toute proportion, est à la somme ou la différence des deux derniers, comme le premier est au troisième, ou comme le second est au quatrième.

65. Des deux proportions ci-dessus, on tire $a + kb : e + kf :: a - kb : e - kf$, ou $a + kb : a - kb :: e + kf : e - kf$. Ce qui fournit, en faisant encore $k = 1$, cette proposition générale. Dans toute proportion, la somme des deux premiers termes est à leur différence, comme la somme des deux derniers est à leur différence.

66. Si au lieu d'écrire, telle qu'elle est, la proportion primitive $a : b :: e : f$, on écrit, ce qui est permis, $a : e :: b : f$, on aura l'équation $\dfrac{a}{e} = \dfrac{b}{f}$, et, en opérant absolument comme on l'a fait (64), il viendra succes-

sivement, 1°. $\frac{a}{e} + k = \frac{b}{f} + k$; $\frac{a+ke}{e} = \frac{b+kf}{f}$;

$\frac{b+kf}{a+ke} = \frac{f}{e} = \frac{b}{a}$; et $a+ke, b+kf :: e : f :: a : b$;

2°. $\frac{a}{e} - k = \frac{b}{f} - k$; $\frac{a-ke}{e} = \frac{b-kf}{f}$; $\frac{b-kf}{a-ke}$

$= \frac{f}{e} = \frac{b}{a}$; $a-ke : b-kf :: e : f :: a : b$; et 3°. $a+ke, b$

$+kf : a-ke : b-kf$; ou $a+ke : a-ke :: b+kf : b-kf$;
d'où, en faisant $k=1$, l'on peut tirer les deux conséquences
suivantes : dans toute proportion, 1°. la somme ou la différence des antécédens, est à la somme ou à la différence
des conséquens, comme un antécédent est à son conséquent ; et 2°. la somme des antécédens est à leur différence, comme la somme des conséquens est à leur différence.

Dans plusieurs ouvrages, on trouve le mot latin *in-
vertendo*, pour exprimer les changemens qu'on peut
faire subir à une proportion, en mettant les extrêmes à
la place des moyens; celui de *alternando*, pour désigner
les changemens qu'on obtient, en changeant les deux
moyens de place, ainsi que les deux extrêmes ; celui de
componendo, pour marquer toutes les proportions qu'on
peut tirer, par voie d'addition, d'une proportion donnée ; et enfin celui de *detrahendo*, pour indiquer les
proportions qu'elle peut fournir par voie de soustraction.
Mais tous ces noms sont assez inutiles, et l'on peut se
dispenser d'en fatiguer sa mémoire.

67. La propriété qu'on vient de démontrer à l'instant,
pour le cas de deux rapports égaux, n'a pas moins lieu
pour un nombre quelconque de rapports égaux;

c'est-à-dire, que, si l'on a cette suite de rapports égaux, $a : b :: e : f :: g : h :: k : l$, etc., on aura toujours cette proportion; la somme des antécédens $a + e + g + k$, etc., est à la somme des conséquens $b + f + h + l$, etc., 1°. comme un antécédent quelconque est à son conséquent, c'est-à-dire, $:: a : b$, ou $:: e : f$, ou, etc., et même, 2°. comme la somme d'un certain nombre d'antécédens, $a + e +$ etc., est à la somme d'un pareil nombre de conséquens, $b + f +$ etc. En effet, si le rapport de $\dfrac{b}{a} = q$, on aura aussi $\dfrac{f}{e} = q$, $\dfrac{h}{g} = q$, $\dfrac{l}{k} = q$, etc.; ainsi la suite précédente de rapports égaux se changera en celle-ci, $a : aq :: e : eq :: g : gq :: k : kq$, etc., dans laquelle on voit que le rapport des sommes des antécédens et des conséquens ou

$$\frac{aq + eq + gq + kq, \text{etc.}}{a + e + g + k, \text{etc.}} = \frac{(a + e + g + k, \text{etc.}) \, q}{a + e + g + k, \text{etc.}} = q$$

$= \dfrac{b}{a} = \dfrac{f}{e}$; donc, 1°. etc. De plus, on voit bien que, puisque le nombre d'antécédens et de conséquens que l'on compare, est indéfini; la somme d'un autre nombre d'antécédens seroit aussi à celle d'un même nombre de conséquens, dans le rapport de $a : b$, ou de $e : f$, etc. Donc, puisque les deux différentes sommes d'antécédens et de conséquens sont en même rapport, ces sommes sont aussi proportionnelles.

68. On dit qu'un rapport est *composé*, quand il est le produit de plusieurs rapports *simples*, mais inégaux, multipliés antécédent par antécédent, et conséquent par conséquent. Si ces rapports sont égaux, alors le rapport

composé prend le nom de rapport *doublé*, ou *triplé*, etc. ; ainsi $ae : bf$ est un rapport composé des deux rapports $a : b$ et $e : f$, si ces deux rapports sont inégaux ; mais il sera doublé, s'ils sont égaux ; $aeg : bfh$, formé des trois rapports $a : b, e : f, g : h$, ne sera dit que composé, si ces trois rapports sont inégaux ; mais il sera triplé, s'ils sont égaux, etc. Cela posé, tout rapport doublé est égal à celui des quarrés, et triplé, à celui des cubes, etc., de l'un quelconque des rapports qui lui servent de facteurs. En effet, soient $a : aq ; e : eq$, ou $a : aq ; e : eq ; g : gq$, ou, etc., deux ou trois, ou etc., rapports égaux ; on aura pour leurs rapports doublés, ou triplés, ou etc., $ae : aeq^2$, ou $aeg : aegq^3$, ou etc., dans lesquels il règne le même rapport q^2, q^3, etc., que dans les rapports $a^2 : a^2 q^2 ; a^3 : a^3 q^3$, etc. qui ne sont autre chose que ceux des quarrés, des cubes, etc., de l'un des rapports donnés $a : aq$, ou $e : eq$, etc.

69. Si, au lieu de rapports, comme on vient de le voir, il s'agissoit de proportions, dont on voulût multiplier entr'eux tous les termes correspondans, alors on diroit que ces proportions sont multipliées *par ordre*. Ainsi soient, par exemple, à multiplier par ordre les trois proportions suivantes :

$$a : aq :: e : eq$$
$$a' : a'q' :: e' : e'q'$$
$$a'' : a''q'' :: e'' : e''q''.$$

Le produit par ordre donnera les quatre produits suivans :

$$a a' a'', \; a a' a'' q q' q'', \; e e' e'', \; e e' e'' q q' q''.$$

Or, il est aisé de voir que ces quatre produits sont en proportion, puisque le rapport $\dfrac{a a' a'' q q' q''}{a a' a''} = q q' q''$

$$= \frac{e\,e'\,e''\,q\,q'\,q''}{a\,e'\,e''} \; ;$$ et, comme il est évident que la même propriété auroit lieu pour tout autre nombre de proportions, l'on peut conclure que, si l'on multiplie par ordre tant de proportions qu'on voudra, les quatre produits résultans seront en proportion.

70. Donc si toutes ces proportions devenoient entièrement égales à la première, c'est-à-dire, si $a = a' = a''$ $=$, etc., et $e = e' = e'' =$, etc., et si de plus $q = q' = q''$ $=$, etc., alors la proportion précédente $a\,a'\,a'' : a\,a'\,a''\,q\,q'\,q''$ $:: e\,e'\,e'' : e\,e'\,e''\,q\,q'\,q''$, deviendra $a^3 : a^3 q^3 :: e^3 : e^3 q^3$, ou plutôt en général $a^m : a^m q^m :: e^m : e^m q^m$, m marquant le nombre des proportions multipliées : donc les puissances semblables de quatre quantités en proportion, sont aussi en proportion.

71. On pourroit encore démontrer les deux théorèmes précédens, de la manière suivante. Si l'on a les proportions $a : b :: e : f$; $a' : b' :: e' : f'$; $a'' : b'' :: e'' : f''$, etc.; on en déduit aussitôt les équations $af = be$, $a'f' = b'e'$, $a''f'' = b''e''$, etc. Alors en les multipliant toutes, membre par membre, les deux produits résultans seront évidemment égaux : on aura donc $a\,a'\,a''\,ff'\,f'' = b\,b'\,b''\,e\,e'\,e''$; d'où (63) on tire cette proportion : $a\,a'\,a'' : b\,b'\,b'' :: e\,e'\,e'' : ff'\,f''$, c'est-à-dire encore, que les produits par ordre de plusieurs proportions, sont aussi en proportion.

Si, comme dans l'article 69, on fait $b = aq$, $b' = a'q'$, $b'' = a''q''$, etc., et $f = eq$, $f' = e'q'$, $f'' = e''q''$, etc. La proportion $a\,a'\,a'' : b\,b'\,b'' :: e\,e'\,e'' : ff'\,f''$, deviendra $a\,a'\,a'' : a\,a'\,a''\,q\,q'\,q'' :: e\,e'\,e'' : e\,e'\,e''\,q\,q'\,q''$, c'est-à-dire, qu'on trouvera absolument les mêmes quantités que, dans le même article, on avoit déjà vues être en proportion.

Si à présent les proportions qu'on multiplie sont toutes égales à la première, alors on aura $a = a^{l} = a^{ll} =$, etc., $b = b^{l} = b^{ll} =$ etc., $e = e^{l} = e^{ll} =$, etc., $f = f^{l} = f^{ll} =$ etc., d'où $a\, a^{l}\, a^{ll} : b\, b^{l}\, b^{ll} :: e\, e^{l}\, e^{ll} : f\, f^{l}\, f^{ll}$, deviendra $a^{3} : b^{3} :: e^{3} : f^{3}$, ou plutôt (en mettant $a^{3} q^{3}$ pour b^{3}, et $e^{3} q^{3}$ pour f^{3}, puisque $b = a\, q$, et que $f = e\, q$) $a^{3} : a^{3} q^{3} :: e^{3} : e^{3} q^{3}$, comme dans l'article 70. Enfin, si le nombre des proportions multipliées étoit m, alors on auroit $a^{m} : b^{m} :: e^{m} : f^{m}$, ou (70) $a^{m} : a^{m} q^{m} :: e^{m} : e^{m} q^{m}$.

72. Si, avec les deux proportions $a : b :: e : f$, et $a^{l} : b^{l} :: e^{l} : f^{l}$, on forme les deux équations $af = be$, et $a^{l} f^{l} = b^{l} e^{l}$, et qu'ensuite on les divise, membre par membre, il est évident que les deux quotiens seront égaux; donc $\dfrac{af}{a^{l} f^{l}} = \dfrac{be}{b^{l} e^{l}}$, ou $\dfrac{a}{a^{l}} \times \dfrac{f}{f^{l}} = \dfrac{b}{b^{l}} \times \dfrac{e}{e^{l}}$; d'où l'on tire la proportion $\dfrac{a}{a^{l}} : \dfrac{b}{b^{l}} :: \dfrac{e}{e^{l}} : \dfrac{f}{f^{l}}$. Donc les quotiens de deux proportions divisées terme par terme, ou par ordre, sont aussi en proportion.

73. Enfin, si des deux membres de l'équation $af = be$, que donne la proportion $a : b :: e : f$, on tire une même racine m, les deux nouveaux membres seront encore égaux : donc $\sqrt[m]{af} = \sqrt[m]{be}$; mais (et on le verra dans la quatrième partie) $\sqrt[m]{af} = \sqrt[m]{a} \times \sqrt[m]{f}$, de même que $\sqrt[m]{be} = \sqrt[m]{b} \times \sqrt[m]{e}$; donc $\sqrt[m]{af} = \sqrt[m]{be}$ devient $\sqrt[m]{a} \times \sqrt[m]{f} = \sqrt[m]{b} \times \sqrt[m]{e}$; d'où (63) $\sqrt[m]{a} : \sqrt[m]{b} :: \sqrt[m]{e} : \sqrt[m]{f}$; c'est-à-dire, qu'en général, les racines sem-

blables de quatre quantités en proportion, sont aussi en proportion.

74. Si l'on compare ce qu'on vient de lire, avec ce qu'on a lu dans le chapitre précédent, on ne pourra s'empêcher d'être frappé de la correspondance singulière qui règne entre les deux espèces de proportions; elle est si intime, que, dans tous les cas où, dans la proportion Arithmétique, on ajoute, on multiplie dans la Géométrique; où l'on retranche dans celle-là, on divise dans celle-ci; où l'on multiplie dans la première, on élève à des puissances dans la seconde; enfin, où l'on divise dans l'une, on extrait des racines dans l'autre. C'est ce dont on sera pleinement convaincu, à la seule inspection du tableau suivant, que j'offre au lecteur par trois raisons, outre celle qu'on vient d'exposer; la première, pour qu'il puisse retenir plus aisément les propriétés générales des proportions; la seconde, parce qu'il verra distinctement que chacune d'elles correspond à une équation, qui pourroit la remplacer; et la troisième enfin, parce qu'au moyen de plusieurs des propriétés de la proportion Géométrique, on pourra en conclure plusieurs de la proportion Arithmétique, qu'il eût été aussi inutile que fastidieux de démontrer tout au long.

TABLEAU COMPARATIF

Des propriétés générales des rapports et des proportions.

ARITHMÉTIQUES.		GÉOMÉTRIQUES.	
Rapports et proportions.	Équations correspondantes.	Rapports et proportions.	Équations correspondantes.
Rapport général. $a \,.\, b$ ou $a \,.\, a+d$	$b-a=d$ $b=a+d$	Rapport gén. $a:b$ ou $a:aq$	$\dfrac{b}{a}=q$ $b=aq$
Proportion générale. $a \,.\, b : e \,.\, f$ ou $a+d \,.\, e \,.\, e+d$	$a+f=b+e$ $a+e+d=a+d+e$	Proportion générale. $a:b::e:f$ ou $a:aq::e:eq$	$af=be$ ou $aeq=aqe$
Pour avoir un extrême cherché x.			
$a \,.\, b : e \,.\, x$	$x=b+e-a$	$a:b::e:x$	$x=\dfrac{be}{a}$
$x \,.\, b : e \,.\, f$	$x=b+e-f$	$x:b::e:f$	$x=\dfrac{be}{f}$
Pour avoir un moyen cherché x.			
$a \,.\, b : x \,.\, f$	$x=a+f-b$	$a:b::x:f$	$x=\dfrac{af}{b}$
$a \,.\, x : e \,.\, f$	$x=a+f-e$	$a:x::e:f$	$x=\dfrac{af}{e}$
Proportion continue. $\div a \,.\, b \,.\, f$	$a+f=2b$	Proportion continue. $\div a:b:f$	$af=b^2$
Pour avoir un moyen x entre deux termes.			
$\div a \,.\, x \,.\, f$	$x=\dfrac{a+f}{2}$	$\div a:x:f$	$x=\sqrt{af}$

ARITHMÉTIQUES.		GÉOMÉTRIQU[ES]	
Rapports et proportions.	Equations correspondantes.	Rapports et proportions.	Equations [re]spondan[tes].
Inversions.		*Inversions.*	
$a.b:e.f$	$a+f = b+e$	$a:b::e:f$	$af = \ldots$
$a.e:b.f$	$a+f = e+b$	$a:e::b:f$	$af = \ldots$
$b.a:f.e$	$b+e = a+f$	$b:a::f:e$	$be = \ldots$
$b.f:a.e$	$b+e = f+a$	$b:f::a:e$	$be = \ldots$
$e.f:a.b$	$e+b = f+a$	$e:f::a:b$	$eb = \ldots$
$e.a:f.b$	$e+b = a+f$	$e:a::f:b$	$eb = \ldots$
$f.e:b.a$	$f+a = e+b$	$f:e::b:a$	$fa = \ldots$
$f.b:e.a$	$f+a = b+e$	$f:b::e:a$	$fa = \ldots$

Changemens par voie

ARITHMÉTIQUES		GÉOMÉTRIQU[ES]	
D'addition.		*De multiplication.*	
$a+m.b+m:e+n.f+n$	$a+m+f+n = b+m+e+n$	$am:bm::en:fn$	$amfn = \ldots$
$a+m.b+m:e+m.f+a$	$a+m+f+n = b+n+e+m$	$am:bn::em:fn$	$amfn = \ldots$
De soustraction.		*De division.*	
$a-m.b-m:e-n.f-n$	$a-m+f-n = b-m+e-n$	$\dfrac{a}{m}, \dfrac{b}{m}:\dfrac{e}{n}.\dfrac{f}{n}$	$\dfrac{af}{mn} = \ldots$
$a-m.b-n:e-m.f-n$	$a-m+f-n = b-n+e-m$	$\dfrac{a}{m}, \dfrac{b}{n}:\dfrac{e}{m}.\dfrac{f}{n}$	$\dfrac{af}{mn} = \ldots$
De multiplication.		*D'élévation aux puissances.*	
$am.bm:em.fm$	$\begin{cases} am+fm = bm+em \\ \text{ou} \\ m(af) = m(b+e) \end{cases}$	$a^m:b^m::e^m:f^m$	$\begin{cases} a^m f^m = b\ldots \\ \text{ou} \\ (af)^m = \ldots \end{cases}$
De division.		*D'extraction de racines.*	
$\dfrac{a}{m}, \dfrac{b}{m}:\dfrac{e}{m}.\dfrac{f}{m}$	$\dfrac{a+f}{m} = \dfrac{b+e}{m}$	$\begin{cases} \sqrt[m]{a}:\sqrt[m]{b}:: \\ \sqrt[m]{a}:\sqrt[m]{f} \end{cases}$	$\sqrt[m]{af} = \sqrt[m]{\ldots}$

ARITHMÉTIQUES.		GÉOMÉTRIQUES.	
Rapports et proportions.	Equations correspondantes.	Rapports et proportions.	Equations correspondantes.
		D'addition et soustraction.	
		$ma \pm mb : me \pm mf :: a : e :: b : f$	$\{\ mae \pm mbe = mea \pm mfa$
		Si $m = 1$ $a \pm b : e \pm f :: a : e :: b : f$	$ae \pm be = ea \pm fa$
		$ma \pm me : mb \pm mf :: d : b :: e : f$	$\{\ mab \pm meb = mba \pm mfa$
		Si $m = 1$ $a \pm e : b \pm f :: a : b :: e : f$	$ab \pm eb = ba \pm fa$
Rapports composés.			
$b . e . f . g . h . k . l$ etc. $e + g + k . b + f + h + l$		$\{\ a : b : e : f : g : h : k : l$ etc. $\{\ aegk : bfhl$	
Rapports égaux.			
$b . e . f . g . h . k . l$ etc. $\{\ b = a + d ; f = e + d ; h = g + d ; l = k + d$ etc.		$\{\ a : b : e : f : g : h : k : l$ etc. $\{\ b = aq ; f = eq ; h = gq ; l = kq$ etc.	
Rapports doubles, triples, etc.			
$a + e . b + f$ ou $e . a + e + 2d$ $2a . 2a + 3d$	$\{\ 3a + e + 2d = 3a + e + 2d$	$ae : bf$ ou $ae : aeq^2 :: a^2 : a^2q^2$	$\{\ a^3eq^2 = a^3eq^2$
$a + e + g . b + f + h$ ou $g . a + e + g + 3d$ $3a . 3a + 3d$ etc.	$\{\ 4a + e + g + 3d = 4a + e + g + 3d$ etc.	$aeg : bfh$ ou $aeg : aegq^3 :: a^3 : a^3q^3$ etc.	$\{\ a^4egq^3 = a^4egq^3$ etc.

ARITHMÉTIQUES.		GÉOMÉTRIQUES.	
Rapports et pro-portions.	Équations correspon-dantes.	Rapports et proportions.	Équations cor-respondantes.
		Dans toute suite de rapports égaux	
		$a:b::e:f::g:h::k:l$ etc.	
		$a+e+g+k$ etc. $:b+f+h+l$ etc.	
		$::a:b::e:f$ etc. $::a+e:b+f$ etc.	

Proportions par ordre.

Ajoutées.		Multipliées.	
$a.b:e.f$ $g.h:k.l$	$a+f=b+e$ $g+l=h+k$	$a:b::e:f$ $g:h::k:l$	$af=be$ $gl=hk$
$a+g.b+h:e+k.f+l$	$a+f+g+l=b+e+h+k$	$ag:bh::ek:fl$	$afgl=be\ldots$
$a.b:e.f$ $g.h:k.l$ $m.n:p.q$	$a+f=b+e$ $g+l=h+k$ $m+q=n+p$	$a:b::e:f$ $g:h::k:l$ $m:n::p:q$	$af=be$ $gl=hk$ $mq=np$
$a+g+m.b+h+n:$ $e+k+p.f+l+q$ etc.	$a+f+g+l+m+q=$ $b+e+h+k+n+p$ etc.	$agm:bhn::$ $ekp:flq$ etc.	$afglmq=$ $behknp$ etc.

Soustraites.		Divisées.	
$a.b:e.f$ $g.h:k.l$	$a+f=b+e$ $g+l=h+k$	$a:b::e:f$ $g:h::k:l$	$af=be$ $gl=hk$
$a-g.b-h:e-k.f-l$	$a+f-g-l=b+e-h-k$	$\dfrac{a}{g}.\dfrac{b}{h}::\dfrac{e}{k}.\dfrac{f}{l}$	$\dfrac{af}{gl}=\dfrac{be}{hk}$

ADDITION IX.

*De plusieurs règles qui dépendent des proportions ,
et de la règle de double fausse position.*

Sur la règle de trois.

75. On a vu en Arithmétique la définition et les différentes espèces des *règles de trois*. Je crois utile d'exposer ici une méthode générale pour résoudre ces problèmes , dans les cas les plus compliqués , et cela me
paroît d'autant mieux fondé , que , d'après toutes les méthodes ordinaires , le lecteur se trouve engagé dans une
série de raisonnemens , où il s'égare bien souvent. Je
vais commencer par un exemple , qui me conduira à la
règle générale , que j'appliquerai à une question fort
composée.

36 ouvriers , en travaillant 8 heures par jour , ont
creusé , en 16 jours , un fossé de 72 mètres de longueur ,
sur 18 de largeur et 12 de profondeur : on demande combien il faudroit de jours à 32 ouvriers , qui travaille-
roient 12 heures par jour , pour creuser un fossé de 64
mètres de longueur , sur 27 de largeur et 18 de profondeur.

On voit d'un côté , qu'il faudra , pour creuser les fossés ,
proportionnellement d'autant plus de jours , que ces fossés
seront d'abord plus longs, ensuite plus larges , et enfin plus
profonds ; de l'autre côté , qu'il faudra proportionnellement d'autant moins de jours , qu'il y aura plus d'ou-

vriers, et qu'ils travailleront plus d'heures par jour ;
c'est-à-dire, que le rapport des jours donnés et cherchés
sera égal à un rapport composé des trois rapports *directs* des longueurs, largeurs et profondeurs des fossés,
et des deux rapports *inverses* du nombre d'ouvriers, et
des heures de travail ; c'est-à-dire encore, que l'on arrivera à la solution du problème, en posant la proportion
qui suit :

$$
\begin{array}{l}
32 : 36 \\
12 : 8 \\
72 : 64 \\
18 : 27 \\
12 : 18
\end{array} \quad\Big\rangle\ :: 16 : x
$$

ou . . . 32. 12. 72. 18. 12 : 36. 8. 64. 27. 18 :: 16 : x

Si l'on fait les produits indiqués, on trouvera x par
la proportion suivante :

$$5971968 : 8957952 :: 16 : x = 16 \times \tfrac{8957952}{5971968} = 24.$$

Mais si l'on emploie les réductions enseignées (62),
on verra qu'on peut, 1°. supprimer 18 dans les deux
colonnes ; 2°. supprimer 36 dans la seconde colonne, et
n'écrire que 2 à côté de 72 dans la première ; 3°. supprimer alors 64 dans la seconde, et dans la première les
deux facteurs 2 et 32, dont le produit est aussi 64 ;
4°. écrire 3 et 2, au lieu de 12 et 8 ; 5°. 4 et 9, au lieu
de 12 et 27 ; 6°. effacer 3 dans la première colonne, et
écrire 3 au lieu de 9 à côté de la seconde ; 7°. écrire 1
au lieu de 4 dans la première, et 4 au lieu de 16 dans
le troisième terme : ce qui réduira la règle à cette proportion 1 : 2 $\times$ 3 ou 6 :: 4 : x, qui vaut évidemment 24
comme ci-dessus, mais d'une manière bien plus abrégée.

Si on applique de semblables raisonnemens à plusieurs
autres cas de cette espèce, on verra facilement que, pour

arriver à la solution des règles de trois, quelque compliquées qu'elles puissent être, il faut opérer comme il suit. On choisira deux termes de même espèce, auxquels on puisse comparer successivement tous les autres. A chaque comparaison, on écrira les uns sous les autres, et deux à deux, les termes de même espèce qu'on aura comparés, mais en ayant soin de les ranger dans l'ordre naturel, s'il s'agit de rapports directs, c'est-à-dire, si le plus donne le plus, ou si le moins donne le moins; et, au contraire, d'intervertir cet ordre, si le rapport est inverse, c'est-à-dire, si le plus donne le moins, ou si le moins donne le plus. Enfin, avant de multiplier successivement les uns par les autres tous les termes qui sont dans une même colonne verticale, on verra s'ils ne pourroient pas se réduire, soit qu'il se trouve des termes communs de part et d'autre, soit que plusieurs termes puissent se décomposer en facteurs qui jouissent de cette propriété.

Le lecteur pourra s'exercer sur le problème suivant; si, après avoir posé les rapports dans l'ordre qui suit, il les simplifie autant qu'il est possible, et d'une manière analogue à celle qu'il vient de voir, il trouvera que la première colonne se réduit à 3, la seconde à 112, et le premier terme 90 du second rapport à 5, de sorte qu'il ne reste plus qu'à trouver le quatrième terme de cette proportion; $3 : 112 :: 5 : x = \frac{560}{3} = 186\tfrac{1}{3}$. C'est-là le nombre de nuits demandé. (1)

Dans une bibliothèque, on emploie à copier des manuscrits deux sections d'écrivains; les uns plus âgés ne

____

(1). Cet exemple est tiré de mon Arithmétique, p. cclxxij.

travaillent que le jour, et écrivent en ronde ; les autres travaillent la nuit, et écrivent en coulée. Cela posé :

Les premiers, au nombre de 24, ont transcrit en 90 jours, et en travaillant 8 heures par jour, 8 exemplaires d'un ouvrage in-4°., contenant 6 volumes, composant, l'un portant l'autre, 480 pages, chaque page 54 lignes, chaque ligne 56 lettres.

On demande en combien de nuits la seconde section, composée de 50 copistes, qui travaillent 6 heures par nuit, transcrira 9 exemplaires d'un ouvrage in-folio contenant 4 volumes, composant, l'un portant l'autre, 800 pages, chaque page 84 lignes, chaque ligne 80 lettres.

On suppose à présent que la vitesse des premiers copistes est à celle des seconds, comme 4 est à 5 ; que la difficulté de travailler le jour, est à celle de travailler la nuit, comme 5 est à 6 ; que celle de la ronde est à celle de la coulée, comme 6 est à 5 ; enfin, que celle de lire le premier manuscrit, est à celle de lire le second, comme 8 est à 7.

$$
\begin{array}{ll}
30 & : \ 24 \\
6 & : \ 8 \\
8 & : \ 9 \\
6 & : \ 4 \\
480 & : \ 800 \\
54 & : \ 84 \\
56 & : \ 80 \\
5 & : \ 4 \\
5 & : \ 6 \\
6 & : \ 5 \\
8 & : \ 7 \\
\end{array}
$$

jours   nuits.

$$54 : 84 :: 90 : x$$

$$3 : 112 :: 5^b : x^n = 186^n \cdot \tfrac{2}{7}$$

76. Lorsqu'on suppose que plusieurs personnes ont mis chacune en société des sommes a, a', a'', a''', etc., dont la totalité $= s$, et qu'il s'agit ensuite de partager entre elles, proportionnellement à leurs mises respectives, un gain, ou bien une perte que je représente généralement par s', on peut trouver chacun de ces gains, ou chacune de ces pertes que j'appelle x, x', x'' etc., en faisant autant de proportions qu'on en voit ici :

$$s : s' :: a : x$$
$$s : s' :: a' : x'$$
$$s : s' :: a'' : x'' \text{ etc.}$$

En effet, il est clair que chaque gain ou chaque perte devant être proportionné à la mise respective, on a cette suite de rapports égaux $a : x :: a' : x' :: a'' : x'' :: a''' : x'''$ etc. ; donc (67) $a + a' + a'' + a'''$ etc., $: x + x' + x'' + x'''$ etc., $:: a : x :: a' : x' :: a'' : x'' :: a''' : x'''$ etc. ; or, $a + a' + a'' + a'''$ etc. $= s$, $x + x' + x'' + x'''$ etc. $= s'$; donc chaque gain ou chaque perte se trouvera successivement par l'une des proportions ci-dessus, où les trois premiers termes sont connus.

On pourroit aussi arriver à la même règle, par la simple considération des fractions. En effet, puisque chaque associé n'a mis qu'une fraction de la mise totale, exprimée par $\dfrac{a}{s}$, ou $\dfrac{a'}{s}$, ou $\dfrac{a''}{s}$ etc., il ne doit lui échoir qu'une égale fraction du gain ou de la perte totale, c'est-à-dire, que $\dfrac{x}{s'}$, ou $\dfrac{x'}{s'}$, ou $\dfrac{x''}{s'}$ etc. ; on a donc cette suite

d'équations : $\dfrac{a}{s} = \dfrac{x}{s'}$, $\dfrac{a'}{s} = \dfrac{x'}{s'}$, $\dfrac{a''}{s} = \dfrac{x''}{s'}$ etc., ce qui donne les proportions consécutives $s : a :: s' : x$; $s : a' :: s' : x'$;

$s : a'' :: s^{\prime} : x''$, etc., qui ne sont que les proportions
ci-dessus, où l'on auroit changé les moyens de place.

Il est clair, 1°. que l'on doit simplifier les proportions,
s'il y a lieu. Ainsi, supposons, pour donner un seul
exemple, qu'il s'agisse de trouver la part de chaque né-
gociant dans cette question:

Quatre négocians ont mis 120000^{tt} en société; le premier a fourni 18000^{tt}, le second 27000^{tt}, le troisième
42000^{tt}, et le quatrième 33000^{tt}; on demande quelle est
la part de chaque associé, d'après le gain estimé 216000^{tt}?
Au lieu de chercher chaque gain par les quatre proportions suivantes :

$$120000 : 216000 :: 18000 : x$$
$$120000 : 216000 :: 27000 : x^{\prime}$$
$$120000 : 216000 :: 42000 : x''$$
$$120000 : 216000 :: 33000 : x^{\prime\prime\prime}$$

j'ôte par-tout trois zéros aux deux termes 120000 et
216000 ; puis un zéro à 120 et à chacun des premiers
termes des seconds rapports ; enfin, je prends le douzième
de 12 et de 216, et j'ai alors les proportions bien simples :

$$1 : 18 :: 1800 : x \quad = 32400$$
$$1 : 18 :: 2700 : x^{\prime} \quad = 48600$$
$$1 : 18 :: 4200 : x'' \quad = 75600$$
$$1 : 18 :: 3300 : x^{\prime\prime\prime} = 59400$$

$$\text{Somme } s^{\prime} \quad = 216000$$

2°. que si la règle renfermoit des mises fournies en des
tems différens, ce qui s'appelle alors *règle de société
composée*, on commenceroit par multiplier chaquemise,
par le tems respectif qu'elle est restée dans la société.
Mais en voilà bien assez sur une règle aussi simple.

77. Les règles d'intérêt *simple* et d'escompte sont si faciles, que je crois pouvoir me dispenser d'en parler ; comme de plus, je dois revenir dans la suite sur les règles *d'intérêt composé*, qui ont souvent besoin, pour leur solution, de connoissances, que le Lecteur n'a pu encore acquérir, il ne me reste plus qu'à parler de la règle d'alliage.

La règle *d'alliage* comprend deux cas ; le premier, dans lequel il s'agit de trouver le prix moyen d'un mélange, formé de plusieurs quantités semblables par leur nature, mais différentes par leurs grandeurs, en supposant qu'on connoisse ces grandeurs et leurs prix respectifs ; et le second, où il faut trouver dans quelle proportion l'on doit prendre de chacune de ces quantités, lorsque le prix de chacune et le prix moyen sont donnés par l'état de la question. Voyons d'abord généralement et rapidement le premier cas : pour cela, supposons qu'on demande à quel prix on devroit vendre, pour n'y rien perdre ou gagner, l'unité d'un mélange composé de a de choses, dont chacune coûte b, de a' de choses au prix de b' chacune, de a'' au prix de b'', etc.

On voit évidemment que a de choses à b chacune coûtent ab, que a' à b' coûtent $a'b'$, etc. Donc tout le mélange, ou $a + a' + a''$, etc. coûtera $ab + a'b' + a''b''$, etc ; donc l'unité du mélange doit coûter . . . . $$\frac{ab + a'b' + a''b'', \text{ etc.}}{a + a' + a'', \text{ etc.}}.$$ Il suit donc de là que l'on résoud le premier cas de la règle d'alliage, 1°. en multipliant chaque partie de l'alliage par son prix respectif ; 2°. en ajoutant tous ces produits ; 3°. en divisant cette somme

par celle des choses mélangées ; le quotient sera le prix
demandé.

Ainsi, veut-on vendre, sans gain et sans perte, une
bouteille de vin d'un mélange formé avec 36 bouteilles à
30 s, 24 bouteilles à 24 s, et 48 bouteilles à 18 s ? on
multipliera 36 par 30, 24 par 24, et 48 par 18, ce qui
donnera les trois produits 1080, 576 et 864 ; l'on divisera
ensuite la somme 2520 par la somme 108 des bouteilles ;
le quotient $23\frac{1}{3}$, ou 23 s 4 d sera le prix cherché.

78. Passons au second cas : celui-ci peut se subdiviser
lui-même en trois cas différens. Je vais les résoudre successivement.

1°. Il peut arriver qu'on n'ait fixé aucune des quantités
dont doit être formé le mélange. Par exemple, si l'on
demandoit combien un marchand devroit prendre de vin
à a la bouteille, de vin à a', de vin à a'', etc., pour
en former un mélange qu'il pût vendre au prix b la bouteille ? On voit d'abord que, si l'on appelle x ce qu'il doit
prendre d'une bouteille au prix a, y ce qu'il doit prendre
d'une bouteille au prix a', etc., il faut que tout le mélange
fasse 1. On a donc d'abord l'équation $x + y + z +$ etc.
$= 1$. On voit ensuite que ax doit être le prix du vin
qu'il prendra sur une bouteille au prix a, que $a'y$ sera le
prix du vin au prix a' etc. ; que de plus, le prix total
devant être égal à b, on doit avoir la seconde équation
$ax + a'y + a''z +$ etc. $= b$.

Cela posé, si le nombre des choses à mélanger ne
surpasse pas deux, il sera facile de résoudre le problème
généralement au moyen des deux équations $x + y = 1$,
et $ax + a'y = b$; car la première donne $x = 1 - y$,
et la seconde $x = \dfrac{b - a'y}{a}$; on a donc $1 - y = \dfrac{b - a'y}{a}$,

d'où $a - ay = b - a'y$; $(a' - a)y = b - a$; $y = \dfrac{b - a}{a' - a}$;

donc $x = 1 - y = 1 - \left(\dfrac{b - a}{a' - a} \right) = \dfrac{a' - a - b + a}{a' - a} = \dfrac{a' - b}{a' - a}$.

Supposons, par exemple, qu'on demande combien il faudroit mêler de tabac à $48\,f$ la livre, et de tabac à $3^{lt}\,12\,f$; pour en former du tabac, qu'on pût vendre $54\,f$ la livre ; on auroit $a = 48$, $a' = 72$, $b = 54$: donc $y = \frac{6}{24} = \frac{1}{4}$ et $x = \frac{3}{4}$; c'est-à-dire, qu'il faudroit prendre le quart d'une livre de tabac à $3^{lt}\,12\,f$, et les $\frac{3}{4}$ d'une livre à $48\,f$, pour en former une livre de tabac à $54\,f$; ce qui est aisé à vérifier.

Mais si le nombre des choses mélangées excédoit deux, alors on n'auroit toujours que deux équations, mais trois inconnues, si ce nombre alloit à 3 ; quatre inconnues, s'il s'élevoit à 4 ; puisqu'on auroit $x + y + z = 1$, et $ax + a'y + a''z = b$; ..... $x + y + z + u = 1$, et $ax + a'y + a''z + a'''u = b$.

On appelle *problêmes indéterminés*, ceux où l'on a une équation de moins que d'inconnues, et *plus qu'in-déterminés*, ceux où il entre deux ou trois, ou etc., équations de moins que d'inconnues : comme je parlerai plus loin de ces sortes de problêmes, j'y renvoie le lecteur ; il y verra la manière de résoudre le cas, dont il est question dans cet article.

79. 2°. On peut aussi fixer la quantité du mélange ; c'est-à-dire, qu'on peut demander, qu'au lieu d'être 1 comme ci-dessus, elle soit égale à m, par exemple ; alors on voit qu'il suffit de substituer m, au lieu de 1, et mb au lieu de b, dans les équations précédentes ; on aura donc $x + y = m$, et $ax + a'y = mb$; d'où l'on tirera,

comme ci-dessus, $y = \dfrac{mb - am}{a' - a} = \dfrac{m(b-a)}{a' - a}$, et $x =$

$\dfrac{a'm - bm}{a' - a} = \dfrac{m(a'-b)}{a' - a}$.

Ainsi, qu'on ait à faire 12 livres de tabac à 54 ſ la livre, avec du tabac à 48 ſ la livre, et du tabac à 3 ℔ 12 ſ, on trouvera, à cause de $m = 12$, $y = \dfrac{12(54 - 48)}{72 - 48}$

$= \dfrac{12 \cdot 6}{24} = 3$, et $x = m - y = 12 - 3 = 9$; en effet, 3 livres de tabac à 3 ℔ 12 ſ, font 10 ℔ 16 ſ, et 9 livres à 2 ℔ 8 ſ, font 21 ℔ 12 ſ ; les 12 livres font donc 32 ℔ 8 ſ, ce qui est aussi le prix de 12 livres à 54 ſ.

On voit donc que ces deux premiers cas, lorsque le nombre de choses mélangées ne surpasse pas 2, se résolvent également au moyen des deux équations générales $x + y = m$, et $ax + a'y = mb$, en faisant $m = 1$, pour le premier cas.

80. 3°. On peut vouloir encore fixer la quantité d'une des parties du mélange, comme si l'on proposoit cette question : on veut, avec 12 bouteilles de vin à 18 ſ, mêler du vin à 12 ſ, de manière à former un mélange, dont la bouteille puisse se vendre 16 ſ. Dans ce troisième cas, ou bien, comme dans l'exemple précédent, on n'a à mêler que deux sortes de quantités, ou on peut en avoir trois, ou enfin un plus grand nombre. S'il ne s'en trouve que deux, alors on peut demander aussi de déterminer la quantité totale du mélange, ce qui sera fort aisé, puisque x étant donné par l'état de la question, et ayant, d'un autre côté, pour sa valeur générale

$x = m \times \dfrac{a'-b}{a'-a}$, il faut que $m = x \times \dfrac{a'-a}{a'-b}$; quant à y, on l'obtiendra aussitôt par l'équation $y = m - x$. Ainsi, dans l'exemple ci-dessus, où $a = 18$, $a' = 12$, $b = 16$, et $x = 12$, on trouvera $m = 12 \times \dfrac{12-18}{12-16} = 12 \times \dfrac{-6}{-4} = 18$; donc $y = 6$: en effet, 12 bouteilles de vin à 18 _f_ avec 6 à 12 _f_, font 288 _f_, ce qui est le même prix que celui auquel s'élèveroient 18 bouteilles à 16 _f_.

S'il y avoit trois choses de prix différens à mélanger, alors dans les deux équations $x + y + z = m$, $ax + a'y + a''z = mb$, il faudroit supposer connue l'une des quantités x, y ou z, z, par exemple, et l'on trouveroit x et y comme il suit : $x = m - z - y$; $x = \dfrac{mb - a'y - a''z}{a}$; égalant les deux valeurs de x, et chassant la fraction, l'on a $am - az - ay = mb - a'y - a''z$; $(a'-a)y = m(b-a) + (a-a'')z$. Donc $y = \dfrac{m(b-a) + (a-a'')z}{a'-a}$; connoissant y, et z étant donné, on aura x à l'aide de $x = m - y - z$.

Soit proposé l'exemple suivant : on voudroit, avec 24 livres de café à 3^{tt}, mêler du café à 4^{tt} et à 2^{tt} 10 _f_, de manière à former 60 livres de café, qu'on pût vendre 3^{tt} 4 _f_ la livre.

Ici $a = 4$, $a' = 2\frac{1}{2}$, $a'' = 3$, $m = 60$, $b = 3\frac{1}{4}$, et $z = 24$; donc $y = \dfrac{m(b-a) + z(a-a'')}{a'-a} = $

$\dfrac{60 \times -\frac{1}{4} + 24 \times 1}{-\frac{1}{2}} = \dfrac{-24}{-\frac{1}{2}} = 16$; et $x = m - z - y = 60 - 24 - 16 = 20$.

Enfin, s'il y avoit plus de trois sortes de choses à mélanger, le problême deviendroit indéterminé, et rentre-
roit alors dans la classe de ceux (78) que je dois traiter
dans la suite.

De la règle de double fausse position.

81. Je vais terminer ce chapitre par la règle de *double
fausse position*. On l'appelle ainsi, parce qu'on n'arrive
à la véritable valeur de l'inconnue que l'on cherche,
qu'après avoir fait deux fausses suppositions. Cette règle,
fort ingénieuse, est d'une grande utilité dans plusieurs
parties des Mathématiques, et sur-tout dans divers problêmes d'Astronomie. Je l'appliquerai dans la suite à un
cas, que l'Algèbre ne sauroit résoudre.

L'exemple suivant suffira pour connoître la nature et
l'usage de cette règle. Soit proposée cette question : on
est convenu avec un ouvrier paresseux, de lui donner
54 f pour chaque jour où il travailleroit, mais de lui
retenir 36 f pour chaque jour où il ne travailleroit pas :
au bout de 30 jours, il ne lui revient que 30 ^{tt} ; on demande combien de jours il a travaillé. Je suppose d'abord
qu'il ait travaillé 16 jours, dans cette hypothèse, il
auroit gagné 864 f d'un côté, et il auroit de l'autre perdu
504 f; il lui reviendroit donc 360 f, tandis que par l'énoncé
du problême, il doit lui revenir 720 f; l'erreur est donc
de 360 f en moins. Je fais encore une autre supposition,
par exemple, qu'il ait travaillé 18 jours : alors l'ouvrier
auroit d'une part gagné 972 f, et de l'autre perdu 432 ;
il lui reviendroit donc 540 f, c'est-à-dire, 180 f de
moins qu'il ne doit lui revenir. L'erreur est donc — 180.
A présent, pour parvenir à trouver le nombre juste de
jours, j'opère comme il suit :

```
1re. suppos.      16 | 6480 | 360 | 2e. suppos.      18
1re. erreur  — 360 | 2880 | 180 | 2e. erreur  — 180
                  ‾‾‾‾‾‾‾‾‾‾‾‾‾‾‾‾
                   3600 ⎰ 180
                        ⎱ ‾‾‾
                           20
```

C'est-à-dire, que j'écris d'abord les nombres supposés, et dessous les erreurs correspondantes ; qu'ensuite je multiplie chaque nombre supposé, par l'erreur qui correspond à l'autre nombre, ce qui donne les deux produits 6480 et 2880 ; que je les retranche l'un de l'autre, ainsi que les deux erreurs 360 et 180 ; et qu'enfin je divise les deux restes 3600 et 180 l'un par l'autre, ce qui me donne pour quotient le nombre 20, qui est celui des jours demandés.

Comme il pourroit se faire que les deux erreurs ne fussent pas de même signe, il faudroit, si cela arrivoit, diviser la somme des produits par la somme des erreurs. Ainsi, au lieu de supposer 18 jours, comme on l'a fait ci-dessus, si l'on avoit supposé 24 jours, on auroit trouvé que, dans ce cas, l'ouvrier auroit gagné 1296f, et qu'il en auroit perdu 216 ; il lui reviendroit donc 1080f, au lieu de 720, c'est-à-dire, 360f en $+$, et je trouverois le nombre vrai 20, en opérant, comme je viens de le dire, et comme on le voit ici.

```
1re. suppos.      16 | 8640 | 360 | 2e. suppos.      24
1re. erreur  — 360 | 5760 | 360 | 2e. erreur  + 360
                  ‾‾‾‾‾‾‾‾‾‾‾‾‾‾‾‾
                  14400 ⎰ 720
                        ⎱ ‾‾‾
                           20
```

En raisonnant sur d'autres questions semblables à la précédente, on verroit que pour les résoudre, au moyen de la règle de double fausse position, il faudroit multiplier la première supposition par la seconde erreur, et la seconde par la première erreur, et diviser ensuite, selon que ces erreurs seroient de même ou de différent signe, la différence ou la somme des produits, par la différence ou la somme des erreurs. Le quotient sera le nombre demandé. Si l'on appelle x le nombre cherché, s et s' les deux suppositions, e et $\pm e'$ les deux erreurs, la règle précédente sera renfermée dans la formule suivante :

$$x = \frac{e s' \mp e' s}{e \mp e'}.$$

Je vais maintenant démontrer que la règle de double fausse position peut résoudre exactement toutes les équations du premier degré à une inconnue ; car une telle équation peut toujours être exprimée par celle-ci, $ax = b$, dans laquelle a et b sont des quantités connues ; et elle donne évidemment $\dfrac{b}{a}$ pour la valeur de x. Si je suppose d'abord que x égale s, et que l'erreur soit e, l'équation $ax = b$ deviendra $as = b + e$. Si je fais ensuite $x = s'$, et que l'erreur soit $\pm e'$, $ax = b$ deviendra $as' = b \pm e'$. Multipliant la première équation $as = b + e$ par $\pm e'$, et la seconde $as' = b \pm e'$ par e, on aura $\pm ae's = \pm be' \pm ee'$, et $aes' = be \pm e'e$; retranchant alors la première de la seconde, il viendra $aes' \mp ae's = be \mp be'$, ou $a(es' \mp e's) = b(e \mp e')$; donc $\dfrac{b}{a} = x = \dfrac{es' \mp e's}{e \mp e'}$, c'est-à-dire, qu'on trouve pour x la même formule que ci-dessus.

ADDITION X.

*Résolution générale des équations du premier degré
à plusieurs inconnues.*

82. J'ai dit dans la note 12, que les valeurs des inconnues, dans les équations du premier degré, et surtout celle de x, étoient trop compliquées ; j'ai promis aussi de donner ces mêmes valeurs, au moyen de formules, qu'on avoit inventées depuis Clairaut. Voici le moment de remplir ma promesse : je vais d'abord faire voir que les valeurs données par l'Auteur, sont plus compliquées qu'elles ne devroient l'être. Pour cela, je reprends les trois valeurs générales de x, y et z, qui sont

$$x = \frac{d(\gamma \epsilon - \beta \varphi) - c(\alpha \epsilon - \beta \delta) - b(\alpha \varphi - \delta \gamma)}{a(\gamma \epsilon - \beta \varphi)}$$

$$y = \frac{\alpha \varphi - \delta \gamma}{\gamma \epsilon - \beta \varphi} \ldots \ldots \ldots \quad z = \frac{\alpha \epsilon - \beta \delta}{\gamma \epsilon - \beta \varphi}.$$

Je remets à présent, au lieu des lettres Grecques, leurs valeurs, qui sont $\alpha = de - ah$, $\beta = af - be$, $\gamma = ce - ag$, $\delta = di - am$, $\epsilon = ak - bi$, et $\varphi = ci - al$; et remarquant que $\gamma \epsilon - \beta \varphi$, $\alpha \epsilon - \beta \delta$, et $\alpha \varphi - \delta \gamma$ sont les seules quantités qui entrent dans les valeurs ci-dessus, j'exécute les opérations qu'elles indiquent, et je trouve . . . .
$1°.$ $\gamma \epsilon - \beta \varphi = (ce - ag)(ak - bi) - (af - be)(ci - al)$
$= acek - a^2 gk - bcei + abgi - acfi + a^2 fl + bcei - abel$
$= a(cek - agk + bgi - cfi + afl - bel)$. $2°.$ $\alpha \epsilon - \beta \delta$
$= (de - ah)(ak - bi) - (af - be)(di - am) = adek - bdei$
$- a^2 hk + abhi - adfi + a^2 fm + bdei - abem$

Tome II. G

$= a(dek - ahk + bhi - dfi + afm - bem)$. 3°. $\alpha\varphi - \beta\gamma$
$= (de - ah)(ci - al) - (di - am)(ce - ag) = cdei - adel$
$- achi + a^2hl - cdei + adgi + acem - a^2gm$
$= a(- del - chi + ahl + dgi + cem - agm)$. Donc

$$z = \frac{a(dek - ahk + bhi - dfi + afm - bem)}{a(cek - agk + bgi - cfi + afl - bel)}$$

$$= \frac{dek - ahk + bhi - dfi + afm - bem}{cek - agk + bgi - cfi + afl - bel}.$$

Expression plus simple que celle qui étoit intrinsèquement renfermée dans la valeur que Clairaut avoit trouvée pour z. On verroit de même que celle de . . . .

$$y = \frac{a(- del - chi + ahl + dgi + cem - agm)}{a(\quad cek - agk + bgi - cfi + afl - bel)}$$

$$= \frac{- del - chi + ahl + dgi + cem - agm}{cek - agk + bgi - cfi + afl - bel}$$

Expression encore plus simple. Passons à la valeur de x, que j'ai dite être encore plus compliquée que les deux autres. Son dénominateur, étant le même que les autres, à l'exception qu'il est multiplié par a, devient $a^2(cek - agk + bgi - cfi + afl - bel)$. Quant à son numérateur, il devient $ad(cek - agk + bgi - cfi + afl - bel)$ $- ac(dek - ahk + bhi - dfi + afm - bem)$ $- ab(- del - chi + ahl + dgi + cem - agm)$, où l'on voit déjà que a étant facteur commun du dénominateur, et de tous les termes du numérateur, le dénominateur devient $a(cek - agk + bgi - cfi + afl - bel)$, et le numérateur se change en $d(cek - agk + bgi - cfi + afl - bel)$ $- c(dek - ahk + bhi - dfi + afm - bem)$ $- b(- del - chi + ahl + dgi + cem - agm)$, ou $cdek - adgk + bdgi - cdfi + adfl - bdel - cdek$ $+ achk - bchi + cdfi - acfm + bcem + bdel + bchi$ $- abhl - bdgi - bcem + abgm$; ou en réduisant

$- adgk + adfl + achk - acfm - abhl + abgm$, ou
$a(-dgk+dfl+chk - cfm - bhl+bgm)$; supprimant
donc le facteur a commun au numérateur et au dénominateur de la valeur de x, je trouve enfin . . . .

$$x = \frac{-dgk + dfl+chk-cfm-bhl+bgm}{cek-agk+bgi-cfi+afl-bel}.$$ Expression
bien autrement simple que celle de Clairaut.

83. On voit que les trois valeurs de x, y et z ont absolument le même dénominateur, et l'on va voir que
cela doit toujours arriver, quelque soit le nombre d'inconnues. Commençons par deux équations à deux inconnues, en les accentuant, comme il a été dit (14). Ces
équations seront

$$ax + by = c$$
$$a'x+b'y = c'$$

Si l'on pouvoit, par quelque manière que ce fût, parvenir à donner à une même inconnue dans chaque équation le même coefficient, l'on voit qu'en retranchant l'une
de ces équations de l'autre, on auroit l'autre inconnue
seulement. Or ce moyen est aisé à trouver ; car il suffit
de multiplier la première par a', et la seconde par a, ce
qui donnera $a'ax+a'by=a'c$, et $aa'x+ab'y=ac'$;
retranchant alors la première de la seconde, on aura
$(ab'-a'b)y=ac'-a'c$, ce qui donne aussitôt

$$y = \frac{ac'-a'c}{ab'-a'b}.$$

Si on avoit voulu la valeur de x, on eût multiplié
$ax+by=c$ par b', et $a'x+b'y=c'$ par b, ce qui eût
donné $ab'x+bb'y=b'c$, et $a'bx+bb'y=bc'$; alors
soustrayant la seconde de la première, il seroit venu

$$(ab'-a'b)x=b'c-bc'; \text{ d'où } x=\frac{b'c-bc'}{ab'-a'b}.$$

G 2

84. Il eût encore été possible de parvenir aux mêmes résultats de la manière qu'on va voir. Si l'on multiplie la première équation par un nombre quelconque m, et qu'ensuite on en retranche la seconde, on aura $(ma - a')x + (mb - b')y = mc - c'$. A présent veut-on avoir la valeur d'une des inconnues, de y par exemple? on supposera que le multiplicateur de l'autre inconnue x soit zéro; ce dont on est bien le maître, puisque rien ne déterminant la valeur de m, cette quantité est susceptible de recevoir toutes les valeurs qu'on veut lui donner. On aura donc la nouvelle équation $ma - a' = o$, ou $ma = a'$;

d'où $m = \dfrac{a'}{a}$; alors l'équation $(ma - a')x + (mb - b')y = mc - c'$, devient par la supposition de $ma - a' = o$,

$(mb - b')y = mc - c'$, qui donne $y = \dfrac{mc - c'}{mb - b'}$; ou à

cause que $m = \dfrac{a'}{a}$; $y = \dfrac{c \times \dfrac{a'}{a} - c'}{b \times \dfrac{a'}{a} - b'} = \dfrac{\dfrac{a'c - ac'}{a}}{\dfrac{a'b - ab'}{a}}$

$= \dfrac{a'c - ac'}{a'b - ab'}$, ou en changeant les signes $\dfrac{ac' - a'c}{ab' - a'b}$,

comme ci-dessus.

Si l'on avoit voulu obtenir la valeur de x, on eût égalé à zéro le coefficient total de y; ce qui eût donné $mb - b' = o$,

ou $m = \dfrac{b'}{b}$; $(ma - a')x = mc - c'$; $x = \dfrac{mc - c'}{ma - a'}$,

$= \dfrac{c \times \dfrac{b'}{b} - c'}{a \times \dfrac{b'}{b} - a'} = \dfrac{\dfrac{b'c - bc'}{b}}{\dfrac{ab' - a'b}{b}} = \dfrac{b'c - bc'}{ab - a'b}.$

Pour donner un exemple, supposons qu'on ait les deux équations :

$$5x + 7y = 43$$
$$19x - 11y = 13$$

on a $a = 5$, $b = 7$, $c = 43$; $a' = 19$, $b' = -11$, $c' = 13$:

donc $x = \dfrac{b'c - bc'}{ab' - a'b} = \dfrac{-473 - 91}{-55 - 133} = \dfrac{-564}{-188} = 3$; et

$$y = \frac{ac' - a'c}{ab' - a'b} = \frac{65 - 817}{-55 - 133} = \frac{-752}{-188} = 4.$$

85. Passons à présent aux trois équations :

$$a\,x + b\,y + c\,z = d$$
$$a'\,x + b'\,y + c'\,z = d'$$
$$a''x + b''y + c''z = d''$$

On peut arriver à la valeur de l'une des deux inconnues, des trois manières suivantes :

Je multiplie la première par $a'a''$, produit des coefficiens de x dans la seconde et la troisième; la seconde, par aa''; la troisième, par aa', et j'ai les trois équations nouvelles :

$$aa'a''x + a'a''b\,y + a'a''c\,z = a'a''d$$
$$aa'a''x + aa''b'\,y + aa''c'\,z = aa''d'$$
$$aa'a''x + aa'b''y + aa'c''z = aa'd''$$

Alors je retranche successivement la seconde et la troisième de la première, il me vient :

$$(a'a''b - aa''b')y + (a'a''c - aa''c')z = a'a''d - aa''d'$$
$$(a'a''b - aa'b'')y + (a'a''c - aa'c'')z = a'a''d - aa'd''.$$

Je multiplie alors la première équation par $a'a''b - aa'b''$, coefficient de y dans la seconde, et la seconde par $a'a''b - aa''b'$, coefficient de y dans la première, et j'ai :

$$(a'a''b - aa''b')(a'a''b - aa'b'')y$$
$$+ (a'a''b - aa'b'')(a'a''c - aa''c') z$$
$$= (a'a''b - aa'b'')(a'a''d - aa''d').$$
$$(a'a''b - aa'b'')(a'a''b - aa''b')y$$
$$+ (a'a''b - aa''b')(a'a''c - aa'c'') z$$
$$= (a'a''b - aa''b')(a'a''d - aa'd'').$$

Soustrayant à présent la seconde de la première, j'ai l'équation en z

$$[(a'a''b-aa'b'')(a'a''c-aa''c') - (a'a''b-aa''b')(a'a''c-aa'c'')]z = (a'a''b-aa'b'')(a'a''d-aa''d') - (a'a''b - aa''b')(a'a''d - aa'd''),$$ ce qui donne . . . .

$$z = \frac{(a'a''b-aa'b'')(a'a''d-aa''d')-(a'a''b-aa''b')(a'a''d-aa'd'')}{(a'a''b-aa'b'')(a'a''c-aa''c')-(a'a''b-aa''b')(a'a''c-aa'c')}.$$

Si l'on fait les multiplications indiquées, on trouvera que le numérateur

$$= a'a'a''a''bd-aa'a'a''b''d-aa'a''a''bd'+aaa'a''b''d'+aa'a''a''b'd-a'a'a''a''bd-aaa'a''b'd''+aa'a'a''bd'',$$

se réduit à

$$- aa'a'a''b''d - aa'a''a''bd' + aaa'a''b''d' + aa'a''a''b'd - aaa'a''b'd'' + aa'a'a''bd'',$$

et que le dénominateur, après avoir supprimé deux termes qui se détruisent, est

$$- aa'a'a''b''c - aa'a''a''bc' + aaa'a''b''c' + aa'a''a''b'c - aaa'a''b'c'' + aa'a'a''bc''.$$

Si enfin l'on supprime dans les deux termes de la fraction qui est la valeur de z, $aa'a''$, facteur commun de tous les termes, on trouvera

$$z = \frac{-a'b''d - a''bd' + ab''d' + a''b'd - ab'd'' + a'bd''}{-a'b''c - a''bc' + ab''c' + a'b'c - ab'c'' + a'bc''}$$

qu'on peut mettre sous cette forme,

$$z = \frac{(a''b' - a'b'')d + (ab'' - a''b)d' + (a'b - ab')d''}{(a''b' - a'b'')c + (ab'' - a''b)c' + (a'b - ab')c''}.$$

Si l'on avoit voulu avoir la valeur de y ou celle de x, il est facile de voir comment on auroit dû se conduire, et l'on auroit trouvé

$$y = \frac{(a'c'' - a''c')d + (a''c - ac'')d' + (ac' - a'c)d''}{(a'c'' - a''c')b + (a''c - ac'')b' + (ac' - a'c)b''}$$

et

$$x = \frac{(b''c' - b'c'')d + (bc'' - b''c)d' + (b'c - bc')d''}{(b'c' - b'c'')a + (bc'' - b''c)a' + (b'c - bc')a''}.$$

86. La seconde manière a beaucoup d'analogie avec la première, et de plus a sur elle l'avantage de la brièveté. Voici en quoi elle consiste :

Je multiplie la première équation par a', la seconde par a, et je retranche l'une de l'autre, ce qui me donne
$$(a'b - ab')y + (a'c - ac')z = a'd - ad'.$$

Je multiplie la première équation par a'', et la troisième par a, je soustrais l'une de l'autre, et j'ai
$$(a''b - ab'')y + (a''c - ac'')z = a''d - ad''.$$

Je multiplie la première des deux nouvelles équations par $a''b - ab''$, et la seconde par $a'b - ab'$, ce qui me donne ces équations :
$$(a'b - ab')(a''b - ab'')y + (a'c - ac')(a''b - ab'')z$$
$$= (a'd - ad')(a''b - ab''),$$
$$(a''b - ab'')(a'b - ab')y + (a''c - ac'')(a'b - ab')z$$
$$= (a''d - ad'')(a'b - ab').$$

Soustraction faite, je trouve

$$\left[(a'c-ac')(a''b-ab'')-(a''c-ac'')(a'b-ab')\right]z$$
$$=(a'd-ad')(a''b-ab'')-(a''d-ad'')(a'b-ab').$$

$$\text{Donc } z = \frac{(a'd-ad')(a''b-ab'')-(a''d-ad'')(a'b-ab')}{(a'c-ac')(a''b-ab'')-(a''c-ac'')(a'b-ab')}.$$

Observons ici que, dès qu'on aura évalué le dénominateur, le numérateur de cette fraction sera connu, puisqu'on n'aura qu'à changer c, c', c'', en d, d', d'', seule différence qu'ils aient entre eux. Faisant donc les opérations indiquées dans le dénominateur, on trouvera :

$$a'a''bc-aa''bc'-aa'b''c+aab''c'-a'a''bc+aa'bc''$$
$$+aa''b'c-aab'c''\text{ ; réduisant, on aura}$$
$$-aa''bc'-aa'b''c+aab''c'+aa'bc''+aa''b'c$$
$$-aab'c''\text{ ,}$$

ou $a(-a''bc'-a'b''c+ab''c'+a'bc''+a''b'c-ab'c'')$. Le numérateur sera donc

$$a(-a''bd'-a'b''d+ab''d'+a'bd''+a''b'd-ab'd'')\text{ ;}$$

divisant les deux termes par a, et changeant les signes, on aura la même valeur que ci-dessus.

87. Passons à la troisième manière, et pour cela reprenons nos trois équations :

$$a\,x + b\,y + c\,z = d$$
$$a'x + b'y + c'z = d'$$
$$a''x + b''y + c''z = d''$$

Multiplions la première par m, la seconde par m', et de leur somme retranchons la troisième, dans l'état où elle est ; par-là nous nous donnerons une nouvelle équation, qui renfermera deux indéterminées m et m', ce qui nous servira à faire disparoître deux inconnues à la fois. Cette équation est

$$(am + a'm' - a'')x + (bm + b'm' - b'')y$$
$$+ (cm + c'm' - c'') z = dm + d'm' - d''.$$

Supposons à-la-fois que le coefficient de x et celui de y soient zéro, on aura

$$am + a'm' - a'' = 0, \quad bm + b'm' - b'' = 0,$$

et
$$z = \frac{dm + d'm' - d''}{cm + c'm' - c''}.$$

On voit que z seroit connu, si l'on avoit les valeurs de m et de m' : or, celles-ci sont très-faciles à trouver par le moyen des deux valeurs de x et de y, savoir :

$$= \frac{ac' - a'c}{ab' - a'b}, \text{ et } x = \frac{b'c - bc'}{ab' - a'b}.$$

En effet, si l'on compare les deux équations $am + a'm' = a''$; $bm + b'm' = b''$, aux deux équations $ax + by = c$, $a'x + b'y = c'$; on aura $a = a$, $x = m$, $b = a'$, $y = m'$, $c = a''$, $a' = b$, $b' = b'$, $c' = b''$; ce

qui donnera $m = \dfrac{a''b' - a'b''}{ab' - a'b}$, et $m' = \dfrac{ab'' - a''b}{ab' - a'b}$. Si

l'on substitue actuellement ces valeurs de m et de m' dans

$$z = \frac{dm + d'm' - d''}{cm + c'm' - c''}, \text{ on trouvera}$$

$$z = \frac{d \left(\dfrac{a''b' - a'b''}{ab' - a'b} \right) + d' \left(\dfrac{ab'' - a''b}{ab' - a'b} \right) - d''}{c \left(\dfrac{a''b' - a'b''}{ab' - a'b} \right) + c' \left(\dfrac{ab'' - a''b}{ab' - a'b} \right) - c''}$$

ce qui, en réduisant $-d''$ en fraction, ainsi que $-c''$, et en changeant leurs signes, revient à

$$z = \dfrac{\dfrac{(a''b'-a'b'')d+(ab''-a''b)d'+(a'b-ab')d''}{ab'-a'b}}{\dfrac{(a''b'-a'b'')c+(ab''-a''b)c'+(a'b-ab')c''}{ab'-a'b}} =$$

$$\frac{(a''b'-a'b'')d+(ab''-a''b)d'+(a'b-ab')d''}{(a''b'-a'b'')c+(ab''-a''b)c'+(a'b-ab')c''},$$

absolument comme par la première méthode.

Si au lieu de faire évanouir les termes affectés de x et de y, pour avoir la valeur de z, on eût voulu avoir celle de x, on auroit égalé à zéro les coefficiens de y et de z, et ceux de x et de z, si l'on eût voulu obtenir la valeur de y. Dans le premier cas, on auroit eu les deux équations

$bm+b'm'=b''$, et $cm+c'm'=c''$, et ensuite l'équation

$$x = \frac{dm+d'm'-d''}{am+a'm'-a''},$$ dans laquelle on auroit substitué les valeurs de m et de m', qu'on auroit trouvées, comme on l'a vu pour z; ce qui, après les réductions, auroit fourni cette valeur :

$$x = \frac{(b''c'-b'c'')d+(bc''-b''c)d'+(b'c-bc')d''}{(b''c'-b'c'')a+(bc''-b''c)a'+(b'c-bc')a''}$$

Dans le second cas, on auroit eu d'abord les deux équations $am+a'm'-a''=o$, $cm+c'm'-c''=o$, ensuite $y = \dfrac{dm+d'm'-d''}{bm+b'm'-b''}$; qui, après les substitutions des valeurs de m et de m', et les réductions, auroit donné

$$y = \frac{(a'c''-a''c')d+(a''c-ac'')d'+(ac'-a'c)d''}{(a'c''-a''c')b+(a''c-ac'')b'+(ac'-a'c)b''}$$

Pour appliquer ces formules générales à un exemple, je

reprends le problême de l'article LXXXII, où l'on a les trois équations :

$$3ox + 2oy + 1oz = 23o$$
$$15x + 6y + 12z = 138$$
$$1ox + 5y + 4z = 75$$

ce qui me donne, en les comparant aux trois équations générales ,

$$a\ x + b\ y + c\ z = d$$
$$a'\ x + b'y + c'\ z = d'$$
$$a''x + b''y + c''z = d''$$

$a = 3o$, $b = 2o$, $c = 1o$, $d = 23o$; $a' = 15$, $b' = 6$, $c' = 12$, $d' = 138$; $a'' = 1o$, $b'' = 5$, $c'' = 4$, $d'' = 75$.

Donc $z = \dfrac{(6o-75)23o+(15o-2oo)138+(3oo-18o)75}{(6o-75)\ 1o+(15o-2oo)\ 12+(3oo-18o)\ 4}$

$= \dfrac{-345o-69oo+9ooo}{-15o-6oo+48o} = \dfrac{-135o}{-27o} = 5.$

Quant aux valeurs de x et de y , j'observerai que le dénominateur est $-27o$, puisqu'il est le même pour les trois inconnues. Quant aux numérateurs, on trouvera que celui de $y = (6o - 12o)\ 23o + (1oo - 12o)\ 138 + (36o-15o)75 = -133oo-276o+175o = -81o$, et que celui de $x = (6o-24)23o+(8o-5o)138+(6o-24o)75 = 828o + 414o - 135oo = -1o8o$; divisant successivement $-81o$ et $-1o8o$ par $-27o$, on trouvera $y = 3$ et $x = 4$.

88. Au reste, il auroit été plus court , pour trouver les valeurs des inconnues , de se conduire de la manière suivante :

Je commence par diviser la première équation par 1o,

et la seconde par 3 , ce qui change les équations données
en celles-ci :

$$3x + 2y + z = 23$$
$$5x + 2y + 4z = 46$$
$$10x + 5y + 4z = 75$$

Je retranche alors la seconde de la troisième , et ensuite
la troisième de la première multipliée par 4 ; ce qui me
donne les deux équations $5x + 3y = 29$, et $2x + 3y$
$= 17$; à présent si j'ôte la seconde de ces deux équations de la première , j'aurai tout de suite $3x = 12$, et
$x = 4$; d'où je tire , à cause de $2x + 3y = 17$,
$$y = \frac{17 - 2x}{3} = 3 ;$$ et enfin de la première équation donnée $3x + 2y + z = 23$, qui revient à $z = 23 - 3x - 2y$,
je déduis $z = 5$. Je reviendrai sur cet article , dans l'addition suivante.

On s'y prendroit d'une manière analogue , si l'on
avoit les quatre équations à quatre inconnues :

$$a x + b y + c z + d u = e$$
$$a' x + b' y + c' z + d' u = e'$$
$$a'' x + b'' y + c'' z + d'' u = e''$$
$$a''' x + b''' y + c''' z + d''' u = e'''.$$

Servons-nous , par exemple , de la troisième manière.
On multipliera la première équation par m, la seconde
par m', la troisième par m'' ; ensuite retranchant la quatrième de leur somme , on trouvera
$$(am + a'm' + a''m'' - a''')x + (bm + b'm' + b''m'' - b''')y$$
$$+ (cm + c'm' + c''m'' - c''')z + (dm + d'm' + d''m'' - d''')u$$
$$= em + e'm' + e''m'' - e'''.$$ Alors , pour avoir u , par
exemple , on supposeroit les coefficiens de x , y et z ,

égaux à zéro , ce qui fourniroit d'abord les trois équations :

$$am + a'm' + a''m'' - a''' = 0$$
$$bm + b'm' + b''m'' - b''' = 0$$
$$cm + c'm' + c''m'' - c''' = 0$$

et ensuite $u = \dfrac{em + e'm' + e''m'' - e'''}{dm + d'm' + d''m'' - d'''}$.

On voit que la valeur de u ne dépend que de celles des indéterminées m, m' et m'' ; mais que celles-ci se trouveroient facilement, par de simples substitutions, dans les formules générales qui donnent ci-dessus x, y et z. Je ne m'arrêterai pas à chercher ces valeurs, parce que je vais donner un moyen bien plus simple, et bien plus aisé de les découvrir.

89. D'abord, pour y arriver plus clairement, je mets les valeurs de x, de x et y, de x, y et z dans les équations à une, deux et trois inconnues, sous les formes suivantes :

$$x = \frac{b}{a} \quad \dots \quad x = \frac{cb' - bc'}{ab' - ba'} \quad \text{et } y = \frac{ac' - ca'}{ab' - ba'}$$

$$x = \frac{db'c'' - dc'b'' + cd'b'' - bd'c'' + bc'd'' - cb'd''}{ab'c'' - ac'b'' + ca'b'' - ba'c'' + bc'a'' - cb'a''}$$

$$y = \frac{ad'c'' - ac'd'' + ca'd'' - da'c'' + dc'a'' - cd'a''}{ab'c'' - ac'b'' + ca'b'' - ba'c'' + bc'a'' - cb'a''}$$

$$z = \frac{ab'd'' - ad'b'' + da'b'' - ba'd'' + bd'a'' - db'a''}{ab'c'' - ac'b'' + ca'b'' - ba'c'' + bc'a'' - cb'a''}$$

En observant ces valeurs avec un peu d'attention, on voit que dans celles à deux et à trois inconnues, le dénominateur est invariable, et que par-tout le numérateur se conclud de ce dénominateur, en changeant

le coefficient de l'inconnue, contre la lettre du second
membre de l'équation correspondante ; que le numérateur
de x, par exemple, se tire de son dénominateur, en
changeant, lorsqu'il s'agit de deux inconnues, les coefficiens a et a' de x, contre les dernières lettres c, c' ;
et, lorsqu'il s'agit de trois, en changeant a, a', a'',
contre d, d' et d''. Laissons donc de côté tous les numérateurs, qu'on peut trouver si facilement, et voyons s'il
n'y auroit pas un moyen de déduire les dénominateurs
les uns des autres, je veux dire, celui pour deux inconnues, de celui pour une seule ; celui pour trois inconnues, de celui pour deux, etc.

Il est clair, 1°. que le dénominateur de la valeur de
x, dans l'équation à une inconnue, $ax = b$ est le coefficient même de cette inconnue ; 2°. que pour trouver le
dénominateur commun pour les valeurs de x et de y,
dans les deux équations $ax + by = c$, $a'x + b'y = c'$, qui
donnent . . . .

$$x = \frac{cb' - bc'}{ab' - ba'} \qquad\qquad y = \frac{ac' - ca'}{ab' - ba'}.$$

il faut, après et avant a, premier dénominateur trouvé,
écrire la lettre b, coefficient de y, dans la première équation $ax + by = c$, ce qui donne ab et ba, ensuite alter-
ner les signes, ou écrire $+ ab - ba$, enfin accentuer la
seconde lettre, ce qui donne le dénominateur cherché
$ab' - ba'$.

3°. Passons au dénominateur commun, dans les équations à trois inconnues. Puisqu'on vient de voir que celui pour deux inconnues présentoit tous les arrangemens
possibles des deux lettres a et b, coefficiens des inconnues dans la première équation, il paroissoit assez vraisemblable que le dénominateur, dans le cas de trois inconnues, devoit renfermer tous les arrangemens pos-

sibles des trois lettres a, b et c, coefficiens des trois inconnues dans la première équation $ax + by + cz = d$; or voici comment l'on s'y prendra pour disposer ces arrangemens d'une manière analogue à celui de deux lettres qu'on vient de trouver ci-dessus. On mettra c successivement à la droite, au milieu et à la gauche de ab, et ensuite de $- ba$, et on aura, en changeant les signes, à partir du premier de chacun de ces trois arrangemens $abc - acb + cab$, $- bac + bca - cba$; alors, si l'on marque chaque seconde lettre d'un accent, et chaque troisième lettre de deux, on aura le dénominateur ci-dessus, $ab'c'' - ac'b'' + ca'b'' - ba'c'' + bc'a'' - cb'a''$.

90. 4°. On voit sans peine à présent que, pour trouver le dénominateur commun dans le cas de quatre inconnues, il faut faire parcourir successivement à la lettre d, (coefficient de u dans la première équation $ax + by + cz + du = e$) la quatrième, la troisième, la seconde et la première places, en partant de la droite, dans les six arrangemens $abc - acb + cab - bac + bca - cba$, ensuite avoir soin de changer les signes à partir du premier des quatre nouveaux arrangemens, que donnera chacun des six précédens; enfin, marquer, dans les 24 termes qu'on obtiendra, la seconde lettre d'un accent, la troisième de deux, et la quatrième de trois. En opérant ainsi, on aura :

$$ab'c''d''' - ab'd''c''' + ad'b''c''' - da'b''c''' - ac'b''d''$$
$$+ ac'd''b''' - ad'c''b''' + da'c''b''' + ca'b''d''' - ca'd''b'''$$
$$+ cd'a''b''' - dc'a''b''' - ba'c''d'' + ba'd''c''' - bd'a''c'''$$
$$+ db'a''c''' + bc'a''d''' - bc'd''a''' + bd'c''a''' - db'c''a'''$$
$$- cb'a''d''' + cb'd''a''' - cd'b''a''' + dc'b''a'''.$$

Si par-tout on change les lettres a, a', a'', a'''; b, b', b'', b'''; c, c', c'', c''', et d, d', d'', d''', en e, e', e'', e''', on trouvera :

1°. Que le numérateur de x

$$= eb'c''d''' - eb'd''c''' + ed'b''c''' - de'b''c''' - ec'b''d'''$$
$$+ ec'd''b''' - ed'c''b''' + de'c''b''' + ce'b''d''' - ce'd''b'''$$
$$+ cd'e''b''' - dc'e''b''' - be'c''d''' + be'd''c''' - bd'e''c'''$$
$$+ db'e''c''' + bc'e''d''' - bc'd''e''' + bd'c''e''' - db'c''e'''$$
$$- cb'e''d''' + cb'd''e''' - cd'b''e''' + dc'b''e'''.$$

2°. Que le numérateur de y

$$= ac'e''d''' - ae'd''c''' + ad'e''c''' - da'e''c''' - ae'c''d'''$$
$$+ ac'd''e''' - ad'c''e''' + da'c''e''' + ca'e''d''' - ca'd''e'''$$
$$+ cd'a''e''' - dc'a''e''' - ea'c''d''' + ea'd''c''' - ed'a''c'''$$
$$+ de'a''c''' + ec'a''d''' - ec'd''a''' + ed'c''a''' - de'c''a'''$$
$$- ce'a''d''' + ce'd''a''' - cd'e''a''' + dc'e''a'''.$$

3°. Que le numérateur de z

$$= ab'e''d''' - ab'd''e''' + ad'b''e''' - da'b''e''' - ae'b''d'''$$
$$+ ae'd''b''' - ad'e''b''' + da'e''b''' + ea'b''d''' - ea'd''b'''$$
$$+ ed'a''b''' - de'a''b''' - ba'e''d''' + ba'd''e''' - bd'a''e'''$$
$$+ db'a''e''' + be'a''d''' - be'd''a''' + bd'e''a''' - db'e''a'''$$
$$- eb'a''d''' + eb'd''a''' - ed'b''a''' + de'b''a'''.$$

4°. Que le numérateur de u

$$= ab'c''e''' - ab'e''c''' + ae'b''c''' - ea'b''c''' - ac'b''e'''$$
$$+ ac'e''b''' - ae'c''b''' + ea'c''b''' + ca'b''e''' - ca'e''b'''$$
$$+ ce'a''b''' - ec'a''b''' - ba'c''e''' + ba'e''c''' - be'a''c'''$$
$$+ eb'a''c''' + bc'a''e''' - bc'e''a''' + be'c''a''' - eb'c''a'''$$
$$- cb'a''e''' + cb'e''a''' - ce'b''a''' + ec'b''a'''.$$

91. Je vais appliquer ces formules à la résolution d'un cas, qui nous sera utile par la suite. Supposons donc qu'on demande les valeurs de y^4, y^3, y^2 et y dans les quatre équations suivantes :

$$\left.\begin{array}{l} ay^4 + by^3 + cy^2 + dy + x = 0 \\ by^4 + cy^3 + dy^2 + xy + a = 0 \\ cy^4 + dy^3 + xy^2 + ay + b = 0 \\ dy^4 + xy^3 + ay^2 + by + c = 0 \end{array}\right\} \begin{array}{c} \text{qui} \\ \text{comparées} \\ \text{à} \end{array} \left\{\begin{array}{l} ax + by + cz + du - e = 0 \\ a'x + b'y + c'z + d'u - e' = 0 \\ a''x + b''y + c''z + d''u - e'' = 0 \\ a'''x + b'''y + c'''z + d'''u - e''' = 0 \end{array}\right.$$

$$\text{donnent} \dots \left\{\begin{array}{lllll} & a = a & a' = b & a'' = c & a''' = d \\ x = y^4 & b = b & b' = c & b'' = d & b''' = x \\ y = y^3 & c = c & c' = d & c'' = x & c''' = a \\ z = y^2 & d = d & d' = x & d'' = a & d''' = b \\ u = y & e = -x & e' = -a & e'' = -b & e''' = -c \end{array}\right.$$

En substituant x, on trouvera que le dénominateur commun . . . .

$$\begin{aligned} =\ & acxb - a^3c + a^2dx - d^2ba - ad^2b + a^2dx - ax^3 \\ & + dbx^2 + cb^2d - cbax + c^2x^2 - d^2cx - b^3x + b^2a^2 \\ & - bxca + dc^2a + b^2dc - bd^2a + bx^2d - d^2cx - c^3b \\ & + c^2ad - cxd^2 + d^4. \end{aligned}$$

$$\begin{aligned} =\ & - abcx - a^3c + 2a^2dx - 3abd^2 - ax^3 + 2bdx^2 \\ & + 2b^2cd + c^2x^2 - 3cd^2x - b^3x + a^2b^2 + 2ac^2d \\ & - bc^3 + d^4. \end{aligned}$$

Que le numérateur de y^4

$$\begin{aligned} =\ & - cx^3b + xca^2 - x^2da + d^2a^2 + xd^2b - x^2da \\ & + x^4 - dax^2 - cadb + ca^2x - cx^2b + d^2bx + b^2ax \\ & - ba^3 + b^2xa - dcba - b^3d + bdac - bx^2c + dc^2x \\ & + c^2b^2 - c^3a + c^2xd - d^3c. \end{aligned}$$

$$\begin{aligned} =\ & - 3bcx^2 + 2a^2cx - 3adx^2 + a^2d^2 + 2bd^2x \\ & + x^4 - abcd + 2ab^2x - a^3b - b^3d + 2c^2dx + b^2c^2 \\ & - ac^3 - cd^3. \end{aligned}$$

Que le numérateur de y^3

$$\begin{aligned} =\ & - a^2xb + a^4 - a^2xb + db^2a + adb^2 - a^2de \\ & + ax^2c - dbxc - cb^3 + c^2ba - c^3x + d^2c^2 + x^2b^2 \\ & - xba^2 + x^2ca - da^2c - xdcb + xd^2a - x^3d \\ & + d^2ax + c^2ab - ca^2d + cxbd - d^3b. \end{aligned}$$

$$= -3a^2bx + a^4 + 2ab^2d - 3a^2cd + 2acx^2 - bcdx$$
$$- b^3c + 2abc^2 - c^3x + c^2d^2 + b^2x^2 + 2ad^2x$$
$$- dx^3 - bd^3.$$

Que le numérateur de y^2

$$= -acb^2 + a^2c^2 - axdc + d^2bc + a^2db - a^3x$$
$$+ ax^2b - db^2x - xb^2d + x^2ba - x^3c + dacx + b^4$$
$$- b^2ac + bxc^2 - dc^3 - b^2ac + ba^2d - b^2xd + d^2cb$$
$$+ xc^2b - xcad + x^2d^2 - d^3a.$$
$$= -3ab^2c + a^2c^2 - acdx + 2bcd^2 + 2a^2bd - a^3x$$
$$+ 2abx^2 - 3b^2dc - cx^3 + b^4 + 2bc^2x - c^3d$$
$$+ d^2x^2 - ad^3.$$

Que le numérateur de y

$$= -ac^2x + a^2cb - a^3d + xbda + ad^2c - adbx$$
$$+ a^2x^2 - x^3b - c^3bd + cb^3x - c^2ax + x^3dc + b^2xc$$
$$- b^3a + ba^2c - xc^2a - bdc^2 + b^2d^2 - baxd$$
$$+ x^2cd + c^4 - c^3bd + cad^2 - xd^3$$
$$= -3ac^2x + 2a^2bc - a^3d - abdx + 2acd^2 + a^2x^3$$
$$- bx^3 - 3bc^2d + 2b^2cx + 2cdx^2 - ab^3 + b^3d^2$$
$$+ c^4 - d^3x.$$

ADDITION XI.

Origines des valeurs des quantités de la forme

$$\frac{o}{o}, \quad \frac{o}{a} \quad et \quad \frac{a}{o}.$$

92. Dans les applications qu'on voudroit faire, de deux, ou d'un plus grand nombre d'équations données, aux formules précédentes, l'on pourroit arriver à deux résultats singuliers; l'un, où les valeurs des inconnues

présenteroient sous la forme de $\frac{a}{o}$; et l'autre, où l'on trou-

veroit pour ces valeurs des quantités, telles que $\frac{a}{o}$ ou $\frac{o}{a}$;

ce qui donne naissance à deux nouvelles espèces de quantités, dont le Lecteur n'avoit eu jusqu'ici aucune notion.
Soient, par exemple, données les deux équations :

$$3x + 7y = 47,$$

$$13\tfrac{1}{2}x + 31\tfrac{1}{2}y = 211\tfrac{1}{2}.$$

Si je veux trouver les valeurs de x et de y, au moyen
des deux formules

$$x = \frac{b'c - bc'}{ab' - a'b} \qquad y = \frac{ac' - a'c}{ab' - a'b},$$

j'aurai $a = 3$, $b = 7$, $c = 47$; $a' = 13\tfrac{1}{2}$ ou $\tfrac{27}{2}$, $b' = 31\tfrac{1}{2}$
ou $\tfrac{63}{2}$, $c' = 211\tfrac{1}{2}$ ou $\tfrac{423}{2}$.

$$\text{D'où } x = \frac{\tfrac{63}{2} \times 47 - 7 \times \tfrac{423}{2}}{3 \times \tfrac{63}{2} - \tfrac{27}{2} \times 7} = \frac{\tfrac{2961}{2} - \tfrac{2961}{2}}{\tfrac{189}{2} - \tfrac{189}{2}} = \tfrac{0}{0} ;$$

$$\text{et} \ldots y = \frac{3 \times \tfrac{423}{2} - \tfrac{27}{2} \times 47}{3 \times \tfrac{63}{2} - \tfrac{27}{2} \times 7} = \frac{\tfrac{1269}{2} - \tfrac{1269}{2}}{\tfrac{189}{2} - \tfrac{189}{2}} = \tfrac{0}{0}.$$

Si l'on m'eût proposé les trois équations :

$$8x + 12y + 16z = 224$$

$$28x + 42y + 56z = 784$$

$$42x + 63y + 84z = 1176.$$

En cherchant les valeurs de x, y et z, au moyen des
trois formules :

$$x = \frac{b'c''d - c'b''d + b''cd' - bc''d' + bc'd'' - cb'd''}{ab'c'' - ac'b'' + a'b''c - a'bc'' + a''bc' - a''b'c}$$

$$y = \frac{ac''d' - ac'd + a'cd'' - a'c''d + a''c'd - a''cd'}{ab'c'' - ac'b'' + a'b''c - a'bc'' + a''bc' - a''b'c}$$

$$z = \frac{ab'd'' - ab''d' + a'b''d - a'bd'' + a''bd' - a''b'd}{ab'c'' - ac'b'' + a'b''c - a'bc'' + a''bc' - a''b'c}$$

on aura, $\quad a = 8, b = 12, c = 16, d = 224;$

$\qquad\qquad a' = 28, b' = 42, c' = 56, d' = 784;$

$\qquad\qquad a'' = 42, b'' = 63, c'' = 84, d'' = 1176;$

donc x

$$= \frac{42.84.224 - 56.63.224 + 63.16.784 - 12.84.784 + 12.56.1176 - 16.42.1176}{8.42.84 - 8.56.63 + 28.63.16 - 28.12.84 + 42.12.56 - 42.42.16}$$

$$= \frac{224\,(3528 - 3528) + 784\,(1008 - 1008) + 1176\,(672 - 672)}{8\,(3528 - 3528) + 28\,(1008 - 1008) + 42\,(672 - 672)} = \frac{0}{0}.$$

Quant aux valeurs de y et de z, on voit que, leur dénominateur commun étant zéro, puisqu'il est le même que celui de x, tandis que le numérateur de y

$= 8.84.784 - 8.56.1176 + 28.16.1176 - 28.84.224 + 42.56.224 - 42.16.784 = 0$; et que le numérateur de z

$= 8.42.1176 - 8.63.784 + 28.63.224 - 28.12.1176 + 42.12.784 - 42.42.224 = 0$; on voit, dis-je, que la valeur de y et celle de z sont $\frac{0}{0}$.

93. Si maintenant l'on eût eu ces deux équations :

$$5x + 7y = 65$$
$$15x + 21y = 196$$

eh les comparant aux deux équations

$$ax + by = c$$
$$a'x + b'y = c'$$

on auroit $a = 5, b = 7, c = 65; a' = 15, b' = 21, c' = 196$; ce qui changeroit le dénominateur $ab' - a'b$ en 5. 21 − 7. 15 ou 0 ; et le numérateur de $x = b'c - bc'$ deviendroit 65. 21 − 7. 196 = −7 ; tandis que celui de $y = ac' - a'c$ devient 5. 196 − 65. 15 = 5. La valeur de x est donc $\dfrac{-7}{0}$, et celle de y, $\dfrac{5}{0}$.

94. Si on avoit enfin les trois équations

$$4x - 6y + z = 15$$
$$20x - 30y + 5z = 72$$
$$28x - 42y + 7z = 106$$

en les comparant aux trois équations :

$$a\,x + b\,y + c\,z = d$$
$$a'x + b'y + c'z = d'$$
$$a''x + b''y + c''z = d''$$

on auroit $a = 4$, $b = -6$, $c = 1$, $d = 15$
$$a' = 20, b' = -30, c' = 5, d' = 72$$
$$a'' = 28, b'' = -42, c'' = 7, d'' = 106.$$

Alors le dénominateur commun $ab'c'' - ac'b'' + ca'b''$ $-ba'c'' + bc'a'' - cb'a''$, devient $4. -30. 7 - 4. 5.$ $-42 + 1. 20. -42 + 6. 20. 7 - 6. 5. 28 - 1. -30. 28$ $= 0$; et les numérateurs, savoir :

1°. Celui de $x = db'c'' - dc'b'' + cd'b'' - bd'c''$ $+ bc'd'' - cb'd'' =$

$15. -30. 7 - 15. 5. -42 + 1. 72. -42 + 6. 72.$ $6 - 6. 5. 106 - 1. -30. 106 = -432.$

2°. Celui de $y = ad'c'' - ac'd'' + ca'd'' - da'c''$ $+ dc'a'' - cd'a'' =$

$4. 72. 7 - 4. 5. 106 + 1. 20. 106 - 15. 20. 7 + 15. 5. 28$ $- 1. 72. 28 = 0.$

3°. Enfin celui de $z = ab'd'' - ad'b'' + da'b''$ $-ba'd'' + bd'a'' - db'a'' =$

$4. -30. 106 - 4. 72. -42 + 15. 20. -42 + 6. 20. 106$ $- 6. 72. 28 - 15. -30. 28 = 0.$

Les valeurs de x, y et z sont donc

$$\frac{-432}{0}, \frac{0}{0} \text{ et } \frac{0}{0}.$$

95. Supposons enfin pour dernier exemple, que l'on ait les deux équations

$$7x + 2y = 4$$
$$5x + 3y = 6$$

on a $a = 7$, $b = 2$, $c = 4$; $a' = 5$, $b' = 3$, $c' = 6$.

Donc $x = \dfrac{b'c - bc'}{ab' - a'b} = \dfrac{0}{11}$;

et $y = \dfrac{ac' - a'c}{ab' - a'b} = \dfrac{22}{11} = 2$.

Voilà donc trois espèces de valeurs, que l'on peut rencontrer, en appliquant divers exemples aux formules générales, qui donnent les expressions de x, y, z, etc.; ces valeurs sont de l'une de ces trois formes : $\dfrac{0}{0}$, ou $\dfrac{a}{0}$, ou enfin $\dfrac{0}{a}$. Il ne reste à présent qu'à savoir ce qu'elles signifient.

96. Je vais d'abord faire voir dans quels cas on doit généralement trouver ces diverses quantités. Opérons premièrement sur deux inconnues.

D'abord pour que le dénominateur commun $ab' - ba'$ soit zéro, il faut que $ab' = ba'$, ce qui donne (63) cette proportion $a : b :: a' : b'$; c'est-à-dire, que, pour que le dénominateur commun devienne zéro, il faut que les coefficiens de x et de y aient entr'eux, dans la seconde équation, le même rapport que dans la première. Or, c'est ce qui aura toujours lieu, si l'on fait $b = ma$ et $b' = ma'$; m étant une quantité entière ou fractionnaire, positive ou négative : l'on peut donc conclure de là que si, étant donnée une équation $ax + may = c$, on pose $a'x + ma'y = c'$, le dénominateur commun sera zéro ; ce qui d'ailleurs est évident, puisque dans ce cas $ab' - ba' = ama' - maa' = 0$.

Quant aux numérateurs de x et de y, il est aisé de voir à présent que celui de x deviendra o, si $cb' = bc'$, c'est-à-dire, si l'on a la proportion $b : c :: b' : c'$, et que celui de y sera aussi zéro, si $ac' = ca'$, ou si l'on a la proportion $a : c :: a' : c'$.

Comme on peut écrire ainsi les proportions ci-dessus $a : a' :: b : b'$; $b : b' :: c : c'$; $a : a' :: c : c'$; on voit encore que, si l'on fait $a' = ma$, et $b' = mb$, le dénominateur commun des deux inconnues x et y dans les équations $ax + by = c$, $max + mby = c'$, sera zéro ; et en effet, le dénominateur général $ab' - ba' = amb - bma = o$; il en sera de même pour les numérateurs de x et de y, qui deviendront zéro, si l'on fait $b' = mb$ et $c' = mc$, ainsi que $a' = ma$ et $c' = mc$.

97. Si l'on fait attention que les trois équations $ab' = a'b$, $cb' = bc'$ et $ac' = ca'$, donnent $\dfrac{a}{a'} = \dfrac{b}{b'}$, $\dfrac{b}{b'} = \dfrac{c}{c'}$, $\dfrac{a}{a'} = \dfrac{c}{c'}$, il sera aisé de voir que, deux quelconques de ces équations ayant lieu, la troisième a lieu nécessairement.

Donc si l'on proposoit de résoudre deux équations à deux inconnues, telles que $ax + by = c$, et $a'x + b'y = c'$, où l'on eût entre les quantités a, a' ; b, b' ; c, c', prises deux à deux, trois rapports, dont deux seulement fussent égaux, il s'ensuivroit que le problême renfermeroit quelque impossibilité ; or, il est aisé de voir que, dans ce cas, les valeurs de x et de y seront de la forme $\dfrac{a}{o}$, ou $\dfrac{o}{a}$, ou $\dfrac{o}{o}$; savoir, $\dfrac{o}{a}$, si

$$bc^{\prime}=b^{\prime}c \text{ et } ac^{\prime}=a^{\prime}c \; ; \text{ et } \frac{o}{o}, \frac{a}{o}, \text{ ou } \frac{a}{o}, \frac{o}{o}, \text{ si } ab^{\prime}=a^{\prime}b$$

et $b^{\prime}c = c^{\prime}b$; ou si $ab^{\prime}=a^{\prime}b$ et $ac^{\prime}=a^{\prime}c$.

On voit donc, pour récapituler, que si ces valeurs se réduisent toutes deux à $\frac{o}{a}$, ou l'une à $\frac{o}{o}$ et l'autre à $\frac{a}{o}$, le problême qui aura conduit aux deux équations ci-dessus, renfermera quelque condition absurde ; si au contraire, elles sont toutes deux égales à $\frac{o}{o}$, il n'y aura plus, à la vérité, d'absurdité dans les conditions du problême ; mais comme $\frac{o}{o}$ n'offre pas de valeur déterminée, il doit alors se trouver quelque chose d'indéterminé dans la so-lution du problême proposé ; et c'est en effet ce qui a lieu, comme je vais le prouver généralement.

98. Supposons donc que les trois équations $ab^{\prime}=a^{\prime}b$, $bc^{\prime}=b^{\prime}c$, et $ac^{\prime}=a^{\prime}c$, aient lieu toutes à la fois ; alors, d'après ce qu'on a vu (96), les deux équations $ax+by=c$, $a^{\prime}x+b^{\prime}y=c^{\prime}$, prendront l'une ou l'autre des deux formes ci-dessous :

$$ax + may = c$$
$$a^{\prime}x + ma^{\prime}y = \frac{a^{\prime}c}{a}$$
$$ax + by = c$$
$$max + mby = mc \quad (96)$$

Or, il est facile d'appercevoir que, de part et d'autre, l'on n'a réellement qu'une équation. En effet, si d'abord on divise tous les termes de la première par a, et de la seconde par $a^{\prime}$, on aura les deux nouvelles équations

$$x + may = \frac{c}{a} \;, \; x + my = \frac{c}{a} \;,$$ équations absolument sem-

blables. Il en seroit de même, si ensuite on divisoit tous

les termes de la seconde par m, puisqu'alors il viendroit la première équation $ax + by = c$. On voit donc (78) que, puisque l'on a moins d'équations que d'inconnues, le problème est indéterminé. De plus, il est aisé de prouver qu'alors x et y sont susceptibles d'un nombre infini de valeurs. En effet, $x + my = \dfrac{c}{a}$ donne . . . . . .

$$x = \frac{c}{a} - my, \text{ et } ax + by = c \text{ donne } x = \frac{c - by}{a}, \text{ où}$$

l'on voit que, de part et d'autre, x dépendant de la valeur de y, ne peut être déterminé, que quand y lui-même le sera. Si l'on avoit, par exemple, $4x - 12y = 48$, on ne pourroit tirer de cette équation que $x = \dfrac{48 + 12y}{4} = 12$

$+3y$; mais l'on voit en même-tems que si l'on suppose successivement $y = 1, 2, 3$, etc., x deviendra 15, 18, 21, etc., ce qui donneroit d'abord une infinité de valeurs; on en obtiendroit encore d'autres à l'infini, en supposant y négatif, ou $= -1, -2, -3$, etc. : enfin, on en auroit une infinité de nouvelles, en faisant y fractionnaire positif ou négatif. Il est donc prouvé d'abord que, lorsque les trois équations ont lieu à-la-fois, x et y ont une infinité de valeurs ; mais on a vu qu'alors ces valeurs étoient $\frac{0}{0}$; donc $\frac{0}{0}$ (et c'est ce qu'on appelle *quantité indéterminée*) est ici susceptible d'un nombre infini de valeurs ; nous disons ici, parce qu'il est des cas, comme on va le voir tout-à-l'heure, où $\frac{0}{0}$ n'a qu'une valeur.

99. Supposons à présent que, des trois équations $ab' = a'b$, $bc' = b'c$, $ac' = a'c$, la première seulement n'ait pas lieu ; si l'on fait $b = ma$, on ne pourra faire $b' = ma'$, sans quoi l'on auroit ab', ou $ama' = ba'$, ou maa', ce qui seroit contre la supposition. Soit donc

$b' = na'$, n étant différent de m ; soit de plus, en vertu

de $ac' = a'c$, $c' = \dfrac{a'c}{a}$, on aura les deux équations

$$ax + may = c, \quad a'x + na'y = \frac{a'c}{a} ;$$

d'où l'on tire : $x = \dfrac{c}{a} - my$, et $x = \dfrac{c}{a} - ny$; ce qui

donne l'équation $\dfrac{c}{a} - my = \dfrac{c}{a} - ny$, quantités qui ne

peuvent devenir égales que dans deux cas, savoir :
1°. lorsque $m = n$, ce qui est contre la supposition ;
2°. lorsque $y = 0$. D'un autre côté, cette équation donne

$(m - n)y = 0$, ou $y = \dfrac{0}{m - n}$, c'est-à-dire, une ex-

pression de cette forme $\dfrac{0}{a}$; donc $\dfrac{0}{a} = 0$.

Si, au contraire, l'on eût fait $a' = ma$, alors b' ne
pourroit égaler mb, sans quoi ab' ou $amb = a'b$ ou mab,
ce qui seroit contre l'hypothèse. Soit donc $b' = nb$, n
étant différent de m. Soit encore (à cause de $bc' = b'c$,
$= nbc$,) $c' = nc$, il se présentera ces deux équations :

$$ax + by = c, \quad max + nby = nc ;$$

d'où l'on tire $y = \dfrac{c}{b} - \dfrac{ax}{b} \ldots y = \dfrac{c}{b} - \dfrac{max}{nb}$; ce

qui donne $\dfrac{c}{b} - \dfrac{ax}{b} = \dfrac{c}{b} - \dfrac{m}{n} \times \dfrac{ax}{b}$, dont les deux

membres ne peuvent devenir égaux, que lorsque $m = n$,
ce qui est contre la supposition, ou lorsque $x = 0$. Mais
d'ailleurs cette même équation donne $(n - m)x = 0$,

ou $x = \dfrac{0}{n - m}$, qui est encore de la forme $\dfrac{0}{a}$; donc encore $\dfrac{0}{a} = 0$.

On peut conclure de ce qu'on vient de dire, outre $\dfrac{0}{a} = 0$, 1°. que, puisque dans le premier cas $y = 0$, et dans le second $x = 0$, la valeur de x est dans l'un $\dfrac{c}{a}$, et que, dans l'autre, $\dfrac{c}{b}$ est la valeur de y. Ceci est évident à la seule inspection des équations $ax + may = c$, $a'x + na'y = \dfrac{a'c}{a}$, et $ax + by = c$; $max + nby = nc$; car si dans les deux premieres on fait $y = 0$, on en tirera également $x = \dfrac{c}{a}$; et si dans les deux dernières, on fait $x = 0$, on aura également $y = \dfrac{c}{b}$.

Mais on peut encore s'en convaincre généralement au moyen des valeurs générales de x et de y. Car si dans $x = \dfrac{cb' - bc'}{ab' - a'b}$, on met, pour b' sa valeur na', on aura

$$x = \frac{c\left(na' - \dfrac{c'}{c}b\right)}{a\left(na' - \dfrac{a'}{a}b\right)}; \text{ mais } \frac{a'}{a} = \frac{c'}{c}; \text{ donc } x = \frac{c}{a}.$$

Si ensuite dans la valeur générale de $y = \dfrac{ac' - ca'}{ab' - a'b}$, on met pour a' sa valeur ma, il viendra . . . . . .

$$\frac{c\left(-ma + a\dfrac{c'}{c}\right)}{b\left(-ma + a\dfrac{b'}{b}\right)} \; ; \text{ mais } \frac{c'}{c} = \frac{b'}{b} \; ; \text{ donc } y = \frac{c}{b}.$$

2°. Que puisqu'on arrive à l'équation finale $my = ny$, ou $nx = mx$, qui donnent, en divisant les deux membres par y ou x, $m = n$, ou $n = m$, ce qui est contre l'hypothèse, l'équation finale dans ces sortes de cas, doit conduire à une absurdité ; et en effet, l'on trouve pour résultat une équation entre deux nombres différens, comme $16 = 21$. C'est ce qu'on va prouver par les deux exemples suivans.

Soit donc . . . $6x + 30y = 138$

et . . . $7x + 49y = 161$

où l'on a $a = 6$, $m = 5$, $c = 138$; $a' = 7$, $n = 7$

$c' = \dfrac{a'c}{a} = 161$; on aura d'abord

$$x = \frac{138 - 30y}{6} = 23 - 5y \; ; \; x = \frac{161 - 49y}{7} = 23 - 7y :$$

ensuite $23 - 5y = 23 - 7y$; d'où $7y = 5y$, ou $7 = 5$, ce qui est absurde.

Si l'on eût éliminé y, on auroit eu $y = \dfrac{138 - 6x}{30}$, et

$$y = \frac{161 - 7x}{49} \; ; \text{ ensuite } \frac{138 - 6x}{30} = \frac{161 - 7x}{49}, \; (\text{ on en divisant par } 6, \text{ et ensuite par } 7 \text{ le numérateur et le dénominateur du premier et du second membres}) \ldots .$$

$$\frac{23-x}{5} = \frac{23-x}{7}\; ;$$ ce qui donne $161-7x = 115-5x$

ou $x = 23 = \dfrac{138}{6} = \dfrac{c}{a}.$

Si l'on avoit ensuite les deux équations :

$$5x + 4y = 50$$
$$20x + 12y = 150$$

où $a = 5$, $b = 4$, $c = 50$, $m = 4$, $n = 3$. On doit ici trouver $3 = 4$ et $y = \dfrac{b}{c} = \dfrac{4}{15}$; et c'est ce qu'on va trouver en effet. La première équation donne

$$x = \frac{50-4y}{5} \text{ ou } \frac{200-16y}{20}\; ; \text{ la seconde}, \; x = \frac{150-12y}{20}\; ;$$

donc $200-16y = 150 - 12y$; ou $y = \frac{4}{15}$. En éliminant y, on auroit eu d'abord $y = \dfrac{50-5x}{4} = \dfrac{150-15x}{12}.$ Ensuite $y = \dfrac{150-20x}{12}$; d'où $150-15x = 150-20x$; d'où encore $15x = 20x$, ou divisant les deux membres par $5x$, $3 = 4$.

Au reste, on pourroit aisément faire voir que ces sortes d'équations sont généralement impossibles et absurdes. Car si l'on prend les deux premières $ax + may = c$, $a'x + na'y = \dfrac{a'c}{a}$; et qu'on multiplie la première par a' et la seconde par a, on aura $a'ax + ma'ay = a'c$ et $aa'x + naa'y = a'c$; retranchant l'une de l'autre, il ne reste plus que $ma'ay - naa'y = 0$, ou $m = n$. Ainsi dans les deux équations $6x + 50y = 138$, $7x + 49y = 161$; en multipliant la première par 7 et la seconde par 6, on a $42x + 210y = 966$, et $42x + 294y = 966$.

Retranchant, il vient $210y = 294y$, ou $5 = 7$, en divisant les deux membres par $42y$.

Si au contraire on avoit eu les deux équations

$$ax + by = c \qquad max + nby = nc ;$$

la première, multipliée par n, donneroit $nax + nby = nc$, qui retranchée de la seconde, donne aussitôt $max - nax = 0$, ou $m = n$. Ainsi, reprenant les deux équations $5x + 4y = 50$, et $20x + 12y = 150$ où $n = 3$; je multiplie la première par 3, et j'ai $15x + 12y = 150$, qui retranchée de la seconde, donne $20x - 15x = 0$, ou $4 = 3$, en divisant les deux membres par $5x$.

100. Passons au troisième cas, c'est-à-dire, à celui où des trois équations $ab^{!} = a^{!}b$, $a^{!}c = ac^{!}$ et $b^{!}c = bc^{!}$, l'une des deux dernières n'a pas lieu; et supposons que ce soit la dernière. L'on voit aussitôt que, si l'on fait $b^{!} = mb$, on ne pourra pas faire $c^{!} = mc$, sans quoi $b^{!}c$ ou mbc égaleroit $bc^{!}$ ou bmc, ce qui est contre la supposition. Soit donc $c^{!} = nc$, n étant différent de m : de plus, à cause de $ab^{!} = a^{!}b$, et de $b^{!} = mb$, $a^{!}$ doit égaler ma. Donc les deux équations $ax + by = c$, $a^{!}x + b^{!}y = c^{!}$ se changeront en $ax + by = c$, et $max + mby = nc$. Si je divise tous les termes de la première par ax, et tous ceux de la seconde par max, j'aurai $1 + \dfrac{by}{ax} = \dfrac{c}{ax}$, $1 + \dfrac{by}{ax} = \dfrac{nc}{max}$. On devroit donc avoir $\dfrac{c}{ax} = \dfrac{nc}{max}$, ou $\dfrac{mc}{max} = \dfrac{nc}{max}$, ou $\dfrac{m}{x} = \dfrac{n}{x}$; ce qui ne peut avoir lieu qu'en supposant, ou $n = m$, ce qui est contre l'hypothèse, ou x infiniment grand, puisqu'alors les deux fractions $\dfrac{m}{x}$ et $\dfrac{n}{x}$, devenant de plus en plus petites à mesure

que x augmente, doivent s'anéantir, lorsqu'il sera infiniment grand. D'un autre côté, 1°. on trouve $y = \dfrac{c - ax}{b}$;

$y = \dfrac{nc - max}{mb}$; d'où $(am - am)x = (m - n)c$, ou

$x = \dfrac{(m-n)c}{am - am} = \dfrac{(m-n)c}{o}$, quantité de la forme $\dfrac{s}{o}$; donc $\dfrac{a}{o}$ représente une quantité infiniment grande; 2°. si on multiplie par m, la première des deux équations $ax + by = c$, et $max + mby = nc$, et qu'on les retranche membre à membre, on aura $mc - nc = o$, ou $m = n$, ce qui annonce une absurdité dans la question; on en sera bientôt convaincu par l'exemple suivant. Soient les équations

$$4x + 6y = 42$$
$$12x + 18y = 168$$

dans lesquelles $a = 4$, $b = 6$, $c = 42$, $m = 3$, $n = 4$. Si l'on multiplie la première équation par 3, on aura $12x + 18y = 126$, qui, retranchée de la seconde, conduit à $168 - 126 = o$, ou $168 = 126$, ou en divisant les deux membres par 42, à $4 = 3$, ce qui est absurde.

Il nous reste encore à connoître dans ce cas la valeur de y; en se comportant, comme on l'a fait ci-dessus pour x, on trouveroit, en divisant par by et mby, tous les termes des deux équations $ax + by = c$, $max + mby = nc$,

$$\frac{ax}{by} + 1 = \frac{c}{by}, \quad \frac{ax}{by} + 1 = \frac{nc}{mby}; \text{ on devroit donc}$$

avoir $\dfrac{c}{by} = \dfrac{nc}{mby}$, ou $\dfrac{m}{y} = \dfrac{n}{y}$, ce qui ne peut arriver qu'en supposant y infiniment grand. D'un autre côté, on a

$$x = \frac{c - by}{a} \; ; \; x = \frac{nc - mby}{ma} \; ; \text{ d'où } (mb - mb)y = (m - n)c,$$

ou $y = \dfrac{(m - n)c}{bm - bm} = \dfrac{(m - n)c}{0}$, ce qui est de la forme $\dfrac{a}{0}$;

donc encore $\dfrac{a}{0}$ est infiniment grand.

Il eût aussi été possible de parvenir à ce résultat, en se servant de la valeur de y, qui est en général $\dfrac{ac^{\iota} - ca^{\iota}}{ab^{\iota} - a^{\iota}b}$; car, en mettant dans cette formule nc pour c^{ι}, ma pour a^{ι}, mb pour b^{ι}, tirées des deux équations $ax + by = c$, $max + mby = nc$, comparées aux deux équations $ax + by = c$, $a^{\iota}x + b^{\iota}y = c^{\iota}$, on aura . . . .

$$\frac{ac^{\iota} - ca^{\iota}}{ab^{\iota} - a^{\iota}b} = \frac{anc - cma}{amb - mab} = \frac{ac(n - m)}{0}, \text{ ce qui est encore}$$

une quantité de la forme $\dfrac{a}{0}$, c'est-à-dire, infiniment grande.

Mais il est ici une remarque importante à faire, c'est que, quoique x et y se présentent sous une forme infinie, cependant ils ont entre eux un rapport fini. En effet, l'équation $1 + \dfrac{by}{ax} = 0$, (à laquelle se réduisent les deux équations ci-dessus $1 + \dfrac{by}{ax} = \dfrac{c}{ax}$ et $1 + \dfrac{by}{ax} = \dfrac{nc}{max}$, lorsque x est infiniment grand), donne $by = -ax$, d'où $y : x :: -a : b$; et en effet, dans les équations générales, $x = \dfrac{cb' - bc'}{ab' - a'b}$, $y = \dfrac{ac' - ca'}{ab' - a'b}$; l'on a (à

cause de $a' = ma$, $b' = mb$, $c' = nc$), $x = \dfrac{cb(m-n)}{o}$,

$y = \dfrac{-ca(m-n)}{o}$; d'où l'on tire $y : x :: -ca : cb$, ou

$:: -a : b$.

On sent bien que si, au lieu d'avoir l'équation $a'c = ac'$, on eût eu $b'c = bc'$, on seroit parvenu à des résultats semblables, en suivant une marche analogue à celle qu'on vient de voir. Nous ne parlerons pas non plus des secondes espèces d'équations que nous aurions pu nous donner, conformément aux articles 98 et 99 ; d'abord, parce que l'on peut y suppléer facilement, d'après tout ce qu'on vient de lire ; et en second lieu, par la raison qu'ayant prouvé que $\frac{o}{o}$ étoit une quantité indéterminée, et $\frac{o}{a}$ une quantité infiniment petite, il ne nous restoit plus qu'à prouver que $\frac{a}{o}$ étoit une quantité infiniment grande ; or, c'est ce que nous venons de faire dans l'instant.

101. On pourroit encore, sans employer la méthode précédente, et par la seule considération des nombres, prouver que $\frac{a}{o}$ et $\frac{o}{a}$ sont des quantités infiniment grandes et infiniment petites. En effet, 1°. l'on sait que, dans une division, plus le diviseur devient petit, le dividende restant le même, plus le quotient devient grand. Donc, plus le diviseur approchera de zéro, plus le quotient sera près d'approcher de l'infini ; donc, lorsque le diviseur sera zéro même, le quotient sera infiniment grand. Si l'on suppose, par exemple, que le diviseur, étant 1, devienne $\frac{1}{2}$, le quo-

tient sera 2 a ou 2 fois plus grand; si le quotient devient $\frac{a}{4}$ ou 4 fois plus petit, le quotient sera 4 a, ou 4 fois plus grand; si le diviseur est $\frac{1}{8}$, ou 8 fois plus petit, le quotient sera 8 a, ou 8 fois plus grand, etc.; d'où l'on voit que le quotient devient plus grand, dans le rapport même que le diviseur devient plus petit; donc, lorsque le diviseur sera infiniment petit ou zéro, le quotient ou $\frac{a}{0}$ sera infiniment grand.

2°. L'on sait encore que, plus le dividende devient petit, le diviseur restant le même, plus le quotient devient petit; donc, plus le dividende approchera de zéro, plus aussi le quotient sera près d'approcher de zéro; donc, lorsque ce dividende sera zéro même, le quotient sera zéro avec lui. Si l'on suppose, par exemple, que le dividende, étant 1, devienne $\frac{1}{4}$, le quotient $\frac{1}{a}$ sera $\frac{1}{2a}$, ou 2 fois plus petit; si le dividende devient $\frac{1}{4}$, ou 4 fois plus petit, le quotient sera $\frac{1}{4a}$, ou 4 fois plus petit. Si le dividende devient $\frac{1}{8}$, ou 8 fois plus petit, le quotient sera $\frac{1}{8a}$, ou 8 fois plus petit, etc. D'où l'on voit que le quotient devient plus petit, dans le même rapport que le dividende devient plus petit. Donc, lorsque le dividende sera infiniment petit ou zéro, le quotient ou $\frac{0}{a}$ sera aussi infiniment petit ou zéro.

102. Je finirai ce chapitre par faire voir, comme je l'ai promis (98), que $\frac{0}{0}$ avoit souvent une valeur déterminée.

En effet, soit 1°. l'expression $\dfrac{a^2 - b^2}{a - b}$; on suit que le quotient est $a + b$, quelles que soient les quantités a et b; ce quotient doit donc avoir lieu, quand même $b = a$; or, dans cette hypothèse, d'un côté ce quotient $a + b = 2a$, et de l'autre, $\dfrac{a^2 - b^2}{a - b}$ devient $\dfrac{a^2 - a^2}{a - a}$ ou $\frac{0}{0}$; donc, dans ce cas, $\frac{0}{0}$ a pour valeur $2a$; donc il est déterminé.

2°. Soit $\dfrac{a^3 - b^3}{a - b}$ qui devient $\frac{0}{0}$ lorsque $a = b$; si l'on se rappelle (42) que $a^3 - b^3 = (a^2 + ab + b^2)(a - b)$, on voit que l'expression ci-dessus se réduit à $\dfrac{(a^2 + ab + b^2)(a - b)}{a - b}$, ou à $a^2 + ab + b^2$, en supprimant le facteur commun $a - b$; ce qui donne, lorsque $a = b$, $3a^2$ pour la valeur de $\frac{0}{0}$.

3°. Soit enfin $\dfrac{b(a^2 - b^2)}{a(a^4 - b^4)}$; cette quantité devient $\frac{0}{0}$, quand $a = b$: mais si l'on observe qu'elle équivaut à $\dfrac{b}{a(a^2 + b^2)}$, on voit que, dans le cas de $a = b$, $\frac{0}{0} = \dfrac{1}{2a^2}$.

D'après les exemples qu'on vient de citer, il est aisé de voir que, lorsqu'on rencontrera une fraction qui devient $\frac{0}{0}$, il faudra, pour trouver sa valeur, commencer par décomposer les deux termes de cette fraction en leurs facteurs: là décomposition faite, on verra quel est celui de ces facteurs qui, étant commun au numérateur et au dénominateur, les rend tous deux égaux à zéro: si on le supprime alors de part et d'autre, on aura la valeur véritable et déterminée de la fraction proposée. Certains cas, il est vrai, échappent à cette règle: mais ce n'est pas ici le lieu d'en parler.

I 2

ADDITION XII.

Résolution de divers problêmes.

103. L'on sait que la résolution d'un problême quelconque comprend généralement deux parties : la première, qui dépend totalement de l'esprit, consiste à traduire les conditions du problême en langage Algébrique, à l'aide d'une ou de plusieurs équations : la seconde, purement méchanique, sert, au moyen de règles certaines et déterminées, à dégager l'inconnue ou les inconnues, de manière à obtenir leurs valeurs en quantités, supposées toutes connues par l'état de la question.

Mais, quoique la première de ces parties paroisse dépendre absolument de l'intelligence de l'Analyste, cependant l'on ne peut disconvenir que l'habitude et l'exercice ne servent efficacement à développer cette intelligence chez les uns, et à la perfectionner chez les autres. Quant à la pratique, il faut de même avouer, et l'on en a déjà vu un exemple (88), que l'on peut très-souvent arriver à la solution d'un problême, par une route, sinon plus certaine, du moins plus abrégée.

J'observerai enfin qu'il existe, dans mille problêmes, une généralité particulière, et si différente de l'un des cas généraux qu'on a vus jusqu'ici, qu'elle est, pour ainsi dire, à ce cas général, ce que celui-ci est au cas particulier qui lui correspond.

Comme, dans tous les exemples de l'Auteur, l'on ne trouve, ni cette espèce de généralité dans les problêmes, ni de difficulté dans l'art de mettre en équation ni d'abbréviation dans celui de trouver les inconnues, je crois, sinon essentiel, du moins utile aux Lecteurs, de leur proposer divers problêmes, où ils trouveront réunis deux et même souvent trois des avantages dont je viens de parler. Commençons par des problêmes à une inconnue.

PROBLÊME PREMIER.

104. Un chef de cuisine a une certaine quantité d'œufs qu'on ne connoît pas. Il donne à son premier aide la moitié de ce qu'il en a, et la moitié d'un ; au second aide, la moitié de ce qui lui en reste, et la moitié d'un, et ainsi de suite, à trois marmitons : on demande combien il avoit d'œufs, et comment il a pu faire cette distribution sans en casser ?

Soit x le nombre des œufs ; après la première fois, il aura donné $\frac{1}{2} x + \frac{1}{2}$ ou $\dfrac{x+1}{2}$; et il lui restera

$$x - \left(\frac{x+1}{2} \right) \text{ ou } \frac{x-1}{2} \text{ ; donc il donnera pour la se-}$$

conde fois $\frac{1}{2} \left(\dfrac{x-1}{2} \right) + \frac{1}{2}$ ou $\dfrac{x+1}{4}$; et il lui restera

$$\frac{x-1}{2} - \left(\frac{x+1}{4} \right),$$ c'est-à-dire, ce qui lui restoit la première fois, moins ce qu'il a donné la seconde : ce second reste sera donc $\dfrac{x-3}{4}$; d'où il suit que le troisième

aura $\dfrac{x-3}{8} + \frac{1}{2}$ ou $\dfrac{x+1}{8}$, et que le troisième reste sera

$$\frac{x-3}{4} - \left(\frac{x+1}{8} \right) \text{ ou } \frac{x-7}{8}.$$ La quatrième part éga-

lera donc $\dfrac{x-7}{16} + \frac{1}{8}$ ou $\dfrac{x+1}{16}$; et le quatrième reste sera

$\dfrac{x-7}{8} - \left(\dfrac{x+1}{16}\right)$ ou $\dfrac{x-15}{16}$. D'où la cinquième et

dernière part $= \dfrac{x-15}{32} + \frac{1}{4} = \dfrac{x+1}{32}$, et le cinquième et

dernier reste est $\dfrac{x-15}{16} - \left(\dfrac{x+1}{32}\right)$ ou $\dfrac{x-31}{32}$; mais

ce dernier reste doit égaler zéro, d'après les conditions

du problème : donc on a cette équation $\dfrac{x-31}{32} = 0$ ou

$x = 31$: et en effet, si on exécute les opérations indi-

quées, on trouvera

en lettres	en nombres	en lettres	en nombres
1re. part $\dfrac{x+1}{2}$	16	1er. reste $\dfrac{x-1}{2}$	15
$2^e \dfrac{x+1}{4}$	8	$2^e \dfrac{x-3}{4}$	7
$3^e \dfrac{x+1}{8}$	4	$3^e \dfrac{x-7}{8}$	3
$4^e \dfrac{x+1}{16}$	2	$4^e \dfrac{x-15}{16}$	1
$5^e \dfrac{x+1}{32}$	1	$5^e \dfrac{x-31}{32}$	0

Si l'on examine avec quelqu'attention la forme des restes, on verra tout de suite, que le numérateur de la fraction qui exprime chacun d'eux, n'est autre chose que le nombre cherché, diminué du dénominateur moindre d'une unité, tandis que ce dénominateur n'est lui-même que 2, élevé à une puissance marquée par le rang du reste correspondant : on verra, par exemple, que le quatrième reste $= \dfrac{x - 15}{16}$, est égal à l'inconnue, moins le dénominateur diminué d'une unité, et que ce dénominateur égale 2, élevé à la quatrième puissance (ou multiplié trois fois de suite par lui-même).

De-là, il suit que, dans toute autre question pareille, les mêmes nombres étant supposés, on pourra tout de suite trouver le nombre d'œufs demandé, quelque soit le nombre des parts. En effet, puisque le dernier reste égale en général, et en appellant le nombre des parts n, égale, dis-je, $\dfrac{x - (2^n - 1)}{2^n}$, on aura l'équation générale, au moins pour le problème en question,

$$\frac{x - (2^n - 1)}{2^n} = 0, \text{ ce qui donne } x = 2^n - 1.$$

Si le nombre des co-partageans, par exemple, étoit 11, on auroit tout de suite pour le nombre cherché $2^{11} - 1$, ou 2047, qu'on trouveroit en ôtant l'unité de 2 multiplié 10 fois de suite par lui-même.

De plus, au lieu de supposer, qu'après la dernière distribution, il ne restât rien, on pourroit encore supposer qu'il restât un nombre quelconque d'œufs, exprimé par m : alors, au lieu d'égaler $\dfrac{x - (2^n - 1)}{2^n}$ à 0, on l'égaleroit à m, ce qui donneroit $\dfrac{x - (2^n - 1)}{2^n} = m$; d'où $x = 2^n m + 2^n - 1$, ou $x = 2^n (m + 1) - 1$.

Supposons, par exemple, que le chef eût à faire 5 distributions, toujours en donnant, d'abord la $\frac{1}{2}$ de ce qu'il a, et ensuite la $\frac{1}{2}$ d'un œuf, et qu'à la fin il lui restât 6 œufs.

On voit qu'ici $m = 6$, et $n = 5$; donc $x = 2^5(6+1) - 1 = 223$. Ce qu'il est fort aisé de vérifier.

Pour généraliser encore davantage le problème, supposons, qu'au lieu de distribuer à chaque fois la moitié de ce qu'il a, et la moitié d'un, il en distribue une fraction $\frac{1}{b}$ de ce qu'il a, et $\frac{1}{b}$ d'un. Alors on voit que la première part sera $\dfrac{x}{b} + \dfrac{1}{b}$ ou $\dfrac{x+1}{b}$, et que le premier reste sera $x - \dfrac{(x+1)}{b}$ ou $\dfrac{bx-x-1}{b}$ ou $\dfrac{(b-1)x-1}{b}$

$$= \frac{(b-1)x + b - 1 - b}{b} = \frac{(b-1)(x+1)}{b} - 1 ;$$

que la seconde part vaudra $\dfrac{1}{b} \times \dfrac{bx-x-1}{b} + \dfrac{1}{b} = \dfrac{bx-x+b-1}{b^2}$; et que le second reste sera . . . . .

$$\frac{(b-1)x-1}{b} - \frac{(b-1)(x+1)}{b^2} = \frac{b^2x - 2bx - 2b + x + 1}{b^2}$$

$$= \frac{b^2x - 2bx + x + b^2 - 2b + 1 - b_2}{b^2} =$$

$$\frac{(b-1)^2 x + (b-1)^2}{b^2} - 1 = \frac{(b-1)^2(x+1)}{b^2} - 1 ;$$ la troisième part vaut donc $\dfrac{1}{b} \times \dfrac{b^2x - 2bx - 2b + x + 1}{b^3}$

$+\dfrac{1}{b}$, ou $\dfrac{b^2x - 2bx - 2b + x + 1 + b^2}{b^3}$; le troi-

sième reste vaudra donc $\dfrac{b^2x - 2bx - 2b + x + 1}{b^2} -$

$\dfrac{b^2x - 2bx - 2b + x + b^2 + 1}{b^3}$, ou $\ldots\ldots\ldots$

$\dfrac{b^3x - 3b^2x + 3bx - x + b^3 - 3b^2 + 3b - 1 - b^3}{b^3}$,

ou $\dfrac{(b-1)^3x + (b-1)^3}{b^3} - 1$, ou enfin $\ldots\ldots\ldots$

$\dfrac{(b-1)^3(x+1)}{b^3} - 1$. On verroit de même que le

quatrième reste seroit $\dfrac{(b-1)^4(x+1)}{b^4} - 1$; et que le

reste du rang n (qu'on appelle le n^{ieme} reste) seroit

$\dfrac{(b-1)^n(x+1)}{b^n} - 1$. Si donc on veut que ce dernier

reste soit égal à m, on aura $\dfrac{(b-1)^n(x+1)}{b^n} - 1 = m$;

d'où $(b-1)^n(x+1) = b^n(m+1)$, et $\ldots\ldots\ldots$

$x = \dfrac{b^n(m+1)}{(b-1)^n} - 1$.

On peut tout de suite éprouver la justesse de cette formule, en répétant sur elle la question même proposée ; alors on a $m = 0$, $n = 5$, et $b = 2$, d'où $x = \dfrac{2^5 \times 1}{1^5} - 1 = 31$, comme on l'avoit trouvé.

Il paroîtroit au premier abord que cette formule ne

seroit pas aussi générale que nous l'avons annoncée, en ce que nous avons représenté la fraction par $\frac{1}{b}$, ce qui ne sembleroit convenir qu'aux fractions, telles que $\frac{1}{2}$, $\frac{1}{3}$, $\frac{1}{4}$, etc. Mais on se tromperoit : car supposons $\frac{4}{7}$, par exemple, on voit que $\frac{4}{7}$ n'est autre chose que 1 divisé par $\frac{7}{4}$. D'où il suit, qu'il suffit de faire alors b égal à la fraction renversée, et que, par-là, on s'est dispensé d'introduire une nouvelle quantité, qui n'eût pas manqué de compliquer le calcul.

Soit maintenant proposée cette question :

Un Caissier a plusieurs sacs d'écus de 6 livres, pour payer cinq lettres de change. Il donne pour la première les $\frac{3}{4}$ de ce qu'il a, et les $\frac{3}{4}$ d'un écu ; pour la seconde, les $\frac{3}{4}$ de ce qui lui reste, et les $\frac{3}{4}$ d'un écu, et ainsi de suite, jusqu'à la fin : alors il a 24 écus de reste. On demande quel est le prix de chaque lettre de change, comment il a pu les payer sans changer un écu, et combien il avoit d'écus ?

Ici $n = 5$, $m = 24$, et $b = \frac{4}{7}$; d'où $x = \dfrac{\left(\frac{4}{7}\right)^5 (24+1)}{\left(\frac{1}{7}\right)^5} - 1$; pour évaluer aisément cette expression, on observera que $\left(\frac{4}{7}\right)^5 = \left(4 \times \frac{1}{7}\right)^5 = 4^5 \times \left(\frac{1}{7}\right)^5$. Supprimant alors $\left(\frac{1}{7}\right)^5$, commun aux deux termes de la fraction, il viendra $x = 4^5 \times 25 - 1 = 25599$: c'est ce dont on peut se convaincre par l'opération suivante :

1re. lettre de change	19200	1er. reste	6399
2e.	4800	2e.	1599
3e.	1200	3e.	399
4e.	300	4e.	99
5e.	75	5e.	24

Nous venons de dire que, pour simplifier les calculs, nous avions supposé le numérateur de la fraction égal à l'unité, tandis que nous avons représenté par b son dénominateur. Si l'on vouloit à présent supposer cette fraction égale à $\dfrac{a}{c}$, on pourroit, sans être obligé de recommencer les calculs, introduire cette nouvelle fraction au lieu de $\dfrac{1}{b}$, dans l'expression générale de $x = \dfrac{b^n(m+1)}{(b-1)^n}$ — 1. En effet, puisque $\dfrac{a}{c} = \dfrac{1}{b}$, on a $b = \dfrac{c}{a}$, et $b^n = \dfrac{c^n}{a^n}$, $b - 1 = \dfrac{c-a}{a}$, $(b-1)^n = \dfrac{(c-a)^n}{a^n}$; d'où

$$\dfrac{b^n}{(b-1)^n}(m+1) - 1 = \dfrac{c^n}{a^n} \times \dfrac{a^n}{(c-a)^n}(m+1) - 1$$

$$= \dfrac{c^n(m+1)}{(c-a)^n} - 1.$$

A présent, puisque dans les problêmes de cette nature, on suppose le nombre d'œufs, d'écus, etc., un nombre entier, ainsi que le reste m, il faut donc, en faisant abstraction de — 1, que $\dfrac{c^n(m+1)}{(c-a)^n}$ soit un entier. Or, il est aisé de voir qu'il le sera, toutes les fois que le numérateur a sera d'une unité plus petit que le dénominateur : car alors $c - a$ deviendra $c - (c-1) = 1$; d'où la valeur de x dans ce cas pourra toujours se simplifier, et s'exprimer par $c^n(m+1) - 1$, puisque toute puissance n de 1 est toujours 1 ; et si le reste m devoit être zéro, la formule seroit $x = c^n - 1$.

Voyons donc, d'après ces formules si simples $x = c^n - 1$, $x = c^n (m + 1) - 1$, à résoudre les deux problêmes ci-dessus : dans le premier on a $c = 2$, $n = 5$, , d'où $x = 31$; dans le second, on a $c = 4$, $n = 5$, $m = 24$, d'où $x = 4^5 \times 25 - 1 = 25599$, absolument comme on l'avoit trouvé.

Il ne seroit guères plus difficile de faire voir que chaque reste doit aussi être un entier ; car, le reste n^{ieme} étant généralement exprimé par $\dfrac{(b - 1)^n}{b^n} (x + 1)$, en négligeant l'entier $- 1$, tout autre reste du numéro p, par exemple, sera exprimé par $\dfrac{(b - 1)^p}{b^p} (x + 1)$, abstraction encore faite de $- 1$, et l'on voit de plus que p doit être entier, et plus petit que n ; cela posé, ce reste deviendra évidemment $\dfrac{(c - a)^p}{c^p} (x + 1)$, en mettant pour $\dfrac{(b - 1)^p}{b^p}$, sa valeur générale $\dfrac{(c - a)^p}{c^p}$, et se changera ensuite en $\dfrac{x + 1}{c^p}$, en mettant, au lieu de $(c - a)^p$, sa valeur 1, dans le cas particulier, $a = c - 1$, dont il s'agit ici.

Si à présent on substitue, au lieu de x, sa valeur générale dans ce cas, c'est-à-dire, $c^n (m + 1) - 1$,

$\dfrac{x+1}{c^p}$ deviendra $\dfrac{c^n(m+1)}{c^p}$, ou $c^{n-p}(m+1)$, qui

est évidemment un entier, puisque c, m, n et p sont des entiers par l'hypothèse, et qu'on a de plus $n > p$.

On voit donc qu'on pourra, dans tous les cas ci-dessus, trouver la valeur d'un reste quelconque, pour le premier cas, par la formule $c^{n-p}-1$, en ajoutant 1 qu'on avoit négligé, et pour le second, par celle-ci, $c^{n-p}(m+1)-1$.

Pour en donner une preuve, cherchons le cinquième reste, dans le second exemple ; ici l'on aura $n = p = 5$, $c = 4$, $m = 24$; d'où l'on tire $c^{n-p}(m+1)-1$ $= 4^{5-5} \times 25 - 1 = 4^0 \times 25 - 1 = 24$.

Quant aux parts, on voit d'abord que, puisque la somme et chaque reste sont des entiers, il faut bien que chacune d'elles soit aussi un entier : ensuite que l'on peut trouver, d'une manière fort simple, leur expression générale, en observant qu'elle doit être égale à la différence entre deux restes consécutifs : ainsi la part p^{ieme} doit être égale à la différence des deux restes du rang $p-1$ et p ; or, celui-ci est exprimé par $c^{n-p}(m+1)-1$, et celui-là par $c^{n-p+1}(m+1)-1$; dont la différence est $(c^{n-p+1}-c^{n-p})(m+1)$, ou $c^{n-p}(c-1)(m+1)$. C'est ainsi que, si l'on veut trouver la valeur de la troisième part, dans le problème précédent, il ne faudra que faire $n = 5$, $p = 3$, $c = 4$, pour avoir $4^2 \times 3 \times 25 = 1200$.

Nous ne nous arrêterons pas à chercher ce que deviendroit la valeur générale de x, ou $\dfrac{c^{n}(m+1)}{(c-a)^{n}}-1$, dans

le cas, où le dénominateur c surpasseroit de plus de 1 le nu-mérateur a. Nous ne chercherons pas non plus à généraliser entièrement ce problème ; ce qu'on feroit en variant les fractions, en supposant, dans le premier problème, par exemple, qu'au lieu de donner $\frac{1}{2}$ de chaque reste,

et $\frac{1}{2}$ d'un œuf, on donnât $\frac{1}{2}$ du reste, et $\frac{1}{3}$ d'un œuf. Ces recherches nous meneroient trop loin. Il est tems de passer à une seconde question.

Problême II.

105. Un père, en mourant, laisse son héritage à ses enfans, mais sous les conditions suivantes : que le premier aura 1000 écus et le 12°. du reste ; le second, 2000 écus et le 12°. du reste ; le troisième, 3000 écus et le 12° du reste, et ainsi de suite. Le partage fait, chaque enfant se trouve avoir la même somme. On demande quel est le bien du père, la part de chaque enfant, et le nombre de ses enfans ?

Soit le bien x ; de plus, pour abréger, faisons $1000 = a$; il est clair que le premier enfant aura pour sa part $a + \dfrac{x-a}{12}$, ou $\dfrac{11a+x}{12}$; on voit ensuite que le second doit recevoir d'abord $2a$, et ensuite le 12°. de ce qui reste ; or, ce reste est égal à $x - 2a$, moins encore la part du premier, c'est-à-dire, à $x - 2a$ $\dfrac{11a+x}{12}$, ou $\dfrac{11x-35a}{12}$, dont le 12°. est $\dfrac{11x-35a}{144}$, qui, étant ajouté à $2\,a$, pour avoir la part totale du second enfant, donne $\dfrac{253\,a + 11\,x}{144}$; mais par l'état de la question, ces deux parts doivent être égales : on a donc $\dfrac{11\,a + x}{12} = \dfrac{253\,a + 11\,x}{144}$; multipliant la première fraction par 12, et supprimant le dénominateur commun 144, on a $132\,a + 12\,x = 253\,a + 11\,x$, ou $x = 121\,a = 121000$ écus. Tel est le bien du père. A présent, pour avoir la part du premier enfant, il suffira de mettre $121\,a$, au lieu de x, dans l'expression de cette part, qui est $\dfrac{11\,a + x}{12}$, ou $11\,a$, ou 11000 écus; d'où l'on voit, 1°. que, puisque toutes les parts sont égales, chaque enfant a eu 11000 écus; et 2°. que pour avoir leur nombre, il suffit de diviser le bien total par le bien de chacun; ce nombre étoit donc $\frac{121000}{11000}$ ou $11\,a$; ce qu'on peut vérifier de la manière suivante :

$$
\begin{array}{llll}
1^{re}.\text{part} & 1000 + \tfrac{1}{11}.120000 = 11000. & 1^{er}.\text{reste} & 110000 \\
2^{e}. \ . \ . & 2000 + \tfrac{1}{11}.108000 = 11000. & 2^{e}. \ . \ . \ . & 99000 \\
3^{e}. \ . \ . & 3000 + \tfrac{1}{11}.\ 96000 = 11000. & 3^{e}. \ . \ . \ . & 88000 \\
4^{e}. \ . \ . & 4000 + \tfrac{1}{11}.\ 84000 = 11000. & 4^{e}. \ . \ . \ . & 77000 \\
5^{e}. \ . \ . & 5000 + \tfrac{1}{11}.\ 72000 = 11000. & 5^{e}. \ . \ . \ . & 66000 \\
6^{e}. \ . \ . & 6000 + \tfrac{1}{11}.\ 60000 = 11000. & 6^{e}. \ . \ . \ . & 55000 \\
7^{e}. \ . \ . & 7000 + \tfrac{1}{11}.\ 48000 = 11000. & 7^{e}. \ . \ . \ . & 44000 \\
8^{e}. \ . \ . & 8000 + \tfrac{1}{11}.\ 36000 = 11000. & 8^{e}. \ . \ . \ . & 33000 \\
9^{e}. \ . \ . & 9000 + \tfrac{1}{11}.\ 24000 = 11000. & 9^{e}. \ . \ . \ . & 22000 \\
10^{e}. \ . \ . & 10000 + \tfrac{1}{11}.\ 12000 = 11000. & 10^{e}. \ . \ . \ . & 11000 \\
11^{e}. \ . \ . & 11000 + \tfrac{1}{11}. \qquad 0 = 11000. & 11^{e}. \ . \ . \ . & 0 \\
\end{array}
$$

Quoique ce tableau démontre à l'œil l'égalité des parts, comme on est arrivé à la valeur de x, en égalant la première part à la seconde, on pourroit douter qu'on pût arriver au même résultat, en égalant ensemble deux parts quelconques. Pour dissiper ce doute, et donner, en même-tems, plus de généralité au problème, nous allons employer une méthode, plus élégante et plus courte à la fois que la précédente.

Soit donc, comme ci-dessus, $1000 = a$, et de plus, $12 = b$; et d'après ces suppositions, cherchons les valeurs générales de deux parts quelconques, l'une d'un rang n, et l'autre d'un rang m.

Nous avons déjà vu que la première part égaloit $a + \dfrac{x - a}{12}$; donc, puisque $12 = b$, cette part vaut

$a + \dfrac{x - a}{b}$; pour abréger, je fais cette part $a + \dfrac{x - a}{b} = p$.

Cela posé, la seconde part sera $2a + \dfrac{1}{b}(x - p - 2a)$ ou $2a + \dfrac{x - p - 2a}{b}$. A présent, puisque la troisième

$= 3a$, plus le produit de $\dfrac{1}{b}$ par x, moins $3a$, moins encore la première part et la seconde, c'est-à-dire, moins deux fois la première, ou $- 2p$, puisque toutes les parts sont supposées égales, il est évident que la troisième part $= 3a + \dfrac{x - 3a - 2p}{b}$. Donc, la quatrième vaut

$4a + \dfrac{x - 4a - 3p}{b}$. La cinquième, $5a + \dfrac{x - 5a - 4p}{b}$;

d'où l'on peut conclure qu'une part n^{ieme} vaut . . .

$na + \dfrac{x - na - (n-1)p}{b}$, et qu'une part m^{ieme} vaut

$ma + \dfrac{x - ma - (m-1)p}{b}$: égalant donc ces deux parts,

on aura $bna + x - na - np + p = bma + x - ma$ $- mp + p$; d'où l'on tire $(m-n)p = (m-n)ba - (m-n)a$; et, en divisant tous les termes par $m-n$, $ba - a = p$,

mettant alors pour p sa première valeur $a + \dfrac{x-a}{b}$, on

aura l'équation $ba - a = a + \dfrac{x-a}{b}$; d'où l'on tire aus-

sitôt $x = a\,(b-1)^2$; ce qu'on peut vérifier tout de suite, en faisant $a = 1000$, $b = 12$, dans le problème proposé ; car on a $x = 1000 \times 11^2 = 121000$, comme on l'avoit déjà trouvé.

Si, au lieu de supposer que les sommes que chaque enfant prélève tour-à-tour, sont a, $2a$, $3a$, $4a$, etc., on supposoit, pour donner plus de généralité au problême, qu'elles sont a, $a+d$, $a+2d$, $a+3d$, etc., en augmentant chacune de d, au lieu de l'augmenter de a, on arriveroit aisément à la valeur générale de x, de la manière suivante :

On substitueroit dans la valeur générale de la part n^{ieme}, et dans celle de la part m^{ieme}, au lieu de na, et de ma qui s'y trouvent, $a+(n-1)d$, et $a+(m-1)d$; par-là, la part $n^{ieme} = na + \dfrac{x - na - (n-1)p}{b}$ devien-

dra $a + (n-1)d + \dfrac{x - a - (n-1)d - (n-1)p}{b}$;

et la part $m^{\text{ieme}} = ma + \dfrac{x - ma - (m-1)p}{b}$ de-

viendra $a + (m-1)d + \dfrac{x - a - (m-1)d - (m-1)p}{b}$:

si l'on soustrait alors ces deux équations l'une de l'autre, on trouvera $(m-n)db - (m-n)d - (m-n)p$, qui doit égaler zéro, puisqu'en général, toutes les parts sont égales. Donc, en divisant par $m-n$ tous les termes ci-dessus, on aura $p = d(b-1)$, et en mettant pour p sa valeur $a + \dfrac{x-a}{b}$, il viendra $bd - d = a + \dfrac{x-a}{b}$,

ou $b^2 d - bd - ab + a = x$, ou $x = (bd - a)(b-1)$, qui devient, en faisant $d = a$, $x = a(b-1)^2$, comme ci-dessus.

On auroit trouvé le même résultat, en comparant ensemble les deux premières parts, comme on l'avoit fait d'abord, avec le soin cependant de substituer dans la se-

conde part $2a + \dfrac{x - p - 2a}{b}$, $a + d$, au lieu de $2a$;

car on auroit eu $a + \dfrac{x-a}{b} = a + d + \dfrac{x - p - a - d}{b}$,

ou $bd - d = p$; mettant alors pour p sa valeur

$a + \dfrac{x-a}{b}$, on auroit achevé le calcul, de la même manière qu'on vient de voir tout-à-l'heure.

Avant de donner un exemple nouveau, auquel on puisse appliquer cette autre formule générale, nous croyons devoir faire une observation : c'est que si, d'après cette valeur de x, on croyoit pouvoir proposer un problême analogue à ceux dont il est question, en prenant

à volonté les quantités b, d et a, on se tromperoit beaucoup. En effet, par la nature de la question, le nombre
des co-partageans doit être un nombre entier et positif,
et d'ailleurs ce nombre est égal au quotient de la somme
à partager, divisée par la valeur d'une part ; il faut
donc que x ou $(bd-a)(b-1)$, divisé par une part
p, qu'on vient de voir être égale à $bd-d$, ou à $d(b-1)$,
soit un nombre entier ; donc, supprimant de part et
d'autre le facteur commun $b-1$, il faut que $\dfrac{bd-a}{d}$, ou
$b-\dfrac{a}{d}$, soit un nombre entier et positif : d'où il suit évidemment, puisque b est un entier, que a doit être, ou égal
à d, ou un multiple de d, et de plus, $\dfrac{a}{d}$ plus petit que
b. Pour appliquer à un exemple, et notre nouvelle formule, et les observations qu'on vient de lire, soit proposée cette question :

Plusieurs débiteurs sont convenus avec leur créancier
commun, de le payer de la manière suivante : le premier doit payer 36^{tt} et le 16e du reste de la dette totale ; le second, 48^{tt} et le 16e du reste ; le troisième,
60^{tt} et le 16e du reste, et ainsi de suite, en augmentant toujours de 12^{tt}. Il se trouve à la fin qu'ils ont
tous payé une somme égale : quelle est cette somme ?
quelle est la dette totale ? combien y aroit-il de débiteurs ?

Ici, $a=36$, $d=12$, $b=16$, où l'on voit que
$b-\dfrac{a}{d}=16-\frac{36}{12}=13$; nombre entier et positif ; le
problème est donc possible : en effet, $x=(16.12-36)$

$(16 - 1) = 2340 : 36 + \frac{1}{16} \times 2304$ ou 180, est la somme payée par le premier, et par conséquent par chaque créancier : enfin, $\frac{4160}{320}$ ou 13 est le nombre total des créanciers. Je laisse au Lecteur à vérifier ce problême.

La remarque que nous venons de faire, peut servir à faire voir que, dans tous les exemples semblables à celui du problême proposé d'abord, on ne peut jamais craindre, comme dans ce dernier cas, d'établir une question impossible à résoudre. En effet, dans ce cas, on a $d = a$; donc, $b - \dfrac{a}{d}$ devient $b - 1$, c'est-à-dire, à la fois positif et entier. D'où il suit encore que, dans ce premier cas, $\dfrac{1}{b}$ ne peut être égal à une fraction, qui n'auroit pas l'unité pour numérateur, à $\dfrac{h}{i}$, par exemple, puisqu'alors, b étant égal à $\dfrac{i}{h}$, $b - 1$ deviendroit $\dfrac{i}{h} - 1$, qui ne peut jamais être un entier, tant que i du moins ne sera pas un multiple m de h ; mais alors $\dfrac{i}{h}$ devenant $\dfrac{mh}{h}$, $\dfrac{h}{i} = \dfrac{1}{m}$, fraction, dont le numérateur est l'unité.

PROBLÊME III.

106. Un homme a un certain nombre de gobelets, avec un seul couvercle. Le premier pèse 18 onces sans couvercle ; mais, avec le couvercle, il pèse le double du second ; le second, avec le couvercle, pèse le double du troisième, etc., et ainsi jusqu'au dernier, qui, avec le couvercle, se trouve peser deux fois autant que le pre-

mier ; on demande le poids de chaque gobelet, et le nombre de ces gobelets.

Soit x le couvercle : le premier gobelet, avec le couvercle, pesera $18 + x$; donc, si l'on divise ce poids par 2, on aura celui du second gobelet, qui sera exprimé par $\dfrac{18+x}{2}$; avec le couvercle, il pesera donc $\dfrac{18+x}{2} + x$, ou $\dfrac{18+3x}{2}$; donc, le troisième, dont le poids n'est que la moitié de celui-ci, sera représenté par $\dfrac{18+3x}{4}$; donc, avec le couvercle, le troisième pesera $\dfrac{18+3x}{4} + x$, ou $\dfrac{18+7x}{4}$, et le quatrième gobelet pesera $\dfrac{18+7x}{8}$, etc.

On voit donc que les poids des gobelets, avec et sans le couvercle, sont exprimés par les termes suivans :

	sans couvercle	avec couvercle
Le 1er. gobelet pese .	18	$18 + x$
Le 2e.	$\dfrac{18+x}{2}$	$\dfrac{18+3x}{2}$
Le 3e.	$\dfrac{18+3x}{4}$	$\dfrac{18+7x}{4}$
Le 4e.	$\dfrac{18+7x}{8}$	$\dfrac{18+15x}{8}$
Le 5e.	$\dfrac{18+15x}{16}$	$\dfrac{18+31x}{16}$
. . . .		
Le n^{ieme}.	$\dfrac{18+(2^{n-1}-1)x}{2^{n-1}}$	$\dfrac{18+(2^n-1)x}{2^{n-1}}$

K 3

Or, le dernier gobelet, par l'énoncé de la question, doit, avec le couvercle, peser le double du premier ; on a donc, quelque soit le nombre des gobelets,

$$\frac{18 + (2^n - 1)\, x}{2^{n-1}} = 2 \times 18, \text{ ou } 18 + (2^n - 1)\, x$$

$= 2^n \times 18$, ou $(2^n - 1)\, x = (2^n - 1)\, 18$, ou $x = 18$; et, puisque le nombre n n'entre plus dans la solution, on voit que x est indépendant du nombre des gobelets, c'est-à-dire, que la solution sera toujours la même, quelque soit le nombre de gobelets qu'on suppose. Si l'on vérifie le nombre trouvé 18, on verra que tous les gobelets pèsent également 18 onces sans couvercle, et qu'à commencer du premier, chacun avec le couvercle pèse 36 onces, ou le double du suivant ; on ne peut donc déterminer que le poids de chaque gobelet et du couvercle, sans pouvoir assigner le nombre des gobelets ; il existe donc dans cette question une partie qui reste indéterminée ; et cette partie le seroit encore, si on vouloit généraliser le problème de la manière suivante.

Soit a le poids du premier gobelet, soit b le nombre de fois que le poids de chaque gobelet, revêtu du couvercle commun x, contient le poids du gobelet suivant, ainsi que le nombre de fois que le poids du dernier, avec le couvercle, contient le poids du premier. En raisonnant, comme on vient de le faire, on trouvera que les poids de chaque gobelet, sans et avec le couvercle, sont tels qu'il suit :

	sans couvercle	avec couvercle

1er. gobelet pèse . . . a . . . . $a + x$

2e. . . . . $\dfrac{a+x}{b}$ . . . . $\dfrac{a+(b+1)x}{b}$

3e. . . . . . . $\dfrac{a+(b+1)x}{b^2}$ . . $\dfrac{a+(b^2+b+1)x}{b^2}$

4e. . . . . $\dfrac{a+(b^2+b+1)x}{b^3}$ . . $\dfrac{a+(b^3+b^2+b+1)x}{b^3}$

. . . .

n^{ieme} . $\dfrac{a+(b^{n-2}+b^{n-3}+\dots+1)x}{b^{n-1}}$. $\dfrac{a+(b^{n-1}+b^{n-2}+\dots+1)x}{b^{n-1}}$

Or, la dernière quantité $= ba$; on a donc . . . . . .
$a+(b^{n-1}+b^{n-2}\dots+1)x = b^n a$; donc $x =$

$$\dfrac{(b^n-1)a}{b^{n-1}+b^{n-2}+b^{n-3}\dots+1} \; ; \text{ or } (4^{a})b^{n-1}+b^{n-2}+b^{n-3}$$

$$\dots+b+1 = \dfrac{b^n-1}{b-1} \; ; \text{ donc } x = \dfrac{(b^n-1)a}{\dfrac{b^n-1}{b-1}}$$

$= a(b-1)$; quantité, dans laquelle n n'entre pas plus, que dans le problème particulier qu'on vient de proposer.

Si dans cette formule générale, on fait $b = 2$, on aura $x = a$, comme ci-dessus ; si $b = 3$, on aura $x = 2a$, et ainsi de suite.

Nous n'en dirons pas davantage sur ce problème, que nous n'avons proposé qu'à cause de l'indéterminée n qu'il renfermoit. Passons aux problèmes à plusieurs inconnues.

PROBLÊME IV.

107. Quatre personnes ont joué ensemble quatre jours de suite ; la première, A, le premier jour, a perdu de manière à doubler l'argent des trois autres, B, C, D ; le second jour, B a perdu ce qu'il falloit d'argent pour doubler celui de A, C, D ; le troisième jour, la perte de C a doublé l'argent de A, B, D ; enfin, le dernier jour, D, par sa perte, a doublé l'argent de A, B, C. A la fin, il se trouve qu'il leur reste à chacun 48^{tt} ; on demande combien ils avoient chacun, en entrant au jeu pour la première fois ?

Pour résoudre ce problême, on se conduira comme il suit, en nommant d'abord u, x, y, z, l'argent de A, B, C, D.

$$
\begin{array}{cccc}
A & B & C & D \\
u & x & y & z
\end{array}
$$

A la fin du 1er jeu, u, x, y, z, ont $\quad u-x-y-z \quad\dots\quad 2x \quad\dots\dots\dots\quad 2y \quad\dots\dots\dots\quad 2z$

A la fin du $2^e \dots 2(u-x-y-z) \dots \left\{ \begin{array}{l} 2x-u+x \\ +y+z \\ -2y-2z \end{array} \right\} \dots 4y \dots\dots\dots 4z$

ou $\dots\dots 2(u-x-y-z) \dots 3x-u-y-z \dots 4y \dots\dots\dots 4z$

A la fin du $3^e \dots 4(u-x-y-z) \dots 2(3x-u-y-z) \dots \left\{ \begin{array}{l} 4y-2u \\ +2x+2y \\ +2z-3x \\ +u+y \\ +z-4z \end{array} \right\} \dots 8z$

ou $\dots\dots 4(u-x-y-z) \dots 2(3x-u-y-z) \dots \left\{ \begin{array}{l} 7y-u \\ -x-z \end{array} \right\} \dots 8z$

$$\begin{array}{cccc} \mathrm{A} & \mathrm{B} & \mathrm{C} & \mathrm{D} \\ u & x & y & z \end{array}$$

à la fin du 4e....$8(u-x-y-z)$...$4(3x-u-y-z)$.$\begin{Bmatrix}2(7y-u\\-x-z)\end{Bmatrix}$..$\begin{cases}8z-4u+4x\\+4y+4z\\-6x+2u\\+2y+2z\\-7y+u\\+x+z\end{cases}$

ou . . . . . $8(u-x-y-z)$.$4(3x-u-y-z)$.$\begin{Bmatrix}2(7y-u\\-x-z)\end{Bmatrix}$...$15z-u-x-y$

Or, toutes ces quatre expressions doivent valoir 48 ; on donc ces quatre équations :

$$\left.\begin{aligned}8(u-x-y-z)&=48\\4(3x-u-y-z)&=48\\2(7y-u-x-z)&=48\\(15z-u-x-y)&=48\end{aligned}\right\}\text{ ou }\left\{\begin{aligned}u-x-y-z&=6\\3x-u-y-z&=12\\7y-u-x-z&=24\\15z-u-x-y&=48\end{aligned}\right.$$

On pourroit arriver à la connoissance des valeurs des inconnues, soit par les règles particulières données à la fin de la première partie, soit en se servant de nos formules générales pour le cas de quatre équations et quatre inconnues. Mais dans un cas aussi simple, il vaut mieux chercher, si l'on ne pourroit pas parvenir plus brièvement aux valeurs de x, y, z et u. Or, voici une méthode bien propre à remplir ce but. Si l'on retranche successivement la première équation, et de la seconde, et de la troisième, et de la quatrième, on aura les trois nouvelles équations :

$$\begin{aligned}2x-u&=3\\4y-u&=9\\8z-u&=21\end{aligned}\quad\text{ou}\quad\begin{aligned}x&=\frac{u+3}{2}\\y&=\frac{u+9}{4}\\z&=\frac{u+21}{8}\end{aligned}$$

Si l'on met à présent les valeurs de x, y, z, dans la plus simple des équations primitives, c'est-à-dire, dans la première, $u - x - y - z = 6$, on aura

$$u - \frac{u+3}{2} - \frac{u+9}{4} - \frac{u+21}{8} = 6,$$ ou $8u - 4u - 12$

$- 2u - 18 - u - 21 = 48$; ce qui donne $u = 99$;

donc l'on a aussitôt $x = \dfrac{u+3}{2} = 51$; $y = \dfrac{u+9}{4} = 27$;

et $z = \dfrac{u+21}{8} = 15$; ce qu'on peut vérifier de la ma-

nière suivante :

	A	B	C	D
	u	x	y	z
Ont, avant de jouer...	99	51	27	15
Après le premier jeu...	6	102	54	30
Après le second.....	12	12	108	60
Après le troisième....	24	24	24	120
Après le quatrième ...	48	48	48	48

108. Il eût été plus simple, plus commode et plus élégant de résoudre le problème de la manière suivante. D'abord, pour abréger, faisons $48 = a$; il est clair que puisqu'il reste à chacun des joueurs a, après la fin totale du jeu, leur argent total est de $4a$. On aura donc $x + y + z + u = 4a$. D'où il suit que

	A	B	C	D
ont avant de jouer ..	u	x	y	z
ont après le premier jeu	$u-(x+y+z)$	$2x$	$2y$	$2z$

Mais $x + y + z = 4a - u$;

ils ont donc alors.... $2u - 4a$ ... $2x$ ... $2y$ .... $2z$

Ils ont après le second jeu .... $4u - 8a$ ... $\left\{ \begin{array}{c} 2x - 2u + 4a \\ -2y - 2z \\ \text{ou} \\ 2x + 4a - \\ 2(u + y + z) \end{array} \right\}$ ... $4y$ ..... $4z$

$$\quad A \qquad\qquad B \qquad\qquad C \qquad\qquad D$$

Mais $u + y + z = 4a - x$;

ils ont donc alors .. $4(u-2a)$ ... $\left.\begin{cases} 2x + 4a \\ -8a + 2x \\ \text{ou} \\ 4(x-a) \end{cases}\right.$ ... $4y$ ..... $4z$

Ils ont après le troisième jeu $\Big\}$ .. $8(u-2a)$ ... $8(x-a)$ .. $\left.\begin{cases} 4y - 4u + 8a \\ - 4z - 4x \\ + 4a \\ \text{ou} \\ 4y + 12a - \\ 4(u+x+z) \end{cases}\right.$ .. $8z$

Mais $u + x + z = 4a - y$;

ils ont donc alors .. $8(u-2a)$ ... $8(x-a)$ ... $\left.\begin{cases} 4y + 12a \\ -16a + 4y \\ \text{ou} \\ 4(2y-a) \end{cases}\right.$ ... $8z$

Ils ont après le quatrième jeu $\Big\}$ ... $16(u-2a)$ ... $16(x-a)$ ... $8(2y-a)$ .. $\left.\begin{cases} 8z - 8u + 16a \\ -8x + 8a \\ -8y + 4a \\ \text{ou} \\ 8z + 28a - \\ 8(u+x+y) \end{cases}\right.$

Mais $u + x + y = 4a - z$;

ils ont donc alors .. $16(u-2a)$ ... $16(x-a)$ ... $8(2y-a)$ $\left.\begin{cases} 8z + 28a - \\ 32a + 8z \\ \text{ou} \\ 4(4z-a) \end{cases}\right.$

On a donc ces quatre équations :

$$16u - 32a = a, \text{ ou } 16u = 33a, \text{ ou } u = \frac{33a}{16} = \frac{33 \cdot 48}{16} = 99$$

$$16x - 16a = a, \text{ ou } 16x = 17a, \text{ ou } x = \frac{17a}{16} = \frac{17 \cdot 48}{16} = 51$$

$$16y - 8a = a, \text{ ou } 16y = 9a, \text{ ou } y = \frac{9a}{16} = \frac{9 \cdot 48}{16} = 27$$

$$16z - 4a = a, \text{ ou } 16z = 5a, \text{ ou } z = \frac{5a}{16} = \frac{5 \cdot 48}{16} = 15$$

Ce problème offre une singularité, qui ne se rencontre dans aucun de ceux que j'ai proposés jusqu'ici ; c'est que, bien qu'il paroisse assez compliqué, il peut néanmoins se résoudre, et même assez facilement, sans le secours de l'Algébre ; et c'est ce que je vais faire, après l'observation suivante.

109. C'est que la question actuelle est, pour ainsi dire, le contraire des questions indéterminées. Dans ces dernières, en effet, on a une équation de moins qu'on n'a d'inconnues ; et au contraire, dans le problème qui nous occupe, on a une équation de plus que d'inconnues. Car, outre les quatre équations qu'on a trouvées également à la fin totale du jeu, dans les deux solutions précédentes, on a vu, au commencement de la seconde, qu'on avoit encore l'équation $u + x + y + z = 4a = 4.48 = 192$; ce qui donne donc, pour chaque solution, les cinq équations :

$$\begin{aligned}
u - x - y - z &= 6 & 16u - 32a &= a \\
3x - u - y - z &= 12 & 16x - 16a &= a \\
7y - u - x - z &= 24 & 16y - 8a &= a \\
15z - u - x - y &= 48 & 16z - 4a &= a \\
u + x + y + z &= 192 & u + x + y + z &= 4a
\end{aligned}$$

C'est à la connoissance d'une équation de plus, que l'état de la question ne fournit pas expressément, mais que l'Analyste a l'art d'y découvrir, qu'il doit souvent les moyens, d'arriver d'une manière, et plus courte, et plus élégante à la solution du problème qu'il s'est proposé. On a vu déjà, dans la seconde solution, que c'étoit par le moyen de la nouvelle équation $u + x + y + z = a$, qu'on étoit arrivé aux quatre équations si simples, $16u - 32a = a$, $16x$ etc.

Il est facile de faire voir, que, si l'on avoit appliqué l'équation auxiliaire $u + x + y + z = 192$, à la première solution, on se seroit épargné des calculs. En effet, en ajoutant cette équation avec la première équation ci-dessus, $u - x - y - z = 6$, on auroit eu tout de suite $2u = 198$, ou $u = 99$; et il eût alors suffi de mettre cette valeur de u, dans les trois équations, $x = \dfrac{u + 3}{2}$, $y = \dfrac{u + 9}{4}$, $z = \dfrac{u + 21}{8}$, pour trouver $x = 51$, $y = 27$, $z = 15$.

Lorsqu'on a une ou plusieurs équations de plus qu'on n'a d'inconnues, il pourroit se faire, qu'en n'employant à la recherche de ces inconnues, qu'un nombre égal d'équations, on trouvât pour ces inconnues des valeurs telles, qu'étant substituées dans les équations non employées, on arrivât à des résultats absurdes. Un exemple fort simple va convaincre de cette assertion : soient pour deux inconnues x et y, les trois équations :
$$3x + 2y = 21$$
$$7x - 4y = 23$$
$$10x - 2y = 42$$

Les deux premières donnent, $x = \dfrac{21 - 2y}{3} = \dfrac{23 + 4y}{7}$, et $147 - 14y = 69 + 12y$; d'où $y = 3$, et $x = 5$; si à présent on substitue dans la troisième, pour x et y, leurs valeurs 5 et 3, on trouvera $50 - 6 = 42$, ou $44 = 42$, ce qui est une absurdité, et ce qui devoit en être une, puisque la troisième équation, ayant pour premier membre la somme des premiers des deux équations, le second membre ne devoit pas être 42, mais 44, somme des deux seconds membres des deux premières équations.

Mais c'est ce qu'on n'a pas à craindre dans les équations ci-dessus; en effet, si l'on ajoute dans la seconde manière, les quatre premières équations $16\,u - 32\,a = a$, $16\,x - 16\,a = a$, $16\,y - 8\,a = a$, $16\,z - 4\,a = a$, on aura $16\,(u + x + y + z) - 60\,a = 4\,a$, ou $16\,(u + x + y + z) = 64\,a$ ou $u + x + y + z = 4\,a$, qui n'est autre chose que l'équation même qu'on veut vérifier.

Quant à la première solution, on voit que, si l'on met dans l'équation $u + x + y + z = 192$, les valeurs 99, 51, 27 et 15 de u, x, y et z, on arrivera à $99 + 51 + 27 + 15 = 192$, ou $192 = 192$.

110. Voyons maintenant comment l'on peut résoudre le problème dont il s'agit, sans le secours de l'Algèbre.

Puisqu'après la dernière partie, A, B, C et D ont chacun 48 tt, il falloit donc, qu'avant cette même partie, où D a doublé les sommes de A, B, C, ces derniers eussent chacun 24 tt, et que D en eût $48 + 3 \times 24$ ou 120. On a donc. . . . .

	A	B	C	D
	48	48	48	48
avant la 4ᵉ. fois , où D a doublé A , B, C. . .	24	24	24	120
avant la 3ᵉ., où C a doublé A , B , D. . . .	12	12	108	60
avant la 2ᵉ, où B a doublé A , C , D. . . .	6	102	54	30
avant la 1ʳᵉ., où A a doublé B , C , D. .	99	51	27	15

L'on voit donc qu'on arrive aux mêmes résultats, mais par une marche rétrograde, et absolument inverse de la première.

On pourroit même, en suivant une marche, et des raisonnemens analogues aux précédens, résoudre généralement le problème, en supposant que le reste fût a, et que le nombre de personnes, ainsi que celui des distributions fût n ; mais d'abord, pour fixer les idées, supposons, 1ᵒ.

que ce nombre soit 5, et que les parts, à chaque fois, ne soient que doublées : cela posé, on aura ce qui suit :

	A	B	C	D	E
	a	a	a	a	a
Avant la 5e. fois	$\frac{1}{2}a$	$\frac{1}{2}a$	$\frac{1}{2}a$	$\frac{1}{2}a$	$a+2a$ ou $3a$
Avant la 4e.	$\frac{1}{4}a$	$\frac{1}{4}a$	$\frac{1}{4}a$	$\frac{1}{2}a+\frac{3}{4}a+\frac{3}{2}a$ ou $\frac{11}{4}a$	$\frac{3}{2}a$
Avant la 3e.	$\frac{1}{8}a$	$\frac{1}{8}a$	$\frac{1}{4}a+\frac{2}{8}a+\frac{3}{4}a+\frac{11}{8}a$ ou $\frac{21}{8}a$	$\frac{11}{8}a$	$\frac{3}{4}a$
Avant la 2^e.	$\frac{1}{16}a$	$\frac{1}{8}a+\frac{1}{16}a+\frac{21}{16}a+\frac{11}{16}a+\frac{3}{8}a$ ou $\frac{41}{16}a$	$\frac{21}{16}a$	$\frac{11}{16}a$	$\frac{3}{8}a$
Avant la 1re.	$\frac{1}{16}a+\frac{41}{32}a+\frac{21}{32}a+\frac{11}{32}a+\frac{3}{16}a$ ou $\frac{81}{32}a$	$\frac{41}{32}a$	$\frac{21}{32}a$	$\frac{11}{32}a$	$\frac{3}{16}a$
ou	$\frac{81}{32}a$	$\frac{41}{32}a$	$\frac{21}{32}a$	$\frac{11}{32}a$	$\frac{6}{32}a$

Si l'on observe maintenant qu'on a trouvé pour les sommes primitives de A, B, C, D, les quatre quantités $\frac{33}{16}a$, $\frac{17}{16}a$, $\frac{9}{16}a$, $\frac{5}{16}a$; on verra que, dans le cas de 4 personnes, le dénominateur 16 de la fraction qui partout multiplie a, n'est autre chose que 2, élevé à la quatrième puissance, et que, dans le cas de cinq, le dénominateur commun $32 = 2^5$. Quant aux numérateurs 5, 9, 17, 33, et 6, 11, 21, 41, 81, on voit, 1°. que si l'on ôte de chacun l'unité, ils deviendront 4, 8, 16, 32, et 5, 10, 20, 40, 80 ; 2°. que, dans cet état, on a deux suites, dont tous les termes sont doubles les uns des autres ; 3°. enfin, que le premier terme de chaque suite est égal au nombre des personnes. Il n'est donc pas difficile de conjecturer, que, pour un nombre quelconque n de personnes, qui se doublent tour-à-tour, on doit avoir, en nommant a la somme qui leur reste à la fin, les valeurs qui suivent, à commencer par la personne qui double la dernière l'argent des autres.

$$\frac{2^0 n+1}{2^n}\,a,\quad \frac{2^1 n+1}{2^n}\,a,\quad \frac{2^2 n+1}{2^n}\,a,\quad \frac{2^3 n+1}{2^n}\,a\ldots$$

$$\frac{2^{n-3} n+1}{2^n}\,a,\quad \frac{2^{n-2} n+1}{2^n}\,a,\quad \frac{2^{n-1} n+1}{2^n}\,a.$$

Supposons par exemple, qu'il se trouve 3 personnes : et qu'à la fin, il leur reste 16^{lt}, en se servant des trois premiers, ou des trois derniers termes de la série, on trouvera également 8, 14 et 26, pour les sommes qu'elles avoient d'abord.

Voyons maintenant à généraliser totalement le problême ; ce qu'on fera, en supposant, qu'au lieu de doubler à chaque distribution, les sommes actuelles de A, B, C, D, etc., on les multiplie chacune par un nombre m. Mais, pour arriver plus sûrement à notre but, supposons d'abord qu'à chaque fois chaque part soit triplée, ou que m égale 3. A l'aspect de la loi qui règne dans la série précédente, on pourroit croire que, puisque dans le cas de $m=2$, on avoit la série ci-dessus, dans le cas de $m=3$, on n'auroit qu'à changer 2 en 3, ce qui donneroit . . . .

$$\frac{3^0 n+1}{3^n}\,a,\quad \frac{3^1 n+1}{3^n}\,a,\quad \frac{3^2 n+1}{3^n}\,a,\ \text{etc.}$$

Mais l'on se tromperoit : car il pourroit exister, ou dans les numérateurs de toutes les fractions de la formule générale, ou dans les dénominateurs, ou à la fois dans tous

les

les termes de cette formule, qui seroit, en mettant m au lieu de 2 ou de 3 : $\frac{m^0 n + 1}{m^n} a$, $\frac{m^1 n + 1}{m^n} a$, $\frac{m^2 n + 1}{m^n} a$, etc.

Il pourroit se trouver, dis-je, un facteur commun, qui eût disparu, dans le cas de $m = 2$: en effet, si cette formule générale étoit, par exemple :

$$\frac{m^0 n (m-1) + 1}{m^n} a, \frac{m^1 n (m-1) + 1}{m^n} a, \frac{m^2 n (m-1) + 1}{m^n} a, \text{ etc.}$$

ou $\frac{m^0 n + 1}{m^n (m-1)} a$, $\frac{m^1 n + 1}{m^n (m-1)} a$, $\frac{m^2 n + 1}{m^n (m-1)} a$, etc. ; ou etc.

On voit que, dans le cas où $m = 2$, $m - 1$ deviendroit 1, ce qui rameneroit l'une et l'autre de ces formules à celle où $m = 2$. Il faut donc s'assurer si ce facteur existe ou non. Supposons donc successivement $m = 3$, et $m = 4$; mais, pour abréger, ne supposons chaque fois que 3 personnes, c'est-à-dire, $n = 3$; on aura

	A	B	C		A	B	C
	a	a	a		a	a	a
1°.	$\frac{1}{3} a$	$\frac{1}{3} a$	$\frac{7}{3} a$	1°.	$\frac{1}{4} a$	$\frac{1}{4} a$	$\frac{10}{4} a$
2°.	$\frac{1}{9} a$	$\frac{19}{9} a$	$\frac{7}{9} a$	2°.	$\frac{1}{16} a$	$\frac{37}{16} a$	$\frac{10}{16} a$
3°.	$\frac{55}{27} a$	$\frac{19}{27} a$	$\frac{7}{27} a$	3°.	$\frac{145}{64} a$	$\frac{37}{64} a$	$\frac{10}{64} a$

Donc on voit que la formule générale, pour ce problème, du moins tant que m est un entier, est

$$\frac{m^0 n (m-1) + 1}{m^n} a, \frac{m^1 n (m-1) + 1}{m^n} a, \frac{m^2 n (m-1) + 1}{m^n} a, \text{ etc.}$$

Supposons, par exemple, que le nombre de personnes et de distributions soit 6, qu'à chaque distribution, les sommes soient quintuplées, et que l'argent qui reste à la fin à chaque personne, égale 1000 ₶ ; on aura : $a = 1000$, $n = 6$, $m = 5$; d'où il suit que les parts cherchées sont :

$F = (5^0 \times 24 + 1)\frac{8}{125} = \frac{200}{125}$; $E = (5^1 \times 24 + 1)\frac{8}{125} = \frac{968}{125}$; $D = (5^2 \times 24 + 1)\frac{8}{125} = \frac{4808}{125}$; $C = (5^3 \times 24 + 1)\frac{8}{125} = \frac{24008}{125}$; $B = (5^4 \times 24 + 1)\frac{8}{125} = \frac{120008}{125}$; $A = (5^5 \times 24 + 1)\frac{8}{125} = \frac{600008}{125}$.

Si l'on vouloit vérifier cette solution, dans l'état où sont les valeurs de A, B, C, etc., on n'y parviendroit que d'une manière fort incommode, à cause de la fraction $\frac{8}{125}$, qui multiplie chaque valeur : mais, à cause de $\frac{1}{125} = \frac{8}{1000}$, on aura . . . .
F = 1,600 ; E = 7,744 ; D = 38,464 ; C = 192,064 ; B = 960,064 ; A = 4800,064, dont la somme est 6000, comme cela doit être, puisqu'en général $x + y + z +$ etc. $= na$, n étant le nombre de personnes.

Mais comme cette même équation donne . . . . . $1000(x + y + z$, etc.$) = 1000na$, on voit que l'on peut supposer, que les parts ci-dessus expriment des entiers. Seulement on sent qu'alors, il restera à la fin, non 1000, mais 1000000 à chaque personne, et qu'il suffira, si l'on veut avoir les nombres véritables, de séparer par la virgule trois chiffres, sur la droite de tous les nombres suivans ; nous faisons d'autant plus volontiers cette opération, qu'elle prouve que le problème est résoluble, lors même que les nombres cherchés sont des fractions.

A	B	C	D	E	F
4800,064	960,064	192,064	38,464	7,744	1,600
0,320	4800,320	960,320	192,320	38,720	8,000
1,600	1,600	4801,600	961,600	193,600	40,000
8,000	8,000	8,000	4808,000	968,000	200,000
40,000	40,000	40,000	40,000	4840,000	1000,000
200,000	200,000	200,000	200,000	200,000	5000,000
1000,000	1000,000	1000,000	1000,000	1000,000	1000,000

PROBLÊME V.

111. Quatre personnes, A, B, C, D, veulent acheter une maison, estimée 357 louis; leur argent est tel, que séparément, elles n'auroient pas de quoi la payer; mais qu'il faudroit, ou l'argent de A, avec la moitié de l'argent de B, ou l'argent de B, avec le tiers de l'argent de C, ou l'argent de C, avec le quart de l'argent de D, ou enfin l'argent de D, avec le cinquième de l'argent de A; quel est l'argent de chacune?

Soient t, u, x, y, l'argent de A, B, C, D, ; on aura aussitôt les quatre équations :

$$t + \frac{u}{2} = 357; \; u + \frac{x}{3} = 357; \; x + \frac{y}{4} = 357; \; y + \frac{t}{5} = 357.$$

Il s'agit maintenant de déterminer, d'après ces quatre équations, les valeurs des quatre inconnues. L'on pourroit bien d'abord les trouver d'après les valeurs générales, données pour ce cas (90); mais l'on voit bien, au premier coup-d'œil, que ces valeurs sont trop compliquées. Cherchons donc à les déterminer par la voie de l'élimination; il se présente alors plusieurs manières : par exemple :

1°. On pourroit prendre la valeur de t, dans la première et la dernière équations, ce qui donneroit $t = 357$ $- \frac{u}{2}$, $t = 5 . 357 - 5y$; d'où l'on tireroit $357 - \frac{u}{2}$ $= 5 . 357 - 5y$, ou $2 . 357 - u = 10 . 357 - 10y$, ou $10y = u + 8 . 357$; d'où l'on peut tirer la valeur de y ou celle de u; si l'on tire la valeur de u, comme la plus simple, on aura $u = 10y - 8 . 357$. Mais la seconde des

équations proposées donne $u + \frac{x}{3} = 357$; d'où l'on tire

$$u = \frac{3 \cdot 357 - x}{3} \; ;$$ comparant ces deux valeurs de u, on aura $10\,y - 8 \cdot 357 = \dfrac{3 \cdot 357 - x}{3}$, ou $30\,y - 24 \cdot 357 = 3 \cdot 357 - x$; et de cette équation on peut encore tirer la valeur de x ou de y. Si l'on prend la valeur de x, comme la plus simple, on aura aussitôt $x = 27 \cdot 357 - 30\,y$; mais la troisième équation donnée fournit $x + \dfrac{y}{4} = 357$, ou $x = \dfrac{4 \cdot 357 - y}{4}$; comparant donc les deux valeurs de x, on trouve $27 \cdot 357 - 30\,y = \dfrac{4 \cdot 357 - y}{4}$, ou $108 \cdot 357 - 120\,y = 4 \cdot 357 - y$; d'où l'on tire $104 \cdot 357 = 119\,y$, ou $y = \dfrac{104 \cdot 357}{119} = 104.3 = 312$; donc $x = 357 - \dfrac{y}{4} = 357 - 78 = 279$; donc $u = 357 - \dfrac{x}{3} = 357 - 93 = 264$; donc enfin, $t = 357 - \dfrac{u}{3} = 357 - 132 = 225$.

On voit, en suivant ces calculs, qu'il seroit, comme nous l'avons dit déjà, possible de les varier ; mais nous ne nous y arrêterons pas, et nous allons donner de suite, la manière d'éviter tout tâtonnement et tout calcul superflu, dans la solution de ce problème, qui d'ailleurs ne présentoit aucune difficulté, dans l'art de le traduire en langage Algébrique. Mais d'abord, observons en passant (remarque qui peut souvent être utile dans la pratique), que nous n'avons fait qu'indiquer les multiplications de 357, par leurs facteurs numériques, ce qui a de beaucoup abrégé les calculs. Voyons à présent cette méthode. Si l'on considère avec attention les quatre équations proposées, on verra que la première ne contient d'inconnues que t et u; la seconde, que u et x; la troisième, que x et y, et la quatrième, que y et t; on voit donc que, si de la première on tire la valeur de u en t, et qu'en la substitue dans la seconde, elle donnera aussi en t la valeur de x, qui, mise dans la troisième, fournira encore en t la valeur de y, qui, introduite dans la quatrième, offrira une équation, où il ne se trouvera d'autre inconnue que t. Ayant donc obtenu cette valeur, on aura tout de suite, en remontant, celles de y, x et u, puisque toutes ces valeurs sont exprimées en t, qui est connu.

En suivant donc cette règle, et faisant, pour abréger, $357 = a$, on trouvera, 1°. $u = 2a - 2t = 2(a - t)$;

2°. $2a - 2t + \dfrac{x}{3} = a$, d'où $x = 6t - 3a = 3(2t - a)$;

3°. $6t - 3a + \dfrac{y}{4} = a$, d'où $y = 16a - 24t = 8(2a - 3t)$;

4°. Enfin, $16a - 24t + \dfrac{t}{5} = a$, d'où $75a = 119t$,

ou $t = \dfrac{75a}{119}$; les valeurs cherchées sont donc $t = \dfrac{75}{119}a$;

$y = \dfrac{104}{119}a$; $x = \dfrac{91}{119}a$; $a = \dfrac{91}{119}a$; alors, en mettant pour a sa valeur 357, on aura les quatre valeurs trouvées ci-dessus, et que l'on peut aisément vérifier.

112. En suivant cette méthode, on arrivera toujours, de la manière la plus simple et la plus abrégée, à la solution d'un problème semblable à celui-ci, quelque soit d'ailleurs le nombre des inconnues. Mais cette manière, toute simple et toute abrégée qu'elle est, ne donne pas la solution générale de cette sorte de problème.

Pour y parvenir, supposons d'abord deux équations ; en faisant $\frac{1}{t} = \frac{1}{b}$, $\frac{1}{u} = \frac{1}{b'}$, on aura $t + \frac{u}{b} = a$, $u + \frac{t}{b'} = a$; la première donne $u = ab - bt$; substituant cette valeur de u dans la seconde équation, l'on trouvera $ab - bt + \frac{t}{b'} = a$;

d'où $abb' - bb't + t = ab'$, et $t = \dfrac{abb' - ab'}{bb' - 1}$, et

$u = ab - b \times \dfrac{abb' - ab'}{bb' - 1} = \dfrac{abb' - ab}{bb' - 1}$; donc les deux

valeurs de t et u sont $ab' \times \dfrac{b - 1}{bb' - 1}$ et $ab \times \dfrac{b' - 1}{bb' - 1}$.

Si l'on supposoit trois équations, et de plus $\frac{1}{x} = \frac{1}{b''}$,

on auroit $t + \frac{u}{b} = a$, $u + \frac{x}{b'} = a$, $x + \frac{t}{b''} = a$, d'où

l'on tirera $u = ab - bt$, $ab - bt + \frac{x}{b'} = a$; $x = ab'$

$- abb' + bb't : ab' - abb' + bb't + \frac{t}{b''} = a$, $t =$

$\dfrac{ab'' - ab'b'' + abb'b''}{bb'b'' + 1}$; ces trois valeurs de t, u, x sont

donc $t = ab'' \times \dfrac{bb' - b' + 1}{bb'b'' + 1}$, $u = ab \times \dfrac{b'b'' - b'' + 1}{bb'b'' + 1}$,

$x = ab' \times \dfrac{bb'' - b + 1}{bb'b'' + 1}$.

Pour quatre inconnues, on auroit, en faisant $\frac{1}{t} = \frac{1}{b'''}$, les quatre équations : $t + \dfrac{u}{b} = a$, $u + \dfrac{x}{b'} = a$, $x + \dfrac{y}{b''}$

$= a$, $y + \dfrac{t}{b'''} = a$, qui donneroient, d'abord comme

ci-dessus, $u = ab - bt$, et $x = ab' - abb' + bb't$, puis

$y = ab'' - ab'b'' + abb'b'' - bb'b''t$, et $ab''b''' - ab'b''b'''$

$+ abb'b''b''' - bb'b''b'''t + t = ab'''$; d'où l'on tire

$$t = \frac{-ab''' + ab''b''' - ab'b''b''' + abb'b''b'''}{bb'b''b''' - 1}, \text{ ou } t =$$

$$a\,b'''.\frac{bb'b'' - b'b'' \times b'' - 1}{bb'b''b''' - 1}, \quad u = ab.\frac{b'b''b''' - b''b''' + b''' - 1}{bb'b''b''' - 1},$$

$$x = ab'.\frac{bb''b''' - bb''' + b - 1}{bb'b''b''' - 1}, \quad y = ab''.\frac{bb'b''' - bb' + b' - 1}{bb'b''b''' - 1}$$

Si l'on fait attention à toutes ces différentes valeurs, on verra que le dénominateur commun est formé du produit de tous les dénominateurs b, b', ou b, b', b'', ou b, b', b'', b''', ou etc., augmenté ou diminué de l'unité, selon que leur nombre est impair ou pair. Quant aux numérateurs, ils sont par-tout composés de deux facteurs, dont le premier n'est que le produit de la lettre a par le dénominateur de l'inconnue que l'on considère. Quant au second facteur, on peut observer, 1°. qu'il est composé d'autant de termes qu'il y a de lettres b, b', b'', b''', etc. ; 2°. que le premier terme est le produit de $n - 1$, lettres b, b', b'', b''', etc., n étant le nombre des dénominateurs b, b', b'', b''', etc. ; le second, celui de $n - 2$ lettres, le troisième, celui de $n - 3$ lettres, etc., jusqu'au dernier qui est ± 1 ; 3°. que tous les signes sont alternatifs, à partir du premier terme qui est toujours positif ; 4°. enfin, que celle des lettres b, b', etc., qui entre dans le premier facteur, n'entre dans aucun des termes du second. Cela posé, voici comment on trouvera ces différens termes. On formera le premier terme des n lettres b, b', b'', b''', etc., hors celle qui entre dans le premier facteur; le second, en excluant et cette lettre et celle qui la suit; le troisième, en excluant et ces deux lettres, et celle qui suit la dernière, et ainsi de suite, en observant toute-fois que la lettre qui suit la dernière à droite, est la première à gauche. Veut-on, par exemple, connoître dans le cas des six équations suivantes:

$$t + \frac{u}{b} = a,\ u + \frac{x}{b'} = a,\ x + \frac{y}{b''} = a,\ y + \frac{z}{b'''} = a,$$

$$z + \frac{w}{b''''} = a,\ w + \frac{t}{b'''''} = a,\ \text{la valeur des six inconnues,}$$

t, u, x, y, z, w; on voit d'abord que le dénominateur commun est $bb'b''b'''b''''b'''''-1$: quant aux numérateurs, celui de t, par exemple, sera $ab'''''\times(bb'b''b'''b''''-b'b''b'''b''''+b''b'''b''''-b'''b''''+b''''-1)$. On pourroit trouver tous les autres, de la même manière; mais j'observerai, qu'ayant la valeur de l'une des inconnues, de t, par exemple, il est bien plus court, dans les applications numériques qu'on veut en faire, de chercher toutes les autres, au moyen des équations $u=b(a-t)$, $x=b'(a-u)$, $y=b''(a-x)$, $z=b'''(a-y)$, $w=b''''(a-z)$.

On peut même, pour simplifier les opérations qui conduisent à la valeur du numérateur de t, l'écrire ainsi, $b'''''\left(1-b''''(1-b''(1-b'(1-b)))\right)-1$. Appliquons cette formule à une question.

113. Un père, en mourant, partage son bien entre six enfans, et leur part se trouve telle, que la première, ajoutée avec la $\frac{1}{2}$ de la seconde, que la seconde, avec les

$\frac{2}{3}$ de la troisième, que la troisième, plus les $\frac{3}{4}$ de la quatrième, que la quatrième, augmentée des $\frac{4}{5}$ de la cinquième, que la cinquième avec les $\frac{5}{6}$ de la sixième ; que la sixième enfin, accrue des $\frac{6}{7}$ de la première, forment des sommes égales. On demande quelle est la part de chaque enfant, le bien du père étant de 166000^{tt} ?

On a ici $b = 2$, $b' = \frac{3}{2}$, $b'' = \frac{4}{3}$, $b''' = \frac{5}{4}$, $b'''' = \frac{6}{5}$, $b''''' = \frac{7}{6}$; le dénominateur de t est donc $2 . \frac{3}{2} . \frac{4}{3} . \frac{5}{4} . \frac{6}{5} . \frac{7}{6} - 1 = 6$, et son numérateur est $\frac{6}{5}\left(1 - \frac{5}{4}\left(1 - \frac{4}{3}\left(1 - \frac{3}{2}(1-2)\right)\right)\right) - 1 = 3,7$, donc $t = \frac{\frac{7}{6} \times 3,7}{6} a = \frac{25,9}{36} a$; donc

$$u = b\,(a - t) = 2\left(a - \frac{25,9}{36} a\right) = \frac{20,2}{36} a\,;$$

$$x = b'\,(a - u) = \frac{3}{2}\left(a - \frac{20,2}{36} a\right) = \frac{23,7}{36} a\,;$$

$$y = b''\,(a - x) = \frac{4}{3}\left(a - \frac{23,7}{36} a\right) = \frac{16,4}{36} a\,;$$

$$z = b'''\,(a - y) = \frac{5}{4}\left(a - \frac{16,4}{36} a\right) = \frac{24,5}{36} a\,;$$

$$w = b''''\,(a - z) = \frac{6}{5}\left(a - \frac{24,5}{36} a\right) = \frac{13,8}{36} a.$$

A présent, on voit que, si l'on ajoute ces six parts, on aura le bien total du père ; or, la somme est $\frac{83}{24} a$; on a donc $\frac{83}{24} a = 166000$; d'où $a = 48000$; alors on a $t = 34533\frac{1}{3}$, $u = 26933\frac{1}{3}$, $x = 31600$, $y = 21866\frac{2}{3}$, $z = 32666\frac{2}{3}$, $w = 14800$; il est aisé de vérifier ces valeurs. Passons à un dernier problème.

PROBLÈME VI et dernier.

114. Un jardinier veut semer des pepins dans un espace quarré, et à une distance égale les uns des autres,

tant en longueur qu'en largeur. La première fois, il lui manque 12 pepins pour completter le quarré. La seconde, il veut en mettre un de moins en tous sens, et alors il lui en reste 27. On demande combien il avoit de pepins ?

Soit x le nombre de pepins qu'il sème la première fois sur chaque bande, et soient, pour plus de généralité, $12 = a$ et $27 = b$; l'on voit que le nombre total de pepins doit être x^2; donc $x^2 - a$, représente le nombre de pepins que le jardinier a semés la première fois; d'un autre côté, $x - 1$ est le nombre de pepins, que la seconde fois il veut semer sur chaque bande, et puis qu'alors il lui en reste b, on voit que $(x-1)^2 + b$ exprime encore le nombre de pepins qu'il avoit. On a donc cette équation : $x^2 - a = (x-1)^2 + b$, qui paroît d'abord être du second degré. Mais si l'on élève $x - 1$ au quarré, on verra que x^2 s'anéantit. En effet, l'équation devient

$$x^2 - a = x^2 - 2x + 1 + b, \text{ ou } x = \frac{a + b + 1}{2} = 20,$$

en mettant pour a et b leurs valeurs; donc $x^2 - a$ et $(x-1)^2 + b$ ou $400 - 12$ et $361 + 27$, c'est-à-dire, 388 est le nombre de pepins qu'avoit le jardinier.

FIN DES ADDITIONS A LA PREMIERE PARTIE.

NOTES

Note 1 *sur les articles* V, VI *et* VII.

Comme l'Auteur avance, que la racine quarrée de toute quantité doit être affectée du double signe $\pm$, l'on pourroit observer que, lorsqu'il a tiré les racines quarrées des deux membres de l'équation $x^2 + px + \frac{1}{4}p^2 = q + \frac{1}{4}p^2$, il auroit dû écrire $\pm\sqrt{x^2 + px + \frac{1}{4}p^2} = \pm\sqrt{q + \frac{1}{4}p^2}$; ce qui lui auroit donné $\pm\left(x + \frac{1}{2}p\right) = \pm\sqrt{q + \frac{1}{4}p^2}$. L'observation est juste; mais on va voir que l'on n'obtient par-là que ces deux valeurs de x :

$$x = -\tfrac{1}{2}p + \sqrt{q + \tfrac{1}{4}p^2}, \quad x = -\tfrac{1}{2}p - \sqrt{q + \tfrac{1}{4}p^2}.$$

En effet, l'équation $\pm\left(x + \frac{1}{2}p\right) = \pm\sqrt{q + \frac{1}{4}p^2}$, fournit ces quatre combinaisons :

$$1.\ +x + \tfrac{1}{2}p = +\sqrt{q + \tfrac{1}{4}p^2};\quad 2.\ +x + \tfrac{1}{2}p = -\sqrt{q + \tfrac{1}{4}p^2};$$
$$3.\ -x - \tfrac{1}{2}p = +\sqrt{q + \tfrac{1}{4}p^2};\quad 4.\ -x - \tfrac{1}{2}p = -\sqrt{q + \tfrac{1}{4}p^2};$$

dans lesquelles on voit aisément que, si on change tous

les signes de la troisième et quatrième, on aura la seconde et la première ; on n'a donc réellement que les deux valeurs trouvées par Clairaut.

Note 2 sur l'article IX.

Cet article offre deux observations à faire : en effet, l'Auteur suppose d'abord que la racine quarrée de 2500 est 50, tandis qu'il n'a pas enseigné à trouver la racine quarrée des nombres : nous réparerons cette omission, dans les additions à cette seconde partie.

Clairaut suppose ensuite que, pour quarrer un produit, comme ab, on multiplie l'un par l'autre les quarrés a^2 et b^2, des facteurs a et b. Ce qu'il ne démontre pas, et ce qu'il étoit fort aisé de démontrer, puisque le quarré d'une quantité ab, n'étant que le produit de cette quantité par elle-même, ou $ab \times ab$, doit être égal à $a^2 b^2$ (1re. partie XXXIX), ou au produit du quarré de a par le quarré de b.

Note 3 sur l'article XXIV.

Comme les deux exemples, donnés par l'Auteur à la fin de cet article, pourroient embarrasser les commençans, nous allons en faire le calcul tout au long.

1°. Il faut prouver que . . . .

$$\sqrt{\frac{ab^3}{c^2}} + \frac{1}{2c}\sqrt{a^3 b - 4a^2 b^2 + 4ab^3} = \frac{a}{2c}\sqrt{ab}.$$ Pour

cela, je multiplie par 4 les deux termes de la fraction $\dfrac{ab^3}{c^2}$, ce qui la change en $\dfrac{4 ab^3}{4 c^2}$, dont la racine est

$\dfrac{2b}{2c}\sqrt{ab}$; observant ensuite que $a^3b - 4a^2b^2 + 4ab^3$

$= ab\,(a-2b)^2$, dont la racine est $(a-2b)\sqrt{ab}$, je vois que la somme des deux radicaux quarrés est

$$\frac{2b}{2c}\sqrt{ab} + \frac{a-2b}{2c}\sqrt{ab} = \frac{2b+a-2b}{2c}\sqrt{ab} =$$

$$\frac{a}{2c}\sqrt{ab}.$$

2°. Voyons maintenant comment $a \times \sqrt{\dfrac{a^3b}{3a^2+6ac+3c^2}}$

$$- \frac{bc\sqrt{ab}}{a+c} = \left(\frac{a^2}{\sqrt{3}} - bc\right)\frac{\sqrt{ab}}{a+c}\,;$$ or, cela est fort

aisé : en effet, $\dfrac{a^3b}{3a^2+6ac+3c^2} = a^2.\dfrac{ab}{3(a+c)^2}$, dont

la racine est $\dfrac{a}{a+c}.\dfrac{\sqrt{ab}}{\sqrt{3}}$; donc $a \times \sqrt{\dfrac{a^3b}{3a^2+6ac+3c^2}}$

$$= \frac{a^2}{\sqrt{3}} \times \frac{\sqrt{ab}}{a+c}\,;$$ donc, etc.

Note 4 sur l'article XXV.

La règle que donne l'Auteur, pour multiplier les quantités incommensurables, renferme deux parties, la première pour le cas où elles sont inégales, la seconde, pour celui où elles sont égales.

Pour se convaincre de la légitimité de l'exemple $\sqrt{ab} \times \sqrt{ac} = \sqrt{a^2bc}$, rappellons-nous (note 2), que le quarré du produit de deux quantités est égal au produit des quarrés de ces quantités ; d'où il suit que $(\sqrt{m} \times \sqrt{n})^2 = mn$, puisque le quarré de $\sqrt{m}$ est m, ainsi que n est celui de $\sqrt{n}$; donc, en tirant la racine quarrée de chaque membre, on aura $\sqrt{m} \times \sqrt{n} = \sqrt{mn}$; si à présent on fait dans cette quantité $m = ab$, $n = ac$, on aura $\sqrt{ab} \times \sqrt{ac} = \sqrt{ab \times ac} = \sqrt{a^2 bc}$.

Quant à la seconde partie, qui regarde les quantités égales, en suivant la règle qu'elle prescrit, on trouveroit que $\sqrt{-a} \times \sqrt{-a} = -a$; mais il resteroit encore à démontrer ce cas assez embarrassant, dont l'Auteur ne parle même pas. En effet, on seroit tenté de croire, d'après la première partie de la règle, que $\sqrt{-a} \times \sqrt{-a} = \sqrt{-a.-a} = \sqrt{+a^2} = \pm a$: mais l'on peut faire voir qu'ici l'ambiguïté du signe $\pm$ ne peut avoir lieu ; car $\sqrt{a^2} = \pm a$, parce qu'on ne sait pas, si a^2 provient de $(+a)^2$, ou de $(-a)^2$, doute qui n'existe plus dans ce cas-ci, où l'on voit que $\sqrt{-a} \times \sqrt{-a} = \sqrt{(-a)^2} = -a$.

Il reste encore une autre difficulté à lever ; c'est de savoir le produit de $\sqrt{-a}$ par $\sqrt{-b}$; la solution de la première, va nous conduire à la solution de la seconde. En effet, d'après la règle pour les quantités inégales, $\sqrt{a} \times \sqrt{-1} = \sqrt{-a}$; de même $\sqrt{b} \times \sqrt{-1} = \sqrt{-b}$; donc $\sqrt{-a} \times \sqrt{-b} = \sqrt{a} \times \sqrt{b} \times \sqrt{-1} \times \sqrt{-1}$; or, $\sqrt{a} \times \sqrt{b} = \sqrt{ab}$, et $\sqrt{-1} \times \sqrt{-1} = -1$; donc $\sqrt{-a} \times \sqrt{-b} = -\sqrt{ab}$; c'est d'après les connoissances de toutes ces règles, qu'on peut aisément trouver les puissances de $\sqrt{-a}$ et de $-\sqrt{-a}$; en effet, puisque pour cela, il ne faut que multiplier successivement ces quantités par elles-mêmes, on aura :

$$(\sqrt{-a})^1 \ldots = +\sqrt{-a} \ldots (-\sqrt{-a})^1 \ldots = -\sqrt{-a}$$
$$(\sqrt{-a})^2 = \sqrt{-a}\times\sqrt{-a} \ldots = -a \ldots (-\sqrt{-a})^2 \ldots = -a$$
$$(\sqrt{-a})^3 = -a\times\sqrt{-a} \ldots = -a\sqrt{-a} \ldots (-\sqrt{-a})^3 \ldots = +a\sqrt{-a}$$
$$(\sqrt{-a})^4 = -a\sqrt{-a}\times\sqrt{-a} \ldots = +a^2 \ldots (-\sqrt{-a})^4 \ldots = +a^2$$
$$(\sqrt{-a})^5 = +a^2\times\sqrt{-a} \ldots = +a^2\sqrt{-a} \ldots (-\sqrt{-a})^5 \ldots = -a^2\sqrt{-a}$$
$$(\sqrt{-a})^6 = +a^2\sqrt{-a}\times\sqrt{-a} \ldots = -a^3 \ldots (-\sqrt{-a})^6 \ldots = -a^3$$
$$(\sqrt{-a})^7 = -a^3\sqrt{-a} \ldots = -a^3\sqrt{-a} \ldots (-\sqrt{-a})^7 \ldots = +a^3\sqrt{-a}$$
$$(\sqrt{-a})^8 = -a^3\sqrt{-a}\times\sqrt{-a} \ldots = +a^4 \ldots (-\sqrt{-a})^8 \ldots = +a^4$$
$$\text{etc.} \ldots \qquad \text{etc.} \ldots$$

Si l'on observe avec quelque attention cette petite table, on verra, 1°. que les puissances de $-\sqrt{-a}$ peuvent se conclure de celles de $+\sqrt{-a}$, en changeant seulement le signe de celles-ci, lorsque la puissance est impaire ; ce qui d'ailleurs est évident, puisque ces deux quantités ne diffèrent que par les signes $+$ ou $-$, qui donnent tous deux $+$, lorsqu'on les multiplie par eux-mêmes un nombre pair de fois. 2°. Que, pour avoir les puissances de $+\sqrt{-1}$ et $-\sqrt{-1}$, il suffiroit de substituer 1 au lieu de a, dans les résultats précédens.

Note 5 sur l'article XXVI.

Nous ferons pour cet article ce que nous avons fait pour l'article précédent ; et d'abord, nous allons démontrer la règle générale, donnée par l'Auteur, pour la division des irrationelles, c'est-à-dire, que $\sqrt{\dfrac{a}{b}} = \dfrac{\sqrt{a}}{\sqrt{b}}$. En effet, le produit du diviseur par le quotient doit reproduire le dividende ; et c'est ce qui a lieu ici, puisque le diviseur $\sqrt{b}$, multiplié par le quotient $\sqrt{\dfrac{a}{b}} = \sqrt{\dfrac{ab}{b}} = \sqrt{a}$ ou le dividende.

Pour donner ensuite, comme on l'a fait ci-dessus, quelques exemples de cas assez embarrassans, on trouvera,

1°. que $\dfrac{-a}{\sqrt{-a}} = \dfrac{\sqrt{(-a)^2}}{\sqrt{(-a)^1}} = \sqrt{-a}$; en effet, le produit du diviseur $\sqrt{-a}$, par le quotient $\sqrt{-a} =$ le dividende $-a$; 2°. que $\dfrac{+a}{\sqrt{-a}} = -\sqrt{-a}$; ce qu'il est aisé de vérifier, puisque le diviseur $\sqrt{-a} \times -\sqrt{-a}$ qui est le quotient, donne le dividende $+a$; et ce qui d'ailleurs est évident, puisque $\dfrac{+a}{\sqrt{-a}}$, n'est autre chose que $-\dfrac{-a}{\sqrt{-a}}$, qui a donné $+\sqrt{-a}$. On pourroit encore raisonner ainsi : $\dfrac{+a}{\sqrt{-a}} = \dfrac{+a\sqrt{-a}}{\sqrt{-a} \times \sqrt{-a}}$ $= +\dfrac{a\sqrt{-a}}{-a} = -\sqrt{-a}$; 3°. enfin, que $-\dfrac{\sqrt{ab}}{\sqrt{-a}}$ $= \sqrt{-b}$, puisqu'on a vu ci-dessus que $\sqrt{-a} \times \sqrt{-b}$ $= -\sqrt{ab}$; mais on pourroit, sans ce secours, arriver au même résultat, en raisonnant ainsi : $-\dfrac{\sqrt{ab}}{\sqrt{-a}}$

$$= \dfrac{-\sqrt{a} \times \sqrt{b}}{\sqrt{a} \times \sqrt{-1}} = \dfrac{-\sqrt{b}}{\sqrt{-1}} = \dfrac{-\sqrt{b} \times \sqrt{-1}}{\sqrt{-1} \times \sqrt{-1}} = \dfrac{-\sqrt{-b}}{-1}$$

$= +\sqrt{-b}$.

Note 6 sur les articles XXVII et XXVIII.

L'Auteur n'a pas suivi le chemin le plus court, même dans l'article XXVIII, pour trouver les valeurs de x, y et et z. Pour indiquer celui qu'il falloit suivre, soient reprises les trois équations données $y^2 = xz$, $x + y + z = a$, $x^2 + y^2 + z^2 = b^2$; après avoir écrit ainsi la seconde $x + z = a - y$, 1°. je quarre les deux membres, et j'ai $x^2 + 2xz + z^2 = a^2 - 2ay + y^2$; 2°. je mets pour xz, sa valeur y^2 prise dans la première, et réduisant, je trouve $x^2 + y^2 + z^2 = a^2 - 2ay$; 3°. j'en ôte la troisième, et j'ai tout de suite $a^2 - 2ay - b^2 = 0$, ou $y = \dfrac{a^2 - b^2}{2a}$. Pour avoir ensuite les valeurs de x et z, je tire de la première, $x = \dfrac{y^2}{z}$, qui,

substitué dans la seconde, donne $\dfrac{y^2}{z} + y + z = a$, ou $y^2 + zy + z^2 = az$, ou $z^2 + (y - a) z = -y^2$; donc

$$z^2 + (y - a) z + \left(\frac{y - a}{2}\right)^2 = \frac{y^2 - 2ay + a^2 - 4y^2}{4},$$

et $z = -\dfrac{y - a}{2} \pm \frac{1}{2} \sqrt{a^2 - 2ay - 3y^2}$, et $x = a - y$

$- z = -\dfrac{y - a}{2} \mp \frac{1}{2} \sqrt{a^2 - 2ay - 3y^2}$, où l'on voit qu'il ne faut qu'avoir la valeur de z ou de x, pour avoir celle de x ou de z, puisqu'elles ne diffèrent que du $\pm$ au $\mp$. Quant à ces valeurs, elles sont aisées à trouver ; car d'abord $- \left(\dfrac{y - a}{2}\right)$, ou $\dfrac{a - y}{2} = \dfrac{a^2 + b^2}{4a}$; ensuite $a^2 - 2ay = b^2$, et $\frac{1}{2} \sqrt{b^2 - 3y^2} = \dfrac{\sqrt{-3a^4 + 10a^2 b^2 - 3b^4}}{4a}$; ce qui donne pour x et z les valeurs trouvées par Clairaut.

Tome II. M

Nous terminerons cette note par faire observer, en passant, que x et z, doivent leur propriété d'être données toutes deux de la même manière, à ce qu'elles jouent toutes deux absolument le même rôle dans les trois équations, qui ne changeroient pas, quand même on changeroit x en z, et z en x; ce qui n'est pas vrai pour y; mais nous reviendrons sur cet article.

Note 7 sur les articles XXIX et XXX.

L'Auteur s'est trompé sur le choix de l'exemple qu'il donne dans cet article; car, après avoir observé que c'étoit à une espèce de hazard, qu'on devoit la simplification des calculs, qui l'ont conduit à la valeur de y, et de là, à celles de x et de z, dans les trois équations précédentes, il donne ici un autre exemple, qu'il prétend plus compliqué que le premier, ce qui n'est pas : aussi, faute d'avoir connu la vraie route, s'est-il engagé dans des calculs qui, même dans l'article XXX, où il simplifie ceux de l'article XXIX, l'ont conduit à une équation du quatrième degré, tandis que, d'une autre manière, on ne devoit trouver, pour l'équation en y, qu'une équation du second degré : de-là, faute encore de notions ultérieures, l'on ne peut arriver à la connoissance des valeurs de x et de y, qu'on pouvoit trouver fort aisément. Prouvons ce que nous venons de dire, et, pour cela, reprenons les deux équations proposées :

$$x^2 + ax - 2xy = a^2 + 2y^2$$

$$x^2 - 2ax + xy = 2a^2 - y^2$$

Si l'on retranche la première de la seconde, on aura $-3ax + 3xy = a^2 - 3y^2$; d'où, par la méthode ordinaire du second degré, on tire : $y^2 + xy + \dfrac{x^2}{4}$

$$= \frac{\dfrac{4a^2}{3} + 4ax + x^2}{4}, \text{ et } y = \frac{-x \pm \sqrt{\dfrac{4a^2}{3} + 4ax + x^2}}{2}.$$

Si, à présent, on ajoute la première équation avec le double de la seconde, on aura $3x^2 - 3ax = 5a^2$; d'où $x = \dfrac{a}{2}\left(1 \pm \sqrt{\tfrac{23}{3}}\right)$; donc x est connu, et il ne faudra plus que mettre sa valeur dans celle de y, qu'on vient de trouver, pour avoir celle-ci, en quantités connues : mais, pour simplifier, on observera que, à cause de $3x^2 - 3ax = 5a^2$, on a $x^2 = \tfrac{5}{3}a^2 + ax$; donc, la quantité sous le radical $\dfrac{4a^2}{3} + 4ax + x^2 = 3a^2 + 5ax$;

donc
$$y = \frac{-x \pm \sqrt{3a^2 + 5ax}}{2} \quad \ldots \ldots \ldots$$

$$= \frac{-\dfrac{a}{2}\left(1 \pm \sqrt{\tfrac{23}{3}}\right) \pm \sqrt{3a^2 + \dfrac{5a^2}{2}\left(1 \pm \sqrt{\tfrac{23}{3}}\right)}}{2}$$

$$= -\frac{a}{4}\left(\left(1 \pm \sqrt{\tfrac{23}{3}}\right) \mp \sqrt{2\left(11 \pm 5\sqrt{\tfrac{23}{3}}\right)}\right) ;$$

expression composée de quantités toutes connues, et que nous apprendrons à évaluer dans les additions à cette seconde partie.

Note 8 sur l'article XXXI.

Comme les calculs nécessaires, pour arriver à l'équation finale en y, sont assez compliqués, nous allons aider

le Lecteur par les opérations suivantes, qui l'empêche-
ront de s'égarer, ou le rameneront dans le vrai chemin. Soit repris $(ny^2 + py + q)^2 + (ay + b)$
$(ny^2 + py + q)(ly + m) = (cy^2 + dy + e)(ly + m)^2$;
on aura, 1°. $(ny^2 + py + q)^2 = n^2y^4 + p^2y^2 + q^2$
$+ 2npy^3 + 2nqy^2 + 2pqy$.

2°. $(ay + b)(ny^2 + py + q)(ly + m) = alny^4$
$+ alpy^3 + alqy^2 + blny^3 + blpy^2 + blqy + amny^3$
$+ ampy^2 + amqy + bmny^2 + bmpy + bmq$.

3°. $(cy^2 + dy + e)(ly + m)^2 = cl^2y^4 + 2clmy^3$
$+ cm^2y^2 + dl^2y^3 + 2dlmy^2 + dm^2y + el^2y^2$
$+ 2elmy + em^2$.

Si l'on change à présent tous les signes de 3°., pour
les changer de membre, on aura . . . .
$n^2y^4 + p^2y^2 + q^2 + 2npy^3 + 2nqy^2 + 2pqy$
$+ alny^4 + alpy^3 + alqy^2 + blny^3 + blpy^2 + blqy$
$+ amny^3 + ampy^2 + amqy + bmny^2 + bmpy + bmq$
$= el^2y^4 - 2elmy^3 - cm^2y^2 - dl^2y^3 - 2dlmy^2$
$- dm^2y - el^2y^2 - 2elmy - em^2 = 0$; ce qui donne
$(n^2 + aln - cl^2)y^4 + (2np + alp + bln + amn - 2clm$
$- dl^2)y^3 + (p^2 + 2nq + alq + blp + amp + bmn$
$- cm^2 - 2dlm - el^2)y^2 + (2pq + blq + amq$
$+ bmp - dm^2 - 2elm)y - (em^2 - bmq - q^2) = 0$,
ce qui, en passant $- (em^2 - bmq - q^2)$ dans le second membre, c'est-à-dire, en écrivant $em^2 - bmq - q^2$,
et divisant ensuite tous les termes par le coefficient total
de y^4, qui est $n^2 + aln - cl^2$, donne l'équation
cherchée.

Au reste, toutes les méthodes données par Clairaut,
depuis cet article jusqu'à la fin, ont deux défauts essentiels; on a vu que les formules générales, à la fin de la

première partie, étoient trop compliquées ; celles-ci,
outre le même défaut, ont encore celui de conduire à
une équation finale, d'un degré plus élevé qu'il ne devroit
l'être ; on en a déjà vu un exemple dans la note précédente ; nous aurons soin encore, dans nos additions,
de revenir sur cet article important des équations.

FIN DES NOTES SUR LA SECONDE PARTIE.

ADDITIONS

A LA SECONDE PARTIE.

ADDITION I.

Des racines numériques de tous les degrés.

1. Comme la résolution des équations de tous les degrés, exige la connoissance des racines des nombres, connoissance que Clairaut présuppose dans le Lecteur, je vais commencer par-là mes additions à cette seconde partie : et, quoique réellement l'on n'eût besoin dans celle-ci, que de savoir extraire les racines quarrées, j'ai cru cependant devoir les accompagner de l'extraction des racines cubiques, quatrièmes, cinquièmes, etc., d'abord, parce qu'on n'a besoin pour cela d'aucune connoissance ultérieure, et ensuite, parce que les raisonnemens et les procédés étant à-peu-près semblables, on ne pourroit manquer, en les plaçant dans un même lieu, de reconnoître plus aisément l'analogie, qui régne entre les racines numériques de tous les degrés.

2. Avant de chercher à extraire une racine d'un nombre, il faut connoître les différentes puissances des 9 premiers nombres : les voici poussées jusqu'au septième degré.

Nombres	1	2	3	4	5	6	7	8	9
2e.	1	4	9	16	25	36	49	64	81
3e.	1	8	27	64	125	216	343	512	729
4e.	1	16	81	256	625	1296	2401	4096	6561
5e.	1	32	243	1024	3125	7776	16807	32768	59049
6e.	1	64	729	4096	15625	46656	117649	262144	531441
7e.	1	128	2187	16384	78125	279936	823543	2097152	4782969

(Colonne de gauche : *Puissances*)

L'on voit, par cette table, que le quarré d'un nombre d'un seul chiffre ne peut en avoir plus de deux; donc, lorsqu'on proposera d'extraire la racine quarrée d'un nombre de plus de deux chiffres, on sera sûr que cette racine a plus d'un chiffre, et en effet, 100, qui est le plus petit des nombres de trois chiffres, est le quarré de 10, qui en a deux. On verra de même que le cube d'un nombre d'un seul chiffre ne peut en avoir plus de 3; que la quatrième puissance, ou le *quarré-quarré* n'en peut avoir plus de 4, etc.; enfin, l'on voit qu'en général, un nombre d'un seul chiffre ne peut avoir plus de n chiffres à sa puissance n, puisque 10, qui est de deux chiffres, ne peut avoir à sa puissance n que le plus petit des nombres de $n + 1$ chiffres. Il suit de-là que, lorsqu'on proposera d'extraire une racine n d'un nombre, qui n'aura pas plus de n chiffres, alors cette racine sera un des neuf premiers nombres, ou tombera entre deux de ces nombres. Ainsi, soit demandée la racine cubique de 343, on verra que 343 est le cube de 7. Si l'on proposoit de connoître la racine cinquième de 13805, on verroit, en suivant la ligne horizontale, qui renferme les puissances cinquièmes, que 13805 tombe entre 7776, puissance cinquième de 6, et 16807, puissance cinquième de 7; d'où l'on concluroit que la racine cherchée est 6, plus une fraction, ou 7 moins une fraction.

M 4

3. Il est même facile d'assigner les deux nombres de chiffres, entre lesquels peut tomber la puissance n d'un nombre composé de m chiffres. En effet, ce nombre tombe lui-même nécessairement, entre l'unité suivie de m et de $m - 1$ de zéros. Or, la puissance n de 1, suivi de m zéros, a $nm + 1$ de chiffres, et la puissance n de 1, suivi de $m - 1$ de zéros, a $(m-1)n + 1$ chiffres. Donc, la puissance n d'un nombre de m chiffres peut avoir depuis mn jusqu'à $mn - n + 1$ de chiffres. Ainsi, la puissance 7e. d'un nombre de 6 chiffres peut avoir depuis 36 jusqu'à 42 chiffres.

4. A présent, voyons comment l'on extrairoit la racine n d'un nombre de plus de n chiffres; mais, pour y parvenir plus sûrement, considérons d'abord ce qui se passe en général dans la formation des puissances d'un nombre de deux chiffres, c'est-à-dire, composé de dixaines et d'unités. Pour cela, j'appelle généralement d les dixaines, et u les unités. Ensuite, multipliant successivement $d + u$ par lui-même, j'ai, en m'arrêtant après les septièmes puissances, pour les puissances successives de $d + u$, les quantités suivantes :

$$(d+u)^1 = d + u$$
$$(d+u)^2 = d^2 + 2du + u^2$$
$$(d+u)^3 = d^3 + 3d^2u + 3du^2 + u^3$$
$$(d+u)^4 = d^4 + 4d^3u + 6d^2u^2 + 4du^3 + u^4$$
$$(d+u)^5 = d^5 + 5d^4u + 10d^3u^2 + 10d^2u^3 + 5du^4 + u^5$$
$$(d+u)^6 = d^6 + 6d^5u + 15d^4u^2 + 20d^3u^3 + 15d^2u^4 + 6du^5 + u^6$$
$$(d+u)^7 = d^7 + 7d^6u + 21d^5u^2 + 35d^4u^3 + 35d^3u^4 + 21d^2u^5 + 7du^6 + u^7$$

Si l'on poussoit plus loin le développement de ces puissances, on verroit que les deux premiers termes de $(d+u)^8, (d+u)^9 ..... (d+u)^n$, sont $d^n + n\,d^{n-1}u$,

$d^n + 9\,d^8u\ldots\ldots d^n + nd^{n-1}u$; cela posé, voyons à
présent les diverses conséquences, que l'on peut tirer de
ces développemens des puissances d'un nombre de deux
chiffres.

5. 1°. L'on voit qu'on pourroit élever un tel nombre
à la puissance n, sans le multiplier $n-1$ de fois de
suite par lui-même. Soit, par exemple, 36 à élever à la
cinquième puissance, au lieu de multiplier 36 par 36,
pour avoir 1296, puis 1296 par 36, ce qui donne 46656,
ensuite 46656 par 36, produit qui égale 1679616,
enfin, 1679616 par 36, d'où l'on tire $36^5 = 60466176$,
on pourra, en faisant $d = 3o$ et $u = 6$, se servir de
$(d+9)^5 = d^5 + 5d^4u + 10d^3u^2 + 10d^2u^3 + 5du^4 + u^5$,
d'où l'on tire . . . .
$(3o+6)^5 = 3o^5 + 5.3o^4.6 + 10.3o^3.6^2 + 10.3o^2.6^3$
$+ 5.3o.6^4 + 6^5$;
ou bien encore......

$$
\begin{aligned}
d^5 &= 3o^5 &&= 24300000\\
5d^4u &= 5.3o^4.6 &&= 24300000\\
10d^3u^2 &= 10.3o^3.6^2 &&= 9720000\\
10d^2u^3 &= 10.3o^2.6^3 &&= 1944000\\
5\,du^4 &= 5.3o.6^4 &&= 194400\\
u^5 &= 6^5 &&= 7776\\
\hline
& && 60466176
\end{aligned}
$$

6. 2°. Veut-on revenir de la puissance à la racine,
il est clair que, puisque le premier terme est d^n, dont
la racine n est d, et qui contient à sa suite un nombre
n de zéros, il faut chercher la racine des dixaines, non
dans les n derniers chiffres, mais dans ceux qui reste-
ront à gauche, après qu'on en aura séparé les n derniers
chiffres sur la droite. Ainsi, veux-je chercher la racine
cinquième de 60466176, je sépare les cinq derniers

chiffres 66176, et je cherche la racine cinquième des trois chiffres 604 restans à gauche. Au moyen de la table ci-dessus, je trouve que, dans la cinquième colonne horizontale 604 tombe entre 243 et 1024, qui sont les cinquièmes puissances de 3 et de 4 : donc, la racine cinquième de 604 est 3 pour 243, et il reste 361, qui, joints aux cinq chiffres séparés, donne 36166176. On voit à présent que, puisque $(d+u)^5 = d^5 + 5\,d^4u + 10\,d^3u^2 + 10\,d^2u^3 + 5\,du^4 + u^5$, et qu'on vient de retrancher d^5, il ne doit plus rester que $5\,d^4u + 10\,d^3u^2 + 10\,d^2u^3 + 5\,du^4 + u^5$. Reste maintenant à trouver u ou les unités ; or, c'est ce qui est très-aisé ; car il suffit de diviser $5\,d^4u$ par $5\,d^4$, puisque le quotient est u. Mais pour abréger cette division, on observera que le dividende $5\,d^4u$ et le diviseur $5d^4$, devant avoir chacun 4 zéros à leur droite, il faut, avant de faire la division, commencer par séparer 4 chiffres sur la droite des deux termes. Ainsi, après avoir trouvé les 3 dixaines de la racine, je les élève à la quatrième puissance, et j'ai 810000, que je multiplie encore par 5, ce qui me donne 4050000, dont je sépare les quatre derniers chiffres, et il me reste pour diviseur 405 (qu'on trouve encore plus brièvement, en ne multipliant par 5 que 3^4). Quant au dividende, au lieu d'employer tout le reste 36166176, on ne se servira que de 3516 ; si l'on divisoit alors 3616 par 405, on auroit pour quotient 8, qui est plus fort de 2 que les unités 6, que nous savons d'ailleurs être le vrai quotient. Supposons donc un instant que le quotient soit 6 ; nous verrons après ce qu'il faut faire en ce cas: ayant trouvé 6 pour les unités cherchées, pour les vérifier, on fera les produits $5\,d^4u$, $10\,d^3u^2$, $10\,d^2u^3$, $5\,du^4$, et u^5, ce qui donnera les cinq dernières lignes ci-dessus, 24300000, 9720000, 1944000, 194400, et 7776, en les ajoutera, et on aura une somme telle, que, soustraite de 36166176, il ne restera rien.

On vient de voir qu'on avoit trouvé 8 pour les unités; mais ce faux quotient ne peut induire en erreur; car si on fait $u = 8$, et qu'on forme les produits $5\,d^4u + 10\,d^3u^2 + 10\,d^2u^3 + 5\,du^4 + u^5$, ou plus brièvement . . . . $u(5\,d^4 + 10\,d^3u + 10\,d^2u^2 + 5\,du^3 + u^4)$, on trouvera un nombre beaucoup plus grand que le reste 36166176. Si ensuite l'on suppose $u = 7$, et qu'on opère de même, on trouvera encore une quantité trop forte; il faudra donc enfin en venir à $u = 6$.

Voici la raison pour laquelle on trouve un quotient trop fort, c'est qu'en prenant 36166176 pour représenter $5\,d^4u$, on prend un dividende trop grand, puisqu'il est composé, non pas seulement de $5d^4u = 2430\,0000$, mais encore de $10\,d^3u^2$, $10\,d^2u^3$, $5\,du^4$ et u^5, comme on les voit ci-dessus, et même, lorsqu'on sépare les quatre chiffres 6176, il se trouve encore dans les chiffres restans 3616, 1186 de trop, qui sont provenus des produits ci-dessus, hors le dernier, et qui en effet, divisés par 405, donnent les deux unités qu'on a trouvées de trop.

7. Quoique ce qu'on vient de dire soit applicable à toutes les racines de deux chiffres, nous allons cependant en faire quelques applications particulières.

1°. *Pour les racines quarrées.*

On sait d'abord (3) que le quarré d'un nombre de deux chiffres, ne peut en avoir moins de 3, ni plus de 4, et que la formule qui convient à ce cas, est $d^2 + 2\,du + u^2$. Soit donc donné un nombre de 3 ou de

4 chiffres, 3844, par exemple; j'observe que le quarré des dixaines donnant des centaines, ce quarré ne peut faire partie des deux derniers chiffres 44; je les sépare donc, et il me reste 38, qui contient le quarré des dixaines; je vois dans la table, à la ligne des puissances secondes, que 32 tombe entre 36 et 49, quarrés de 6 et de 7; d'où je conclus que la racine a pour dixaines $6 = d$. Je quarre alors 6, et j'ai $36 = d^2$; retranchant 36 de 38, il me reste 2 que je joins aux chiffres séparés 44, et j'ai en tout 244, qui me représente $2\,du + u^2$, puisque du total $d^2 + 2\,du + u^2$, j'ai ôté d^2. Il ne reste donc plus qu'à trouver les unités. Pour cela, j'observe que si je divisois $2\,du$ par $2\,d$, j'aurois u; donc, si je divise 244 par 120, double des 6 dixaines trouvées, ou de 60, j'aurai pour quotient 2, qui sera les unités cherchées. Alors, ajoutant les deux termes $2\,du = 2.60.2$, et $u^2 = 2^2$; j'aurai pour somme 244; l'ôtant du reste 244, il ne reste rien : donc 62 est la racine quarrée de 244.

Cette règle est susceptible de deux abbréviations; car, 1°, puisque $2\,du$ et $2\,d$ donnent des dixaines, on peut faire de part et d'autre abstraction du dernier chiffre; donc, au lieu de diviser 244 par 120, on ne divisera que 24 par 12; 2°. puisque $2\,du + u^2 = (2\,d + u)\,d$, on voit que, pour avoir d'un seul coup les deux produits, il suffit de mettre les unités, à côté du double des dixaines qui est tout formé, et de multiplier le tout par les unités. Ainsi, à côté de 12, double des dixaines 6, j'écris les unités 2, et multipliant le tout par 2, je trouve 244, de même, mais plus brièvement que ci-dessus. L'on verra ci-après l'opération figurée.

2ª. *Pour les racines cubiques.*

8. On voit (3) que le cube d'un nombre de deux chiffres ne peut avoir ni moins de 4 chiffres, ni plus de 6, et que la formule qui concerne le cube, est $d^3 + 3d^2 u + 3 du^2 + u^3$. Cela posé, soit donné un nombre de 4 à 6 chiffres, 571787, par exemple, je remarque que, le cube des dixaines ou d^3, donnant des mille, ne peut faire partie des trois derniers chiffres 787; je cherche donc seulement, pour avoir d ou les dixaines, la racine cubique de 571, que je trouve être 8, parce que dans la table, 571 tombe entre 512 et 729, cubes de 8 et de 9. J'ôte alors 512 de 571, et j'ai 59, que je joins aux trois chiffres séparés 787; j'ai donc 59787, pour représenter $3 d^2 u + 3 du^2 + u^3$. Je vois alors que, si je divise le premier terme $3 d^2 u$ par $3 d^2$, ou par le triple du quarré des dixaines que je connois, je trouverai u ou les unités. Or, $3 d^2 = 3 . 8 \mathrm{o}^2 = 192000$; donc, si je divise 59787 par 19200, ou simplement 597 par 192, parce que d^2 donne des centaines, le quotient 3 me donnera les unités cherchées. Pour voir à présent si le nombre 3 est juste, je forme les trois parties $3 d^2 u + 3 du^2 + u^3$, pour les ôter de 59787. Mais pour former ce produit le plus brièvement possible, j'observe que $3 d^2 u + 3 du^2 + u^3 = u (3d^2 + 3 du + u^2) = u \Big((d + u) (2d + u) + d^2 \Big)$, c'est-à-dire, 1°. que j'ajoute les unités successivement avec les dixaines, et le double des dixaines; 2°. que je multiplie les deux sommes; 3°. qu'à ce produit, j'ajoute le quarré des dixaines; 4°. enfin, que je multiplie le tout par les unités : en suivant cette marche, j'ai 3 (83 $\times$ 163 + 6400)

$= 59787$; ce qui est plus court souvent que d'effectuer les opérations indiquées par $3 d^2 u + 3 du^2 + u^3$.

3°. *Pour les racines quatrièmes.*

9. La puissance quatrième proposée (3) ne peut avoir ni moins de 5 chiffres, ni plus de 8. Soit donc proposé 8503056 ; comme la formule qui répond à la puissance quatrième, est $d^4 + 4 d^3 u + 6 d^2 u^2 + 4 du^3 + u^4$, on voit d'abord que d^4, donnant des dixaines de mille, ne peut être contenu dans les quatre derniers chiffres 3056 ; je les sépare donc, et je cherche (2) quelle est la racine quatrième de 850 ; je vois que c'est 5 pour 625, et qu'il reste 225. A côté de ce reste, j'écris les quatre chiffres séparés 3056 ; alors j'ai 2253056 pour représenter $4 d^3 u + 6 d^2 u^2 + 4 du^3 + u^4$, dont la première partie $4 d^3 u$ va me fournir les unités, puisque $\frac{4 d^3 u}{4 d^3} = u$; mais comme le d^3 que renferment et le dividende et le diviseur, donne des mille, je séparerai dans ces deux nombres les trois derniers chiffres, et au lieu de diviser 2253056 par $4 d^3 = 500000$, je diviserai seulement 2253 par 500 ; ce qui me donnera 4 pour les unités cherchées ; alors, connoissant les dixaines et les unités, je forme les quatre parties $4 d^3 u + 6 d^2 u^2 + 4 du^3 + u^4$, ou $u (4 d^3 + 6 d^2 u + 4 du^2 + u^3)$, en prenant la somme de ces quatre produits, qui sont $4 . 125000 + 6 . 2500 . 4 + 4 . 50 . 16 + 64$, ou $500000 + 60000 + 3200 + 64 = 563264$, que je multiplie par $u = 4$. Comme je trouve pour produit 2253056, qui, ôté du reste 2253056, laisse zéro pour reste, je conclus

que le nombre proposé 8503056 est la quatrième puissance juste de 54.

10. En raisonnant et opérant d'une manière analogue pour les puissances suivantes, on verra qu'en général, pour extraire la racine n de deux chiffres d'un nombre, qui dans ce cas ne peut avoir plus de $2n$ chiffres, ni moins de $n+1$ (3), il faudra séparer sur la droite de ce nombre, n de chiffres, parce que le premier terme d^n (4) doit avoir n zéros à sa droite, ensuite chercher la racine n des chiffres restans à gauche, racine qui ne peut avoir qu'un chiffre, élever ensuite ce nombre à la puissance n, et la retrancher de la partie employée. Le reste sera égal à ce qui reste des termes développés, de la puissance n de $-d+u$, dont les deux premiers sont (4) $d^n + nd^{n-1}u$, il ne restera donc plus que $nd^{n-1}u$, etc. ; mais le premier des termes restans $nd^{n-1}u$, suffit pour trouver les unités, puisqu'il ne faut pour cela, que diviser le reste de la puissance proposée, joint aux chiffres séparés, par n fois la puissance $n-1$ des dixaines déjà trouvées, division qu'on simplifiera en séparant $n-1$ de chiffres dans les deux termes. Enfin, après avoir trouvé les unités, on élevera toute la racine à la puissance n, pour voir si elle est égale au nombre proposé; si elle l'est, alors ce nombre sera une puissance parfaite de l'ordre n. Pour mieux sentir l'analogie qui règne, entre les extractions successives des racines quarrées, cubiques, quatrièmes et cinquièmes de deux chiffres, nous allons figurer ici les opérations que nous venons de faire.

$$\sqrt{3844} \qquad d^2 = 36 \qquad \left\{ \begin{array}{l} 38|44 \,\{\, 62 \\ \hline 12|0 = 2\,d \end{array} \right.$$

$$u\,(2\,d+u) = \dfrac{24|4}{24\,4} \qquad \begin{array}{l} 122 = 2\,d + u \\ 2 = u \\ \hline 000 \qquad \overline{24_4} \end{array}$$

$$\sqrt[3]{571787} \qquad d^3 = 512 \qquad \left\{ \begin{array}{l} 571|787\,\{\,83 \\ \hline 192|00 = 3\,d^2 \end{array} \right.$$

$$3\,d^2u + 3\,du^2 + u^3 = \dfrac{597|87}{597\,87} \qquad \begin{array}{l} 163 = 2\,d + u \\ 83 = d + u \\ \hline 489 \\ 1304 \\ \hline 13529 = (2\,d+u)\,(d+u) \\ 6400 = d^2 \end{array}$$

$$\dfrac{000\,00}{} \qquad 19929 = (2\,d+u)\,(d+u) + d^2$$

$$3 = u$$

$$\Big(\, 59787 = u\,(2\,d+u)\,(d+u) + d^2 \,\Big)$$

$$\sqrt[4]{8503056} \qquad d^4 = 625 \qquad \left\{ \begin{array}{l} 850|3056\,\{\,54 \\ \hline 500|000 = 4\,d^3 \end{array} \right.$$

$$\left.\begin{array}{l} 4\,d^3u + 6\,d^2u^2 \\ {}+ 4\,du^3 + u^4 \end{array}\right\} = \dfrac{225\ 3|056}{2253\ 056}$$

$$\dfrac{0000000}{} \qquad \begin{array}{l} 50000 = 4\,d^3 \\ 60000 = 6\,d^2u \\ 3200 = 4\,du^2 \\ 64 = u^3 \\ \hline 563264 = 4\,d^3 + 6\,d^2u + 4\,du^2 + u^3 \\ 4 = u \\ \hline 2253056 = u\,(4\,d^3 + 6\,d^2u + 4\,du^2 + u^3) \end{array}$$

$$\sqrt[5]{60466176} \quad \begin{array}{c} 604|66176 \ \big\{ \ 36 \\ d^5 = 243 \ \big\{ \ \overline{405|0000} = 5d^4 \\ \hline 3616|6176 \end{array}$$

$$\left.\begin{array}{l} 5d^4u + 10d^3u^2 \\ + 10d^2u^3 + \\ 5du^4 + u^5 \end{array}\right\} = 3616\,6176 \qquad \begin{array}{l} 405|0000 = 5d^4 \\ 1620000 = 10d^3u \\ 324000 = 10d^2u^2 \\ 32400 = 5du^3 \\ 1296 = u^4 \end{array}$$

$$,0000\,0000$$

$$6027696 = \left\{\begin{array}{l} 5d^4 + 10d^3u + 10d^2u^2 \\ + 5du^3 + u^4 \end{array}\right.$$

$$6 = u$$

$$36166176 = \left\{\begin{array}{l} u\,(5\,d^4 + 10\,d^3u + \\ 10d^2u^2 + 5du^3 + u^4) \end{array}\right.$$

11. On a vu (6) qu'on étoit exposé à mettre à la racine, pour les unités, un quotient plus fort qu'il ne convenoit, et nous en avons fait voir la raison. On a vu encore que les opérations qui venoient après, redressoient
ce que ce quotient avoit de défectueux. On peut aussi se
tromper en moins : mais le reste sert encore à faire reconnoître l'erreur : ainsi, pour la racine quarrée, si l'on
trouvoit qu'à la fin il restât plus du double de la racine,
ce seroit une marque qu'elle est trop foible. En effet, le
quarré de x est x^2, et celui de $x + 1$ est $x^2 + 2x + 1$,
qui surpasse x^2 de $2x + 1$; par exemple, le quarré de
13 est 169 ; si après avoir trouvé pour unités 12, j'opère
comme il a été dit, j'aurai pour reste $25 = 2$ fois $12 + 1$.
Quant aux cubes, comme ceux de deux nombres consécutifs x et $x + 1$, sont x^3, et $x^3 + 3x^2 + 3x + 1$,
dont la différence est $3x^2 + 3x + 1$, on voit que, si on
trouvoit pour reste, à la fin de l'opération, le triple du
quarré de la racine, plus le triple de cette racine, plus un,

ce seroit une preuve qu'on auroit trouvé pour les unités,
un quotient trop foible de 1. On raisonneroit de même
pour les puissances plus élevées. Il est tems à présent de
passer à l'extraction des racines de plus de deux chiffres.

12. Supposons d'abord que cette racine quelconque n
doive avoir 3 chiffres : il est clair que l'on peut considérer les deux premiers à gauche, comme exprimant un
nombre de dixaines, tandis que le dernier à droite sera
les unités : donc, d'après la règle générale qu'on a éta-
blie, il faudra séparer d'abord n de chiffres sur la droite
de la puissance proposée ; et ensuite il restera à chercher la racine n des chiffres restans sur la gauche ; mais
cette racine ayant elle-même deux chiffres, on voit,
d'après la méthode générale, donnée pour les racines de
deux chiffres, qu'il faut encore en séparer n de chiffres
sur la droite, et chercher la racine n des chiffres restans
à gauche ; en retrancher ensuite la puissance n de cette
racine trouvée ; à côté du reste, abaisser les n chiffres
suivans, dont on séparera $n - 1$ de chiffres sur la droite ;
diviser les chiffres restans à gauche par le produit de la
puissance $n - 1$ de la racine trouvée, multipliée par n ;
écrire le quotient à la racine ; alors, si on regarde les
deux chiffres déjà trouvés à la racine, comme ne faisant
qu'un seul nombre de dixaines, il ne restera plus qu'à
faire pour trouver le troisième chiffre, ce qu'on vient de
faire, pour trouver le second. En raisonnant pour quatre
chiffres, pour cinq, etc., comme on vient de le faire
pour trois, on verra qu'en général, pour trouver la racine n d'un nombre, composé de tant de chiffres qu'on
voudra, il faudra séparer ce nombre, en tranches de
n chiffres chacune, en commençant par la droite ; alors
il restera sur la gauche depuis 1 chiffre jusqu'à n : quelque soit alors le nombre de ces chiffres, on tirera la

racine n de ces chiffres, racine qui ne pourra être que
d'un seul chiffre. Ayant trouvé cette racine, on l'élevera
à la puissance n, et on retranchera cette puissance de la
partie sur laquelle on vient d'opérer. A côté du reste, on
abaissera la tranche suivante ; on en séparera $n - 1$ de
chiffres sur la droite, et on divisera les chiffres à gauche,
par n fois la puissance $n - 1$ de la racine déjà trouvée ;
on portera le quotient à côté de cette racine, on élevera les deux chiffres à la puissance n, et on ôtera le
résultat, de tous les chiffres des tranches déjà employées :
à côté du reste, on abaissera la troisième tranche, et
regardant les deux chiffres, déjà trouvés à la racine,
comme n'étant qu'un seul nombre de dixaines, relativement
au troisième chiffre qu'on doit trouver à cette racine, on
séparera $n - 1$ de chiffres, sur la droite du reste, suivi de
la troisième tranche, et on divisera les chiffres restans à
gauche, par n fois la puissance $n - 1$ de la racine déjà
trouvée : ce qui donnera pour quotient le troisième chiffre
cherché. On le portera à la racine, et on élevera le tout
à la puissance n, pour ôter cette puissance des trois
tranches déjà employées : alors, pour trouver les autres
chiffres qu'on doit avoir encore à la racine, on n'aura
plus qu'à regarder les 3, les 4 etc., chiffres déjà trouvés,
comme ne formant qu'un seul nombre de dixaines, relativement au chiffre qui doit immédiatement les suivre à
la racine, et dès lors faire, pour trouver séparément
tous ces chiffres, ce qu'on a dit de faire, pour trouver
le second et le troisième.

13. Nous venons de dire, qu'à chaque fois qu'on avoit
trouvé un chiffre de la racine, il falloit élever toute la
racine déjà trouvée à la puissance n, pour ôter cette
puissance des tranches correspondantes, dont on s'étoit
déjà servi ; tandis que, dans les exemples que nous avons

donnés pour les racines de 2 chiffres, nous avons prescrit de
retrancher seulement, du reste suivi de la seconde tranche
à droite, les produits de $2d + u$ par u, de $(d+u)(2d+u)$
$+ d^2$ par u, de etc. Cette dernière méthode, en effet,
est préférable pour le second et le troisième degrés, parce
qu'elle est plus expéditive. Mais passé ce degré, il est
moins incommode de se servir de la première méthode.

14. Au lieu de chercher par la méthode générale qu'on
vient de trouver, la racine quatrième d'un nombre, on
peut aussi d'abord en chercher la racine quarrée, et ensuite extraire la racine quarrée de cette racine. Soit, en
effet, a^4 la quatrième puissance proposée, on voit d'un
côté, que $\sqrt[4]{a^4} = a$, et que, de l'autre, $\sqrt{a^4} = a^2$, et
que $\sqrt{a^2} = a$: nous allons donner bientôt un exemple d'une
racine quatrième extraite de ces deux manières.

Soit proposé, 1°. d'extraire la racine quarrée de
69288976.

$$
\begin{array}{ll}
69|28|89|76 & \left\{\begin{array}{l} 8324 \\ \hline 163 \end{array}\right. \\
\underline{64} & \\
5\,2|8 & 1662 \\
3\,98|9 & 16644 \\
66\,57|6 & \\
00\ 00\ 0 &
\end{array}
$$

En séparant ce nombre en tranches de 2 chiffres, je vois
que j'ai quatre tranches, et que par conséquent la racine
aura 4 chiffres. Je trouve d'abord les deux premiers
83 par la méthode donnée pour 2 chiffres, et ensuite
pour reste 39 : alors regardant les chiffres 83, comme 83
dixaines, relativement au troisième chiffre, j'abaisse la
troisième tranche 89, dont je sépare le dernier chiffre 9,
et je divise alors les chiffres restans à gauche, ou 398
par 166, double de la racine 83 déjà trouvée; et j'ai

pour quotient 2 , que j'écris à la racine et à côté de son double ; multipliant alors 1662 par 2 , je retranche le produit des 4 chiffres 3989 ; il me reste 665 , à côté duquel j'abaisse la dernière tranche 76 , dont je sépare le dernier chiffre 6 , et je divise seulement 6657 par 1664 , double des chiffres 832 , déjà trouvés à la racine. Le quotient est 4 , que j'écris à la racine , et à côté de 1664 ; enfin , multipliant 16644 par le quotient 4 , je trouve que le produit, retranché de 66576 , laisse zéro pour reste , d'où je conclus que la racine cherchée est 8324.

2°. Soit demandé d'extraire la racine cubique de 520300455507.

```
520|300|455|507 (8043          1604            16083
512                             804             8043
   8 3|004|55   (192           ————            ————
  \77 184 64     19200          6416            48249
                1939248        12832            64332
   5 81 991 5|07               ————            128664
   581 991 5 07                1289616         ————
   ————                         640000         1293555569
   0000 000 00                 ————            64641600
                               1929616         ————
                                  4            193997169
                               ————                3
                               7718464         ————
                                               581991507
```

Je sépare d'abord le nombre proposé en tranches de 3 chiffres chacune, en commençant par la droite , ce qui me donne quatre tranches , et doit par conséquent me donner 4 chiffres à la racine ; je trouve ensuite que le plus grand cube, contenu dans la tranche à gauche 520 est 512, dont la racine cubique est 8, que je porte à la racine, et je retranche 512 de 520 : j'ai pour reste 8 , à côté duquel j'abaisse la seconde tranche 300 ; séparant 2 chiffres, j'ai 83 à diviser par 192, triple quarré du chiffre 8 ; et comme 83 ne contient pas 192 , je mets o à la racine, et j'abaisse de suite la troisième tranche 455, dont je sépare les 2 derniers chiffres; ce qui me donne 83004 à diviser par 19200, triple quarré des 2 premiers chiffres trouvés 80; le quotient est 4; alors je multiplie 804, ou les 80 dixaines augmentées des unités, par 1604, double de ces 80 dixaines, augmentées des unités: au produit j'ajoute 640000, quarré des 80 dixaines et enfin je multiplie la somme par les unités 4, et j'ôte le produit 7718464 de 8300455. Le reste est 581991, à côté duquel j'abaisse la dernière tranche 507, dont je sépare les deux derniers chiffres, et je divise 5819915 par 1939248, triple quarré des chiffres trouvés 804. Le quotient est 3, que je porte à la racine. Enfin, je multiplie 8043 par 16083, double de la racine suivi des unités; j'ajoute au produit 64641600, quarré des 804 dixaines, et, après avoir multiplié la somme par les unités 3, je retranche le produit 581991507 de 581991507; je trouve zéro pour reste, ce qui me fait voir que le nombre proposé 520500455507 est juste le cube de 8043.

3°. Soit enfin proposé d'extraire la racine quatrième de 778973067987921.

```
778|9730|6798|7921  ⎰5283          7|78|97|30|67|98|79|21  ⎰2791 0089
625                 ⎱              37|8                    ⎱
                     500            4 99|7                   47
153 9|730           562432          5 63|0                  549
731 1 616           588791808        4 96|79|87|9           5581
 478 1146|798                        50 23 81 32|1          5582008
7772 05186 56                        000 000 00 0           55820169
  17 6788 427|921
778973067987 921                   27|91|00|89  ⎰5283
00000000000000 000                  2 9|1       ⎱
                                     8 70|0       102
                                      31 68|9     1048
                                      00 00 0     10563
```


Je sépare le nombre proposé, en tranches de 4 chiffres, et je cherche la racine quatrième de la dernière tranche

à gauche 778 ; elle est 5 pour 625 , et le reste est 153 ,
à côté duquel j'abaisse la seconde tranche 9730, dont je
sépare les trois derniers chiffres 730, et je divise les
chiffres restans 1539 par 500 , qui est égal à quatre fois le
cube de 5. Le quotient paroit être 3 ; mais si on élève
53 à la quatrième puissance, on trouve 7890481 , nombre plus grand que 7789730 ; on ne mettra donc que 2 à
la racine ; ensuite on élevera 52 à sa quatrième puissance,
ce qui donnera 7311616 , qu'on ôtera de 7789730 ; le
reste sera 478114 , à côté duquel on abaissera la troisième
tranche 6798 , dont on séparera les trois derniers chiffres
798 , et on divisera le reste par 562432 , quadruple du
cube de 52. Le quotient donnera 8 , qu'on portera à la
racine ; alors on élevera 528 à la quatrième puissance, ce
qui donnera 77720518656 , qu'on ôtera des trois tranches
7789730 6798 ; le reste sera 176788142 , à côté duquel
on abaissera la quatrième et dernière tranche 7921 , dont
on séparera les trois derniers chiffres 921 , et l'on divisera
le reste par 588791808 $= 4 \times 528^3$. Le quotient sera 3 ,
qu'on posera à la racine ; alors élevant toute la racine
5283 à la quatrième puissance , on trouvera le nombre
même proposé , ce qui prouve que 5283 en est exactement la racine quatrième. On a mis à côté de cette première manière , la seconde , par laquelle on a d'abord
cherché la racine quarrée du nombre proposé , racine
qui donne 27910089 , dont la racine quarrée est 5283 ,
comme on l'avoit déjà trouvée.

15. Jusqu'à présent nous n'avons opéré que sur des
nombres , qui se trouvoient être des puissances parfaites
du degré , dont on demandoit la racine. Alors , on dit
que cette racine est un nombre *commensurable* : mais
il est une infinité de nombres , qui n'ont pas de racines
exactes ; tel est , par exemple , $\sqrt{2}$; car , il est évident

que, puisque cette racine tombe entre 1 et 2, elle ne peut être un entier ; je dis de plus, qu'elle ne peut être un nombre fractionnaire fini ; car, supposons qu'elle fût de la forme $\dfrac{a}{b}$; a étant $> b$, et, de plus, a et b étant censés réduits à leur plus simple expression, il faudroit alors que $\dfrac{a^2}{b^2}$ égalât le nombre proposé 2 ; or, je dis que $\dfrac{a}{b}$ étant irréductibe, $\dfrac{a^2}{b^2}$ l'est aussi, et par conséquent ne peut être égal à l'entier 2.

16. Pour le démontrer, je partirai du principe suivant, tiré de *la Théorie des nombres du C. Legendre*. Si deux nombres, A et B, ne sont point divisibles par un certain nombre premier P, leur produit AB ne sera pas non plus divisible par ce nombre.

En effet, on aura $A = mP + A'$, en désignant par m, le quotient entier de la division de A par P, et par A' le reste de cette division : on aura de même $B = nP + B'$, n étant le quotient entier de la division de B par P, et B' le reste de cette division ; on déduira de-là . . . . . $AB = mnP^2 + nA'P + mB'P + A'B'$; divisant les deux membres de cette équation par P, on aura $\dfrac{AB}{P} =$

$$mnP + nA' + mB' + \dfrac{A'B'}{P} ;$$ d'où il résulte que la divisibilité de AB par P, dépend de celle du produit $A'B'$ par le même nombre. Comme A' et B', restes des divisions de A et B par P, sont nécessairement moindres que P, et ne peuvent diviser exactement un nombre supposé premier, lorsqu'ils diffèrent de l'unité, faisons

$P = m' A' + A''$, $P = n' B' + B''$, ce qui nous donnera

$$A' = \frac{P - A''}{m'}, \quad B' = \frac{P - B''}{n'}, \quad \text{et } A'B' = \frac{P^2 - (A'' + B'')P + A''B''}{m'n'};$$

cette dernière expression nous conduisant successivement

à $m'n'A'B' = P^2 - (A'' + B'')P + A''B''$, $\dfrac{m'n'A'B'}{P}$

$$= P - (A'' + B'') + \frac{A''B''}{P}, \text{ nous fait voir que } A'B'$$

ne pourroit être divisible par P, qu'autant que $A''B''$ seroit aussi divisible par P ; il faut bien observer que A'' et B'', étant nécessairement moindres que A' et B', $A''B''$ est moindre que $A'B'$, et que P ne peut être divisé par A'' et B'', s'ils surpassent l'unité. On aura encore, d'après cela, $P = m'' A'' + A'''$, $P = n'' B'' + B'''$,

$$A'' = \frac{P - A'''}{m''}, \quad B'' = \frac{P - B'''}{n''}, \quad A''B'' = \frac{P^2 - (A''' + B''')P + A'''B'''}{m''n''},$$

$$m''n'' A''B'' = P - (A''' + B''') + \frac{A'''B'''}{P} \text{ ; d'où il}$$

résulte que $A''B''$, ne peut être divisible par P, qu'autant que $A'''B'''$ le sera par ce nombre. Or, il est évident que $A''' < A''$, $B''' < B''$, et par conséquent $A'''B''' < A''B''$; de plus, on voit facilement qu'en continuant la même transformation, on obtiendra des équations, dont le second membre sera toujours terminé par une fraction ayant P pour dénominateur, et dont le numérateur diminuant toujours, doit nécessairement devenir moindre que P ; il sera donc impossible de diviser par P les produits $A'''B'''$, $A''B''$, $A'B'$ et AB.

Ce principe une fois démontré, il est aisé de prouver que si $\dfrac{a}{b}$ est irréductible, $\dfrac{a^2}{b^2}$ doit être irréductible aussi : car, d'un côté, tout nombre premier qui divise a, ne divise pas b, et tout nombre premier qui divise b, ne divise pas a ; de l'autre, tout nombre premier qui ne divise pas b, ne peut diviser le produit b^2 de b par b, et tout nombre premier qui ne divise pas a, ne peut diviser $a \times a$ ou a^2 ; donc $\dfrac{a^2}{b^2}$ est irréductible.

17. Revenons maintenant aux nombres qui n'ont pas de racines exactes : on appelle ces nombres *incommensurables* ; je vais expliquer ce qu'on entend par le mot *incommensurabilité*. On dit que toute fraction comme $\frac{1}{4}$, ou tout nombre fractionnaire comme $\frac{1}{4}$, est commensurable, parce que, si l'on partage l'unité en quatre quarts, le quart sera une partie de l'unité, qui servira de *commune mesure* entre $\frac{3}{4}$ et $\frac{1}{4}$, ou entre $\frac{5}{4}$ et $\frac{1}{4}$, puisque, dans le premier cas, l'on voit qu'il y a 4 et 3 de ces parties, et dans le second, 4 et 5 : mais les nombres incommensurables, telles que $\sqrt{2}$, ne sont pas dans ce cas ; car elles ne peuvent être ni un entier, ni un nombre fractionnaire fini : cependant, comme cette racine se trouve nécessairement entre 1 et 2, il faut donc qu'elle soit sous une forme infinie, comme on a vu dans la division que 7 divisé par 3 $= 2,3333...$ etc. à l'infini; donc, dans le cas de $\sqrt{2}$, on ne sauroit diviser l'unité en assez de parties, pour que l'une d'elles serve de commune mesure entre l'unité elle-même, et les parties les plus basses de la racine évaluée en une suite, soit de fractions décimales, soit de fractions ordinaires; donc cette racine ne peut être commensurable.

De tout ceci, l'on peut conclure, 1°. que l'incommensurabilité naît de l'extraction des racines, comme les séries décimales dérivent de la division ; 2°. que, puisqu'on avoit déjà appliqué à celle-ci les suites décimales, on a dû chercher à employer aussi ces suites, pour avoir les racines incommensurables, par approximation ; et c'est réellement ce qu'on a fait. Pour cela, l'on a mis à la suite du nombre proposé, qui n'étoit point un quarré parfait, autant de tranches de 2 zéros qu'on vouloit avoir de chiffres décimaux à la racine, et regardant alors tout le nombre comme un entier, on en a extrait la racine comme à l'ordinaire, excepté qu'à la fin l'on a négligé le reste, et que l'on a séparé le nombre de chiffres décimaux demandé. La raison pour laquelle on ajoute deux fois autant de zéros, qu'on veut de chiffres décimaux, est que, le produit d'une multiplication décimale, devant avoir autant de chiffres décimaux, qu'il s'en trouve dans les facteurs, le quarré, dont les deux facteurs sont égaux, doit avoir le double de chiffres décimaux de l'un d'eux, c'est-à-dire, de la racine. Soit donc proposé d'extraire la racine quarrée de 13 avec 8 chiffres décimaux, après avoir mis 16 zéros à la suite de 13, j'opère comme il suit, et comme on le sait déjà.

$$
\begin{array}{ll}
13,|oo|oo|oo|oo|oo|oo|oo|oo & \{3,6o555127 \\
4\ o|o & \{66 \\
\quad 4\ o|oo|o & 72o5 \\
\quad\ 3\ 97\ 5o|o & 721o5 \\
\quad\ \ 36 97\ 5o|o & 72110 5 \\
\quad\ \ \ 9197\ 5o|o & 7211101 \\
\quad\ \ \ \ 19863\ 9\,9o|o & 72111022 \\
\quad\ \ \ \ \ 5441785\ 6o|o & 72110247 \\
\quad\ \ \ \ \ \ 394013\,87\,1 &
\end{array}
$$

18. Supposons encore que l'on demande la racine cubique d'un nombre, qui ne soit pas un cube parfait, de 7, par exemple : on voit d'abord que cette racine ne peut être un entier, et je dis de plus, qu'elle ne peut être

un nombre fractionnaire fini; car si c'étoit $\dfrac{a}{b}$, a étant $> b$,

qui fût ce nombre, il faudroit que $\dfrac{a^3}{b^3}$ fût égal à 7. Or,

je dis que $\dfrac{a}{b}$, étant supposé réduit à ses moindres termes,

$\dfrac{a^3}{b^3}$ est irréductible comme lui. En effet, d'après ce

qu'on a vu ci-dessus, $\dfrac{a^2}{b^2}$ l'est; donc les produits de a^2

par a, et de b^2 par b, n'ont pas de commun diviseur;

donc $\dfrac{a^3}{b^3}$ est irréductible; donc encore, et par la même

raison que pour les quarrés, il faut alors se servir d'une suite décimale infinie, dont on n'emploiera que plus ou moins de chiffres. On prouveroit de même que toute racine n d'un nombre, qui n'est pas une puissance parfaite du degré n, ne peut être exprimée, que par une suite infinie de fractions ordinaires, ou, pour plus de commodité, de fractions décimales. On verroit encore, en raisonnant d'une manière analogue, à celle qu'on a suivie pour les racines quarrées, que, pour avoir, par approximation, la racine n d'un nombre qui n'est pas une puissance parfaite du degré n, il faut mettre à la suite de ce nombre, autant de tranches de n zéros, qu'on veut avoir de chiffres décimaux à la racine; extraire cette racine, comme s'il s'agissoit de nombres entiers, et seulement en séparer sur la droite autant de chiffres qu'on a mis de tranches de zéros. Comme cette règle est fort aisée, d'après les exemples qu'on a déjà cités, nous nous contenterons d'extraire la racine cubique de 7, à un millième près. Après avoir mis trois tranches de trois zéros, parce qu'il s'agit de racine cubique ou troisième , et d'avoir 3 chiffres décimaux à la racine , j'opère comme on le voit ici , et comme on le sait d'ailleurs.

$$
\begin{array}{ll}
7,|000|000|000 & \left\{ \dfrac{1,9^{12}}{3} \right. \\[4pt]
6\ 0|00 & \\[2pt]
\underline{68\ 59} & 1083 \\[2pt]
\underline{1\ 410|00} & 109443 \\[2pt]
69678\ 71 & \\[2pt]
\underline{\quad 32\ 1290|00} & \\[2pt]
698\ 97823\ 28 & \\[2pt]
\underline{\quad 102174\ 72} &
\end{array}
$$

19. Il ne nous reste plus qu'à parler de l'extraction des racines des fractions. D'abord, on voit que pour elever une fraction à la puissance n , il faut la multiplier $n-1$ de fois de suite par elle-même ; donc , en représentant cette fraction par $\dfrac{c}{d}$, on a $\left(\dfrac{c}{d}\right)^{n} = \dfrac{c^{n}}{d_{n}}$; donc , réciproquement , pour extraire la racine n d'une fraction , il faut extraire la racine n et du numérateur et du dénominateur. Nous allons parcourir brièvement les différens cas, que peuvent offrir ces extractions de racines.

1°. Si les deux termes sont des puissances parfaites du degré de la racine qu'on veut extraire , on tirera séparément la racine de chacun d'eux. Ainsi $\sqrt[3]{\dfrac{1}{125}} =$
$\dfrac{\sqrt[3]{8}}{\sqrt[3]{125}} = \dfrac{2}{5}$.

2°. Si l'un des termes seulement est dans le cas ci-dessus , on en tirera la racine désignée , et l'on extraira la racine approchée de l'autre terme. Si l'on avoit , par exemple, à extraire $\sqrt{\frac{4}{13}} = \dfrac{\sqrt{4}}{\sqrt{13}}$, on trouveroit (17)

$$\frac{2}{3,6055127} = 0,55470019.$$ Si , au contraire, on avoit

eu à tirer $\sqrt{\frac{13}{4}} = \dfrac{\sqrt{13}}{\sqrt{4}}$, on auroit eu $\dfrac{3,6055127}{2} =$

$1,80277635.$

3°. Enfin, si aucun des termes n'étoit une puissance parfaite , du degré de la racine qu'on se propose d'extraire, alors on auroit deux manières. Voici la première : on multiplieroit les deux termes de la fraction par la puissance $n - 1$ du dénominateur : alors ce dénominateur deviendroit une puissance parfaite du degré n ; on tireroit ensuite la racine n approchée du numérateur , et on lui donneroit pour dénominateur le dénominateur primitif. Si on demandoit , par exemple , $\sqrt[4]{\frac{2}{3}}$, on multiplieroit 2 et 3 par 3^3 ou 27 ; ce qui changeroit la fraction proposée en $\frac{54}{81}$; tirant alors la racine quatrième , ou la racine quarrée de la racine quarrée de 54 , on la diviseroit par $3 = \sqrt[4]{81}$.

20. Voyons la seconde manière qui est préférable , dans tous les cas ci-dessus, hors le premier, parce qu'elle est plus courte et plus commode : elle consiste à réduire la fraction proposée en décimales , en ayant soin de se donner (18) autant de tranches n de chiffres décimaux , qu'on veut avoir de ces chiffres à la racine n ; ainsi , pour avoir $\sqrt{\frac{4}{13}}$, avec 8 chiffres décimaux , on réduiroit $\frac{4}{13}$ en décimales , de manière qu'on eût huit tranches de deux chiffres , ce qui donneroit $0,30769230377$, dont la racine quarrée est $0,55470019$, comme ci-dessus.

21. On pourroit demander d'extraire une racine n , à un degré d'approximation , donné en fraction ordinaire ,

à $\frac{1}{15}$ près, par exemple. Alors, si le nombre proposé étoit un entier, on le mettroit sous la forme de fraction, en lui donnant 15 pour dénominateur; ensuite, multipliant les deux termes par 15^{n-1}, on retomberoit dans le cas de 3° (19). Ainsi, pour extraire à $\frac{1}{15}$ près la racine cubique de 2, j'ai $2 = \frac{30}{15} = \frac{30\cdot15^2}{15^3}$; donc $\sqrt[3]{2} = \frac{\sqrt[3]{6750}}{15}$; or, $\sqrt[3]{6750}$ est entre 18 et 19; donc $\sqrt[3]{2}$, à un 15e près, $= \frac{18}{15}$. Mais si le nombre proposé étoit une fraction, si l'on demandoit, par exemple, la racine quatrième de $\frac{2}{14}$ à un 121e près, on verroit que $\frac{2}{14} =$

$$\frac{\frac{2}{14}\times 121}{121} = \frac{35\frac{2}{14}}{121} = \frac{35\frac{2}{14}\times 121^3}{121^4} = \frac{62306162 - \frac{1}{14}}{121^4};$$

or, la racine quatrième du numérateur tombe entre 88 et 89; donc $\sqrt[4]{\frac{2}{14}}$, à un 121e près, $= \frac{88}{121}$, ou plutôt $\frac{89}{121}$, parce que $\sqrt[4]{62306162}$ est beaucoup plus près de 89 que de 88.

ADDITION II.

Méthodes abrégées pour l'extraction des racines.

22. Lorsque les nombres, dont on veut extraire les racines, sont considérables, ou qu'on veut obtenir par approximation ces racines, avec un grand degré de précision, on sent qu'alors les calculs deviennent fort pénibles; aussi a-t-on cherché à simplifier ces opérations. Nous allons ici donner trois des méthodes qui nous ont

paru les plus propres à remplir ce but, et nous les appliquerons ensuite à un même exemple, pour que le
Lecteur puisse juger laquelle a le plus approché du
but proposé. Voyons d'abord celle de Halley, qui a été
depuis généralisée par Marie.

Soit donc proposé d'extraire généralement, par approximation, la racine m de $a^m + b$. On voit que si b étoit
zéro, $\sqrt[m]{a^m} = a$; donc, si b est très-petit, relativement à a^m, on pourra représenter la racine cherchée par
$a + d$. On aura donc $\sqrt[m]{a^m + b} = a + d$, d étant une
fraction; élevant alors chaque membre à la puissance
m, le premier deviendra $a^m + b$, et le second sera
$(a + d)^m$. Or, on a déjà vu (4) que les deux premiers termes du développement de $(a + d)^m$ étoient
$a^m + ma^{m-1}d$, et que les puissances de d, à compter
du second terme, alloient toujours croissant d'une unité,
tandis que celles de a décroissoient de la même manière :
mais d étant une fraction, on sent que d^3, d^4 etc., seront fort petits, et qu'on pourra, par conséquent, les
négliger. Nous n'avons donc besoin que du troisième
terme, où l'on trouve d^2 : or, la seule analogie (4)
(et d'ailleurs on le verra démontré par la suite) fait
voir que ce terme doit être exprimé par . . . .

$m . \dfrac{m-1}{2} a^{m-2} d^2$. L'on aura donc cette équation :

$$a^m + b = a^m + ma^{m-1}d + m . \dfrac{m-1}{2} a^{m-2} d^2 \text{ etc. Si}$$

l'on efface a^m dans les deux membres, et si l'on divise
les

les autres termes par m, on aura . . . .

$$a^{m-1}d + \frac{m-1}{2}a^{m-2}d^2 = \frac{b}{m}.$$ Si l'on multiplie ensuite par 2, si l'on divise par $(m-1)\,a^{m-2}$, et si l'on ordonne, on trouvera $$d^2 + \frac{2a}{m-1}d = \frac{2b}{m(m-1)a^{m-2}};$$ complettant le quarré, extrayant la racine, et transposant, on aura $$d = \frac{-a}{m-1} + \sqrt{\frac{a^2}{(m-1)^2} + \frac{2b}{m(m-1)a^{m-2}}}.$$ Enfin, si l'on ajoute a aux deux membres de cette équation, on aura généralement, à cause de $\sqrt[m]{a^m - b} = a - d$ pour l'extraction d'une racine approchée quelconque . . . .

$$a \pm d = \sqrt[m]{a^m \pm b} = \frac{m-2}{m-1}a + \sqrt{\left(\frac{a}{m-1}\right)^2 \pm \frac{2b}{m(m-1)a^{m-2}}};$$

d'où l'on tire, en faisant successivement $m = 3 = 4 = 5$, etc. :

$$\sqrt[3]{a^3 \pm b} = \tfrac{1}{2}a + \sqrt{\tfrac{1}{4}a^2 \pm \frac{b}{3a}}$$

$$\sqrt[4]{a^4 \pm b} = \tfrac{1}{3}a + \sqrt{\tfrac{1}{9}a^2 \pm \frac{b}{6a^2}}$$

$$\sqrt[5]{a^5 \pm b} = \tfrac{1}{4}a + \sqrt{\tfrac{1}{16}a^2 \pm \frac{b}{10a^3}}$$

$$\sqrt[6]{a^6 \pm b} = \tfrac{1}{5}a + \sqrt{\tfrac{1}{25}a^2 \pm \frac{b}{15a^4}}$$

Tome II. O

$$\sqrt[7]{a^7 \pm b} = \tfrac{1}{2} a + \sqrt{\tfrac{1}{14} a^2 \pm \frac{b}{21 a^5}}$$

$$\sqrt[8]{a^8 \pm b} = \tfrac{1}{2} a + \sqrt{\tfrac{1}{4\cdot 3} a^2 \pm \frac{b}{28 a^6}} \text{ etc.}$$

On voit que, si dans la formule générale, on fait $m = 2$, on n'en pourra tirer que $\sqrt{a^2 \pm b} = \sqrt{a^2 \pm b}$; de sorte qu'elle ne peut être utile pour l'extraction des racines quarrées. C'est un défaut que n'a pas la méthode suivante, qui est due à Lambert.

23. Si l'on reprend l'équation . . . .

$$\pm b = \pm m a^{m-1} d + m \cdot \frac{m-1}{2} a^{m-2} d^2 \pm \text{ etc.}, \quad \text{où}$$

l'on affecte b et d du double signe $\pm$, onpourra lui donner la forme qui suit :

$$b = \left(m a^{m-1} \pm m \cdot \frac{m-1}{2} a^{m-2} d \right) d, \quad \text{dont on tire}$$

$$d = \frac{b}{m a^{m-1} \pm m \cdot \dfrac{m-1}{2} a^{m-2} d} \; ; \quad \text{et comme } d \text{ est sup-}$$

posé une fraction fort petite, on pourra négliger d'abord le second terme $m \cdot \dfrac{m-1}{2} a^{m-2} d$; par-là, on aura une première approximation, qui sera exprimée par $\dfrac{b}{m a^{m-1}}$: si on l'appelle d', on aura donc $d' = \dfrac{b}{m a^{m-1}}$.

Si l'on prenoit le terme suivant du dénominateur, il

viendroit $d = \dfrac{b}{ma^{m-1} \pm m.\dfrac{m-1}{2}a^{m-2}d} = \dfrac{b}{ma^{m-2}}$

$\times \dfrac{1}{a \pm \dfrac{m-1}{2}d}$. Alors, si l'on met dans le second déno-

minateur du second membre, au lieu de d, sa première valeur approchée d', il en résultera une seconde approximation d'', et l'on aura, par conséquent, $d'' = \dfrac{b}{ma^{m-2}}$

$\times \dfrac{1}{a \pm \dfrac{m-1}{2}d'}$.

24. Voilà où en étoit la formule, lorsque Haros, Géomètre du Cadastre, non-seulement la trouva, sans connoître le travail de Lambert, mais encore la perfectionna comme on va le voir.

Si dans $d'' = \dfrac{b}{ma^{m-2}} \times \dfrac{1}{a \pm \dfrac{m-1}{2}d'}$, on met pour

d', sa valeur $\dfrac{b}{ma^{m-1}}$, il viendra . . . .

$d'' = \dfrac{2\,ab}{2\,ma^{m} \pm (m-1)b}$; d'où l'on voit qu'en général

$\sqrt[m]{a^{m} \pm b} = a \pm d'' = a \pm \dfrac{2\,ab}{2\,ma^{m} \pm (m-1)b}$: si l'on

fait successivement, dans cette formule générale, $m = 2 = 3 = 4$, etc., ainsi que dans celle de Lambert, qui

$$\text{est } a \pm d^{\text{n}} = a \pm \frac{b}{ma^{m-2}} \times \frac{1}{a \pm \dfrac{m-1}{2}d^{\prime}}, \text{ on aura}$$

les deux séries de valeurs qui suivent :

$$\sqrt{a^2 \pm b} = a \pm d = a \pm \frac{2ab}{4a^2 \pm b} = a \pm \frac{b}{2} \cdot \frac{1}{a \pm \frac{1}{2}d^{\prime}}$$

$$\sqrt[3]{a^3 \pm b} = a \pm d = a \pm \frac{ab}{3a^3 \pm b} = a \pm \frac{b}{3a} \cdot \frac{1}{a \pm d}$$

$$\sqrt[4]{a^4 \pm b} = a \pm d = a \pm \frac{2ab}{8a^4 \pm 3b} = a \pm \frac{b}{4a^2} \cdot \frac{1}{a \pm \frac{1}{2}d^{\prime}}$$

$$\sqrt[5]{a^5 \pm b} = a \pm d = a \pm \frac{ab}{5a^5 \pm 2b} = a \pm \frac{b}{5a^3} \cdot \frac{1}{a \pm 2d^{\prime}}$$

$$\sqrt[6]{a^6 \pm b} = a \pm d = a \pm \frac{2ab}{12a^6 \pm 5b} = a \pm \frac{b}{6a^4} \cdot \frac{1}{a \pm \frac{1}{2}d^{\prime}}$$

$$\sqrt[7]{a^7 \pm b} = a \pm d = a \pm \frac{ab}{7a^7 \pm 3b} = a \pm \frac{b}{7a^5} \cdot \frac{1}{a \pm 3d^{\prime}}$$

$$\sqrt[8]{a^8 \pm b} = a \pm d = a \pm \frac{2ab}{16a^8 \pm 7b} = a \pm \frac{b}{8a^6} \cdot \frac{1}{a \pm \frac{1}{2}d^{\prime}}$$

Pour appliquer à présent cette méthode à un exemple, qui fasse voir la plus utile des trois formules ci-dessus, prenons celui que donne Lambert, et où il proposé de trouver la racine cubique de 45873642, à un dix-millième prés : si l'on cherche, par la méthode ordinaire, le cube qui, en nombres entiers, approche le plus de ce nombre, on trouvera qu'il est 45882712, cube de 358, dont la différence avec le cube proposé est 9070, dont il le surpasse ; donc, à cause de $m = 3$, et de $b = -9070$, il faudra choisir dans les trois suites de

formules, ces trois-ci : $\frac{1}{2}a + \sqrt{\frac{1}{4}a^2 - \dfrac{b}{3a}}$,

$$a - \frac{b}{3a} \cdot \frac{1}{a - d'}, \ a - \frac{ab}{3a^3 - b},$$ qui, en mettant
pour a et b leurs valeurs 358 et 9070, deviendront

$$179 + \sqrt{179^2 - \frac{9070}{1074}}, \ 358 - \frac{9070}{1074} \cdot \frac{1}{358 - d'},$$

$$358 - \frac{358 \cdot 9070}{3 \cdot 358^3 - 9070}.$$ Or, la première expression, à

cause de $179^2 = 32041$, de $\dfrac{9070}{1074} = 8{,}445065$, de 179^2

$- \dfrac{9070}{1074} = 32032{,}554935$, de $\sqrt{179^2 - \dfrac{9070}{1074}} =$

178,97641, donne 357,97641.

Pour obtenir la seconde valeur de la racine que l'on
cherche, il faut d'abord avoir d', ou $\dfrac{b}{ma^{m-1}} = \dfrac{9070}{3 \cdot 358^2}$

$= \dfrac{9070}{1074} \times \dfrac{1}{358} = \dfrac{8{,}445065}{358} = 0{,}02359 = d'$: à pré-

sent on a $\dfrac{1}{358 - d'} = \dfrac{1}{357{,}97641}$, et $\dfrac{9070}{1074} \cdot \dfrac{1}{358 - d'}$

$= \dfrac{8{,}445065}{357{,}97641} = 0{,}023591$; donc $d'' = 0{,}023591$; et
$a - d'' = 357{,}976409.$

Passons à la troisième, qui est . . . .

$$358 \left(1 - \frac{9070}{3 \cdot 358^3 - 9070} \right) ;$$ 1°. $358^3 = 45882712$, et

$3 \cdot 358^3 - 9070 = 137639066$; 2°. $\dfrac{9070}{3 \cdot 358^3 - 9070} =$

0,0000659, et $1 - 0{,}0000659 = 0{,}9999341$; 4°. enfin,
$a - d' = 357{,}9764078.$ On voit, d'après tous ces cal-

culs, que la première formule a l'inconvénient de conduire à l'extraction d'une racine quarrée, ce que précisément l'on vouloit éviter ; et que la troisième a sur la seconde le double avantage, et de donner une valeur indépendante d'une première formule, dont il faut d'abord se charger la mémoire, et d'exiger moins de calculs, à cause de a^3, qui est déjà nécessairement calculé d'avance, de quelque formule qu'on veuille d'ailleurs se servir.

Nous finirons cette seconde addition, par appliquer la dernière formule aux valeurs de x et de y, que dans la note 7, nous avons promis de donner.

On a vu que $x = \dfrac{a}{2} \left(1 \pm \sqrt{\tfrac{23}{3}} \right)$; après avoir trouvé que $\sqrt{\tfrac{23}{3}}$ ou $\sqrt{7,6666\ldots}$ a pour ses quatre premiers chiffres 2,768, je quarre ce nombre, et j'ai 7,661824, qui, ôté de 7,666…, donne pour reste 0,004842666… Donc, dans la formule $d = \dfrac{2\,ab}{4\,a^2 + b}$, on a $a = 2,768$, $a^2 = 7,661824$, $b = 0,004842666\ldots$ $\dfrac{2\,ab}{4\,a^2 + b} = 0,0008742096$;

donc $a + \dfrac{2\,ab}{4\,a^2 + b} = 2,7688742096$; d'où il suit que $x = \dfrac{a}{2} \left(1 \pm \sqrt{\tfrac{23}{3}} \right) = 1,8844373104\beta\,a$, et $= -0,8844373104\beta\,a$. Pour avoir la valeur de y, rappellons-nous que nous avons eu d'abord $y = \dfrac{-x \pm \sqrt{3a^2 + 5ax}}{2}$;

donc, en mettant tour-à-tour les deux valeurs de x, on aura . . . .

$$1^\circ.\ y = \dfrac{-\,1,8844373104\beta\,a \pm \sqrt{3a^2 + 9,4221865324\,a^2}}{2}$$

$$= (- 0,9422186552\check 4 \pm \tfrac{1}{2} \surd \, 12,4221865524) \, a$$
$$= a (- 0,9422186552\check 4 \pm 1,7622561213\check 95) =$$

$0,8200374663\check 55 \, a$, et $- 2,7044747768\check 35 \, a$; 2°. $y =$

$$0,8844373104\check 8 \, a \pm \surd \overline{3 a^2 - 4,4221865524 \, a^2} =$$
$$a (0,8844373104\check 8 \pm \surd - 1,4221865524), \quad \text{où l'on}$$

voit que la quantité sous le radical est négative, et par conséquent, que ces deux racines sont imaginaires. Donc, les deux valeurs réelles de x et de y sont telles qu'il suit :

$$x = + 1,8844373104\check 8 \, a \ldots y = + 0,8200374663\check 55 a$$
$$x = - 0,8844373104\check 8 \, a \ldots y = - 2,7044747768\check 35 a$$

ADDITION III.

Réflexions générales sur les équations du second degré.

25. Comme il importe beaucoup que le Lecteur ait des notions claires et exactes, sur les diverses branches de l'analyse, nous allons parcourir rapidement les différens cas, qui peuvent se présenter, dans la résolution des équations du second degré. Nous allons partir d'abord d'une équation particulière, qui nous sera utile, pour établir l'origine et la différence des racines réelles et imaginaires. Nous opérerons ensuite sur l'équation générale, et outre plusieurs réflexions sur la nature des racines, nous indiquerons les différens moyens, qu'on peut employer pour la résoudre.

Pour remplir le premier objet, nous nous proposerons

cette question. Partager un nombre proposé p en deux parties, dont le produit soit q.

Si l'on appelle x et y ces deux parties, on aura les deux équations $x + y = p$, $xy = q$; la première donne $x = p - y$; la seconde, $x = \dfrac{q}{y}$; donc $p - y = \dfrac{q}{y}$, et

$$py - y^2 = q, \text{ ou } y^2 - py + \frac{p^2}{4} = \frac{p^2}{4} - q \text{ ; donc}$$

$$y = \frac{p}{2} \pm \sqrt{\frac{p^2}{4} - q} \text{ ; donc } x = p - y = p - \frac{p}{2}$$

$$\mp \sqrt{\frac{p^2}{4} - q} = \frac{p}{2} \mp \sqrt{\frac{p^2}{4} - q}.$$

On eût pu se dispenser d'employer deux inconnues ; car il est clair que, si l'on appelle y l'une des parties, l'autre ne peut être que $p - y$, et que le produit de y par $p - y$, est $py - y^2$, ce qui donne $py - y^2 = q$, et comme ci-dessus, $y^2 - py = - q$, et $y = \dfrac{p}{2} \pm$

$$\sqrt{\frac{p^2}{4} - q} \text{ ; donc l'autre partie } p - y = \frac{p}{2} \mp$$

$$\sqrt{\frac{p^2}{4} - q}.$$

Il eût été plus simple de se servir de la manière suivante : soit l'une des parties $\dfrac{p}{2} + y$, l'autre sera évidemment $\dfrac{p}{2} - y$, puisque la somme de ces parties doit être p ; on aura donc $\left(\dfrac{p}{2} + y \right) \left(\dfrac{p}{2} - y \right) = \dfrac{p^2}{4}$

$$- y^2 = q \; ; \; \text{d'où } y^2 = \frac{p^2}{4} - q \; ; \; y = \pm \sqrt{\frac{p^2}{4} - q} \; ;$$

donc, la première partie $= \frac{p}{2} + y = \frac{p}{2} \pm \sqrt{\frac{p^2}{4} - q} \; ;$

et la seconde $= \frac{p}{2} - y = \frac{p}{2} \mp \sqrt{\frac{p^2}{4} - q}$. Enfin si,

au lieu d'appeler les deux parties $\frac{p}{2} + y$ et $\frac{p}{2} - y$, on

les eût nommées $\frac{p+y}{2}$ et $\frac{p-y}{2}$, on eût eu $\frac{p^2 - y^2}{4} = q,$

$$y = \pm \sqrt{p^2 - 4 q} \; ; \; \text{d'où } \frac{p+y}{2} = \frac{p}{2} \pm \tfrac{1}{2} \sqrt{p^2 - 4 q}$$

$$= \frac{p}{2} \pm \sqrt{\frac{p^2}{4} - q} \; , \; \text{et } \frac{p-y}{2} = \frac{p}{2} \mp \tfrac{1}{2} \sqrt{p^2 - 4 q}$$

$$= \frac{p}{2} \mp \sqrt{\frac{p^2}{4} - q} \; ; \; \text{on voit qu'en se servant des deux}$$

dernières manières, on est parvenu à une équation finale en y^2, qui manque de second terme ; si nous nous sommes servis de la première à deux inconnues, c'est qu'elle va nous fournir tout-à-l'heure quelques réflexions utiles.

26. De quelque manière qu'on se serve, on voit qu'on arrive toujours à deux expressions de chaque partie, lesquelles ne diffèrent entre elles que par le double signe $\pm$ ou $\mp$, et que ces valeurs sont telles qu'il suit, pour la première et la seconde parties.

$$\frac{p}{2} + \sqrt{\frac{p^2}{4} - q} \dots\dots \frac{p}{2} - \sqrt{\frac{p^2}{4} - q}$$

$$\frac{p}{2} - \sqrt{\frac{p^2}{4} - q} \dots\dots \frac{p}{2} + \sqrt{\frac{p^2}{4} - q}$$

$$\text{et non}\dots\dots \frac{p}{2} + \sqrt{\frac{p^2}{4} - q} \dots\dots \frac{p}{2} + \sqrt{\frac{p^2}{4} - q}$$

$$\frac{p}{2} - \sqrt{\frac{p^2}{4} - q} \dots\dots \frac{p}{2} - \sqrt{\frac{p^2}{4} - q}$$

C'est dont on pourra se convaincre par l'exemple suivant : partager 3o en deux parties, dont le produit fasse 216; en se servant des premières formules, et faisant

$$p = 3\text{o, et } q = 216, \text{ on aura } \sqrt{\frac{p^2}{4} - q} = 3 ; \text{ donc}$$

$$\frac{p}{2} + \sqrt{\frac{p^2}{4} - q} = 18, \text{ et} \frac{p}{2} - \sqrt{\frac{p^2}{4} - q} = 12;$$

on a donc 18 et 12, ou 12 et 18 ; si au contraire, on avoit employé les dernières formules, on eût trouvé également pour les deux parties, ou 18 ou 12, ce qui ne peut être, puisque les sommes 36, ou 24, seroient l'une plus grande, et l'autre plus petite que le nombre à partager ; d'où l'on voit que l'une des valeurs peut se prendre indistinctement pour x, pourvu qu'on prenne l'autre pour celle de y.

On peut encore arriver au même but de la manière suivante : la première des deux équations $x + y = p$, et $xy = q$, donne $x = p - y$, qui, substitué dans la seconde, fournit l'équation $py - y^2 = q$, ou $y^2 - py + q = 0$; mais on est arrivé en x à $x^2 - px + q = 0$;

donc, puisqu'on a, pour déterminer ces inconnues, deux équations absolument semblables, il faut bien que l'une quelconque de ces équations, fournisse les racines de x et de y, ou de y et de x.

Au reste, c'est ce qu'on pourroit deviner aisément, à l'inspection seule des deux équations $x + y = p$, et $xy = q$: car on voit tout de suite que, x et y jouant absolument le même rôle, doivent être exprimées par les mêmes valeurs.

27. Il ne sera pas inutile, avant d'aller plus loin, de donner la définition de quelques expressions que nous allons employer, et que nous emploierons souvent dans la suite, parce qu'elles abrègent beaucoup le discours.

On appelle *fonction* d'une quantité, toute expression composée de cette quantité, et de quantités données ou connues. Ainsi $\dfrac{1}{x^n}$, $a^2 + x^2$, $(a + x)^m$, n, a, m étant donnés ou connus, sont des fonctions de x ; de même $x - y$, $\dfrac{ax - by}{x + y}$, sont des fonctions de x et de y, etc. On appelle *fonction symmétrique* de deux ou de plusieurs quantités, toute fonction de ces quantités, qui ne change pas, quelque permutation qu'on puisse faire entre elles ; ainsi, $x + y$, $x^2 + xy + y^2$, etc., sont des fonctions symmétriques de x et de y, parce que, si on changeoit par-tout x en y, et y en x, on auroit les mêmes fonctions $y + x$, $y^2 + yx + x^2$, etc.

28. Cela posé, nous allons faire voir, par un nouvel exemple, que deux équations symmétriques en x et en y, con-

duisent à une même équation finale, dont les deux racines sont par conséquent, l'une, la valeur de x, et l'autre, la valeur de y. Soit donc proposé les deux équations $x^2 + y^2 = p$, et $x + y = q$. Si on quarre la seconde, on a $x^2 + 2xy + y^2 = q^2$; si on en retranche la première, il vient $2xy = q^2 - p$; à présent, si de $x + y = q$, on tire $x = q - y$, ou $y = q - x$, et qu'on substitue alternativement ces valeurs dans $2xy = q^2 - p$, on aura, ou $2qy - 2y^2 = q^2 - p$, ou $2qx - 2x^2 = q^2 - p$; et $y^2 - qy + \dfrac{q^2}{4} = \dfrac{2p - q^2}{4}$, ou $x^2 - qx$

$+ \dfrac{q^2}{4} = \dfrac{2p - q^2}{4}$; d'où $y = \dfrac{q \pm \sqrt{2p - q^2}}{2}$, et $x =$

$$\dfrac{q \pm \sqrt{2p - q^2}}{2}.$$

Il est même aisé de démontrer, que cette équation finale seroit la même pour x et y, dans le cas où l'on auroit deux équations symmétriques en x et y, l'une la plus générale du premier degré, et l'autre la plus générale du second. Pour cela, soient pris... $ax + ay = b$, $ax^2 + ay^2 + dxy + hx + hy = m$ . . . . qui peuvent s'écrire ainsi :

$$a(x + y) = b, \quad c(x^2 + y^2) + dxy + h(x + y) = m.$$

La première donne $x + y = \dfrac{b}{a}$; mettant cette valeur dans la seconde, on a . . . .

$c(x^2 + y^2) + dxy = \dfrac{am - bh}{a}$; si l'on quarre maintenant $x + y = \dfrac{b}{a}$, on a $x^2 + 2xy + y^2 = \dfrac{b^2}{a^2}$, qui retranché de $x^2 + y^2 + \dfrac{d}{c} xy = \dfrac{am - bh}{ac}$, donne . . .

$\dfrac{d - 2c}{c} xy = \dfrac{am - bh}{ac} - \dfrac{b^2}{a^2}$; d'où . . . .

$xy = \dfrac{a^2 m - abh - b^2 c}{a^2 (d - 2c)}$, équation qui, avec $x + y$

$= \dfrac{b}{a}$, va nous conduire aux valeurs de x et de y ; car

on a $x = \dfrac{b}{a} - y$, et $y = \dfrac{b}{a} - x$, valeurs qui, substi-

tuées tour-à-tour dans $xy = \dfrac{a^2 m - abh - b^2 c}{a^2 (d - 2c)}$,

donnent ou $\dfrac{b}{a} y - y^2 = \dfrac{a^2 m - abh - b^2 c}{a^2 (d - 2c)}$, ou $\dfrac{b}{a} x$

$- x^2 = \dfrac{a^2 m - abh - b^2 c}{a^2 (d - 2c)}$, et $y^2 - \dfrac{b}{a} y + \dfrac{b^2}{4 a^2} =$

$\dfrac{2 b^2 c + 4 abh - 4 a^2 m + b^2 d}{4 a^2 (d - 2c)}$, et . . . .

$y = \dfrac{b \pm \sqrt{\dfrac{2 b^2 c + 4 abh - 4 a^2 m + b^2 d}{d - 2c}}}{2 a}$; on trou-

veroit absolument de la même manière, que les valeurs de x seroient données par l'équation . . . .

$x = \dfrac{b \pm \sqrt{\dfrac{2 b^2 c + 4 abh - 4 a^2 m + b^2 d}{d - 2c}}}{2 a}$.

Pour appliquer ces valeurs générales à un exemple,

soient les équations $2(x+y)=18$, et $3x^2-5xy+3y^2+3x+3y=50$; en comparant ces deux équations, aux équations générales $a(x+y)=b$, $c(x^2+y^2)+dxy+h(x+y)=m$, on a, $a=2$, $b=18$, $c=3$, $d=-5$, $h=3$, $m=50$; donc les valeurs de x ou y sont

$$x \text{ ou } y = \frac{18 \pm \sqrt{\dfrac{1944+432-800-1620}{-5-6}}}{4} \dots$$

$$= \frac{18 \pm 2}{4} = 5 \text{ ou } 4\,; \text{ donc } x=5 \text{ ou } 4\,, \text{ et } y=4 \text{ ou } 5.$$

29. On peut donc conclure, de tout ce que nous venons de dire, que, toutes les fois qu'on aura entre x et y, deux fonctions symmétriques du premier et du second degrés, les valeurs de x et de y seront de la forme $a+\sqrt{b}$ et $a-\sqrt{b}$. Je dis à présent que, si l'on a $x=a+\sqrt{b}$, et $y=a-\sqrt{b}$, on pourra obtenir sans radicaux, toute fonction symmétrique de x et y; ce qui n'est pas pour les fonctions non symmétriques, puisque la plus simple $x-y=2\sqrt{b}$, quantité affectée d'un radical. Soit donc demandée, 1°. la valeur de $m(x+y)$, fonction du premier degré, on a $2ma$, quantité sans radical; 2°. $m(x^2+y^2)$, on a $x^2=a^2+2a\sqrt{b}+b$, $y^2=a^2-2a\sqrt{b}+b$; donc $m(x^2+y^2)=2m(a^2+b)$, quantité encore rationelle; 3°. $mxy=m(a+\sqrt{b})(a-\sqrt{b})=m(a^2-b)$. Voilà toutes les fonctions symmétriques possibles du second degré, exprimées séparément sans radical; et l'on voit que la fonction la plus compliquée de ce degré, qui seroit $m(x^2+y^2)+nxy+p(x+y)$ donneroit $2m(a^2+b)+n(a^2-b)+2pa$, quantité rationelle. Passons au troisième degré, et soit d'abord demandée la valeur de 4°. $m(x^3+y^3)$;

le cube de $a + \sqrt{b} = a^3 + 3a^2\sqrt{b} + 3ab + b\sqrt{b}$, et celui de $a - \sqrt{b} = a^3 - 3a^2\sqrt{b} + 3ab - b\sqrt{b}$; donc $m(x^3 + y^3) = 2m(a^3 + 3ab)$; 5°. La valeur de $m(x^2y + xy^2) = mxy(x+y) = m(a^2 - b) \times 2a = 2am(a^2 - b)$. D'où l'on peut conclure que toute fonction symmétrique du troisième degré en x et y, est exprimable rationellement. Voyons encore celles du quatrième : on a d'abord, 6°. $m(x^4 + y^4)$; or, $x^4 = a^4 + 4a^3\sqrt{b} + 6a^2b + 4ab\sqrt{b} + b^2$, et $y^4 = a^4 - 4a^3\sqrt{b} + 6a^2b - 4ab\sqrt{b} + b^2$; donc $m(x^4 + y^4) = 2m(a^4 + 6a^2b + b^2)$; 7°. $m(x^3y + xy^3) = m(x^2 + y^2)xy = m \times 2(a^2 + b)(a^2 - b) = 2m(a^4 - b^2)$; 8°. $mx^2y^2 = m(xy)^2 = m(a^2 - b)^2, = m(a^4 - 2a^2b + b^2)$. On voit donc que toute fonction symmétrique du quatrième degré peut être exprimée rationellement; et en continuant d'opérer de la même manière, on verroit qu'en général, x et y étant donnés par les valeurs $a + \sqrt{b}$, et $a - \sqrt{b}$, toute fonction symmétrique de x et de y, de quelque degré qu'elle soit, pourra toujours s'exprimer rationellement.

On pourroit encore obtenir ces résultats d'une autre manière; mais observons auparavant que les équations symmétriques en x et y, $x + y = p$, $xy = q$, qui sont les plus simples du premier et du second degrés, donnent

pour x et y, $\dfrac{p}{2} + \sqrt{\dfrac{p^2}{4} - q}$, et $\dfrac{p}{2} - \sqrt{\dfrac{p^2}{4} - q}$,

qui étant comparés à $a + \sqrt{b}$, et $a - \sqrt{b}$, donnent

$a = \dfrac{p}{2}$, et $b = \dfrac{p^2}{4} - q$; d'où les huit valeurs trouvées

ci-dessus deviennent :

$1^\circ. \; m(x+y) = 2ma = mp$.

$2^\circ. \; m(x^2+y^2) = 2m(a^2+b) = \; \ldots \ldots$

$$2m\left(\frac{p^2}{4} + \frac{p^2}{4} - q\right) = m(p^2 - 2q);$$

$3^\circ. \; mxy = m(a^2-b) = m\left(\dfrac{p^2}{4} - \dfrac{p^2}{4} + q\right)$

$= mq;$

$4^\circ. \; m(x^3+y^3) = 2m(a^3+3ab) = \; \ldots \ldots$

$$2m\left(\frac{p^3}{8} + \frac{3p^3}{8} - \frac{3pq}{2}\right) = mp(p^2 - 3q)$$

$5^\circ. \; m(x^2y+xy^2) = 2am(a^2-b) = \; \ldots \ldots$

$$2m\left(\frac{p^2}{4} - \frac{p^2}{4} + q\right)\frac{p}{2} = mpq;$$

$6^\circ. \; m(x^4+y^4) = 2m(a^4+6a^2b+b^2) =$

$$2m\left(\frac{p^4}{16} + \frac{6p^4}{16} - \frac{6p^2q}{4} + \frac{p^4}{16} - \frac{2p^2q}{4} + q^2\right) =$$

$m(p^4 - 4p^2q + 2q^2);$

$7^\circ. \; m(x^3y+xy^3) = 2m(a^4-b^2) = \; \ldots \ldots$

$$2m\left(\frac{p^4}{16} - \frac{p^4}{16} + \frac{p^2q}{2} - q^2\right) = mq(p^2 - 2q;$$

$8^\circ. \; mx^2y^2 = m(a^4-2a^2b+b^2) = \; \ldots \ldots$

$$m\left(\frac{p^4}{16} - \frac{2p^4}{16} + \frac{2p^2q}{4} + \frac{p^4}{16} - \frac{2p^2q}{4} + q^2\right)$$

$= mq^2.$

On peut à présent obtenir les huit valeurs de ces fonctions symmétriques, en partant des deux équations $x+y=p$, $xy=q$; en effet, la première donne, $1^\circ. \; m(x+y)=mp$, et la seconde donne, $3^\circ. \; mxy=mq$; si ensuite je quarre la première, et que j'en retranche

le

le double de la seconde, j'aurai $x^2 + y^2 = p^2 - 2q$, d'où 2°. $m(x^2 + y^2) = m(p^2 - 2q)$.

Pour avoir $m(x^3 + y^3)$, j'élève $x + y = p$ au cube, et j'ai $x^3 + 3x^2y + 3xy^2 + y^3 = p^3$, ou $x^3 + y^3 + 3xy(x+y) = p^3$; or $3xy = 3q$, et $x + y = p$; donc $x^3 + y^3 = p^3 - 3pq$; et 4°. $m(x^3 + y^3) = mp(p^2 - 3q)$. Veux-je avoir $m(x^2y + xy^2) = mxy(x+y)$? à cause de $xy = q$, et $x + y = p$, j'ai 5°. $m(x^2y + xy^2) = mpq$; s'agit-il de $m(x^4 + y^4)$? je quarre $x^2 + y^2 = p^2 - 2q$, et j'ai $x^4 + 2x^2y^2 + y^4 = p^4 - 4p^2q + 4q^2$; donc $x^4 + y^4 = p^4 - 4p^2q + 4q^2 - 2x^2y^2$; mais $2x^2y^2 = 2(xy)^2$, et $xy = q$; donc $x^4 + y^4 = p^4 - 4p^2q + 4q^2 - 2q^2$; d'où 6°. $m(x^4 + y^4) = m(p^4 - 4p^2q + 2q^2)$. S'il s'agit de $m(x^3y + xy^3)$, je vois que $x^3y + xy^3 = xy(x^2 + y^2)$; or $xy = q$; $x^2 + y^2 = p^2 - 2q$; donc 7°. $m(x^3y + xy^3) = qm(p^2 - 2q)$. Quant à mx^2y^2, on a vu ci-dessus que $x^2y^2 = q^2$; donc enfin 8°. $mx^2y^2 = mq^2$.

Après cette digression sur les fonctions symmétriques, sur lesquelles nous reviendrons plus d'une fois dans la suite, nous allons retourner aux racines des équations du second degré.

30. Mais d'abord il faut définir clairement le mot de racine, pris dans cette acception. En général, lorsqu'on a passé tous les termes d'une équation dans un seul membre, ce qui rend alors le second égal à zéro, on entend par racines de cette équation, toutes les quantités telles, qu'étant substituées pour l'inconnue, elles rendent tout le premier membre égal à zéro. Ainsi, si dans l'équation

$x^2 + px + q = 0$, on substitue la quantité $-\dfrac{p}{2}$

$+ \sqrt{\dfrac{p^2}{4} - q}$, au lieu de x, on aura d'abord . . . .

$$x^2 = \left(- \frac{p}{2} + \sqrt{\frac{p^2}{4} - q} \right)^2 = \frac{p^2}{4} - p\sqrt{\frac{p^2}{4} - q}$$

$+ \dfrac{p^2}{4} - q$, ou $x^2 = \dfrac{p^2}{2} - q - p\sqrt{\dfrac{p^2}{4} - q}$; en-

suite $px = - \dfrac{p^2}{2} + p\sqrt{\dfrac{p^2}{4} - q}$; donc $x^2 + px + q$

$$= \frac{p^2}{2} - q - p\sqrt{\frac{p^2}{4} - q} - \frac{p^2}{2} + p\sqrt{\frac{p^2}{4} - q} + q = 0;$$

alors $- \dfrac{p}{2} + \sqrt{\dfrac{p^2}{4} - q}$ est ce qu'on appelle, une racine
de l'équation $x^2 + px + q = 0$. De même, si on avoit
l'équation numérique $x^2 - 16\, x = 36$; 18 sera une
racine de l'équation $x^2 - 16x - 36 = 0$; car $x^2 = 324$,
$- 16x = - 288$, et $x^2 - 16x - 36 = 324 - 288$
$- 36 = 0$. Mais combien alors existe-t-il de ces racines ?
On a bien vu ci-dessus, que l'équation finale en x ou y
avoit deux racines : mais on pourroit croire qu'elles ré-
sultoient de la co-existence des deux inconnues. Pour lever
tous les doutes, nous ne considérerons qu'une équation générale du second degré, à une inconnue, $z^2 + pz = q$.

31. Cela posé, je dis 1°. que, s'il est une racine a de
cette équation, ou une valeur a de z, il en existe nécessairement une seconde, et 2°. qu'il ne peut y en avoir
plus de deux.

1°. Puisque a est une valeur de z, il est clair qu'on
aura $a^2 + pa = q$, on pourra donc, dans l'équation proposée $z^2 + pz = q$, au lieu de q, écrire $a^2 + pa$, et

l'on aura $z^2 + pz = a^2 + pa$, ou $z^2 - a^2 + pz - pa = 0$; or, le premier membre, à cause de $z^2 - a^2 = (z + a)(z - a)$, et de $pz - pa = p(z - a)$, n'est autre chose que $(z + a + p)(z - a)$: on a donc $z^2 - a^2 + pz - pa = (z - a)(z + a + p) = z^2 + pz - q = 0$; à présent il est clair, que le produit de deux facteurs devient zéro, lorsque l'un quelconque de ces facteurs devient zéro; on doit donc avoir $z^2 - a^2 + pz - pa = 0$, non-seulement quand $z = a$, ou quand $z - a = 0$, mais encore quand $z + a + p = 0$, ou quand $z = -a - p$. D'où l'on voit que, si a est une valeur de z, ou une racine de l'équation $z^2 + pz - q = 0$, l'autre valeur de z, ou l'autre racine de l'équation, sera nécessairement $-a - p$. D'un autre côté, en résolvant l'équation $z^2 + pz = q$, on trouveroit $z = -\dfrac{p}{2}$

$\pm \sqrt{\dfrac{p^2}{4} + q}$, ce qui donneroit $z = -\dfrac{p}{2} + \sqrt{\dfrac{p^2}{4} + q}$

et $-\dfrac{p}{2} - \sqrt{\dfrac{p^2}{4} + q}$; il faut donc, si ces deux valeurs de z sont vraies, qu'en représentant l'une des deux, la seconde, par exemple, par a, la première devienne $-a - p$; et c'est ce qui a lieu en effet; car, puisque

$a = -\dfrac{p}{2} - \sqrt{\dfrac{p^2}{4} + q}, \ -a - p = \dfrac{p}{2} + \sqrt{\dfrac{p^2}{4} + q} - p$

$= -\dfrac{p}{2} + \sqrt{\dfrac{p^2}{4} + q}.$

2°. Il n'est pas moins évident que a et $-a - p$, sont les deux seules racines, que puisse avoir l'équation $z^2 + pz = q$: car, si elle en avoit une troisième, représentée par b, b seroit une valeur de z ; on auroit donc $z = b$, ou $z - b = 0$; donc $z - b$ seroit un des facteurs de l'équation $z^2 + pz - q = 0$, ou $(z - a)(z + a + p) = 0$. Mais les facteurs $z - a$, $z + a + p$, sont premiers entre eux, ou n'ont aucun facteur commun ; leur produit ne peut donc avoir d'autres facteurs qu'eux, (16); donc b ne peut être que a, ou $- a - p$.

32. A présent que nous savons qu'une équation du second degré a deux racines, et ne peut en avoir plus, voyons la nature de ces racines. Pour cela, cherchons à l'ordinaire les racines de $x^2 \pm px = \pm q$, nous trouverons $x = \mp \dfrac{p}{2} \pm \sqrt{\dfrac{p^2}{4} \pm q}$; racines qui peuvent être toutes deux réelles, ou toutes deux imaginaires : or, on sait, d'après ce qu'on a lu dans la seconde partie, que toute racine ne devient imaginaire, que lorsque le radical affecte une quantité négative : on sait encore que tout quarré est positif ; or $\dfrac{p^2}{4}$ est le quarré de $+ \frac{1}{2} p$, ou de $- \frac{1}{2} p$; donc on voit, 1°. que le signe de p est fort indifférent dans l'équation $x^2 \pm px = \pm q$, pour contribuer à rendre les deux racines réelles ou imaginaires ; 2°. que pour que $\dfrac{p^2}{4} \pm q$ devienne négatif, il faut, et que $\pm q$ soit négatif, et qu'il soit plus grand que $\dfrac{p^2}{4}$; on voit donc que l'équation générale, pour conduire à deux racines imaginaires, doit être d'abord d'une de ces deux formes, $x^2 + px = - q$, ou $x^2 - px = - q$, et que sous l'une ou l'autre de ces deux formes, les racines seront imaginaires, si $q > \dfrac{p^2}{4}$.

33. De ce qu'on vient de lire , on peut conclure , 1°. que toutes les fois qu'une question, mise en équation, conduira à une de la forme $x^2 + px = q$, ou $x^2 - px = q$, elle sera toujours résoluble ; 2°. qu'au contraire , si cette question conduit à une équation de l'une des formes $x^2 + px = - q$, ou $x^2 - px = - q$, dans lesquelles $\frac{p^2}{4}$ soit $< q$, alors la question proposée renfermera une absurdité.

Pour mieux convaincre de l'absurdité, inhérente à la question dans le cas , où elle conduit à une équation de l'une de ces deux dernières formes , nous allons reprendre un instant la question, de partager un nombre p en deux parties , dont le produit soit q : l'équation finale est $x^2 - px = - q$, c'est-à-dire , de la seconde forme , et les valeurs de x sont . . . . .

$$x = \tfrac{1}{2} p \pm \sqrt{ \frac{p^2}{4} - q } ,$$ qui font voir clairement que la question n'est résoluble , que lorsque $\frac{p^2}{4}$ ou $\left(\frac{p}{2} \right)^2$, ou enfin le quarré de la moitié du nombre à partager , est plus grand que q , c'est-à-dire , que le produit exigé des deux parties , qui composent ce nombre ; ce qui montre dès lors , qu'il est absurde de proposer un produit q , qui soit plus grand que $\left(\frac{p}{2} \right)^2$.

34. On verra encore mieux toutes les conséquences qu'on peut tirer de ce problème , en l'examinant sous le point de vue , sous lequel nous l'avons envisagé (25). En effet , appellant p' ce qu'il faut ajouter à $\frac{p}{2}$, et ce qu'il faut en

retrancher, pour avoir la plus grande et la plus petite

parts, on aura $\frac{p}{2} + p'$, $\frac{p}{2} - p'$, pour exprimer ces parts,

et leur produit sera $\frac{p^2}{4} - p'^2$, d'où l'on conclud tout de

suite, à cause de p'^2, qui, comme quarré, est toujours

positif, que le produit proposé ou q, sera toujours plus

petit que $\frac{p^2}{4}$, tant que p' ne sera pas zéro, et que, si

cette circonstance avoit lieu, alors le produit q n'égale-

roit encore que $\frac{p^2}{4}$; ce qui fait voir qu'il est absurde de

demander qu'il soit plus grand ; et c'est ainsi que l'Al-

gébre, par une solution imaginaire, répond à une ques-

tion absurde.

La même équation $\left(\frac{p}{2} + p'\right)\left(\frac{p}{2} - p'\right) = \frac{p^2}{4} - p'^2$

fait voir encore, que plus p' diminuera, p' étant un entier

ou une fraction, plus $\frac{p^2}{4} - p'^2$, ou le produit q des

deux parties augmentera, et que, lorsque p' sera zéro,

1°. le produit $\frac{p^2}{4} - p'^2$ ou q, qui sera dans ce cas $\frac{p^2}{4}$,

sera le plus grand possible, et 2°. que chacune des parties $\frac{p}{2}$

$+ p'$, et $\frac{p}{2} - p'$, deviendra également $\frac{p}{2}$.

On peut, si l'on veut, appliquer ceci à un exemple,
en supposant que le nombre à partager soit 12 ; car on
verra, 1°. que le plus grand produit qu'on puisse obtenir
est 36, qu'on trouve en quarrant 6, moitié de 12, d'où

l'on conclueroit qu'il seroit absurde de demander que le produit fût > 36 ; et 2°. que les plus grands produits, qui viennent ensuite, sont 7×5, 8×4, 9×3, 10×2, 11×1, ou 35, 32, 27, 20 et 11, où l'on voit qu'ils diminuent ou augmentent, à fur et à mesure que p' ou la distance à $\dfrac{p}{2} = 6$, augmente ou diminue.

35. Nous venons de trouver deux valeurs égales ; et si l'on reprend les deux valeurs générales . . . . . . $$x = -\tfrac{1}{2} p + \sqrt{\tfrac{1}{4} p^2 + q}, \text{ et } x = -\tfrac{1}{2} p - \sqrt{\tfrac{1}{4} p^2 + q},$$ tirées de l'équation générale du second degré, $x^2 + px = q$, on voit que ces deux valeurs seront égales, quand q sera négatif, et égal à $\tfrac{1}{4} p^2$; car alors toutes les deux se réduiront à $-\dfrac{p}{2}$, et c'est ce qu'il est aisé de vérifier sur l'équation même ; en effet, les deux facteurs de cette équation, devenant alors également $x + \dfrac{p}{2}$, on a . . . . $$\left(x + \frac{p}{2} \right) \left(x + \frac{p}{2} \right) = 0 ; \text{ d'où } x^2 + px + \frac{p^2}{4} = 0,$$ ou $x^2 + px = -\dfrac{p^2}{4}$, qui, comparée à $x^2 + px = q$, donne $-\dfrac{p^2}{4} = q$, ou $\dfrac{p^2}{4} = -q$.

36. Examinons enfin, s'il ne seroit pas d'autre moyen plus simple de résoudre l'équation générale $x^2 + px = q$, que celle employée par l'Auteur. On voit que, pour simplifier la première méthode, il faudroit tâcher d'en trouver une, qui conduisît à une équation privée du terme, qui contient x : car alors, sans autre opération ultérieure, ou n'auroit plus qu'à prendre la racine de chaque mem-

bre : or, ce moyen n'est pas difficile à trouver : en effet, le premier membre n'étant que le produit des deux facteurs x et $v + p$, on voit tout de suite, que si l'on fait le premier $x = y - \dfrac{p}{2}$, le second sera $y + \dfrac{p}{2}$, et qu'alors leur produit ou $q = y^2 - \dfrac{p^2}{4}$; ce qui donne tout de suite $y = \pm \sqrt{\dfrac{p^2}{4} + q}$; d'où $x = y - \dfrac{p}{2}$ $= -\dfrac{p}{2} \pm \sqrt{\dfrac{p^2}{4} + q}$, comme on l'a déjà trouvé. Si au lieu de $x^2 + px = q$, on eût eu $x^2 - px = q$, alors on eût fait $x = y + \dfrac{p}{2}$, et l'autre facteur $x - p$ seroit devenu $y - \dfrac{p}{2}$; d'où $x(x - p) = y^2 - \dfrac{p^2}{4} = q$, $y = \pm \sqrt{\dfrac{p^2}{4} + q}$, et $x = y + \dfrac{p}{2} = \dfrac{p}{2} \pm \sqrt{\dfrac{p^2}{4} + q}$.

On voit donc qu'en général, étant proposée l'équation $x^2 \pm px = \pm q$, il faut faire $x = y \mp \dfrac{p}{2}$, multiplier $y \mp \dfrac{p}{2}$ par $y \pm \dfrac{p}{2}$, ce qui donnera toujours $y^2 - \dfrac{p^2}{4}$ pour produit, et pour équation $y^2 - \dfrac{p^2}{4} = \pm q$.

Voici comment on étoit parvenu à trouver généralement la valeur de x, au moyen d'une équation en y, sans second terme. On a d'abord écrit ainsi l'équation $x^2 \pm px \mp q = 0$; ensuite l'on a supposé $x = y + m$,

m étant une quantité indéterminée, à qui l'on pourroit par conséquent donner la valeur, propre à remplir le but qu'on cherchoit. Substituant ensuite pour x^2 et $\pm px$ leurs valeurs, on a eu :

$$\left\{ \begin{array}{l} x^2 = y^2 + 2my + m^2 \\ \pm px = \quad \pm \; py \pm pm \\ \mp q = \qquad\qquad \mp q \end{array} \right\} = 0.$$

Ensuite l'on a dit : pour que le coefficient de y, dans le second terme, soit zéro, il faut que $2m \pm p = 0$, ou que $m = \mp \dfrac{p}{2}$, ce qui en effet a réduit l'équation à $y^2 + m^2 \pm pm \mp q = 0$; où il a encore fallu substituer pour m sa valeur $\mp \dfrac{p}{2}$, ce qui a donné $y^2 + \dfrac{p^2}{4} - \dfrac{p^2}{2} \mp q = 0$, et enfin, $y^2 - \dfrac{p^2}{4} = \pm q$, résultat bien conforme à celui que nous avons trouvé, mais qui lui est inférieur, tant dans la théorie, que dans la pratique : dans la théorie, parce qu'on a remplacé, par un calcul, une idée fort simple, savoir, celle de décomposer $x^2 \pm px$ en ses facteurs : dans la pratique, parce que ce premier calcul, ne donnant que la valeur du premier facteur x, ou $y \mp \dfrac{p}{2}$, il en faut encore un second, pour arriver à l'équation finale en y. Ce qu'on vient de dire est évident pour la théorie ; quant à la pratique, on s'en convaincra tout de suite, en se donnant un cas particulier ; par exemple, l'équation $x^2 - 4x = 5$; car, de notre manière, on aura tout de suite $(y+2)(y-2) = 5$, ou $y^2 - 4 = 5$; au lieu que de l'autre manière, où l'on sait seulement, que pour faire disparoître le second terme $-4x$, l'on doit faire $x = y + 2$, il faudra substituer encore, au lieu de x^2 et de $-4x$, les quantités y^2+4y $+4$, et $-4y-8$, pour avoir $y^2-4=5$.

Il est encore d'autres manières qu'on peut employer pour la résolution générale du second degré ; mais comme elles ne sont propres, qu'à jetter de la clarté dans la théorie des équations en général, et fort peu à éclaircir celles du second degré, encore moins à les abréger, nous renvoyons ces diverses méthodes, à l'endroit qui leur convient le mieux, c'est-à-dire, à la théorie générale des équations.

ADDITION IV.

Résolution des équations du second degré, à deux inconnues.

37. Avant tout, convenons de la forme générale, que nous donnerons aux équations du second degré, à deux inconnues. D'abord, l'on voit que l'on peut représenter toute équation de cette espèce, par celle-ci :

$$ax^2+bxy+cy^2+dx+ey+f=0.$$

En effet, si l'on avoit, par exemple, l'équation $7x^2$ $-5xy=3y^2-2x+4y-7$, on transporteroit tous les termes du second membre dans le premier, et égalant le tout à zéro, il viendroit $7x^2-5xy-3y^2+2x$ $-4y+7=0$; on voit de plus, que l'on peut diviser tous les termes de l'équation générale, par le coefficient de x^2 ; et comme cette opération simplifie les calculs, nous supposerons dorénavant que toute équation du second degré, est ramenée à la forme suivante :

$$x^2 + axy + by^2 + cx + dy + e = 0$$

on aura donc.... $x^2 + a'xy + b'y^2 + c'x + d'y + e' = 0$

pour représenter toute autre équation du second degré.

Supposons à présent, que l'on égale à p et à p' les coefficiens de x dans la première et la seconde équations, et à q et q', les termes sans x de ces deux équations : on voit qu'alors les deux équations ci-dessus, qui ne sont autre chose que . . . .

$$x^2 + (ay + c)\, x + by^2 + dy + e = 0$$
$$x^2 + (a'y + c')x + b'y^2 + d'y + e' = 0$$

deviendront.... $x^2 + px + q = 0$.... $x^2 + p'x + q' = 0$, dans lesquelles $p = ay + c$, $q = by^2 + dy + e$; $p' = a'y + c'$, $q' = b'y^2 + d'y + e'$.

Telles sont les deux équations générales qu'il s'agit de résoudre ; et pour y parvenir, il se présente plusieurs manières ; en effet,

3°. La plus naturelle, est de retrancher l'une de l'autre, ce qui donnera $(p - p')\, x + q - q' = 0$; d'où $x = -\dfrac{q - q'}{p - p'}$; si l'on substitue cette valeur de x dans l'une des équations ci-dessus, dans $x^2 + px + q = 0$, par exemple, on aura $\left(\dfrac{q - q'}{p - p'}\right)^2 - p.\dfrac{q - q'}{p - p'} + q = 0$; d'où

$$(q - q')^2 - p(q - q')(p - p') + q(p - p')^2 = 0,$$

qui se réduit à $(q - q')^2 + (p - p')(pq' - p'q)$; car $-p(q - q')(p - p') + q(p - p')^2 = (p - p')\left[-p(q - q') + q(p - p')\right] = (p - p')(pq' - p'q)$. Telle est l'équation finale, qui doit donner les valeurs de y ; les ayant une fois, on les substituera toutes, les unes après les autres, dans $x = -\dfrac{q - q'}{p - p'}$, ce qui donnera autant de valeurs pour x.

Voyons, d'après ces résultats, à déterminer l'équation finale en y, dans les deux équations générales proposées par Clairaut (art. XXXI), qui sont :

$$x^2 + axy + bx - cy^2 - dy - e = 0$$
$$x^2 + fxy + gx - hy^2 - iy - k = 0$$

qu'on peut écrire ainsi :

$$x^2 + (ay + b)x - (cy^2 + dy + e) = 0$$
$$x^2 + (fy + g)x - (hy^2 + iy + k) = 0.$$

Ici l'on a $p = ay + b$, $q = - (cy^2 + dy + e)$; $p' = fy + g$, $q' = - (hy^2 + iy + k)$; donc, pour avoir l'équation finale en y, il faut évaluer $(p - p')(pq' - p'q) + (q - q')^2 = 0$: or $p - p' = (a - f)y + b - g$, $pq' = - (ay + b)(hy^2 + iy + k) = -(ahy^3 + aiy^2 + aky + bhy^2 + biy + bk)$; $- p'q = (fy + g)(cy^2 + dy + e) = cfy^3 + dfy^2 + efy + cgy^2 + dgy + eg$; $(p - p')(pq' - p'q) = acfy^4 - a^2hy^4 - cf^2y^4 + afhy^4 + adfy^3 + acgy^3 - a^2iy^3 - 2abhy^3 - df^2y^3 - 2cfgy^3 + afiy^3 + bfhy^3 + bcfy^3 + aghy^3 + aefy^2 + adgy^2 - a^2ky^2 - 2abiy^2 - ef^2y^2 - 2dfgy^2 + afky^2 + bfiy^2 + bdfy^2 + bcgy^2 - b^2hy^2 - cg^2y^2 + agiy^2 + bghy^2 + aegy - 2abky - 2efgy + bfky + befy + bdgy - b^2iy - dg^2y + agky + bgiy + beg - b^2k - eg^2 + bgk.$

Enfin $q - q' = hy^2 + iy + k - (cy^2 + dy + e)$; et $(q - q')^2 = (hy^2 + iy + k)^2 + (cy^2 + dy + e)^2 - 2(hy^2 + iy + k)(cy^2 + dy + e) = h^2y^4 + c^2y^4 - 2chy^4 + 2hiy^3 + 2cdy^3 - 2ciy^3 - 2dhy^3 + i^2y^2 + 2khy^2 + d^2y^2 + 2cey^2 - 2cky^2 - 2diy^2 - 2ehy^2 + 2iky + 2dey - 2dky - 2eiy + k^2 + e^2 - 2ek.$

Donc, en ajoutant, l'on aura . . . .

$$(acf - a^2h - cf^2 + afh + h^2 + c^2 - 2ch)y^4$$
$$+ (adf + acg - a^2i - 2abh - df^2 - 2cfg + afi$$

$$+ bfh + bcf + agh + 2hi + 2cd - 2ci - 2dh) y^3$$
$$+ (aef + adg - a^2k - 2abi - ef^2 - 2dfg + afk$$
$$+ bfi + bdf + bcg - b^2h - cg^2 + agi + bgh + i^2$$
$$+ 2kh + d^2 + 2ce - 2ck - 2di - 2eh) y^2 + (aeg$$
$$- 2abk - 2efg + bfk + bef + bdg - b^2i - dg^2$$
$$+ agk + bgi + 2ik + 2de - 2dk - 2ei) y + beg$$
$$- b^2k - eg^2 + bgk + k^2 + e^2 - 2ek = 0.$$

Enfin, si l'on divise tous les coefficiens de y^3, y^2, y, et les termes tout connus, par le coefficient de y^4, et qu'on transpose ces derniers d'un membre dans l'autre, on aura . . . .

$$y^4 + \frac{\begin{Bmatrix} adf + acg - a^2i - 2abh - df^2 - 2cfg + afi \\ + bfh + bcf + agh + 2hi + 2cd - 2ci - 2dh \end{Bmatrix}}{acf - a^2h - cf^2 + afh + h^2 + c^2 - 2ch} y^3$$

$$+ \frac{\begin{Bmatrix} aef + adg - a^2k - 2abi - ef^2 - 2dfg + afk + bfi \\ + bdf + bcg - b^2h - cg^2 + agi + bgh + i^2 + 2hk \\ + d^2 + 2ce - 2ck - 2di - 2eh \end{Bmatrix}}{acf - a^2h - cf^2 + afh + h^2 + c^2 - 2ch} y^2$$

$$+ \frac{\begin{Bmatrix} aeg - 2abk - 2efg + bfk + bef + bdg - b^2i - dg^2 \\ + agk + bgi + 2ik + 2de - 2dk - 2ei \end{Bmatrix}}{acf - a^2h - cf^2 + afh + h^2 + c^2 - 2ch} y =$$

$$\frac{beg - b^2k - eg^2 + bgk + k^2 + e^2 - 2ek}{acf - a^2h - cf^2 + afh + h^2 + c^2 - 2ch}.$$

Tandis que l'équation en y, donnée par Clairaut (XXXI), est . . . .

$$y^4 + \frac{bla + amn + alp + 2np - 2clm - dl^2}{aln + n^2 - cl^2} y^3$$

$$+ \frac{bmn + alq + blp + amp + p^2 + 2nq - cm^2 - 2dlm - el^2}{aln + n^2 - cl^2} y^2$$

$$+ \frac{blq + amq + bmp + 2pq - dm^2 - 2elm}{aln + n^2 - cl^2} y =$$

$$- \frac{bmq + q^2 - em^2}{aln + n^2 - cl^2}.$$

A la première inspection, l'on seroit tenté de croire, que l'équation de Clairaut seroit moins compliquée que la nôtre : mais on se tromperoit ; pour s'en convaincre, il suffira de comparer le dénominateur $aln + n^2 - cl^2$, avec $acf - a^2h - cf^2 + afh + h^2 + c^2 - 2ch$, pour voir que le premier, avec l'apparence de ne renfermer que trois termes, en renferme réellement dix, lorsqu'on veut faire les opérations indiquées, pour l'appliquer à un exemple particulier ; c'est ce dont on sera facilement convaincu, en observant que, puisque $l = a - f$, et $n = (c - h)$, $aln + n^2 - l^2c = a(n-f)(c-h) + (c-h)^2 - (a-f)^2 c = a^2c - acf - a^2h + afh + c^2 - 2ch + h^2 - a^2c + 2afc - cf^2$, ce qui, en réduisant, revient précisément à notre dénominateur, auquel on peut de plus donner cette forme . . . $(f - a)(ah - cf) + (h - c)^2$. On prouveroit tout aussi facilement, que les numérateurs sont réductibles, en exécutant les opérations qu'ils renferment.

39. Pour faire à présent une application des valeurs générales trouvées ci-dessus, proposons-nous l'exemple donné par Clairaut (XXIX), c'est-à-dire, les deux équations

$$x^2 - 2xy + ax - 2y^2 - a^2 = 0$$
$$x^2 + xy - 2ax + y^2 - 2a^2 = 0$$

on a, dans ce cas . . . .

$$a = -2, \; b = a, \; c = 2, \; d = 0, \; e = a^2 ;$$
$$f = 1, \; g = -2a, \; h = -1, \; i = 0, \; k = 2a^2.$$

D'où le dénominateur $(f - a)(ah - cf) + (h - c)^2$, se réduit à $(f - c)^2$, ou à 9, à cause de $ah - cf = 2$ — $2 = 0$; voyons à présent les numérateurs : 1°. adf $+ acg - a^2 i - 2abh - df^2 - 2cfg + afi + bfh + bcf$ $+ agh + 2hi + 2cd - 2ci - 2dh = 9a.$

2°. $aef + adg - a^2 k - 2abi - ef^2 - 2dfg + afk$ $+ bfi + bdf + bcg - b^2 h - cg^2 + agi + bgh + i^2$ $+ 2hk + d^2 + 2ce - 2ck - 2di - 2eh = -30a^2.$

3°. $aeg - 2abk - 2efg + bfk + bef + bdg - b^2 t$ $- dg^2 + agk + bgi + 2ik + 2de - 2dk - 2ei$ $= 27 a^3.$

4°. $- beg + b^2 k + eg^2 - bgk - k^2 - e^2 + 2ek$ $= 11 a^4.$

D'où l'on tire
$$y^4 + \frac{9a}{9} y^3 - \frac{30 a^2}{9} y^2 + \frac{27 a^3}{9} y$$
$$= \frac{11 a^4}{9},$$
ou $9y^4 + 9ay^3 - 30 a^2 y^2 + 27 a^3 y - 11 a^4$ $= 0$, comme on l'avoit trouvé dans le même article.

40. Nous avons trouvé, (38) que l'on avoit pour l'équation finale en y, $(p - p')(pq' - p'q) + (q - q')^2$ $= 0$: on pourroit arriver à ce résultat, par une route bien différente, et que nous citerons, parce qu'elle nous donne l'occasion, d'en venir aux fonctions symétriques des racines des équations.

On a vu que si a et b étoient les deux racines d'une équation du second degré, $x^2 + px + q = 0$, c'est-à-dire, que si on avoit $x = a$ et $x = b$, $x - a$ et $x - b$, seroient les deux facteurs de cette équation ; ou qu'on auroit $(x - a)(x - b) = 0$, ou $x^2 - (a + b)x$ $+ ab = 0$, ce qui, en comparant terme à terme cette équation avec $x^2 + px + q = 0$, donne, pour déterminer a et b, les deux équations — $(a + b) = p$, et $ab = q$, ou $a + b = - p$ et $ab = q$; d'où l'on peut conclure que, dans toute équation du second degré, le coefficient de x, pris avec un signe contraire, est égal à la somme des racines de l'équation, et que le dernier terme est égal à leur produit.

On pourroit demander ici, pourquoi l'on égale entre eux les coefficiens de x, et les termes connus ; et pourquoi l'on n'écrit pas $x^2 + px + q = x^2 - (a + b) x + ab$; on pourroit répondre que, pour déterminer les deux racines, il faut deux équations, ce qu'on ne peut obtenir que par la première manière, et non par la seconde, où l'on n'a que cette équation $px + q = - (a + b) x + ab$; mais il est une autre preuve plus décisive ; la voici : puisque $x = a = b$, il faut donc qu'on ait les équations $a^2 + pa + q = o$, et $b^2 + pb + q = o$, qui ne sont toutes deux que l'équation même $x^2 + px + q = o$, où l'on a successivement mis pour x, ses valeurs a et b ; or, c'est à ces équations mêmes qu'on arrive, au moyen des deux $a + b = - p$, et $ab = q$; car, si l'on multiplie la première par a, et qu'on en retranche la seconde, on aura $a^2 + ab - ab = - pa - q$, qui se réduit à $a^2 + pa + q = o$; si, au contraire, on avoit multiplié la première par b, et qu'on en eût retranché encore la seconde, ou eût eu $ab + b^2 - ab = - pb - q$, ou $b^2 + pb + q = o$, résultats qu'on ne peut obtenir par l'autre manière, puisqu'elle n'offre qu'une équation insuffisante, pour déterminer les deux racines a et b.

41. Cela posé, soient reprises les deux équations (37) : $x^2 + px + q = o$, $x^2 + p'x + q' = o$, et supposons que les deux valeurs de x, dans la première, soient connues, et représentées par a et b ; comme elles appartiennent toutes deux au système des deux équations, elles doivent être toutes deux substituées à la place de x dans la seconde,

ce qui donnera $a^2 + p'a + q' = 0$, et $b^2 + p'b + q'$ $= 0$; or, chacune de ces équations prise isolément, ne peut être celle que l'on veut avoir ; mais celle-ci doit d'un côté les comprendre toutes deux, et de l'autre, co-exister avec elles ; comment remplir cette double condition ? rien de plus aisé : multiplions-les entr'elles ; alors on voit, 1°. que le produit renfermera explicitement p' et q', et implicitement p et q, puisque a et b ont pour racines des fonctions de p et de q ; 2°. que ce produit deviendra nul, en même-tems que chacun des facteurs.

Il n'est pas à présent difficile de deviner l'issue de l'opération ; car, on doit voir que les deux équations qui doivent former le produit, concourant à sa formation de la même manière, ce produit sera une fonction symmétrique de a et de b ; or, à cause de $a + b = -p$, et $ab = q$, toute fonction symmétrique de a et de b, doit être exprimée rationellement en fonction de p et de q ; donc, le produit qui doit donner y, sera indépendant de x, et de plus, exprimé rationellement en fonction de p, p', q et q' ; et c'est ce que le calcul suivant va confirmer.

Si l'on multiplie $a^2 + p'a + q'$ par $b^2 + p'b + q'$, on aura . . . .
$$a^2b^2 + p'(ab^2 + a^2b) + p'^2ab + q'(a^2 + b^2) + p'q'(a+b)$$
$$+ q'^2 = 0.$$

Mais (29), $a^2b^2 = q^2$; $a^2b + ab^2 = ab(a+b)$ $= -pq$; $a^2 + b^2 = (a+b)^2 - 2ab = p^2 - 2q$: on a donc $q^2 - pp'q + p'^2q + p^2q' - 2qq' - pp'q'$ $+ q'^2 = 0$; or $q^2 - 2qq' + q'^2 = (q - q')^2$; et $-pp'q + p'^2q + p^2q' - pp'q' = (pq' - p'q)(p-p')$; on a donc, comme on l'avoit déjà trouvé pour l'équation finale en y, $(q - q')^2 + (pq' - p'q)(p-p') = 0$.

Tome II. Q

Si , au lieu de supposer que les racines de la première fussent a et b, et de les substituer ensuite tour - à - tour dans la seconde, on eût supposé que les deux racines de la seconde , fussent a' et b' , et qu'on les eût substituées dans la première , on auroit eu les deux équations $a'^2 + pa' + q = 0$, $b'^2 + pb' + q = 0$; multipliant alors , l'une par l'autre , ces deux nouvelles équations , il seroit venu pour produit . . . .
$$a'^2 b'^2 + p (a'b'^2 + a'^2 b') + p^2 a'b' + q (a'^2 + b'^2)$$
$$+ pq(a' + b') + q^2 = 0.$$
Or $a'^2 b'^2 = q'^2, a'b'^2 + a'^2 b' = (a'+b') a'b' = -p'q'$, $a'^2 + b'^2 = (a' + b')^2 - 2 a'b' = p'^2 - 2 q'$. On a donc l'équation :
$$q'^2 - pp'q' + p^2 q' + p'^2 q - 2 qq' - pp'q + q^2 = 0.$$
Or $q'^2 - 2 qq' + q^2 = (q' - q)^2$, et $p'^2 q - pp'q + p^2 q' - pp'q' = (p'q - pq') (p' - p)$.

On a donc , pour l'équation finale en y , $(q' - q)^2 + (p'q - pq') (p' - p) = 0$; ou $(q - q')^2 + (pq' - p'q) (p - p') = 0$, ainsi qu'on vient de le trouver.

Il est encore d'autres méthodes , pour arriver à l'équation finale ; mais nous nous réservons d'en parler , tant dans les additions aux troisième et quatrième parties , que dans le suppplément que nous donnerons à cette Algébre.

ADDITION V.

Des progressions Arithmétiques et Géométriques , ou des progressions par différences et par quotiens.

42. Comme l'Auteur (XXVII) suppose que son Lecteur est imbu de la théorie des progressions Arithmé-

tiques et Géométriques, nous croyons devoir en parler ici.

On a vu (55) la définition de la proportion Arithmétique, et de la proportion Géométrique continues, et les signes qui servoient à les indiquer. Or, rien n'empêche de considérer dans ces proportions, un nombre indéfini de termes, dont chacun surpasse celui qui le précède, ou en soit surpassé d'une même quantité, ou dont chacun contienne celui qui le précède, ou y soit contenu le même nombre de fois. Dans le premier cas, la proportion Arithmétique continue, ou plutôt l'équi-différence continue, prend le nom de progression Arithmétique, qu'il vaut mieux, pour les mêmes raisons que celles de l'article 55, appeller *progression par différences*. Dans le second cas, au contraire, la proportion Géométrique continue, est appellée progression Géométrique, ou mieux, *progression par quotiens*.

De la première espèce, sont les suivantes :
$\div 3 . 6 . 9 . 12 . 15 .$ etc. ; $\div 0 . \frac{2}{3} . \frac{4}{3} . 2 . \frac{8}{3} . \frac{10}{3} . 4 .$ etc. qu'on prononce comme il suit : 3 est à 6, comme 6 est à 9, comme 9 est à 12, etc. ; 0 est à $\frac{2}{3}$, comme $\frac{2}{3}$ à $\frac{4}{3}$, comme $\frac{4}{3}$ à 2, etc., dans lesquelles on voit qu'il règne entre tous les termes de la première, la même différence 3, et la même différence $\frac{2}{3}$, entre tous les termes de la seconde.

De la seconde espèce, nous citerons ces deux-ci :
$\because 3 : 6 : 12 : 24 :$ etc. $\because \frac{1}{3} : \frac{2}{3} : \frac{4}{3} : \frac{8}{3} : \frac{16}{3} :$ etc.
qu'on énonce ainsi : 3 est à 6, comme 6 à 12, comme 12 à 24, etc. ; $\frac{1}{3}$ est à $\frac{2}{3}$, comme $\frac{2}{3}$ à $\frac{4}{3}$, comme $\frac{4}{3}$ à $\frac{8}{3}$, etc., dans lesquelles on voit qu'il existe entre tous les termes de la première, le même quotient 2 ; et encore le même quotient 2 dans tous ceux de la seconde. Nous avertis-

sons qu'à l'avenir nous évaluerons ce quotient, en divisant le second terme par le premier.

Toutes les progressions ci-dessus sont appellées *croissantes*, parce que leurs termes vont toujours en croissant ; on voit d'ici qu'on doit avoir nommé *décroissantes*, celles dont les termes vont en décroissant de grandeur, telles que celles-ci :

$$\div 16 \,.\, 8 \,.\, 0 \,.\, -8 \,.\, -16 \,.\, \text{etc.} \qquad \div\div 3 : 1 : \tfrac{1}{3} : \tfrac{1}{9} : \text{etc.}$$

dont la première est une progression par différences décroissante, qui a 8 pour différence entre tous ses termes, et dont la seconde est une progression par quotiens décroissante, dont $\tfrac{1}{3}$ est le quotient.

43. On voit donc que toute progression par différences ou par quotiens, peut s'exprimer et s'écrire généralement comme il suit, en appellant le premier terme a.

$$\div a \,.\, \beta \,.\, \gamma \,.\, \delta \ldots\ldots \qquad\qquad \div\div a : \beta : \gamma : \delta : \ldots\ldots$$

Mais, d'après la définition même de ces diverses progressions, il est clair que, si dans la première, on appelle la différence, d (auquel on donnera le signe $-$, quand la progression sera décroissante), on aura cette suite d'équations : $\beta = a + d$, $\gamma = \beta + d$, $\delta = \gamma + d$, etc. ; ce qui donnera les valeurs suivantes : $\beta = a + d$, $\gamma = a + 2d$, $\delta = a + 5d$, etc. ; donc toute progression par différences pourra généralement s'exprimer comme il suit :

$$\div a \,.\, a + d \,.\, a + 2d \,.\, a + 3d \,.\, \text{etc.}$$

Il n'est pas moins évident que si, dans la seconde, on nomme q le quotient, on aura cette autre suite d'équa-tions : $\dfrac{\beta}{a} = q$, $\dfrac{\gamma}{\beta} = q$, $\dfrac{\delta}{\gamma} = q$, etc. ; d'où l'on tire $\beta = aq$, $\gamma = \beta q$, $\delta = \gamma q$; d'où encore $\beta = aq$, $\gamma = aq \times q = aq^2$, $\delta = \gamma q = aq^2 \times q = aq^3$, etc. ; ce qui prouve que toute progression par quotiens peut s'écrire ainsi :

$$\div\div a : aq : aq^2 : aq^3 : \text{etc.}$$

44. On voit, d'après ces progressions générales, que, si on les continuoit toutes deux indéfiniment, un terme quelconque seroit égal, dans la première, au premier terme, plus autant de fois la différence, qu'il y auroit de termes avant ce terme quelconque; que le sixième, par exemple, seroit égal à $a + 5d$, le douzième à $a + 11d$; et dans la seconde, au premier terme, multiplié par le quotient, élevé à une puissance marquée par le nombre de termes, qui précéderoient ce terme quelconque; que le sixième, par exemple, seroit égal à aq^5, le douzième à aq^{11}.

Donc, dans toute progression par différences, si on appelle a le premier terme, d la différence, u le dernier terme, n le nombre total de termes, on aura généralement, pour exprimer la valeur de u, cette formule : $u = a + (n - 1)d$.

Et dans toute progression par quotiens, où l'on appelle le premier et le dernier termes a et u, le quotient, q, et le nombre de termes, n, on aura généralement pour exprimer la valeur de u, cette formule : $u = aq^{n-1}$. Faisons quelques applications de ces deux formules.

Soit proposé de trouver, 1°. le douzième terme de la progression par différences $\div 3 . 11 . 19 .$ etc., ici j'ai $a = 3$, $n = 12$, $d = 8$; donc $u = a + (n - 1)d = 3 + 11 . 8 = 91$; 2°. le neuvième terme de $\div 9 . 6 . 3$ etc.; ici $a = 9$, $n = 9$, et $d = - 3$, parce que la progression est décroissante; on a donc $u = a + (n - 1)d = 9 + 8 \times - 3 = - 15$; et en effet, l'on a $\div 9 . 6 . 3 . 0 . - 3 . - 6 . - 9 . - 12 . - 15$; 3°. le 100° terme de $\div 199 . 197 \ldots$ ici $a = 199$, $n = 100$, $d = - 2$; donc $u = 199 + 99 \times - 2 = 1$; 4°. enfin, le huitième terme de $\div \frac{1}{2} . \frac{1}{3}$ etc., où $a = \frac{1}{2}$, $n = 8$, et $d = \frac{1}{12}$; donc $u = \frac{1}{2} + 8 . \frac{1}{12} = \frac{4}{3}$.

Soit demandé de calculer, 1°. le sixième terme de la progression par quotiens, $\div\div 3 : 9 : 27 :$ etc. ; alors, dans la formule $\omega = \alpha q^{n-1}$, j'ai $\alpha = 3$, $q = 3$, $n = 6$; d'où $\omega = 3 \cdot 3^5 = 3^6 = 729$; 2°. le huitième terme de $\div\div 1 : \frac{1}{4} :$ etc. ; l'on a ici, $\alpha = 1$, $n = 8$, $q = \frac{1}{4}$; d'où $\omega = \alpha q^{n-1} = 1 \times (\frac{1}{4})^7 = \frac{1}{4^7} = \frac{1}{16124}$; 3°. enfin, le cinquième terme de $\div\div \frac{1}{3} : \frac{2}{5} :$ etc. ; ici $\alpha = \frac{1}{3}$, $n = 5$, $q = \frac{6}{5}$;

$$d'où \quad \omega = \frac{1}{3} \times (\frac{6}{5})^4 = \frac{1296}{3.625} = \frac{432}{625}.$$

45. On a vu dans les proportions la relation qui existoit, entre les opérations diverses qu'on pratiquoit dans les équi-différences et les équi-quotiens. On doit sentir que, puisque les progressions par différences et par quotiens, ne sont qu'une extension des proportions, il doit régner entr'elles la même correspondance. Or, c'est ce dont on sera pleinement convaincu dans le courant de ce chapitre. On peut même déjà s'en appercevoir, aux deux formules générales, qui donnent la valeur d'un terme, sans être obligé de calculer ceux qui le précèdent. En effet, ces formules étant $\omega = \alpha + (n - 1)d$ et $\omega = \alpha \times q^{n-1}$, où d répond à q, on voit que si on change l'addition indiquée par $+ d$ dans la première, en multiplication indiquée par $\times q$, et qu'au lieu de multiplier d par $n - 1$, on élève q à la puissance $n - 1$, la première formule deviendra la seconde : c'est de cette manière que nous traiterons successivement toutes les propriétés des progressions des deux espèces, en ayant soin de faire remarquer les cas qui échappent, et doivent échapper à cette marche générale.

46. Les deux formules ci-dessus peuvent servir encore à résoudre ce problème général ; insérer un nombre quel-

conque de moyens, entre deux nombres donnés, a et w.
On voit d'abord que, quelle que soit l'espèce de
la progression, il y aura toujours $n - 1$ de termes avant
w, n étant toujours le nombre total de termes, ou $m + 1$
de termes, m étant le nombre de moyens cherchés : on
voit de plus, que si l'on connoissoit la différence d, ou
le quotient q, selon qu'il s'agira d'une progression par
différences ou par quotiens, par la nature même de leur
formation,

$$\div a \,.\, a + d \,.\, a + 2d \,.\, a + 3d \ldots\ldots a + (n-1)d \text{ ou } w$$

$$\div a : aq \;\; : aq^2 \;\;\; : aq^3 \ldots\ldots\ldots aq^{n-1} \qquad\qquad \text{ ou } w$$

Il seroit fort aisé de connoître à l'instant la valeur de
chaque moyen : il ne s'agit donc que de connoître
d et q. Or c'est fort aisé, au moyen des formules générales
$w = a + (n-1)d$ et $w = aq^{n-1}$; en effet, la première

donne $w - a = (n-1)d$, et $d = \dfrac{w - a}{n - 1}$, ou, à cause

de $n - 1 = m + 1$, $d = \dfrac{w - a}{m + 1}$; et la seconde fournit

cette suite d'équations $\dfrac{w}{a} = q^{n-1}, \dfrac{w}{a} = q^{m+1} ; \sqrt[m+1]{\dfrac{w}{a}} =$

$\sqrt[m+1]{q^{m+1}} = q$; donc $d = \dfrac{w - a}{m + 1}$, et $q = \sqrt[m+1]{\dfrac{w}{a}}$;

donc, pour insérer généralement un nombre quelconque
de moyens, entre deux termes donnés, il faut, s'il s'agit
d'une progression par différences, retrancher le premier
terme du dernier, et diviser le reste par le nombre de
moyens, augmenté de l'unité ; et, s'il s'agit d'une progression par quotiens, diviser le dernier par le premier,
et extraire du quotient une racine, marquée par le nombre de moyens, augmenté de l'unité. Le premier résultat

donnera la différence, qu'on ajoutera successivement au premier terme donné, et à chaque nouveau terme, qui résultera de chaque addition ; et le second fournira le quotient, par lequel on multipliera successivement le premier terme, et chaque nouveau terme, qui résultera de chaque produit. Ces additions et ces produits successifs donneront tour-à-tour tous les moyens demandés.

Exemples pour les progressions par différences : on veut intercaler, 1°. 6 moyens entre 3 et 17, j'ai $d = \dfrac{17-3}{7} = 2$;

d'où ÷ 3 . 5 . 7 . 9 . 11 . 13 . 15 . 17 ; 2°. 8 moyens entre — 12 et + 12 ; ici $m = 8$, $\alpha = -12$, $\omega = 12$; donc

$$d = \frac{\omega - \alpha}{m+1} = \frac{12+12}{9} = \frac{8}{3} ;$$

ce dont on se convaincra, en ajoutant $\frac{8}{3}$ à — 12, ce qui donnera $\dfrac{-36}{3} + \dfrac{8}{3} = \dfrac{-28}{3}$, ensuite $\frac{8}{3}$ à $\dfrac{-28}{3}$, et ainsi de suite ; car on aura la progression suivante :

$$÷ \; -12 . -9\tfrac{1}{3} . -6\tfrac{2}{3} . -4 . -\tfrac{4}{3} . \tfrac{4}{3} . 4 . 6\tfrac{2}{3} . 9\tfrac{1}{3} . 12 .$$

Exemples pour les progressions par quotiens : on demande d'insérer, 1°. 3 moyens entre 3 et 768. Ici j'ai

$$q = \sqrt[m+1]{\frac{\omega}{\alpha}}, \quad q = \sqrt[4]{\frac{768}{3}} = \sqrt[4]{256} = 4 ;$$

donc, la progression totale est ÷ 3 : 12 : 48 : 192 : 768 ; 2°. 5 moyens entre $\frac{1}{3}$ et $\frac{243}{4096}$; ici $\dfrac{\omega}{\alpha} = \dfrac{729}{4096}$, et $q = \sqrt[6]{\dfrac{729}{4096}} = \sqrt{\sqrt[3]{\dfrac{729}{4096}}}$; or, $\sqrt[3]{729} = 9$, $\sqrt[3]{4096} = 16$; et $\sqrt{\dfrac{9}{16}} = \dfrac{3}{4}$; donc $q = \dfrac{3}{4}$; d'où l'on voit que l'on satisfait à la question par les termes suivans : ÷ $\frac{1}{3}$: $\frac{1}{4}$: $\frac{3}{16}$: $\frac{9}{64}$: $\frac{27}{256}$: $\frac{81}{1024}$: $\frac{243}{4096}$.

3°. enfin, 6 moyens entre -6 et -384 ; ici $\dfrac{\omega}{\alpha} = 64$, et $\sqrt[6]{64} = 2$; ainsi, la progression entière est $\div -6 : 12 : -24 : 48 : -96 : 192 : -384$. Ce qui est en effet une progression, ainsi que les autres, puisque le quotient de chaque terme, par celui qui le précède, ou $\dfrac{12}{-6}, \dfrac{-24}{12}, \dfrac{48}{-24}$, etc. $= -2$, est par-tout le même.

47. Il peut même arriver que l'on trouve plusieurs progressions, qui répondent à une même question, et même que leurs termes soient imaginaires ; le premier cas aura lieu, lorsque $m + 1$, qui marque la racine à extraire, étant un nombre pair, les deux termes α et ω seront de même signe ; et le second cas arrivera, lorsqu'ils seront de différens signes. Voici des exemples pour chaque cas.

On demande trois moyens entre -1 et -81 ; ici $m + 1 = 4$, nombre pair ; de plus, $\sqrt[4]{\dfrac{-81}{-1}} = \pm 3$; donc la progression est $\div -1 : -3 : -9 : -27 : -81$, ou $\div -1 . 3 : -9 : 27 : -81$; si on vouloit avoir seulement un moyen entre -4 et 9, alors on auroit à extraire la racine quarrée de -36, ou $\pm \sqrt{-36} = \pm \sqrt{36} \times \sqrt{-1} = \pm 6 \sqrt{-1}$; d'où la progression cherchée, qui n'est alors qu'une proportion continue, (55) seroit $\div -4 : +6 \sqrt{-1} : 9$; ou bien $\div -4 : -6 \sqrt{-1} : 9$.

Il sera même aisé de faire voir dans la suite, que l'on a autant de progressions composées de termes, soit réels, soit imaginaires, qu'il y a d'unités dans $m + 1$, ou dans le degré de la racine qu'on veut extraire. En attendant, nous allons le démontrer, pour le cas de $m + 1 = 3$, ou $= 4$; car on vient de voir qu'il y avoit deux solutions pour celui de $m + 1 = 2$. Voyons donc d'abord pour $m = 3$, et faisons, pour abréger, $\frac{a}{d} = n^3$. Puisqu'on prétend que n^3 a trois racines cubiques, supposons donc les racines cubiques de n^3, ou n égales successivement à x, y et z, dont les cubes x^3, y^3, z^3, doivent tous être égaux à n^3; on a donc les trois équations $x^3 = n^3$, $y^3 = n^3$, $z^3 = n^3$, où l'on voit que x, y, z, jouant le même rôle, doivent être tous donnés par une même équation; on n'a donc plus qu'à trouver ces trois valeurs, et c'est ce que va donner l'une des trois équations ci-dessus. Prenons, par exemple, $y^3 = n^3$, comme par la supposition y est déjà une des trois valeurs de n; on a donc $y = n$; donc on a les deux équations $y^3 - n^3 = 0$, et $y - n = 0$, qui vont nous servir à trouver les deux autres valeurs de n, ou x et z. En effet, si on divise $y^3 - n^3$, par $y - n$, on aura $y^2 + ny + n^2 = 0$; d'où l'on tire $y = n \cdot \dfrac{-1 \pm \sqrt{-3}}{2}$; donc,

les trois racines de n^3 sont, 1°. n, 2°. $n \cdot \dfrac{-1 + \sqrt{-3}}{2}$, 3°. $n \cdot \dfrac{-1 - \sqrt{-3}}{2}$.

Si l'on fait ensuite $m + 1 = 4$, l'on aura, en supposant les 4 racines de n^4 ou n, égales successivement à x, y, z, w, $y^4 = n^4$, et $y = n$, pour les équations qui doivent fournir les quatre racines : mais en ce cas, la première suffit; car, puisque $y^4 - n^4 = 0$, et que $y^4 - n^4 = (y^2 + n^2)(y^2 - n^2)$; on a donc . . . . $(y^2 + n^2)(y^2 - n^2) = 0$; d'où $y^2 - n^2 = 0$, ou $y^2 + n^2 = 0$; or, la première donne $y = \pm n$, et la seconde $y = \pm \sqrt{-n^2}$; les quatre racines cherchées sont donc $+n$, $-n$, $+\sqrt{-n^2}$, $-\sqrt{-n^2}$, ou n, $-n$, $n\sqrt{-1}$, $-n\sqrt{-1}$.

Il ne nous reste plus qu'à faire quelques applications. Soit donc demandé, 1°, d'insérer 2 moyens entre -3 et 24 ; ici il s'agit d'extraire les trois racines cubiques de -8 ; donc on a $n^3 = -8$, et $n = y = -2$; d'où x et z

$$= -2 \times \frac{-1 \pm \sqrt{-3}}{2} = +1 \mp \sqrt{-3} ;$$

de sorte que les trois progressions sont $\div -3 : +6 : -12 : +24$; $\div -3 : -3(1+\sqrt{-3}) : -3(1+\sqrt{-3})^2 : -3(1+\sqrt{-3})^3$; $\div -3 : -3(1-\sqrt{-3}) : -3(1-\sqrt{-3})^2 : -3(1-\sqrt{-3})^3$; ou, en faisant les opérations indiquées dans les deux dernières : $\div -3 : 6 : -12 : 24$; $\div -3 : -3(1+\sqrt{-3}) : -6(-1+\sqrt{-3}) : 24$, $\div -3 : -3(1-\sqrt{-3}) : 6(1+\sqrt{-3}) : 24$, où l'on voit que la première progression est la seule, dont tous les termes soient réels.

2°. Soient à insérer 3 moyens entre -2 et -32 ; il s'agit ici de chercher la racine quatrième de 16 ; on a donc $n^4 = 16$; donc, les quatre racines $+n$, $-n$, $+n\sqrt{-1}$, $-n\sqrt{-1}$, sont 2, -2, $2\sqrt{-1}$, $-2\sqrt{-1}$, ce qui donne les quatre progressions $\div -2 : -4 : -8 : -16 : -32$; $\div -2 : 4 : -8 : 16 : -32$; $\div -2 : -4\sqrt{-1} : 8 : 16\sqrt{-1} : -32$; $\div -2 : 4\sqrt{-1} : 8 : -16\sqrt{-1} : -32$, où l'on voit que les deux premières progressions ont seules tous leurs termes réels.

Il ne seroit pas plus difficile de prouver que, si l'on demandoit trois moyens entre deux termes de différens signes, les quatre progressions seroient imaginaires ; mais en voilà suffisamment sur cet article.

48. La méthode qu'on vient d'employer, conduit aux

formules $d = \dfrac{\omega - a}{m+1}$, et $q = \sqrt[m+1]{\dfrac{\omega}{a}}$; ce qui fait voir que les moyens, pour la progression par différences, sont

$$a + \frac{\omega - a}{m+1},\ a + \frac{2(\omega-a)}{m+1},\ a + \frac{3(\omega-a)}{m+1}\ \ldots\ldots$$

$$a + \frac{n(\omega-a)}{m+1},\ \text{pour le moyen du rang } n^{\text{ieme}},\ \text{et}\ldots$$

$$a\sqrt[m+1]{\frac{\omega}{a}},\ a\sqrt[m+1]{\frac{\omega^2}{a^2}},\ a\sqrt[m+1]{\frac{\omega^3}{a^3}}\ \ldots\ a\sqrt[m+1]{\frac{\omega^n}{a^n}}\ \text{pour le moyen } n^{\text{ieme}}.$$

On auroit pu arriver à cette double formule, indépendamment de la connoissance des valeurs de d et de q. En effet, appellons de part et d'autre x', x'', x''', x'''', $\ldots x''^{\ldots n}, x'''^{\ldots m}, x'''^{\ldots m+1}$, le premier, le second, le troisième, le quatrième, etc., moyens, et ceux du rang n^{ieme}, m^{ieme}, $m+1^{\text{ieme}}$, on aura pour la progression par différences $\div a . x' . x'' . x''' . x'''' \ldots\ldots x'''^{\ldots m}$ $. x'''^{\ldots m+1}$, d'où l'on tire ces suites d'équations :

$$2x' = a + x'',\ 2x'' = x' + x''',\ 2x''' = x'' + x''''\ldots$$
$$2x'''^{\ldots m} = x'''^{\ldots m-1} + x'''^{\ldots m+1},\ \text{ou } 2x'''^{\ldots m} = \ldots$$
$$x'''^{\ldots m-1} + a,\ \text{d'où l'on a } x'' = 2x' - a,\ x''' = 2x'' - x',$$
$$x'''' = 2x''' - x''\ \ldots\ldots\ a = 2x'''^{\ldots m} - x'''^{\ldots m-1},$$

c'est-à-dire, $x'' = 2x' - a$, $x''' = 3x' - 2a$, $x'''' =$ $4x' - 3a\ \ldots\ldots x''^{\ldots n} = nx' - (n-1)a \ldots\ldots\ldots$ $a = (m+1)x' - ma$; mais cette dernière équation donne $x' = \dfrac{a + ma}{m+1}$; donc $x''^{\ldots n} = \dfrac{n(a + ma)}{m+1} - (n-1)a$

$$= \frac{n\omega + mna - mna + ma - na + a}{m+1} = \frac{n(\omega - a)}{m+1}$$

$+ a.$

On aura ensuite pour la progression par quotiens

$\div\!\div\, a : x' : x'' : x''' : x'''' \ldots : x'''^{\ldots m} : x'''^{\ldots m+1}$, ou ω. Ce qui donne cette suite d'équations : $x'^2 = a\,x''$, $x''^2 = x' x'''$, $x'''^2 = x'' x''''$ … $x^{('''\ldots m)2} = x'''^{\ldots m-1}\,\omega$, et $x'' = \frac{x'^2}{a}$, $x''' = \frac{x''^2}{x'}$, $x'''' = \frac{x'''^2}{x''}$ ……. $\omega = \frac{x^{('''\ldots m)2}}{x'''^{\ldots m-1}}$; c'est-à-dire, $x'' = \frac{x'^2}{a}$, $x''' = \frac{x'^3}{a^2}$, $x'''' = \frac{x'^4}{a^3}$ …… $x'''^{\ldots n} = \frac{x'^n}{a^{n-1}} = a\left(\frac{x'}{a}\right)^n$ …… $\omega = \frac{x'^{m+1}}{a^m}$, $= a\left(\frac{x'}{a}\right)^{m+1}$; mais cette dernière équation donne ……… $\frac{\omega}{a} = \left(\frac{x'}{a}\right)^{m+1}$; d'où $\frac{x'}{a} = \sqrt[m+1]{\frac{\omega}{a}}$, et $\left(\frac{x'}{a}\right)^n = \sqrt[m+1]{\left(\frac{\omega}{a}\right)^n}$; donc enfin $x'''^{\ldots n} = a\left(\frac{x'}{a}\right)^n = a\sqrt[m+1]{\frac{\omega}{a}^{\,n}}$.

Les deux formules, pour connoître un moyen quelconque n^ieme, de ceux qu'on doit insérer entre deux quantités, sont donc $x'''^{\ldots n} = a + \frac{n(\omega - a)}{m+1}$, et $x'''^{\ldots n} = a\sqrt[m+1]{\left(\frac{\omega}{a}\right)^n}$, où l'on voit se continuer la correspon-

dance que nous avons vue régner dans les opérations ;
car si l'on change dans la premiére $\alpha + $ en $\alpha \times$, $\omega - \alpha$
en $\dfrac{\omega}{\alpha}$, $(\omega - \alpha)\, n$, en $\left(\dfrac{\omega}{\alpha}\right)^{n}$, et la division par $m + 1$
de $(\omega - \alpha)\, n$, en l'extraction de la racine $m + 1$ de
$\left(\dfrac{\omega}{\alpha}\right)^{n}$, on aura précisément la seconde formule.

Faisons maintenant une application de chacune de ces
formules, et demandons d'abord quel est le 9e. moyen,
des 12 qu'on voudroit insérer entre 5 et 44 ; ici $n = 9$
et $m = 12$; donc $x^{III\ldots n} = 5 + \dfrac{9 \cdot 39}{13} = 5 + 9 \cdot 3 = 32$;
si l'on vouloit avoir le 3e. moyen de cinq, qu'il faudroit
insérer entre 4 et 2916 ; ici $n = 3$ et $m = 5$; donc

$$x^{III\ldots n} = 4 \sqrt[4]{\left(\dfrac{2916}{4}\right)^{3}} = 4 \sqrt[4]{729^{3}} = 4 \sqrt{\sqrt{729}^{3}}$$

$$= 4 \sqrt{729} = 4 \times 27 = 108.$$

49. On pourroit aussi proposer pour n un nombre
fractionnaire, ou une fraction ; mais alors il faut d'a-
bord savoir ce qu'on entend par-là. Par exemple, si on
faisoit $n = \frac{2}{5}$, on voit que, si l'on commençoit par insérer 4 moyens, il y auroit cinq intervalles entre le
premier et le dernier des termes donnés ; et que le second de ces cinq intervalles, seroit le moyen correspondant
à $\frac{2}{5}$; par exemple, si les termes donnés étoient 4 et 24,
j'ai $m = 4$, $n = 2$; d'où $x^{III\ldots n} = \alpha + \dfrac{n\, (\omega - \alpha)}{m + 1} = 4$
$+ \dfrac{2\, (24 - 4)}{5} = 12$; en effet, toute la progression deve-
nant $\frac{2}{5} \cdot 4 \cdot 8 \cdot 12 \cdot 16 \cdot 20 \cdot 24$, on voit que 12 occupe le
second des cinq intervalles qui se trouvent entre 4 et 24.

En général, si la fraction proposée est $\frac{c}{d}$, on fera, dans la formule qui donne le terme n^{ieme}, $m+1=d$, $n=c$, et alors on aura, $\alpha+\frac{c}{d}(\omega-\alpha)$, pour représenter la fraction cherchée.

Si n étoit fractionnaire, comme $4\frac{1}{2}$, on pourroit d'abord calculer la valeur du dernier des 4 moyens, qu'on supposeroit insérés entre les termes donnés, et ensuite calculer encore, comme tout-à-l'heure, la valeur de la fraction restante $\frac{1}{2}$. Ainsi, veux je déterminer la valeur du moyen exprimé par $4\frac{1}{4}$, entre 4 et 24? je cherche d'abord la valeur du 4e. moyen, à l'aide de la formule $\alpha+\frac{n(\omega-\alpha)}{m+1}$, en faisant $n=m=4$; ce qui donne 20, et ensuite, par la formule $\alpha+\frac{c}{d}(\omega-\alpha)$, en faisant $c=3$, $d=4$, $\alpha=20$, $\omega=24$, j'ai 23 pour le terme cherché. En effet, si par-tout entre les termes de la nouvelle progression $\div 4 . 8 . 12 . 16 . 20 . 24$, on insère 4 moyens, on aura cette seconde progression :

$$\div |4|.5.6.7.|8|.9.10.11.|12|.13.14.15.|16|.17.18.19.|20|.21.22.23.|24|$$

où l'on voit que le terme cherché 23, occupe sur 5 intervalles de 4 à 24, l'intervalle $4\frac{1}{4}$, ou l'intervalle 19 sur 20 intervalles.

On pourroit même aisément et généralement, trouver d'un seul coup le moyen fractionnaire cherché. En effet, représentons-le par $b+\frac{c}{d}$, il suffira de faire dans la formule générale : $\alpha+\frac{n(\omega-\alpha)}{m+1}$, $n=bd+c$, et $m+1$

$= d(b+1)$; ce qui la changera en $a + \dfrac{(bd+c)(\omega-a)}{d(b+1)}$.

Si l'on veut appliquer cette nouvelle formule à l'exemple précédent, où $b=4$, $c=3$, $d=4$, on aura pour le moyen $4\frac{1}{4}$, $4 + \dfrac{(4\times 4+3)(24-4)}{4\cdot(4+1)} = 4+19 = 23$. Ce cas renferme de plus le premier, où le moyen cherché étoit exprimé par une fraction ; car il suffit de faire ici $b=0$, pour retomber sur la formule qui convenoit à ce cas, c'est-à-dire, sur $a + \dfrac{c}{d}(\omega - a)$.

S'il s'agissoit de progressions par quotiens, alors en raisonnant, absolument de la même manière qu'on vient de le faire, on voit qu'il faudroit, dans la formule générale $a\sqrt[m+1]{\left(\dfrac{\omega}{a}\right)^{n}}$, faire $n = bd+c$, et $m+1$

$= d(b+1)$; ce qui la changeroit en $a\sqrt[d(b+1)]{\left(\dfrac{\omega}{a}\right)^{bd+c}}$.

Si l'on demandoit, par exemple, la valeur du moyen exprimé par $2\frac{1}{3}$, et inséré entre 3 et 1536 ; ici $a=3$, $\omega=1536$, $b=2$, $c=1$, $d=3$; la formule devient donc

$$3\sqrt[9]{\frac{1536}{3}}^{\,7} = 3\sqrt[9]{512}^{\,7} = 3\sqrt[9]{\sqrt[3]{512}}^{\,7} =$$

$$3\sqrt[3]{8}^{\,7} = 3\times 2^7 = 3\times 128 = 384 \text{ ; en effet, si}$$

l'on achève ainsi la progression totale $\div 3:6:12:|24|:48:96:|192|:384:768:|1536|$, on verra que, sur 3 distances égales de 3 à 1536, 384 est à 2 distances $\frac{1}{3}$ ou à 7 sur 9.

50. Reprenons encore nos deux progressions générales,
que nous écrirons ainsi :

$$\div \alpha \,.\, \alpha + d \,.\, \alpha + 2d \,.\, \alpha + 3d \dots \alpha + d(n-3) \,.\, \alpha + d(n-2) \,.\, \alpha + d(n-1)$$

$$\div \alpha : \alpha q : \alpha q^2 : \alpha q^3 \dots\dots\dots \alpha q^{n-3} : \alpha q^{n-2} : \alpha q^{n-1}.$$

On voit, 1°. que les extrêmes, et les termes, deux à
deux, également éloignés des extrêmes, font, dans la
première, toujours la même somme $2\alpha + d(n-1)$,
et dans la seconde, toujours le même produit $\alpha^2 q^{n-1}$.
2°. que si le nombre total des termes est pair, le
nombre de toutes ces sommes égales, ou de tous ces produits égaux, sera égal à la moitié juste du nombre des
termes, ou à $\dfrac{n}{2}$; 3°. que le total de ces sommes ou de
ces produits, est égal à celui de la somme ou du produit
de tous les termes de ces progressions, et que, par conséquent, cette somme ou ce produit est égal à . . . .
$\dfrac{n}{2}(2\alpha + d(n-1))$, ou à $\dfrac{n}{2}\alpha^2 q^{n-1}$, ou bien (en
mettant dans chaque formule respective, ω au lieu de
$\alpha + d(n-1)$, et de αq^{n-1}, à $(\alpha + \omega)\dfrac{n}{2}$, $(\alpha\omega)^{\frac{n}{2}}$.
Soient, par exemple, les deux progressions suivantes,
où le nombre n de termes est pair :

$$\div 5 \,.\, 8 \,.\, 11 \,.\, 14 \,.\, 17 \,.\, 20 \,.\, 23 \,.\, 26$$
$$\div 3 : 6 : 12 : 24 : 48 : 96$$

En ajoutant tous les termes de la première, on a 124,
et en multipliant tous ceux de la seconde, le produit
est 23887872 ; et c'est en effet ce qu'on trouve par le
moyen des deux formules ci-dessus ; car la première
$(\alpha + \omega)\dfrac{n}{2}$ donne $(5 + 26) \times 4 = 124$, et la seconde

$$(\alpha\omega)^{\frac{n}{2}} = (3 \,.\, 96)^3 = 27\,.\,884736 = 23887872.$$

Tome II.   R

Mais si le nombre n des termes étoit impair, il s'en trouveroit un qui ne seroit pas répété, et alors la somme ou le produit des autres termes, qui seroient au nombre de $n - 1$ et pairs, se trouveroit par les formules précédentes, en changeant n en $n - 1$, et seroit donc

$$\text{ou}\,(a + \omega)\,\frac{n - 1}{2}, \quad \text{ou}\ (a\,\omega)^{\frac{n-1}{2}}.$$

Il ne faut donc plus à présent, qu'ajouter à la première formule le terme du milieu, ou multiplier la seconde par ce terme ; or, sa valeur, dans l'un et l'autre cas, est fort aisée à trouver ; car on voit que, si, pour un moment, l'on faisoit abstraction de tous les termes intermédiaires, le terme du milieu seroit moyen proportionnel entre les deux extrêmes ; il doit donc être égal dans l'une, à la moitié de leur somme (55), et dans l'autre à la racine quarrée de leur produit (58), c'est-à-dire, qu'on doit avoir pour la première $\dfrac{a + \omega}{2}$, et pour la seconde, $\sqrt{\overline{(a\,\omega)}}$. Si à présent j'ajoute $\dfrac{a + \omega}{2}$ avec $(a + \omega)\,\dfrac{n - 1}{2}$, il vient pour somme $(a + \omega)\,\dfrac{n}{2}$. Si ensuite je multiplie $(a\,\omega)^{\frac{n-1}{2}}$, ou (comme on le verra dans la partie suivante) $\sqrt{(a\,\omega)}^{\,n-1}$ par $\sqrt{\overline{a\,\omega}}$, j'aurai pour produit, $\sqrt{\overline{(a\,\omega)}}^{\,n}$. D'où l'on voit que, quelque soit n, pair ou impair, on a toujours, pour trouver la somme ou le produit de tous les termes d'une progression par différences, ou par quotiens, les deux formules $(a + \omega)\,\dfrac{n}{2}$, $\sqrt{\overline{(a\,\omega)}}^{\,n}$. Si j'avois, par exemple, à trouver la somme des termes suivans :

$$\div 4 \,.\, 7\tfrac{1}{2} \,.\, 11 \,.\, 14\tfrac{1}{2} \,.\, 18 \,.\, 21\tfrac{1}{2} \,.\, 25 \,.\, 28\tfrac{1}{2} \,.\, 32$$

ici $x = 4$, $\omega = 32$, $n = 9$. D'où $(x + \omega)\dfrac{n}{2} = (4 + 32)\dfrac{9}{2}$

$= 162$.

Nous ne donnerons pas d'exemples pour la dernière formule, parce qu'il est plus court de faire les multiplications successives, sur la progression même, lorsque n est impair. Mais nous ne finirons pas cet article, sans donner un exemple singulier, sur les progressions par différences. Supposons donc qu'on demande la somme de n termes de la progression $\div 1 . 3 . 5$. etc., c'est-à-dire, des n premiers nombres impairs; on voit que le dernier terme ω, quel qu'il soit, est $2n - 1$, puisque, dans la formule générale, $\omega = x + (n - 1) d$, $x = 1$ et $d = 2$;

donc la formule $(x + \omega)\dfrac{n}{2}$, qui donne la somme des

termes, devient $(1 + 2n - 1)\dfrac{n}{2}$, ou n^2; ce qui fait voir

que pour avoir la somme de n termes de la suite des nombres impairs, il faut seulement quarrer le nombre n de ces termes : ainsi, la somme des 100 premiers nombres impairs $= 10000$.

51. Tout ce qu'on vient de dire sur les deux espèces de progressions, confirme sans cesse ce que nous avons avancé, sur la correspondance qui règne entre toutes les opérations, correspondance telle, que l'on pourroit, connoissant une règle de l'une des progressions, deviner, par des substitutions convenables d'opérations, la règle correspondante dans l'autre progression. Mais il en est une très-utile dans les progressions par quotiens, et qui ne peut avoir sa relative dans l'autre sorte de progressions. C'est l'art de trouver les sommes de ces progressions, ce qui s'appelle leur *sommation*. Voici comment on peut y

parvenir. La progression étant toujours $\div\!\div\, \alpha : \beta : \gamma : \delta : \varepsilon \ldots$ $: \psi : \omega$; on peut l'écrire ainsi : $\alpha : \beta :: \beta : \gamma :: \gamma : \delta :: \delta : \varepsilon \ldots$ $:: \psi : \omega$; qui n'est qu'une suite de rapports égaux : mais alors (67) $\alpha + \beta + \gamma + \delta + \varepsilon + \ldots\ldots + \psi : \beta + \gamma + \delta + \varepsilon + \ldots\ldots + \omega :: \alpha : \beta$ ou αq; mais si on nomme s la somme de tous les termes de cette progression, le premier terme de la proportion n'est autre chose que $s - \omega$, et le second $= s - \alpha$; on a donc $s - \omega : s - \alpha :: \alpha : \alpha q$; d'où $s\alpha q - \alpha\omega q = s\alpha - \alpha^2$; ce qui donne, en divisant tous les termes par α, transposant et divisant, $s = \frac{\omega q - \alpha}{q - 1}$.

EXEMPLES. 1°. On demande de sommer la progression $\div\!\div\, 3 : 9 : 27 : 81 : 243 : 729 : 2187$; ici $\alpha = 3$, $\omega = 2187$, $q = 3$; donc $s = \frac{2187.3 - 3}{3 - 1} = 3279$; 2°. $\div\!\div\, \frac{2}{3} : \frac{3}{4} : \frac{27}{32} : \frac{243}{256} : \frac{2187}{2048}$; ici $q = \frac{9}{8}$; donc $s = \frac{\frac{2187}{2048} \times \frac{9}{8} - \frac{2}{3}}{\frac{9}{8} - 1} = \frac{\frac{19683}{16384} - \frac{2}{3}}{\frac{1}{8}} = \frac{26281}{6144} = 4\,\frac{1705}{6144}$.

52. Si la progression donnée étoit décroissante à l'infini; si, par exemple, on avoit à sommer la progression $\div\!\div\, \frac{1}{2} : \frac{1}{4} : \frac{1}{8} : \frac{1}{16}$ etc., que d'ailleurs l'on sait (52, Ire. partie) valoir 1, on y parviendroit de la manière suivante : Je commencerois par mettre pour ω sa valeur αq^{n-1}, et j'aurois $\frac{\omega q - \alpha}{q - 1} = \frac{\alpha(q^n - 1)}{q - 1}$: j'observerois ensuite que, dans tous les cas où la progression est décroissante, q est toujours une fraction, que je représenterois par $\frac{1}{q'}$, q' étant > 1 : cela posé, l'expression ci-dessus devien-

droit $\dfrac{\alpha\left(\dfrac{1}{q'^n}-1\right)}{\dfrac{1}{q'}-1} = \dfrac{\alpha q'\left(1-\dfrac{1}{q'^n}\right)}{q'-1}$; expression

où l'on voit que, plus n sera grand, plus q'^n le sera, et plus, au contraire, $\dfrac{1}{q'^n}$ sera petit. Or, puisqu'on veut sommer toute la progression, il s'ensuit que, pour remplir cette condition, on veut que le nombre n de termes que l'on somme, soit plus grand que tout nombre assignable. Donc $\dfrac{1}{q'^n}$ doit être zéro ; donc alors la somme $s = \dfrac{\alpha q'}{q'-1}$. Dans l'exemple ci-dessus, on a $\alpha = \frac{1}{2}$, $q' = 2$; donc $s = \dfrac{\frac{1}{2}\times 2}{2-1} = 1$, comme on l'avoit trouvé (p. 61). Si l'on avoit encore à sommer $\frac{1}{3} : \frac{2}{9} : \frac{2}{27} :$ etc., on auroit $\alpha = \frac{1}{3}$, $q' = 3$; donc $s = \dfrac{\frac{1}{3}\times 3}{3-1}$, $= 1$; et en général, étant donnée la progression continuée à l'infini $\dfrac{m}{m+1} : \dfrac{m}{(m+1)^2} : \dfrac{m}{(m+1)^3}$, etc., la somme de ses termes sera toujours 1. En effet, on a $\alpha = \dfrac{m}{m+1}$,

$q' = m+1$; donc $s = \dfrac{\alpha q'}{q'-1} = \dfrac{\dfrac{m}{m+1}\times m+1}{m+1-1} = 1$; ainsi, toutes les progressions suivantes, $\frac{1}{5} : \frac{4}{25} : \frac{4}{125} :$

$: \frac{8}{625}$ etc., $: \frac{16}{9} : \frac{8}{27} : \frac{4}{81} : \frac{2}{243}$ etc., $: \frac{9}{10}$ 0,9 : 0,09 : 0,009

: 0,0009 etc., ont également 1 pour sommes de tous leurs termes. Si on donnoit enfin à évaluer la somme des termes de $: \frac{2}{7} : \frac{3}{7} : \frac{4}{7} : \frac{11}{7} :$ etc., on auroit $a = \frac{2}{7}$, $q' = \frac{3}{7}$;

d'où $s = \dfrac{\frac{2}{7} \times \frac{3}{7}}{\frac{3}{7} - 1} = \frac{3}{7}$.

53. On peut encore, au moyen de la formule ci-dessus, sommer toutes les fractions décimales périodiques; soit, par exemple, 0,3333..., qui n'est autre chose que $\frac{3}{10} + \frac{3}{100} + \frac{3}{1000} +$ etc., on a ici $a = \frac{3}{10}$, $q' = 10$; d'où

$\dfrac{aq'}{q' - 1} = \frac{1}{3}$; 2°. soit 0,230769 230769, etc., on a $a = \frac{230769}{1000000}$,

$q' = 1000000$; d'où $s = \frac{230769}{999999} = \frac{3}{13}$, en divisant les deux termes par 76923, leur plus grand commun diviseur : soit demandée enfin la valeur, en fraction ordinaire de 0,253333..., je regarde cette fraction comme composée des deux suivantes, 0,25 et 0,003333 : or, 0,25 $= \frac{1}{4}$, et la somme de $\frac{3}{1000} + \frac{3}{10000} + \frac{3}{100000} +$, etc. $= \frac{1}{300}$; donc la fraction totale $= \frac{1}{4} + \frac{1}{300} = \frac{304}{1200} = \frac{19}{75}$.

Nous avons vu que les progressions par différences, ainsi que celles par quotiens, avoient deux propriétés essentielles, renfermées pour les premières dans les deux équations, $u = a + d(n-1)$, $s = (a + u)\frac{n}{2}$, et pour

les secondes, dans ces deux-ci, $u = aq^{n-1}$, $s = \dfrac{uq - a}{q - 1}$.

En combinant de part et d'autre les deux équations, on parviendroit à résoudre ce problème général ; étant données trois de ces cinq choses, le premier terme a, le dernier u, le nombre des termes n, la somme des termes s, et la différence d, ou le quotient q, dans toute progression, soit par différences, soit par quotiens, trouver les deux autres. Les connoissances, acquises jusqu'ici, suffiroient bien pour résoudre la première partie du problème, mais rarement pour résoudre la seconde : ainsi, pour conserver le rapport intime qui règne dans les opérations relatives aux deux progressions, nous renvoyons le Lecteur au supplément de cet ouvrage,

FIN DES ADDITIONS A LA SECONDE PARTIE.

NOTES

SUR

LA TROISIÈME PARTIE.

Note 1 sur l'article II.

CE que l'Auteur avance dans cet article, sert très-bien à prouver, que si $x = a = b = c = d = e$, le produit des cinq facteurs, $(x-a)(x-b)(x-c)(x-d)(x-e)$, conduit à une équation du cinquième degré; mais cela ne fait point voir l'inverse de cette proposition, c'est-à-dire, que toute équation en x du cinquième degré, a, et ne peut avoir que cinq racines : nous avons déjà fait voir (31, II² part.) que toute équation du second degré, ne pouvoit avoir plus de deux racines; nous démontrerons, dans les additions à la quatrième partie, et à la cinquième, que toute équation du troisième et du quatrième degrés, n'en peut avoir plus de trois et quatre, et nous nous réservons de démontrer en général, dans le supplément, que toute équation du degré n, ne peut avoir plus de n racines.

Note 2 sur l'article III.

A l'inspection seule de l'exemple du cinquième degré, donné par l'Auteur, on voit, par les simples loix de l'analogie, que les conséquences qu'il en tire dans l'article IV, seroient toujours les mêmes, quelqu'eût été le nombre des facteurs $(x-a)(x-b)(x-c)$ etc., qu'il se fût proposé. Mais on peut aussi les démontrer de la manière suivante, qui a sur l'autre, l'avantage de la généralité.

Soit donc représenté le produit d'un nombre indéfini n de facteurs, par

$$x^n - px^{n-1} + qx^{n-2} - rx^{n-3} + \ldots \ldots \pm v,$$

le signe $+$ ayant lieu pour les cas où n est pair, et par conséquent le signe $-$, pour ceux où n est impair ; si on multiplie la quantité ci-dessus par un nouveau facteur $x-m$, on aura le produit suivant :

$$x^{n+1} - px^n + qx^{n-1} - rx^{n-2} \ldots \pm vx$$
$$- mx^n + mpx^{n-1} - mqx^{n-2} \ldots \ldots \mp mv.$$

On voit à l'instant, 1°. que si p est la somme des n racines a, b, c, d, etc., $p+m$ sera celle des $n+1$ racines a, b, c, d.... m, et l'on en concluera, que la première conséquence tirée par l'Auteur, aura lieu pour le produit de $n+1$ facteurs, si elle a lieu pour celui de n facteurs.

2°. Que si q est la somme des produits des n racines a, b, c, d, etc., multipliées deux à deux, $q+mp$ représentera la somme des produits des $n+1$ racines a, b, c, d.... m prises deux à deux. En effet, p étant la somme des premières, mp sera celle de leurs produits par la nouvelle racine m ; donc la deuxième conséquence sera juste pour $n+1$, si elle l'est pour n de ces racines.

3°. Que si r est la somme des produits de n racines a, b, c, d etc., prises trois à trois, $r+mq$ sera celle des produits des $n+1$ racines a, b, c, d.... m, prises aussi trois à trois : en effet mq, suivant ce qu'on vient de voir, n'est autre chose que la somme des produits des premières racines, prises deux à deux, et multipliées par la racine m nouvellement introduite; d'où il suit que la troisième conséquence est légitime pour $n+1$ racines, si elle est prouvée pour n racines.

4°. En raisonnant d'une manière analogue, on arrivera jusqu'au dernier terme, pour lequel l'on démontrera de même, qu'il doit renfermer le produit des $n+1$ racines a, b, c, d... m. L'on voit donc que si les conséquences, tirées par l'Auteur, sont vraies pour le cinquième degré, elles le seront aussi pour le sixième; ensuite que, si elles le sont pour le sixième, elles le sont aussi pour le septième, et ainsi de suite pour tous les degrés.

Note 3 sur l'article VIII.

Il est aisé de démontrer généralement que si, dans l'équation :

$$x^n + ax^{n-1} + bx^{n-2} + \ldots + hx + k = 0,$$

a, b, c... h et k sont des entiers, positifs ou négatifs, l'une quelconque des valeurs de x ne peut être une fraction; en effet, supposons qu'il pût en exister une, telle que $\dfrac{p}{q}$, que nous supposerons réduite à ses moindres termes; si l'on substitue $\dfrac{p}{q}$ au lieu de x dans l'équation, on aura

$$\frac{p^n}{q^n} + a\frac{p^{n-1}}{q^{n-1}} + b\frac{p^{n-2}}{q^{n-2}} \ldots + h\frac{p}{q} + k = 0,$$

qui doit avoir lieu. Donc tous les termes du premier membre doivent se détruire, puisque le second membre est zéro; or, cela est impossible, et c'est ce qu'il est fort aisé de prouver : qu'on multiplie en effet tous les termes du premier membre par q^{n-1}, on aura pour nouvelle équation,

$$\frac{p^n}{q} + ap^{n-1} + bp^{n-2}q \ldots + hpq^{n-2} + kq^{n-1} = 0,$$

où l'on voit que tous les termes, hors le premier, étant des entiers par l'hypothèse, aucun d'eux ne peut anéantir le premier, qui est nécessairement une fraction, puisque p et q étant, encore par l'hypothèse, des nombres premiers entr'eux, p^n et q sont aussi premiers entr'eux.

Note 4 sur les articles XII et XIX.

Pour donner à ces deux articles toute l'évidence dont ils sont susceptibles, nous observerons, que si le premier membre d'une équation quelconque $x^n + px^{n-1} + qx^{n-2} \ldots + t = 0$, est divisible par $x + a$, il s'ensuit nécessairement que $b + a$ doit diviser exactement $b^n + pb^{n-1} + qb^{n-2} \ldots + t = 0$, puisque les deux nouvelles quantités sont formées en b, comme les deux premières en x. Que, par la même raison, si $x^n + px^{n-1} + qx^{n-2} \ldots + t$, est exactement divisible par $x^2 + bx + c$, il faut que $d^n + pd^{n-1} + qd^{n-2} + \ldots + t$, soit divisible exactement par $d^2 + bd + c$; enfin, qu'en général, si $x^n + px^{n-1} + qx^{n-2} \ldots + t$, est divisible sans reste par $x^m + ax^{m-1} + bx^{m-2} \ldots + h$, il faut que $k^m + ak^{m-1} + bk^{m-2} \ldots + h$, soit un diviseur exact de $k^n + pk^{n-1} + qk^{n-2} \ldots + t$; ce qui est d'ailleurs évident, si l'on fait attention que cela revient à supposer $x = k$, et à substituer pour x cette valeur, dans tous les termes du dividende et du diviseur.

Note 5.

Les exemples donnés par l'Auteur, depuis l'art. XIV jusqu'à la fin de la troisième partie, pour trouver les diviseurs commensurables, soit numériques, soit littéraux, soit du premier degré, soit du second, sont très-propres à donner au Lecteur l'habitude de ce genre de procédé. Mais il existe encore plusieurs autres méthodes, ou plus élégantes, ou même plus simples, qui vont former l'addition à cette troisième partie.

FIN DES NOTES SUR LA TROISIÈME PARTIE.

ADDITIONS

A LA TROISIÉME PARTIE.

Des diviseurs commensurables des équations.

1. Commençons par chercher les diviseurs commensurables du premier degré des équations numériques ; pour cela, je vais exposer la méthode que donne Bézout dans ses Elémens d'Algébre (p. 236 , an 1800). « Supposons , dit l'Auteur , qu'on veuille avoir les diviseurs commensurables d'une équation , lorsqu'elle en a ; par exemple , d'une équation du quatrième degré , exprimée généralement par $x^4 + px^3 + qx^2 + rx + s = 0$. Représentons ce diviseur par $x + a$; alors l'équation proposée peut donc être considérée comme ayant été formée de la multiplication de $x + a$, par un facteur du troisième degré , tel que $x^3 + kx^2 + mx + n$: multiplions donc ces deux facteurs l'un par l'autre , nous aurons :

$$\left.\begin{array}{l} x^4 + kx^3 + mx^2 + nx \\ \quad + ax^3 + akx^2 + amx + an \end{array}\right\} = 0,$$

qui , devant être la même chose que $x^4 + px^3 + qx^2 + rx + s = 0$, donne les équations suivantes : $k + a = p$,

$m + ak = q$, $n + am = r$, $an = s$, ou $n = \dfrac{s}{a}$,

$$m = \frac{r - n}{a}, \quad k = \frac{q - m}{a}, \quad 1 = \frac{p - k}{a}.$$

Supposons donc maintenant qu'ayant pris pour a, un des diviseurs du dernier terme, je veuille savoir s'il doit être admis, les équations, $n = \dfrac{s}{a}$, $m = \dfrac{r-n}{a}$, etc, me disent : divisez le dernier terme de cette équation par ce diviseur, retranchez le quotient du coefficient de x, et divisez le reste par ce même diviseur ; retranchez le second quotient du coefficient de x^2, et divisez encore le reste par le même diviseur, et continuez toujours de même, jusqu'à ce que vous soyez arrivé au coefficient du second terme de l'équation, pour lequel vous devez trouver 1 pour quotient. Si le diviseur que vous avez pris, satisfait à toutes ces divisions, il peut sûrement être pris pour a ; mais si l'une seulement de ces divisions ne peut être faite exactement, le nombre que vous avez choisi doit être rejetté.

Comme l'unité est toujours diviseur de tout nombre, il est visible qu'il faudra aussi tenter l'unité, tant en $+$ qu'en $-$; mais on aura plutôt fait pour celle-ci de l'examiner, en substituant successivement $+1$ et -1, au lieu de a dans l'équation ; substitution qui est très-facile, puisque toute puissance de $+1$ est $+1$, et que toute puissance paire de -1 est $+1$, et toute puissance impaire, -1 ; si ni l'une ni l'autre de ces deux substitutions ne donne 0 pour résultat, alors a ne peut être ni $+1$, ni -1.

Cela posé, voici comment on procédera à l'examen de tous les diviseurs du dernier terme, autres que l'unité.

Supposons qu'on demande si l'équation $x^4 - 9x^3 + 23x^2 - 20x + 15 = 0$, a quelque diviseur commensurable. Je cherche les diviseurs du dernier terme 15, autres que l'unité ; les ayant trouvés, je les écris par ordre de grandeur, en les prenant tant en $+$ qu'en $-$, comme on le voit ici à la première ligne des nombres.

$$x^4 - 9x^3 + 23x^2 - 20x + 15 = 0$$

$$\text{diviseurs de } 15\ldots + 15, + 5, + 3, - 3, - 5, - 15$$
$$+ 1, + 3, + 5, - 5, - 3, - 1$$
$$- 21, - 23, - 25, - 15, - 17, - 19$$
$$+ 5$$
$$+ 18$$
$$- 6$$
$$- 3$$
$$+ 1$$

je divise le dernier terme $+$ 15 par chacun des nombres de la première ligne, et j'écris les quotiens pour seconde ligne.

Je retranche chaque terme de la seconde ligne du coefficient de x, c'est-à-dire de $-$ 20, et j'écris les restes pour la troisième ligne.

Je divise chaque terme de ceux-ci, par le terme correspondant de la première ligne, et à mesure que je trouve un quotient, je l'écris. Ici, je n'en trouve qu'un, savoir, $+$ 5; ainsi, je suis sûr qu'il ne peut y avoir qu'un diviseur commensurable; mais soit qu'il n'y ait qu'un quotient exact, soit qu'il y en ait plusieurs, on continuera en cette manière.

Je retranche chaque quotient du coefficient 23 de x^2, et j'écris les restes pour cinquième ligne, c'est ici 18.

Je divise, de même que ci-devant, chacun de ces restes, par le terme correspondant de la première ligne, et j'écris chaque quotient au-dessous; c'est ici $-$ 6.

Je retranche chacun de ces nouveaux quotiens, du coefficient $-$ 9 de x^3, et j'écris les restes au-dessous; c'est ici $-$ 3.

Enfin, je divise ceux-ci, encore par le terme correspondant de la première ligne. Je trouve pour quotient $+1$; d'où je conclus que le terme correspondant -3, de la première ligne, est a, et que par conséquent le diviseur $x + a$ est $x - 3$, c'est-à-dire, que $x - 3$ divise l'équation; donc $x = 3$, est la valeur commensurable de x dans l'équation proposée.

Non-seulement par cette méthode, on trouve le diviseur de l'équation, mais on trouve encore le quotient; il n'y a qu'à prendre dans la colonne qui a satisfait, les nombres qui se trouvent sur les lignes de numéro pair, à compter de la première; ces nombres formeront le dernier terme, et les coefficiens successifs de x, x^2, x^3, etc., dans le second facteur de l'équation. Ici, par exemple, on trouve -5, $+5$, -6, $+1$; j'en conclus que le second facteur est $1\,x^3 - 6x^2 + 5x - 5$, ou $x^3 - 6x^2 + 5x - 5$; ensorte que l'équation proposée est le produit de $x - 3$ par $x^3 - 6x^2 + 5x - 5$.

Nous prendrons, pour second exemple, l'équation suivante :

$$x^3 + 2x^2 - 33x + 14 = 0$$

$$\text{diviseurs de } 14\ldots + 14, + 7, + 2, - 2, - 7, - 14$$
$$+ 1, + 2, + 7, - 7, - 2, - 1$$
$$-34, -35, -40, -26, -31, -32$$
$$- 5, -20, +13$$
$$+ 7, +22, -11$$
$$+ 1, +11$$

En opérant comme dans l'exemple précédent, on ne trouve que les diviseurs 7 et 2, qui soutiennent l'épreuve jusqu'à la dernière ligne; mais le second, c'est-à-dire, 2, ne peut satisfaire, parce que le dernier quotient qu'il donne

donne est 11, au lieu qu'il doit être 1. Ainsi, il n'y a qu'un diviseur commensurable ; c'est $x + 7$.

2. Cette méthode s'applique également aux équations littérales : si elles ont le même nombre de facteurs dans chaque terme, alors on n'écrira en première ligne, que ceux des diviseurs du dernier terme de l'équation, qui n'ont qu'un facteur. Si le nombre des facteurs de chaque terme n'est pas le même, on le rendra tel, en introduisant une lettre, dont les puissances completteront dans tous les termes, ce nombre de facteurs.

Quand le nombre des facteurs est le même dans chaque terme d'une équation, on dit alors que l'équation est *homogène*.

Nous avons supposé que le premier terme n'avoit aucun coefficient ; s'il en avoit un, le diviseur, au lieu d'être simplement $x + a$, seroit en général $mx + a$; et m seroit quelqu'un des facteurs du coefficient du premier terme. Alors, si l'on vouloit faire usage de la méthode précédente, il faudroit, pour chaque facteur, au lieu de la seconde ligne, employer cette seconde ligne, multipliée par m ; au lieu de la quatrième, employer cette quatrième, multipliée par m, et ainsi de suite ; et n'admettre pour a, que les termes de la première, qui auroient pour correspondant, dans la dernière, le second facteur du premier terme de l'équation proposée : mais il suffira de prendre en $+$ les nombres que l'on essaiera pour m. Au reste, on peut ramener ce cas au précédent, en faisant évanouir ce coefficient par la méthode donnée (art. IX).

3. Lorsqu'une équation n'a pas de diviseur commensurable du premier degré, elle peut néanmoins en avoir

du second. On peut trouver ceux-ci par une méthode analogue à celle que nous venons d'exposer ; mais les calculs deviennent très-longs. On aura aussi-tôt fait en cette manière. Représentez ce facteur par $x^2 + mx + n$; multipliez-le par un autre facteur convenable, pour produire une quantité du degré de l'équation proposée, c'est-à-dire, par un facteur du troisième degré, tel que $x^3 + ax^2 + bx + c$, si l'équation proposée est du cinquième ; égalez le produit terme à terme avec l'équation, vous aurez autant d'équations particulières, que d'inconnues a, b, c, m, n, etc. ; de ces équations, vous tirerez aisément les valeurs de a, b, c, que vous substituerez dans les équations restantes ; alors vous aurez deux équations, qui ne renfermeront plus d'inconnues que m et n. Chassez m, et cherchez les diviseurs commensurables de l'équation en n ; vous aurez la valeur de n, par le moyen de laquelle, et de la valeur de m en n, que vous aurez en éliminant, vous déterminerez m, et par conséquent le facteur $x^2 + m + n$.

On voit par-là comment on doit s'y prendre, pour trouver les facteurs commensurables des troisième, quatrième, cinquième, etc. degrés. »

4. Telles sont les règles générales données par Bézout, pour trouver toutes sortes de diviseurs commensurables. Mais comme il ne donne aucune application de celles énoncées dans les articles 2 et 3, nous croyons devoir, à l'aide de quelques exemples, en faciliter la pratique au Lecteur. Mais avant tout, pour faire voir la supériorité que la méthode de l'article 1 a sur celle de Clairaut, nous allons appliquer celle-là à l'un des exemples donnés par notre Auteur.

Soit donc proposé de trouver le diviseur commensurable $x + a$ de l'équation (XIV) ,

$$x^3 - 2x^2 - 13x + 6 = 0$$

diviseurs de 6.... $+ 6, + 3, + 2, - 2, - 3, - 6$

$|+ 1, + 2, + 3, - 3, - 2, - 1$

$- 14, - 15, - 16, - 10, - 11, - 12$

$- 5, - 8, + 5,\qquad + 2$

$+ 3, + 6, - 7,\qquad - 4$

$+ 1, + 3$

On voit que $+ 3$ est le seul diviseur , qui ait soutenu l'épreuve jusqu'à la fin , et qui en même-tems ait donné 1 pour dernier quotient. Donc $x + 3$ est le diviseur commensurable cherché , et trouvé d'une manière un peu plus courte , que par la méthode donnée par Clairaut. Un second avantage , c'est que si l'on prend sur la seconde , sur la quatrième et la sixième lignes , de la colonne qui a satisfait aux épreuves , les quotiens successifs $+ 2$, $- 5$ et $+ 1$, on aura $1 x^2$ ou $x^2 - 5 x + 2$, pour le second facteur de l'équation proposée , tandis que par l'autre méthode , il faut effectuer la division de l'équation par le facteur $x + 3$.

5. On vient de voir que la méthode de Bézout étoit , dans les cas précédens , doublement préférable à celle de Clairaut. Mais il est un cas , comme on le peut voir (art. XVII) , où celle de Bézout deviendroit encore plus longue que l'autre , et sur-tout très-incommode à exécuter. On en pourra juger par l'exemple même.

S 2

$$x^5 - 12x^4 + 5x^3 - 61x^2 + 22x - 120 = 0$$

+120, +60, +40, +30, +24, +20, +15, +12, +10, + 8, + 6, + 5, + 4, + 3, + x

— 1, — 2, — 3, — 4, — 5, — 6, — 8, —10, —12, —15, —20, —24, —30, —40, — 60

+ 23, +24, +25, +26, +27, +28, +30, +32, +34, +37, +42, +46, +52, +62, + 82

```
        + 2            + 7            +13            + 41
        —63            —68            —74            —102
                                                     — 61
                                                     + 66
                                                     + 55
                                                     — 43
```

$$x^5 - 12x^4 + 5x^3 - 61x^2 + 22x - 120 = 0$$

— 2, — 3, — 4, — 5, — 6, — 8, —10, —12, —15, —20, —24, —30, — 40, — 50, —120

+60, +40, +30, +24, +20, +15, +12, +10, + 8, + 6, + 5, + 4, + 3, + 2, + 1

—38, —18, — 8, — 2, + 4, + 7, +10, +12, +14, +16, +17, +18, +19, +20, + 21

```
+19, + 6, + 2,              — 1 — 1
—80, —67, —63,             —60, —60
+40                        + 6 + 5
—55                        — 1    0
                                  2
                                 —12
                                 + ,
```

Nous avons exécuté cet exemple tout au long, pour faire voir que la méthode de Bézout, toute simple et toute élégante qu'elle est, devenoit dans ce cas particulier de beaucoup inférieure, pour la briéveté, à celle de notre Auteur; cependant celle-ci est encore trop longue; car on peut se dispenser alors de chercher tous les diviseurs de 120, opération fort longue, et ensuite de chercher les progressions d'une manière aussi laborieuse, que celle indiquée par Clairaut. Pour cela, l'on se conduira de la manière suivante.

6. Après avoir trouvé, par les substitutions de + 1 et de — 1 pour x, les nombres — 165 et — 221, je regarde quel est celui de ces nombres, dont on peut le plus aisément déterminer les diviseurs; je vois à l'instant que

c'est 165, puisqu'il est divisible par les premiers nombres impairs 3 et 5; d'après cela, et d'après la méthode donnée (XVI), je vois que les diviseurs de 165
sont ± 1, ± 3, ± 5, ± 11, ± 15, ± 33, ± 55,
± 165. J'observe alors que chacun de ces diviseurs doit
surpasser de 2, tous les diviseurs de 221; il faut donc
que je trouve pour diviseurs de 221 . . . .

$$\begin{cases} -1, +1, +3, +9, +13, +31, +53, +163 \\ -3, -5, -7, -13, -17, -35, -57, -167 \end{cases}$$

On voit bientôt que -1, $+1$, -13, $+13$, -17, sont
les seuls qui puissent satisfaire; c'est-à-dire, que l'on
a pour les deux termes extrêmes de chaque progression
qui peut réussir, les nombres suivans . . . . . .

$$\begin{cases} +1, +3, -11, +15, -15 \\ -1, +1, -13, +13, -17 \end{cases}$$; donc il faut trouver

pour diviseurs de 120, les nombres 0, $+2$, -12, $+14$
-16, parmi lesquels $+2$ et -12, sont les seuls qui
soient à essayer, ainsi qu'on l'avoit trouvé dans l'art. XVII.

7. Cette méthode, comme on le voit, abrège de beaucoup les calculs, dans le cas où le dernier terme a beaucoup de diviseurs. Si au contraire, ce terme en avoit
fort peu, alors on augmenteroit successivement, ou l'on
diminueroit d'une unité chacun de ces diviseurs, pris
tant en $+$ qu'en $-$, et l'on verroit si les nouveaux
nombres sont diviseurs des deux nombres, provenus des
substitutions de $+$ et -1 pour x. Par-là on s'épargneroit
la double peine de chercher les diviseurs de ces deux
derniers nombres. Éclaircissons ceci par un exemple.
Soit donc proposé de trouver le diviseur commensurable de l'équation, $x^6 + 13 x^5 - 2 x^4 - 25 x^3 + 10 x^2$
$- 22 x + 221 = 0$. Je cherche d'abord les diviseurs de
221, qui sont, 1, 13, 17, 221, qu'il faut prendre tant

en $+$ qu'en $-$, sans compter $+$ et $-$ 1, qui ne peu-vent réussir dans ce cas, mais qui donnent pour résultats les deux nombres 196 et 264. J'augmente alors de 1, les diviseurs 13, 17, 221, pris en $+$ et en $-$, ce qui me donne $+$ 14, $+$ 18, $+$ 222, $-$ 220, $-$ 16 et $-$ 12. Je n'ai donc ici qu'à voir si 196 est divisible par quel-qu'un de ces nombres, ou plutôt seulement par 12, 14, 16 et 18; 14 seul réussit; d'où je conclus que, puisque les deux premiers termes de la progression sont $+$ 14 et $+$ 13, il ne me reste plus qu'à voir si $+$ 12 est facteur de 264; il l'est effectivement; d'où je conclus que le diviseur cherché est $x + 14$; en effet, si je di-vise la quantité proposée $x^6 + 13x^5 - 2x^4 - 25x^3 + 10x^2 - 22x + 221$, par $x + 14$, je trouve pour quotient exact, $x^5 - 2x^3 + x^2 - 3x + 17$. On voit ici combien cette manière est abrégée, puisque, 1°. elle exempte de la peine de chercher tous les diviseurs, tant de 196 que de 264; et 2°. de comparer ensemble tous les diviseurs de 196, 221, et de 264, pour chercher quels sont ceux qui forment progression.

8. Voyons à présent le cas, où le premier terme de l'équation proposée auroit un coefficient, et où il s'agi-roit de trouver le diviseur commensurable, $mx + a$, de cette équation. Voici d'abord la manière dont on peut démontrer la règle donnée pour ce cas par Bézout : re-présentons généralement toute équation, du quatrième degré, par exemple, où le premier terme auroit un coefficient par $nx^4 + px^3 + qx^2 + rx + s = 0$; et son diviseur commensurable, s'il y en a, par $mx + a$: alors l'équation ci-dessus pourra être considérée, comme le produit d'un facteur du troisième degré, $hx^3 + ix^2$

$+ kx + l$, par $mx + a$. Multiplions donc ces deux facteurs l'un par l'autre, et nous aurons

$$hx^3 + ix^2 + kx + l$$
$$mx + a$$

$$hmx^4 + imx^3 + kmx^2 + lmx$$
$$+ ahx^3 + aix^2 + akx + al = 0,$$

qui, devant être la même que $nx^4 + px^3 + qx^2 + rx + s = 0$, fournit cette suite d'équations : $hm = n$, $im + ah = p$, $km + ai = q$, $lm + ak = r$, $al = s$, ou

$$l = \frac{s}{a}, \; k = \frac{r - lm}{a}, \; i = \frac{q - km}{a}, \; h = \frac{p - im}{a}, \; \text{ce}$$

qui, avec l'équation $h = \dfrac{n}{m}$, donne la règle suivante :

Après avoir trouvé tous les diviseurs du dernier terme s de l'équation proposée, écrivez-les tous en $+$ et en $-$ sur une même ligne, divisez ce terme successivement par chacun de ces diviseurs ; ce qui vous donnera une seconde ligne, qui contiendra tous les quotiens provenus de ces divisions ; alors, ayant pris à volonté l'un des diviseurs du coefficient n du premier terme de l'équation proposée, multipliez par ce diviseur tous les termes de cette seconde ligne, et de tous ces produits formez une troisième ligne : retranchez alors les produits du coefficient de x ; ce qui vous donnera une quatrième ligne, qui vous en fournira une cinquième, composée des quotiens de tous les termes de cette ligne, divisés par les nombres correspondans de la première ; et continuez ainsi jusqu'à la fin, où vous devez trouver pour quotient, celui du coefficient du premier terme de l'équation proposée, divisé par le facteur que vous aurez adopté.

Il sera fort facile d'appliquer cette règle à un exemple : pour cela, prenons celui que donne Clairaut (XXIII).

L'explication qui l'accompagne nous dispensera de détails ultérieurs.

$$6x^4 - x^3 - 21x^2 + 3x + 20 = 0$$

diviseurs de 20... $+20, +10, +5, +4, +2, -2, -4, -5, -10, -20$

l....... $+1, +2, +4, +5, +10, -10, -5, -4, -2, -1$

lm.... $+3, +6, +12, +15, +30, -30, -15, -12, -6, -3$

$r-lm$.... $0, -3, -9, -12, -27, +33, +18, +15, +9, +6$

k....... 0 .... -3 .... -3

km.... 0 .... -9 .... -9

$q-km$.... -21 .... -12 .... -12

i .... -3

im .... -9

$p-im$ .... $+8$

h .... $+2 = \dfrac{m}{n} = \dfrac{6}{3}.$

9. Il ne me reste plus, pour terminer l'application des règles données par Bézout, au sujet des diviseurs commensurables du premier degré, qu'à opérer sur une équation littérale. Supposons donc qu'on veuille trouver le diviseur de $x^4 + (2a - b)x^3 + (a^2 - ab + b^2)x^2 + (2ab^2 - b^3)x + a^2b^2 - ab^3 = 0$, j'opère comme il suit :

$$x^4 + (2a-b)x^3 + (a^2 - ab + b^2)x^2 + (2ab^2 - b^3)x + a^2b^2 - ab^3$$

$+a,$	$+b,$	$+a-b,$	$-a+b,$	$-b,$	$-a$
$ab^2-b^3,$	$a^2b-ab^2,$	$ab^2,$	$-ab^2,$	$-a^2b+ab^2,$	$-ab^2+b^3$
$ab^2,$	$3ab^2-a^2b-b^3,$	$ab^2-b^3,$	$3ab^2-b^3,$	$ab^2+a^2b-b^3,$	$3ab^2-2ab^3$
$b^2,$	$3ab-a^2-b^2,$	$b^2,$		$-ab-a^2+b^2,$	
$a^2-ab,$	$2a^2-4ab+2b^2,$	$a^2-ab,$		$2a^2,$	
$a-b,$		a			
a		$a-b$			
$+1$		$+1$			

c'est-à-dire, que je cherche tous les diviseurs d'une dimension, du dernier terme $a^2 b^2 - ab^3$; ils sont a, b, et $a - b$, que je prends tant en $+$ qu'en $-$; ensuite j'opère absolument de la manière, qui a été prescrite pour les équations numériques; je ne trouve que deux diviseurs a et $a - b$, qui soutiennent l'épreuve jusqu'à la fin; d'où je conclus que les diviseurs de l'équation proposée sont $x + a$, et $x + a - b$; en effet, si j'effectue les divisions, je trouve pour second quotient $x^2 + b^2$. Passons aux diviseurs commensurables et numériques du second degré.

10. On a vu que Bézout avoit avancé, que pour trouver les diviseurs du second degré, il étoit aussi court de se servir de la méthode qu'il expose (3); parce que les calculs deviendroient fort longs, si l'on se servoit pour ces diviseurs d'une méthode analogue à celle qu'il a employée pour ceux du premier. Cette assertion est vraie, passé le quatrième degré; cependant, lorsque l'équation proposée ne monte qu'à ce degré, on peut, au moyen d'une légère préparation, trouver brièvement par cette méthode, le diviseur cherché.

Soit donc proposée l'équation générale du quatrième degré, $y^4 + fy^3 + gy^2 + hy + i = o$; je commence, pour simplifier les calculs, par faire évanouir le second terme de cette équation, en faisant $y = \dfrac{x - f}{4}$; d'où je tire:

$$y^4 = \dfrac{x^4 - 4fx^3 + 6f^2 x^2 - 4f^3 x + f^4}{4^4}$$

$$+ fy^3 = \dfrac{fx^3 - 3f^2 x^2 + 3f^3 x - f^4}{4^3}$$

$$+ gy^2 = \dfrac{gx^2 - 2fgx + gf^2}{4^2}$$

$$+ hy = \dfrac{hx - hf}{4}$$

$$+ i = i$$

Multipliant alors tous les termes de la seconde ligne par 4, tous ceux de la troisième par 4^2 ou 16, tous ceux de la quatrième par 4^3 ou 64, enfin i par 4^4 ou 256, on a

$$x^4 - 4fx^3 + 6f^2x^2 - 4f^3x + f^4 + 4fx^3 - 12f^2x^2$$
$$+ 12f^3x - 4f^4 + 16gx^2 - 32fgx + 16f^2g + 64hx$$
$$- 64fh + 256i = 0,$$

ou en réduisant, $x^4 + (16g - 6f^2)x^2 + (8f^3 - 32fg + 64h)x - 3f^4 + 16f^2g - 64fh + 256i = 0$, équation à-la-fois sans second terme, et sans fraction. (1)

Je suppose maintenant $16g - 6f^2 = p$, $8f^3 - 32fg + 64h = q$, $-3f^4 + 16f^2g - 64fh + 256i = r$, et il me vient l'équation du quatrième degré, générale et sans second terme,

$$x^4 + px^2 + qx + r = 0$$

Dans cet état, pour avoir, quand il est possible, les diviseurs commensurables du second degré, je regarde

---

(1) Si j'eusse supposé $y = x - \dfrac{f}{4}$, alors en faisant pour x et ses puissances, les substitutions convenables, j'aurois trouvé pour résultat, $x^4 + \left(g - \dfrac{3f^2}{8}\right)x^2 + \left(h - \dfrac{2fg}{4} + \dfrac{8f^3}{64}\right)x - \dfrac{3f^4}{256} + \dfrac{gf^2}{16} - \dfrac{fh}{4} + i = 0$; faisant alors $y = \dfrac{z}{4}$, il seroit venu $\dfrac{z^4}{256} + \left(g - \dfrac{3f^2}{8}\right)\dfrac{z^2}{16} + \left(h - \dfrac{2fg}{4} + \dfrac{f^3}{8}\right)\dfrac{z}{4} - \dfrac{3f^4}{256} + \dfrac{gf^2}{16} - \dfrac{fh}{4} + i = 0$; ou, en multipliant tous les termes par 256, $z^4 + (16g - 6f^2)z^2 + (64h - 32fg + 8f^3)z - 3f^4 + 16gf^2 - 64fh + 256i = 0$, équation formée en z, comme celle, qu'on vient de trouver par la première manière, est formée en x, mais qui exige des calculs plus longs et plus laborieux.

cette équation comme le produit des deux équations suivantes :

$$x^2 + ax + b$$
$$x^2 - ax + c$$

$$x^4 + ax^3 + bx^2 + acx + bc = 0$$
$$-ax^3 + cx^2 - abx$$
$$-a^2 x^2$$

qui se réduit à l'équation, aussi sans second terme,
$x^4 + (b + c - a^2) x^2 + a(c - b) x + bc = 0$. La
comparant, terme à terme, à l'équation $x^4 + px^2 + qx
+ r = 0$, il vient $b + c - a^2 = p$, $a(c - b) = q$, $bc = r$;
ou $c = \dfrac{r}{b}$, $a = \dfrac{q}{c - b}$, $a^2 = c + b - p$; ce qui me

dit : Voulez-vous savoir si une équation du quatrième
degré est décomposable en deux équations du second,
commencez, si elle a un second terme, à la transformer
en une autre sans second terme, ce qui vous sera facile
en faisant les substitutions indiquées ci-dessus : alors cherchez tous les facteurs du dernier terme, et pour chaque
couple de facteurs, voyez, 1°. si leur différence est un
diviseur du coefficient de x dans la transformée, et de
plus, donne un quotient positif; 2°. si le coefficient de
x^2, retranché de leur somme est un quarré; 3°. enfin,
si la racine de ce quarré est égale au quotient ci-dessus;
si ces trois conditions ont lieu, alors vous aurez le second terme a des deux équations composantes; mais si
l'une seulement de ces conditions manquoit, alors ni la
transformée, ni l'équation proposée ne seroient décom-
posables en deux équations du second degré.

Nous allons offrir au Lecteur les exemples suivans,
tant pour le diriger dans l'application de cette règle,

que pour prévenir les difficultés qui pourroient résulter
de l'ambiguité des signes.

1°. L'on demande si l'équation $y^4 + 8y^3 + 3y^2 - 46y + 35 = 0$, est décomposable en deux équations du second degré. Ici j'ai d'abord, en comparant cette équation avec l'équation générale, $y^4 + fy^3 + gy^2 + hy + i = 0$, $f = 8$, $g = 3$, $h = -46$, $i = 35$: d'où $16g - 6f^2 = 16 \cdot 3 - 6 \cdot 64 = -336$, $8f^3 - 32fg + 64h = 8 \cdot 8^3 - 32 \cdot 8 \cdot 3 + 64 \cdot -46 = 384$; $-3f^4 + 16f^2g - 64fh + 256i = -3 \cdot 8^4 + 16 \cdot 8^2 \cdot 3 - 64 \cdot 8 \cdot -46 + 256 \cdot 35 = 23296$; ce qui donne pour l'équation en x, $x^3 - 336x^2 + 384x + 23296 = 0$, qui, comparée à la transformée $x^3 + px^2 + qx + r = 0$, donne $p = -336$, $q = 384$, $r = 23296$; si à présent l'on cherche, par la méthode de l'article XVI, tous les diviseurs du dernier terme 23296, et qu'on les arrange par ordre, on aura 1 . 2 . 4 . 7 . 8 . 13 . 14 . 16 . 26 . 28 . 32 . 52 . 56 . 64 . 91 . 104 . 112 . 128 . 182 . 208 . 224 . 256 . 364 . 416 . 448 . 728 . 852 . 896 . 1456 . 1664 . 1792 . 2912 . 3324 . 5828 . 11648 . 23296., qui sont tels que les produits des extrêmes, et de tous les termes également éloignés des extrêmes, font également 23296. Si j'observe alors que le dernier terme de l'équation en x a le signe $+$, je vois que je dois prendre chaque couple tant en $+$ qu'en $-$, ce qui semble offrir une opération fort longue ; mais, d'un autre côté, si l'on fait attention que la différence des facteurs, doit être un diviseur de q ou de 384, on verra aussitôt que l'on ne doit essayer que les diviseurs

56.64.91.104.112.128.182.208.224.256.364.416.

ce qui donne $\pm 416 \mp 56 = \pm 360$; $\pm 364 \mp 64 = \pm 300$; $\pm 256 \mp 91 = \pm 165$; $\pm 224 \mp 104 = \pm 120$; ± 208

$\mp 112 = \pm 96$; $\pm 182 \mp 128 = \pm 54$; mais de ces six restes, le seul qui soit diviseur de 384 est ± 96 : de plus, comme q est positif, et que $\dfrac{q}{c - b} = a$, doit être aussi positif, on voit que si l'on adopte le signe $+$, il faut faire $c = 208$ et $b = 112$; et que si l'on emploie le signe $-$, l'on doit supposer $c = -112$, et $b = -208$; hypothèses qui, dans les deux cas, me donnent $a = 4$; pour vérifier enfin si ces valeurs sont admissibles, je regarde si $b + c - p$ est égal au quarré de a ou à 16; en prenant b et c en $+$, j'ai $112 + 208 + 336 = 656$, qui n'est pas la quantité cherchée; mais, en les prenant en $-$, j'ai $-112 - 208 + 336$, qui se réduit à 16. D'où il suit que $b = -208$, $c = -112$: et $a = 4$, valeurs qui, substituées dans les deux équations composantes, $x^2 + ax + b = 0$, et $x^2 - ax + c = 0$, donnent $x^2 + 4x - 208 = 0$, et $x^2 - 4x - 112 = 0$: et en effet, si l'on multiplie l'une par l'autre, on trouve l'équation $x^4 - 336 x^2 + 384 x + 23296 = 0$. Enfin, puisque $y = \dfrac{x'' - f}{4} = \dfrac{x - 8}{4}$, on a $x = 4y + 8$; mettant cette valeur de x dans les deux équations $x^2 + 4x - 208 = 0$, et $x^2 - 4x - 112 = 0$, on trouve pour les deux équations composantes de la proposée, $y^4 + 8 y^3 + 3 y^2 - 46 y + 35 = 0$; $16 y^2 + 80 y - 112 = 0$, et $16 y^2 + 48 y - 80 = 0$, ou, en divisant les deux premiers membres par 16, $y^2 + 5 y - 7 = 0$, et $y^2 + 3 y - 5 = 0$, dont le produit donne, en effet, l'équation même $y^4 + 8 y^3 + 3 y^2 - 46 y + 35 = 0$.

L'opération a été un peu longue dans cet exemple, d'abord, parce que l'équation donnée avoit un second terme, et ensuite, parce que le dernier terme avoit un très-grand nombre de diviseurs ; mais si le contraire avoit lieu , on arriveroit bien autrement vite à la connoissance des deux facteurs ; c'est ce qu'on va voir dans l'exemple suivant.

Soit donc proposé de décomposer en deux facteurs du second degré , l'équation $x^4 - 19x^2 - 100x - 91 = 0$, où $p = -19$, $q = -100$, $r = -91$; les diviseurs de 91 sont 1 , 7 , 13 , 91 , qui ne donnent que deux couples de facteurs , dans chacune desquels , à cause du signe — du dernier terme — 91 , il faut alternativement donner , à chaque facteur , les signes + et — ; on a donc d'abord ces quatre combinaisons à tenter : $+1, -91$; $-1, +91$; $+7, -13, -7, +13$; où l'on voit que , de quelque façon qu'on arrange les deux premières , on ne peut en tirer un diviseur de q, ou de — 100 ; quant aux deux dernières , à cause de q négatif , il faut ou faire $c = -7$ ou -13, et $b = +13$ ou $+7$; en effet , d'après ces deux suppositions , on trouve également

$$\text{ment } a = \frac{q}{c - b} = 5 \text{ ; mais } b + c - p \text{ devant égaler}$$

25 , on voit que cette condition ne peut avoir lieu , qu'en supposant $c = -7$, et $b = 13$. On a donc , pour les deux facteurs du second degré , $x^2 + 5x + 13$, et $x^2 - 5x - 7$, dont le produit est en effet $x^4 - 19x^2 - 100x - 91$.

11. Nous terminerons cette addition , par la méthode indiquée seulement par Bézout , à la fin de l'article 3 , pour trouver les diviseurs commensurables du second, du troisième, etc. degrés. Pour en donner une idée, nous opérerons d'abord sur l'équation générale du quatrième degré,

$$y^4 + py^3 + qy^2 + ry + s = 0.$$

Supposons que cette équation soit le produit de ces deux-ci, $y^2 + ay + b = 0$, et $y^2 + my + n = 0$, en les multipliant l'une par l'autre, on a

$$y^2 + ay + b = 0$$
$$y^2 + my + n = 0$$

$$\left.\begin{array}{l} y^4 + ay^3 + by^2 + any + bn \\ \quad + my^3 + ny^2 + bmy \\ \quad + amy^2 \end{array}\right\} = 0$$

d'où l'on tire, $a + m = p$, $b + n + am = q$, $an + bm = r$, $bn = s$. Je prends dans la première la valeur de a, que je substitue dans les deux suivantes ; il reste alors les trois équations $b + n + pm - m^2 = q$, $pn - mn + bm = r$, $bn = s$; la première me donne $b = q + m^2 - mp - n$, qui substituée pour b dans les deux autres, produisent $pn - 2mn + mq + m^3 - m^2 p = r$, et $qn + m^2 n - mnp - n^2 = s$; mais la première n'est autre chose que $(q + m^2 - pm - n) m = mn - pn + r$, et la seconde, que $(q + m^2 - mp - n) n = s$; d'où résulte,

$$\frac{mn - pn + r}{m} = \frac{s}{n}, \text{ ou } mn^2 - pn^2 + nr = ms, \text{ et}$$

$$m = \frac{pn^2 - nr}{n^2 - s};$$ substituant enfin cette valeur de m dans $(q + m^2 - mp - n) n = s$, on a

$$nq + n \left(\frac{pn^2 - nr}{n^2 - s}\right)^2 - np\,\frac{pn^2 - nr}{n^2 - s} - n^2 - s = 0 ;$$

ou $nq (n^2 - s)^2 + n (pn^2 - nr)^2 - np (pn^2 - nr)(n^2 - s) - (s + n^2)(n^2 - s)^2 = 0$, qui, en faisant les opérations indiquées, réduisant et changeant les signes, donne l'équation du sixième degré, $n^6 - qn^5 + (pr - s)n^4 - (p^2 s - 2qs + r^2)n^3 + (prs - s^2)n^2 - qs^2 n + s^3 = 0 ;$

or n devant être un nombre entier, si l'équation proposée $y^4 + py^3 + qy^2 + ry + s = 0$ est décomposable en deux facteurs du second degré, il faut que l'équation ci-dessus $n^6 -$ etc., ait un diviseur commensurable du premier degré; si, par exemple, on reprend l'équation proposée $y^4 + 8y^3 + 3y^2 - 46y + 35 = 0$, l'on a, 1°, $p = 8$, $q = 3$, $r = -46$, $s = 35$; ensuite $- q = -3$, $pr - s = -403$, $-(p^2 s - 2 qs + r^2)$ $= -4146$, $prs - s^2 = -14105$, $-qs^2 = -3675$, $s^3 = 42875$, ce qui donne l'équation $n^6 - 3n^5 - 403$ $n^4 - 4146 n^3 - 14105 n^2 - 3675 n + 42875 = 0$; si l'on cherche le diviseur commensurable de cette équation, on trouvera $n = -5$, d'où, à cause de $b = \dfrac{s}{n}$

$= \dfrac{35}{-5}$, l'on déduit aussitôt -7 pour la valeur de b;

mais d'ailleurs on a $m = \dfrac{pn^2 - nr}{n^2 - s} = \dfrac{8.25 - 5.46}{25 - 35} = 3$;

et enfin, à cause de $a = p - m = 8 - 3$, on obtient 5 pour la valeur de a; les deux équations composantes, $y^2 + ay + b = 0$, et $y^2 + my + n = 0$, sont donc $y^2 + 5y - 7 = 0$, et $y^2 + 3y - 5 = 0$. Nous ferons sur cette méthode les observations suivantes.

1°. Les deux équations composantes étant absolument de la même forme, peuvent s'échanger l'une contre l'autre, en changeant a en m et m en a, b en n et n en b, d'où il suit que l'équation qui donne n, doit aussi donner b, et que celle qui donne m, doit fournir la valeur de a; on peut déjà s'assurer de la première assertion, en faisant $n = -7$, valeur de b, dans l'équation $n^6 - 3n^5$, etc.,

dont

dont le premier membre se réduit en effet à zéro, par cette supposition. C'est ce qu'on peut voir généralement pour n et b dans l'équation ci-dessus : $n^6 - qn^5$ etc. ; car si, à cause de $bn = s$, on substitue $\dfrac{s}{b}$ au lieu de n, on aura l'équation . . . .

$$\frac{s^6}{b^6} - \frac{qs^5}{b^5} + (pr-s) \frac{s^4}{b^4} - (p^2 s - 2qs + r^2) \frac{s^3}{b^3}$$

$$+ (prs - s^2) \frac{s^2}{b^2} - qs^2 \frac{s}{b} + s^3 = 0 ;$$ ensuite multipliant tous les termes par b^6, $s^6 - qs^5 b + (pr-s)s^4 b^2 - (p^2 s - 2qs + r^2)s^3 b^3 + (prs - s^2) s^2 b^4 - qs^3 b^5 + s^3 b^6 = 0$; et enfin, en divisant tous les termes par s^3, coefficient de b^6, on a $s^3 - qs^2 b + (prs - s^2)b^2 - (p^2 s - 2qs + r^2)b^3 + (pr-s)b^4 - qb^5 + b^6$, équation qui, retournée, donne, en changeant n en b, la même équation.

2°. Puisque n et b doivent avoir 35 pour produit, il s'ensuit que n ne peut être que ± 1, ± 5, ± 7, ± 35, tandis que $b = \pm 35$, ± 7, ± 5, ± 1 ; il s'ensuit donc que n n'étant pas ± 1, ne peut pas être ± 35 ; il ne peut donc être que ± 5, auquel cas l'autre sera ± 7 ; ou ± 7, et alors la seconde valeur sera ± 5. On voit, d'après cela (et cette observation simplifie singulièrement les calculs), qu'il n'est pas nécessaire d'essayer les diviseurs du dernier terme 42875.

12. Du reste, on parviendroit à l'équation finale, bien plus brièvement, en supposant qu'on eût fait évanouir le second terme de l'équation générale, $y^4 + py^3 + qy^2 + ry + s = 0$, et en prenant l'équation finale, non en b ou c, mais en a. En effet, représentons toute

équation du quatrième degré sans second terme, par $x^4 + mx^2 + nx + p = 0$; je suppose qu'elle vient de $(x^2 + ax + b)(x^2 - ax + c) = 0$; d'où j'obtiens, en comparant, (10) $b + c - a^2 = m$, $ac - ab = n$, $bc = p$; ce qui donne $b + c = m + a^2$, $c - b = \dfrac{n}{a}$; ajoutant ces deux équations, et les soustrayant, on a

$$c = \frac{m + a^2 + \dfrac{n}{a}}{2}, \text{ et } b = \frac{m + a^2 - \dfrac{n}{a}}{2};$$ multiplions la valeur de b par celle de c, nous aurons $bc = p$

$$= \frac{(m + a^2)^2 - \dfrac{n^2}{a^2}}{4};$$ ce qui donne $m^2 + 2a^2 m + a^4 - \dfrac{n^2}{a^2} = 4p$, qui se réduit à l'équation $a^6 + 2ma^4 + (m^2 - 4p)a^2 - n^2 = 0$, ou faisant $a^2 = a'$, $a'^3 + 2ma'^2 + (m^2 - 4p)a' - n^2 = 0$. Si l'équation proposée est décomposable en deux facteurs, a' sera un des diviseurs du dernier terme; mais comme $a' = a^2$, on voit que dans l'équation en a', on ne doit essayer, parmi les diviseurs du dernier terme, que ceux qui sont des quarrés négatifs.

Soit proposée pour premier exemple, l'équation déjà résolue, $y^4 + 8y^3 + 3y^2 - 46y + 35 = 0$. En faisant $y = x - 2$, l'on obtient, pour l'équation en x, $x^4 - 21x^2 + 6x + 91 = 0$; on a donc ici $m = -21$, $n = 6$, $p = 91$; d'où $a'^3 + 2ma'^2 + (m^2 - 4p)a' - n^2 = 0$, se change en $a'^3 - 42a'^2 + 77a' - 36 = 0$. Tous les diviseurs de 36 sont 1. 2. 3. 4. 6. 9. 12. 18. 36; ou, parce qu'on ne doit essayer que ceux qui sont déquarrés négatifs, -1, -4, -9, -36. Or -1 réussit tout de suite ; donc $a'=1$, et $x=\sqrt{a'}=1$; d'où

$$b=\frac{m+a^2-\dfrac{n}{a}}{2}=\frac{-21+1-\dfrac{6}{1}}{2}=-13\ ,\ \text{et}$$

$$c=\frac{m+a^2+\dfrac{n}{a}}{2}=-7\ ;$$ ce qui donne pour les deux équations composantes $x^2+ax+b=0$, et $x^2-ax+c=0$, ces deux-ci, $x^2+x-13=0$, et $x^2-x-7=0$, dont le produit est effectivement $x^4-21x^2+6x+91=0$; d'où encore, à cause de $x=y+2$ les deux équations composantes en y, sont, comme ci-dessus, $y^2+5y-7=0$, et $y^2+3y-5=0$.

Soit prise, pour second exemple, l'équation sans second terme, $x^4-19x^2-100x-91=0$. Ici $m=-19$, $n=-100$, $p=-91$; $a'^3+2ma'^2+(m^2-4p)a'-n^2=0$ devient, $a'^3-38a'^2+725a'-10000=0$. Les diviseurs quarrés et négatifs de 10000, sont -1, -4, -16, -25, -100, -400, -625, -2500, -10000 ; -25 réussit, d'où je conclus que $a'=25$, que $a=5$, que $c=-7$, que $b=13$, et enfin que les deux équations composantes sont $x^2+5x+13=0$, et $x^2-5x-7=0$.

13. Passons à présent aux diviseurs commensurables du troisième degré, et proposons-nous, à cet effet, de trouver ceux de l'équation générale du sixième degré

$$x^6+px^4+qx^3+rx^2+sx+t=0$$

sans second terme ; (s'il s'en trouvoit un, on le feroit évanouir, parce que, au moyen de ce changement, les opérations deviennent moins compliquées). Je suppose maintenant que cette équation provient des deux équations,

$$x^3 + ax^2 + bx + c$$
$$x^3 - ax^2 + dx + f$$

$$\left.\begin{array}{l} x^6 + bx^4 + cx^3 + afx^2 + bfx + cf \\ + d + f - ac + cd \\ - a^2 + ad + bd \\ - ab \end{array}\right\} = 0$$

résultat qui, comparé à l'équation proposée, fournit les équations suivantes : $b + d - a^2 = p$, $c + f + ad - ab = q$, $af - ac + bd = r$, $bf + cd = s$, $cf = t$.

On cherchera et on disposera par ordre tous les diviseurs du dernier terme t de l'équation générale, et on les essayera successivement deux à deux, en ayant soin de leur donner des signes, tels, que le produit donne le même signe, que celui du dernier terme de l'équation proposée. L'un de ces diviseurs représentera c, et l'autre f. Voici maintenant comment l'on reconnoîtra si ces diviseurs sont les véritables. La première équation $b + d - a^2 = p$, donne $b + d = a^2 + p$; la seconde, $c + f + ad - ab = q$, donne $b - d = \dfrac{c + f - q}{a}$;

d'où $b = \dfrac{a^3 + ap + c + f - q}{2a}$, $d = \dfrac{a^3 + ap - c - f + q}{2a}$;

enfin substituant pour b et d ces valeurs dans l'équation $bf + cd = s$, il viendra . . . .

$$\frac{a^3 f + apf + cf + f^2 - fq + a^3 c + acp - c^2 - cf + cq}{2a}$$

$= s$, qui se réduit à $(f + c) a^3 + ((f + c) p - 2s) a + (f - c)(f + c - q) = 0$, et enfin à $a^3 + \left(p - \dfrac{2s}{f + c}\right) a$

$+ (f - c) \left(1 - \dfrac{q}{f+c} \right) = 0$. Mais si l'équation a des diviseurs du troisième degré, a doit être un entier; donc, pour avoir en a une équation sans fractions, comme celle en n (11), il faut que $p - \dfrac{2s}{f+c}$, ainsi que $(f - c) \left(1 - \dfrac{q}{f+c} \right)$ puissent aussi être des entiers; donc, puisque p, q, s, f et c, sont supposés des entiers, il faut aussi que $\dfrac{2s}{f+c}$, de même que $\dfrac{q(f-c)}{f+c}$, soient des entiers. On voit donc qu'on pourra très-aisément reconnoître, si l'on a bien choisi les diviseurs f et c; car pour cela, il faudra que $f + c$, soit diviseur de $2s$ et de $q.(f - c)$; c'est-à-dire, que la somme des deux diviseurs choisis doit à-la-fois être facteur du double du coefficient de x, et du produit de leur différence par le coefficient de x^3; si aucune de ces conditions, ou même une seule, n'a pas lieu, c'est une preuve que les diviseurs choisis ne sont pas les véritables; on vérifiera de même tous les autres, et si aucun couple de ces diviseurs ne réussit, ce sera une preuve que l'équation particulière proposée n'est pas décomposable en deux équations du troisième degré. Mais si un couple de diviseurs réussit, alors on mettra leurs valeurs, ainsi que celles de

p, q, s dans $a^3 + \left(p - \dfrac{2s}{f+c} \right) a + (f - c) \left(1 - \dfrac{q}{f+c} \right) = 0$, où le coefficient de a et le dernier terme seront des entiers; on cherchera alors le diviseur, ou les diviseurs commensurables du premier degré de cette équation; ensuite, pour avoir b et d, on substituera la valeur, ou les valeurs de a

dans les équations $b = \dfrac{a^3 + ap + c + f - q}{2a}$, ou

$$b = \frac{a^2 + p}{2} + \frac{c + f - q}{2a} \quad \text{et} \quad d = \frac{a^3 + ap - c - f + q}{2a},$$

ou $\dfrac{a^2 + p}{2} - \dfrac{c + f - q}{2a}$. Enfin, quand toutes ces valeurs de a, b, c, d, f seront connues, on verra si l'équa-
tion qu'on n'a pas employée, savoir, $af - ac + bd = r$, ou $(f - c)\,a + bd = r$, est satisfaite.

Soit donnée pour exemple l'équation $x^6 + 5x^4 + x^3 + 14x^2 + 3x - 6 = 0$, où $p = 5$, $q = 1$, $r = 14$, $s = 3, t = -6$. Comme elle n'a pas de second terme, je passe aussitôt à la recherche des facteurs du dernier terme ; ils sont 1. 2. 3. 6, et comme ce terme est affecté du signe $-$, je vois que c et f peuvent subir les épreuves suivantes : $-1, +6$; $+1, -6$: $+2, -3$; $-2 +3$. Voyons d'abord $-1 +6$. On a ici $c = -1, f = 6$, $f + c = 5, f - c = 7$; mais 6 ou $2s$ n'est pas divisible par $f + c$ ou 5 ; donc cette combinaison ne peut être admise ; on seroit de même arrêté, en supposant $+1$ et -6 ; car $f + c = -5$ qui ne divise pas $2s$ ou 6 ; fai-sons donc $c = 2$ et $f = -3$, alors $f + c = -1$, qui divise tout entier. Je n'ai donc plus qu'à mettre ces va-leurs de f et c, et celles de p, q et s, dans a^3

$$+ \left(p - \frac{2s}{f + c} \right) a + (f - c)\left(1 - \frac{q}{f + c} \right) = 0\,;$$

ce qui donne $a^3 + 11a - 5\left(1 - \dfrac{1}{-1} \right) = 0$, ou $a^3 + 11a - 10 = 0$, équation qui n'a pas de diviseur commensurable. Essayons donc enfin -2 et $+3$; l'on

$f + c = 1$, diviseur de tout entier ; substituant donc, comme ci-dessus dans l'équation $a^3 +$ etc., on

$$a^3 - a + 5 \times \left(1 - \frac{1}{1}\right) = 0, \text{ ou } a^3 - a = 0,$$

qui n'est autre chose que $a\,(a + 1)\,(a - 1) = 0$, d'où $a = 0$, $a = -1$, $a = 1$. Prenant la première valeur,

on a $b = \dfrac{5}{2} + \dfrac{1 - 1}{2} = \dfrac{5}{2}$, ce qui ne peut avoir lieu,

puisque b doit être un entier. Adoptons -1 pour la valeur de a; on a, à cause de $c + f - q = 0$, $b = d$,

$= \dfrac{a^2 + p}{2} = 3$; mais en vérifiant ces valeurs, c'est-

à-dire, en les substituant dans $a\,(f - c) + bd = r$ $= 0$, l'on a $-5 + 9 = 14$; ce qui est absurde ; on n'a donc à prendre que 1 pour valeur de a, ce qui donne $b = d = 3$, comme tout-à-l'heure ; mais , dans ce cas-ci , $a\,(f - c) + bd = r$, devient $5 + 9 = 14$; ce qui est vrai : donc les deux équations composantes sont $x^3 + x^2 + 3x - 2 = 0$, et $x^3 - x^2 + 3x + 3 = 0$; dont le produit est $x^6 + 5x^4 + x^3 + 14x^2 + 3x - 6 = 0$, c'est-à-dire, l'équation même proposée.

Pour habituer le Lecteur aux divers cas qui peuvent se rencontrer , nous allons encore nous proposer un exemple, et nous le tirerons de l'équation $y^6 + 6y^5 + 4y^4 - 34y^3 - 59y^2 + 14y + 35 = 0$; je commence par faire évanouir le second terme, en supposant $y = x - 1$; la transformée en x, est l'équation sans second terme $x^6 + 11x^4 - 10x^3 + 22x^2 + 38x - 5 = 0$; ce qui, comparé à $x^6 + px^4 + qx^3 + rx^2 + sx + t = 0$, donne $p = -11$, $q = -10$, $r = 22$, $s = 38$, $t = -5$.

T 4

Les diviseurs de t sont 1 et 5. Donc à cause du signe $-$, c et f sont ou -1 et $+5$, ou $+1$ et -5. Prenant d'abord -1 et $+5$, je trouve $f+c=4$, qui est un diviseur de $2s$ ou de 76, et qui l'est encore de $q\,(f-c)$, ou de -60; faisant alors les substitutions nécessaires dans

$$a^3 + \left(p - \frac{2s}{f+c} \right)a + (f-c)\left(1 - \frac{q}{f+c} \right) = 0,$$

j'ai $a^3 - 30\,a + 21 = 0$, qui n'a pas de diviseurs commensurables du premier degré. Essayons donc pour c et f, $+1$ et -5, on a d'abord $f+c=-4$, diviseur de $2s$, et de $q\,(f-c)$; substituant dans a^3 etc., il vient $a^3 + 8a + 9 = 0$, où l'on voit à l'instant que $a = -1$; donc

$$b \text{ et } d = \frac{a^2 + p}{2} \pm \frac{c+f-q}{2a} = -5 \pm \frac{-4+10}{-2}$$

$= -5 \mp 3 = -8$ et -2; enfin, toutes ces valeurs mises, avec celle de r, dans $a\,(f-c) + bd - r$, donnent $-1 \times -6 - 8 \times -2$ et -22, qui se réduit en effet à 0, comme cela doit être; donc les deux équations composantes en x sont $x^3 - x^2 - 8x + 1 = 0$, et $x^3 + x^2 - 2x - 5 = 0$, dont le produit donne effectivement la transformée $x^6 - 11x^4 - 10x^3 + 22x^2 + 38x - 5 = 0$; mais $x = y + 1$; si donc je substitue cette valeur dans les deux équations en x, je dois trouver les deux composantes en y. Substituant donc, il me vient $y^3 + 2y^2 - 7y - 7 = 0$, et $y^3 + 4y^2 + 3y - 5 = 0$; et en effet, si je multiplie les deux premiers membres entr'eux, je retrouve l'équation même proposée, $y^6 + 6y^5 + 4y^4 - 34y^3 - 59y^2 + 14y + 35 = 0$.

Nous ne nous arrêterons pas à chercher les diviseurs

commensurables du quatrième, du cinquième, etc., degrés, d'abord parce que les calculs deviennent très-compliqués, et ensuite, parce que rarement l'occasion se présente, de faire l'application de ces méthodes.

FIN DES ADDITIONS A LA TROISIEME PARTIE.

NOTES

SUR

LA QUATRIÈME PARTIE:

Note 1 sur l'article XXXIV.

COMME l'Auteur dans cet article, ainsi que dans beaucoup d'articles suivans, donne plusieurs préceptes,
sans les appliquer à des exemples, nous croyons devoir
réparer cette omission. Voyons d'abord le cas, où la
quantité, dont on veut extraire la racine cube, a des diviseurs ; et pour cela, proposons-nous d'extraire celle de
la quantité suivante :

$$\frac{a^5 - 3a^4b + 6a^3b^2 - 4a^2b^3 + 3ab^4 - 3b^5}{a^2b^3}$$

$$+ \frac{3a^4 - 6a^3b + 4a^2b^2 + b^4}{a^3b^2} \sqrt{a^2 + b^2}$$

Je vois d'abord que, pour ramener les deux parties au
même dénominateur, il suffit de multiplier la première
par a, et la seconde par b, ce qui donnera pour dénominateur commun, a^3b^3, dont la racine cubique est ab ;

il ne s'agit donc que de diviser par ab, la racine cubique de la quantité

$$a^6 - 3a^5b + 6a^4b^2 - 4a^3b^3 + 3a^2b^4 - 3ab^5$$
$$+ (3a^4b - 6a^3b^2 + 4a^2b^3 + b^5)\sqrt{a^2 + b^2}.$$

Ici $A = a^6 - 3a^5b + 6a^4b^2 - 4a^3b^3 + 3a^2b^4 - 3ab^5$;

et $B = \sqrt{(a^2 + b^2)(3a^4b - 6a^3b^2 + 4a^2b^3 + b^5)^2}$
$$= \sqrt{(9a^{10}b^2 - 36a^9b^3 + 69a^8b^4 - 84a^7b^5 + 82a^6b^6}$$
$$\overline{- 60a^5b^7 + 27a^4b^8 - 12a^3b^9 + 9a^2b^{10} + b^{12})}.$$

Donc $A^2 - B^2 = a^{12} - 6a^{11}b + 12a^{10}b^2 - 8a^9b^3$
$$- 3a^8b^4 + 12a^7b^5 - 12a^6b^6 + 3a^4b^8 - 6a^3b^9 - b^{12};$$

quantité qui n'est autre chose que le cube de $a^4 - 2a^3b - b^4$. Donc $n = a^4 - 2a^3b - b^4$, valeur qui, substituée avec celle de A dans l'équation $4p^3 - 3pn - A = 0$, donne $4p^3 - 3(a^4 - 2a^3b - b^4)p - a^6 + 3a^5b - 6a^4b^2 + 4a^3b^3 - 3a^2b^4 + 3ab^5 = 0$. Ici j'observe que, pour que cette équation soit homogène, il faut que la valeur de p soit de deux dimensions ; je cherche donc les diviseurs à deux dimensions, de l'équation ci-dessus, et je trouve, par les règles données dans la troisième partie, articles XXXVI et suivans, ou à la fin des additions à cette partie, que $p - a^2 + ab$ est le diviseur cherché ; donc $p = a^2 - ab$; donc $q = \sqrt{p^2 - n}$
$$= \sqrt{a^4 - 2a^3b + a^2b^2 - a^4 + 2a^3b + b^4} = \sqrt{a^2b^2 + b^4}$$
$$= b\sqrt{a^2 + b^2} ;$$ la racine cube cherchée est donc

$$\frac{a^2 - ab + b\sqrt{a^2 + b^2}}{ab} = \frac{a - b}{b} + \frac{\sqrt{a^2 + b^2}}{a}.$$

Note 2 sur l'article XLI.

Pour appliquer l'observation de l'Auteur, prenons l'exemple qu'il cite, $2 + \sqrt{5}$; en multipliant cette quantité par 8, j'ai $16 + \sqrt{320}$; et $A^2 - B^2 = - 64$; et

$$n = \sqrt[3]{A^2 - B^2} = - 4 \; ; \quad \text{d'où} \quad \frac{\sqrt[3]{A+B} + \dfrac{n}{\sqrt[3]{A+B}}}{2}$$

$$= \frac{\sqrt[3]{16+\sqrt{320}} - \dfrac{4}{\sqrt[3]{16+\sqrt{320}}}}{2} \; ,$$

qui, en prenant la racine cubique la plus approchée de $16 + \sqrt{320}$, qui est 3, donne $\dfrac{3 - \frac{4}{3}}{2}$, ou 1, en prenant le nombre entier, le plus voisin de la vraie valeur de cette expression. On a donc $p = 1$, et $q = \sqrt{p^2 - n} = \sqrt{1 + 4} = \sqrt{5}$; donc $p + q = 1 + \sqrt{5}$; et la vraie racine cherchée est $\frac{1}{2} + \frac{1}{2}\sqrt{5}$.

On pourra encore s'exercer sur l'exemple suivant, $\sqrt[3]{9 + 4\sqrt{5}}$; on trouvera, en multipliant par 8 la quantité sous le radical, $72 + 32\sqrt{5}$, dont la racine cubique, au moyen de la méthode ci-dessus, se trouvera être $3 + \sqrt{5}$, ce qui donne $\frac{1}{2} + \dfrac{\sqrt{5}}{2}$ pour la vraie racine cherchée.

Note 3 sur l'article XLII.

Supposons qu'on demande la racine cubique de $\frac{97}{54} + \frac{25}{24}\sqrt{3}$; je vois qu'en multipliant les deux termes de la première fraction par 4, et ceux de la seconde par 9, j'aurai pour dénominateur commun 216, qui est le cube de 6 ; il ne me reste donc plus qu'à chercher, par la méthode ordinaire, la racine cubique de $388 + 225\sqrt{3}$,

et à la diviser par 6, racine cubique de 216. Je trouve
$\sqrt{A^2-B^2}=n=-11$; $p=4$, $q=3\sqrt{3}$; d'où
la racine cherchée est $\dfrac{4+3\sqrt{3}}{6}=\tfrac{2}{3}+\dfrac{\sqrt{3}}{2}$.

Note 4 sur l'article XLIII.

Supposons, par exemple, qu'on ait à prendre la racine cubique de $\sqrt{2}+\sqrt{3}$, l'on multipliera les deux radicaux par $\sqrt{8}$, cube de $\sqrt{2}$, ce qui donnera $\sqrt{16}+\sqrt{24}$, ou $4+\sqrt{24}$, et l'on n'aura plus qu'à diviser par $\sqrt{2}$, la racine cubique de cette quantité, trouvée comme à l'ordinaire. L'on eût pu aussi multiplier par le cube de $\sqrt{3}$, ou par $\sqrt{27}$; et alors on auroit eu à chercher la racine cubique de $9+\sqrt{54}$, qu'on eût divisé ensuite par $\sqrt{3}$. L'on voit aisément ce qu'il y auroit à faire pour les quantités littérales.

Note 5 sur les articles XLIV et XLV.

On demande quelle est la racine quatrième de la quantité littérale, $a^4+6a^2b+b^2+4a(a^2+b)\sqrt{b}$ J'en cherche d'abord la racine quarrée, et je trouve que $A^2-B^2=a^8-4a^6b+6a^4b^2-4a^2b^3+b^4$, dont la racine est $a^4-2a^2b+b^2$; donc . . . . .

$$\sqrt{\tfrac{1}{2}A\pm\tfrac{1}{2}\sqrt{A^2-B^2}}=\sqrt{\tfrac{1}{4}a^4+3a^2b+\tfrac{1}{2}b^2\pm(\tfrac{1}{2}a^4-a^3b+\tfrac{1}{2}b^2)}$$

égale ou a^2+b, ou $2a\sqrt{b}$; donc la racine quarrée de la quantité proposée est $a^2+b+2a\sqrt{b}$, dont la racine quarrée est à son tour évidemment $a+\sqrt{b}$; il ne faut, pour s'en assurer, qu'élever cette dernière racine à la quatrième puissance; car on retrouvera a^4+6a^2b

$+ b^2 + 4 a (a^2 + b) \sqrt{b}$; seulement nous observerons que la première racine étant $\pm (a^2 + b + 2 a \sqrt{b})$; la dernière renferme les quatre suivantes : $a + \sqrt{b}$, $-(a + \sqrt{b})$, $(a + \sqrt{b}) \sqrt{-1}$, $-(a + \sqrt{b}) \sqrt{-1}$.

Si j'ai à présent à chercher la racine huitième de la quantité numérique, $18817 + \sqrt{354079488}$; j'en cherche d'abord la racine quarrée ; ici $A^2 - B^2 = 354079489 - 354079488 = 1$, dont la racine est 1. J'ai donc en premier lieu pour racine quarrée $97 + \sqrt{9408}$. En cherchant une seconde fois la racine quarrée de cette quantité, je trouve $\sqrt{A^2 - B^2} = \sqrt{9409 - 9408} = 1$; ce qui donne pour la racine cherchée $7 + \sqrt{48}$; enfin, il sera facile de trouver que la racine de cette dernière est $2 + \sqrt{3}$; et en effet, la huitième puissance de $2 + \sqrt{3}$ reproduit la quantité même $18817 + \sqrt{354079488}$.

Soit enfin proposé de prendre la racine sixième de $99 + 70 \sqrt{2}$; on le peut faire de deux manières : car 1°. l'on peut extraire d'abord la racine quarrée de cette quantité, et ensuite la racine cubique de cette racine quarrée ; ou 2°. l'on peut d'abord extraire la racine cubique, ensuite la racine quarrée de cette racine cubique ; par l'une et par l'autre manière, on trouvera que $A^2 - B^2 = 1$, qui est à la fois un quarré et un cube ; ce qui donne d'abord pour la racine quarrée de $99 + 70 \sqrt{2}$, la quantité $7 + 5 \sqrt{2}$, et pour la racine cube $3 + 2 \sqrt{2}$; et ensuite, pour la racine cube de $7 + 5 \sqrt{2}$, ainsi que pour la racine quarrée de $3 + 2 \sqrt{2}$, la même quantité $1 + \sqrt{2}$.

Note 6 sur l'article XLVI.

Nous allons développer un peu la théorie de la règle

énoncée dans cet article, et ensuite nous l'appliquerons à un exemple tant littéral que numérique. Supposons donc qu'il s'agisse d'extraire la racine cinquième de $A + B$, A étant toujours rationel, et B un radical du second degré. On observera ici, comme on l'a fait pour le troisième degré, 1°. que la racine cinquième d'une quantité de la nature de $A + B$, ne peut renfermer qu'un radical du second degré, puisque la cinquième puissance d'une quantité comme $\sqrt{m} + \sqrt{n}$, affectée de deux de ces radicaux, auroit tous ses termes affectés de ces radicaux ; et 2°. que cette même racine cinquième ne pourra contenir d'autre espèce de radicaux, à moins que ce n'en soit un du cinquième degré, comme $(m + \sqrt{n}) \sqrt[5]{f}$; car on voit que la cinquième puissance de cette quantité renferme, aussi bien que $m + \sqrt{n}$, une partie commensurable qui peut se comparer à A, et une irrationelle qu'on comparera à B. Nous supposerons donc que la partie rationelle de la racine soit p, et l'irrationelle, q. On aura comme à l'ordinaire $\sqrt[5]{A+B} = p + q$, et $\sqrt[5]{A-B} = p - q$; enfin $\sqrt[5]{A+B} \times \sqrt[5]{A-B} = \sqrt[5]{A^2-B^2} = p^2 - q^2$. Cela posé, quelle que soit celle des deux équations $\sqrt[5]{A+B} = p + q$, ou $\sqrt[5]{A-B} = p - q$ qu'on veuille choisir, si on élève les deux membres à la cinquième puissance, et qu'on compare ensemble les parties rationelles et irrationelles, on aura $A = p^5 + 10 p^3 q^2 + 5 p q^4$; $B = (5 p^4 + 10 p^2 q^2 + q^4) q$, équations, dont la dernière est inutile, pour le but que nous nous proposons. En effet, si on appelle n, la racine cinquième de $A^2 - B^2$, on aura $n = p^2 - q^2$, ou $q^2 = p^2 - n$; d'où l'équation

$A = p^5 + 10\,p^3 q^2 + 5\,pq^4$, donne cette autre, $p^5 + 10\,p^5 - 10\,np^3 + 5\,p^5 - 10\,np^3 + 5\,n^2 p - A = 0$, ou plutôt $16\,p^5 - 20\,np^3 + 5\,n^2 p - A = 0$. En cherchant les diviseurs commensurables de cette équation, qui doit en avoir, si la racine cinquième est possible, on aura la valeur de p, et par conséquent celle de $q = \sqrt{p^2 - n}$.

Si la racine cherchée devoit être multipliée par une quantité radicale du cinquième degré, alors on se conduiroit, absolument comme il a été prescrit à la fin de l'article XXXI.

Supposons d'abord que l'on demande la racine cinquième de la quantité littérale,

$$32\,a^5 + 240\,a^3 b + 90\,ab^2 + (80\,a^4 + 120\,a^2 b + 9b^2)\sqrt{3b}.$$

Ici $A = 32\,a^5 + 240\,a^3 b + 90\,ab^2$, $B = \sqrt{(19200\,a^8 b + 57600\,a^6 b^2 + 47520\,a^4 b^3 + 4480\,a^2 b^4 + 243\,b^5)}$, $A^2 - B^2 = 1024\,a^{10} - 3840\,a^8 b^3 + 5760\,a^6 b^2 - 4320\,a^4 b^3 + 3620\,a^2 b^4 - 243\,b^5$, et $\sqrt{A^2 - B^2} = 4\,a^2 - 3b = n$; ce qui change l'équation, $16\,p^5 - 20\,np^3 + 5\,n^2 p - A = 0$, en $16\,p^5 + (60b - 80a^2)p^3 + (80a^4 - 120a^2 b + 45b^2)p - (32\,a^5 + 240\,a^3 b + 90\,ab^2) = 0$; équation dont l'on voit à l'instant que le diviseur commensurable est $p - 2a$; donc $p = 2a$; donc $q = \sqrt{p^2 - n} = \sqrt{4\,a^2 - 4\,a^2 + 3b} = \sqrt{3b}$; donc $2a + \sqrt{3b}$ est la racine cinquième de la quantité proposée.

Soit demandé maintenant de trouver la racine cinquième de la quantité numérique $82 - 58\sqrt{2}$. Je vois qu'en divisant par 2 les termes de cette quantité, ce qui donne $41 - 29\sqrt{2}$, il ne s'agira, quand on aura trouvé la racine cinquième, s'il y en a une, que de multiplier

multiplier cette racine par $\sqrt[5]{2}$; on a donc $A = 41$, $B = 29\sqrt{2}$; $A^2 - B^2 = -1$; $\sqrt[5]{A^2 - B^2} = -1 = n$; d'où l'équation $16\,p^5 - 20\,np^3 + 5\,n^2 p - A = 0$, devient $16\,p^5 + 20\,p^3 + 5\,p - 41 = 0$, dont le diviseur commensurable est évidemment $p - 1$; donc $p = 1$, et $q = \sqrt{p^2 - n} = \sqrt{2}$; ainsi, la racine cinquième demandée est $(1 - \sqrt{2})\sqrt[5]{2}$.

On pourroit, ainsi qu'on l'a fait pour le troisième degré, se dispenser d'avoir recours à l'équation $16\,p^5 - 20\,np^3 + 5\,n^2 p - A = 0$. Il suffit pour cela d'employer des méthodes analogues à celles qu'on a employées pour ce degré (articles XXXV et XXXVIII); c'est-à-dire, pour la première, de se servir de l'expression

$$\frac{\sqrt[5]{A - B} + \sqrt[5]{A + B}}{2},$$

qui donnera la valeur de p, en prenant pour $\sqrt[5]{A - B}$ et $\sqrt[5]{A + B}$, les nombres qui en approcheront le plus; et, pour la seconde, de

faire usage de la quantité

$$\frac{\sqrt[5]{A + B} + \dfrac{n}{\sqrt[5]{A + B}}}{2}.$$

Supposons qu'il s'agisse de trouver des deux manières ci-dessus, la racine cinquième de $362 + 209\sqrt{3}$; ici $A = 362$, $B = \sqrt{131043}$; donc, 1°. $\sqrt[5]{A - B} = \sqrt[5]{362 - \sqrt{131043}}$, dont la valeur la plus approchée en nombre entier est 1, et $\sqrt[5]{A + B} = \sqrt[5]{362 + \sqrt{131043}}$, qui donne 4 pour le nombre entier le plus voisin. L'on a donc $\dfrac{1 + 4}{2}$; dont l'entier le plus proche est aussi bien 2 que 3; mais comme 1 étoit trop fort, ainsi que 4, je ne

Tome II. V

prends que 2 pour la valeur de p. Mais $\sqrt{A^2 - B^2} = 1 = n$; donc $q = \sqrt{p^2 - n} = \sqrt{3}$. Donc $2 + \sqrt{3}$ est la racine cinquième cherchée.

2°. A cause de $\sqrt{A + B} = 4$, en nombre entier le plus voisin, on a $p = \dfrac{\sqrt{A + B} + \dfrac{n}{\sqrt{A + B}}}{2} = \dfrac{4 + \frac{1}{4}}{2} = 2$, et $q = \sqrt{3}$, comme ci-dessus.

Note 7 sur les articles XLVIII .... LVIII.

Tout ce que l'Auteur avance depuis l'article XLVIII jusqu'à la fin, concernant la formation des puissances, soit entières, soit fractionnaires ; soit positives, soit négatives, et les usages des formules qu'on en tire, a trop besoin de développemens , pour faire le sujet de quelques notes isolées. Nous croyons que leur place se trouvera plus naturellement et plus utilement, dans les additions qui vont suivre.

FIN DES NOTES SUR LA QUATRIEME PARTIE.

ADDITIONS

A LA QUATRIÈME PARTIE.

ADDITION I.

Des permutations et des combinaisons.

Nous avons déjà vu dans la partie précédente, que c'étoit sur la théorie des permutations et des combinaisons, qu'étoient fondées les valeurs des coefficiens de x, dans les différens termes du développement de $(x + a)^m$; mais, pour tirer le plus d'utilité possible de cette formule, il est essentiel de donner des détails plus étendus. Ils nous serviront à résoudre quelques problêmes qui s'offrent assez souvent, et à trouver la valeur générale d'un terme quelconque de la série, que fournit le développement de la puissance quelconque m du binome $x + a$.

Le Lecteur sait déjà, (partie IV, art. LXVIII) que le nombre total des *arrangemens*, des *permutations*, ou des *changemens d'ordre* différens de m lettres, prises deux à deux, trois à trois, quatre à quatre, etc., est $m(m-1)$, $m(m-1)(m-2)$, $m(m-1)(m-2)(m-3)$, etc., tandis que le nombre correspondant de *combinaisons* ou de *produits* différens n'étoit que $m.\ \dfrac{m-1}{2}$, $m.\ \dfrac{m-1}{2}$,

$\dfrac{m-2}{3}$, $m.\ \dfrac{m-1}{2}$. $\dfrac{m-2}{3}$. $\dfrac{m-3}{4}$, etc. Mais ce ne seroit que par induction , qu'on voulroit conclure de-là le
nombre de combinaisons de m lettres prises n à n , nombre
qui n'est autre chose, ainsi qu'on l'a vu (XLVIII),
que le coefficient du terme qui renferme $a^{n}x^{m-n}$. Voici
la manière dont on pourroit , sans le secours de l'induction , arriver à la connoissance de la valeur cherchée ;
mais , pour faire mieux comprendre ce que nous allons
dire , supposons que le nombre total de lettres soit 8 , et
qu'on veuille les arranger 5 à 5. On voit d'abord que , si
l'on choisit à volonté , sur les 8 lettres données , a , b ,
c , d , e , f , g , h , un arrangement quelconque a , b , c ,
d , de 4 lettres , on pourra tour-à-tour y joindre cha-
cune des 4 lettres restantes , e , f , g , h ; ce qui fournira
les quatre arrangemens de 5 lettres , $abcde$, $abcdf$,
$abcdg$, $abcdh$. Ce qu'on vient de dire d'un arrangement
particulier de 4 lettres, aura également lieu pour tous; d'où
l'on voit que chaque arrangement de 4 lettres , en doit
donner 4 de 5 lettres , c'est-à-dire , un nombre égal à
celui des lettres qu'on n'a pas employées. On verroit de
même que , si l'on avoit 12 lettres qu'il s'agit d'arranger
9 à 9, chaque arrangement de 8 lettres en donneroit
4 de 9 lettres , c'est-à-dire , un nombre encore égal à
celui des lettres qu'on n'auroit pas employées. L'on voit
d'après cela que , s'il s'agissoit d'arranger m lettres n à n ,
et que l'on appellât N^{l} le nombre des arrangemens
de m lettres prises $n-1$ à $n-1$, on auroit pour résultat , $N^{l}\,(m-(n-1))$, ou $N^{l}\,(m-n+1)$.

Après ce qu'on vient de dire , on voit aisément que ,

si N'' représente le nombre de permutations de m lettres prises $n-2$ à $n-2$, N' ou le nombre de permutations faites $n-1$ à $n-1$, doit égaler $N''\,(m-(n-1)+1)$, ou $N''\,(m-n+2)$; d'où l'on peut conclure que le nombre de permutations de m lettres prises n à n, est aussi $N''\,(m-n+2)\,(m-n+1)$. Si l'on poussoit plus loin, et qu'on représentât par N''', N'''' etc., le nombre de permutations de m lettres prises $n-3$ à $n-3$, $n-4$ à $n-4$, on trouveroit, avec la même facilité, que le nombre des permutations n à n, peut aussi être exprimé par $N'''\,(m-n+3)\,(m-n+2)\,(m-n+1)$, $N''''\,(m-n+4)\,(m-n+3)\,(m-n+2)\,(m-n+1)$, etc., ou $N'''\,(m-(n-3))\,(m-(n-2))\,(m-(n-1))$, $N''''\,(m-(n-4))\,(m-(n-3))\,(m-(n-2))\,(m-(n-1))$. L'on voit enfin, d'après la loi évidente qui règne dans ces différentes suites de valeurs, 1°. que l'on trouvera enfin, en remontant, $N^{\dots n-(n-2)}$, $N^{\dots n-(n-1)}$, c'est-à-dire, le nombre de permutations de m lettres prises $n-(n-2)$ à $n-(n-2)$, $n-(n-1)$ à $n-(n-1)$, ou 2 à 2, 1 à 1; et 2°. que les valeurs correspondantes de permutations n à n, seront $N^{\dots n-(n-2)}\,(m-(n-(n-2)))\,(m-(n-(n-3)))\dots(m-(n-2))\,(m-(n-1))$, et $N^{\dots n-(n-1)}\,(m-(n-(n-1)))\,(m-(n-(n-2)))\,(m-(n-(n-3)))\dots(m-(n-2))\,(m-(n-1))$; mais la quantité qui multiplie $N^{\dots n-(n-1)}$ dans cette dernière expression, n'est autre chose que $(m-1)\,(m-2)\,(m-3)\dots(m-n+2)\,(m-n+1)$; de plus, $N^{\dots n-(n-1)}$, ou le nombre des permutations de m lettres prises une à une, est évidemment m. On a donc pour le nombre d'arrangemens de m lettres prises n à n,

V 3

cette valeur générale , $m\,(m-1)\,(m-2)\,(m-3)\ldots$
$(m-n+3)\,(m-n+2)\,(m-n+1)$.

On peut se convaincre tout de suite de la vérité de
cette formule générale , en y appliquant les exemples
suivans ; soit d'abord $n=5$; la formule devient $m\,(m-1)$
$(m-2)\,(m-3)\,(m-4)$; soit encore $n=2$; alors
on trouve que la formule se réduit à $m\,(m-1)$.

2. Nous venons déjà d'obtenir le numérateur général
du coefficient de x^{m-n} ; il ne nous reste plus que le
dénominateur à déterminer ; la même méthode va nous
l faire découvrir. En effet, il ne s'agit que de savoir
combien un produit de n lettres peut subir de permutations différentes. Pour y parvenir , on remarquera que
si , dans l'une quelconque de ces permutations , on fixe
une lettre quelconque à la première place , on pourra
faire subir à toutes les lettres restantes , autant d'arrangemens divers , que le permet un produit de $n-1$
lettres. Soit pris pour exemple un produit de 8 lettres ,
tel que $a\times b\times c\times d\times e\times f\times g\times h$; on peut , en
fixant a à la première place , écrire ce produit d'autant
de façons différentes, que le produit $b\times c\times d\times e\times f$
$\times g\times h$, de 7 lettres, offre de permutations différentes ;
mais chaque lettre du produit proposé peut à son tour
occuper le premier rang ; donc , si l'on nomme P' le
nombre de permutations, que peut fournir un produit
de 7 lettres, on aura $P'\times 8$, pour exprimer le nombre
de permutations, dont est susceptible un produit de 8
lettres. De même , l'on verra que si l'on désigne par P'
le nombre des arrangemens , qu'admet un produit de 11
lettres , $P'\times 12$ sera le nombre de ceux que peut fournir un produit de 12 lettres ; et qu'en général, P' étant
le nombre de permutations d'un produit de $n-1$ lettres ,

$P' \times n$ exprimera le nombre de permutations d'un produit de n lettres.

On se doute bien maintenant, qu'en appellant P'', P''', P'''', etc., le nombre de permutations, que peut subir un produit de $n-2$, $n-3$, $n-4$ etc. lettres, on aura, à l'aide d'un raisonnement tout à-fait pareil au précédent, $P' = P''(n-1)$, $P'' = P'''(n-2)$, $P''' = P''''(n-3)$, etc., ce qui fait voir que le nombre d'arrangemens d'un produit de n lettres $= P' \times n = P''(n-1)n = P'''(n-2)(n-1)n = P''''(n-3)(n-2)(n-1)n =$ etc. On voit de plus, que, si l'on accentue P' de la même manière, dont nous avons ci-dessus accentué N', on aura, en remontant, les valeurs $P'^{\dots n-(n-2)}(n-(n-3))(n-(n-4))(n-(n-5))\dots(n-2)(n-1)n$, et $P'^{\dots n-(n-1)}(n-(n-2))(n-(n-3))\dots(n-2)(n-1)n$; or, la dernière expression n'est autre chose que $P'^{\dots n-(n-1)} \times 2 \times 3 \dots (n-2)(n-1)n$; d'ailleurs $P'^{\dots n-(n-1)}$ étant, par l'hypothèse, égal au nombre de permutations que peut fournir un produit de $n-(n-1)$ lettres, c'est-à-dire, de 1 lettre, est évidemment égal à 1. Donc généralement le nombre de permutations, que peut subir un produit de n lettres, est $1 \times 2 \times 3 \times 4 \dots (n-3)(n-2)(n-1)n$. On voit donc que, à cause de a^n, qui fait partie du coefficient total de x^{m-n}, le *terme général* est exprimé par

$$\frac{m(m-1)(m-2)\dots(m-n+2)(m-n+1)}{1 \,.\, 2 \,.\, 3 \,.\quad (n-1)\quad n} a^n x^{m-n}.$$

Ce terme est appellé *terme général*, parce qu'en faisant successivement $n=1$, $n=2$, $n=3$ etc., on a successivement tous les termes de la suite, $x^m + \dfrac{m}{1} a x^{m-1}$

$$+ \frac{m}{1} \cdot \frac{m-1}{2} a^2 x^{m-2} + \text{etc.}$$

3. Dans tout ce qu'on a dit ci-dessus, l'on a exclus des permutations toutes les répétitions d'une même lettre. Cependant, comme cette circonstance peut avoir lieu dans plusieurs cas, tels que les jeux de hazard et les probabilités, nous allons en parler rapidement.

Supposons donc qu'on demande le nombre de permutations, que 6 lettres peuvent fournir dans ce cas, en les arrangeant 4 à 4 ; l'on voit ici qu'on peut indifféremment écrire chacune des 6 lettres a, b, c, d, e, f, à la suite d'un arrangement quelconque de 3 lettres, tel que a, b, c ; en nommant donc N', le nombre des arrangemens de cette nature, on aura $N' \times 6$, pour le nombre d'arrangemens de 4 lettres. Appellons N'' le nombre de permutations de 2 lettres, on verra, en raisonnant de même, que $N' = N'' \times 6$; enfin, nommons N''' le nombre d'arrangemens des 6 lettres prises 1 à 1, on aura $N'' = N''' \times 6$; mais N''' est évidemment égal à 6 ; donc, en remontant, l'on a $N'' = 6 \times 6$, et $N' = 6 \times 6 \times 6$; d'où il suit que le nombre de permutations de 6 lettres, prises 4 à 4, en supposant la répétition d'une même lettre, est égal à $6 \times 6 \times 6 \times 6$, ou 6^4. Ceci est trop clair, pour ne pas voir que les mêmes raisonnemens et les mêmes résultats auroient lieu, quelques nombres qu'on voulût prendre au lieu de 6 et de 4 ; on peut donc conclure que, dans ce cas, le nombre des arrangemens de m lettres prises n à n, doit être exprimé par m^n. Donc, pour récapituler, lorsqu'on voudra prendre m lettres

n à n, on aura les trois formules suivantes, pour exprimer le terme général correspondant. Savoir, 1°. m^n, pour les permutations où l'on répète la même lettre ; 2°. $m(m-1)(m-2)(m-3)\dots(m-n+1)$, pour celles où l'on exclut les répétitions ; 3°. enfin,

$$\frac{m(m-1)(m-2)(m-3)\dots\dots(m-n+1)}{1\,.\,\,2\,.\quad\,3\,.\qquad 4\dots\dots\quad n},$$

pour les combinaisons ou les produits.

4. Nous allons maintenant appliquer tour-à-tour ces formules, à la résolution d'un des problêmes suivans.

On demande combien un nombre quelconque de dés peut amener de points différens. On voit qu'il ne s'agit ici que de savoir combien 6 points différens peuvent fournir d'arrangemens, 2 à 2, 3 à 3, 4 à 4, etc., en admettant les répétitions des mêmes points. Ce problême a donc sa solution dans la formule m^n, en faisant $m = 6$, et $n = 1 = 2 = 3$ etc.; ainsi deux dés offrent 6^2 ou 36 chances; trois dés en donnent 6^3 ou 216 ; etc.

5. Parmi le grand nombre d'exemples que nous pourrions donner de la troisième formule, nous n'en choisirons qu'une application. C'est de trouver combien un nombre m de numéros contient d'extraits, d'ambes, de ternes, de quaternes et de quines. On voit qu'ici n est successivement égal à 1, à 2, à 3, à 4 et à 5, puisque la question se réduit à combiner m nombres, 1 à 1, 2 à 2, etc. La troisième formule se change donc, en mettant tour-

à-tour pour n, 1, 2, 3, 4, 5, en m ; $m.\,\dfrac{m-1}{2}$, $m.\,\dfrac{m-1}{2}\,.\,\dfrac{m-2}{3}$, $m.\,\dfrac{m-1}{2}\,.\,\dfrac{m-2}{3}\,.\,\dfrac{m-3}{4}$, et enfin en $m.\,\dfrac{m-1}{2}\,.\,\dfrac{m-2}{3}\,.\,\dfrac{m-3}{4}\,.\,\dfrac{m-4}{5}$. Veut-on, par exemple, savoir combien il y a d'extraits, d'ambes, de ternes, de quaternes et de quines dans 31 numéros ? on fera $m = 31$; ce qui changera les formules ci-dessus en $\frac{31}{1} = 31$; $31 \frac{30}{2} = 465$; $465 . \frac{29}{3} = 155 . 29 = 4495$; $4495 . \frac{28}{4} = 4495 . 7 = 31465$; enfin en $31465 . \frac{27}{5} = 6293 . 27 = 169911$; il y a donc 31 extraits, 465 ambes, 4495 ternes, 31465 quaternes et 169911 quines. C'est de la même manière qu'en faisant $m = 90$, on trouvera que les 90 numéros de la loterie renferment 90 extraits, 4005 ambes, 117480 ternes, 2555190 quaternes, et 43949268 quines.

6. Pour employer la seconde formule, nous nous proposerons la question suivante : De combien de manières peut-on faire, sans égard au sens, mais en conservant la quantité, le vers suivant, composé déjà depuis longtems en l'honneur de la Vierge ?

Tot tibi sunt, Virgo, dotes, quot sidera cælo.

On observera d'abord, que les 8 mots, dont ce vers est composé, fournissent 40320 permutations différentes ; ce qu'il est aisé de vérifier en faisant $m = n = 8$ dans la seconde formule $m \, (m-1) \, (m-2) \, (m-3) \dots (m-n+1)$, qui revient à $8 . 7 . 6 . 5 . 4 . 3 . 2 . 1$; et que la même formule donne, pour les permutations entre 7, 6, 5, 4, 3 et 2 mots, les nombres 5040, 720, 120, 24, 6 et 2. Telles sont les remarques que nous avions à faire sur ce problème, envisagé du côté des nombres. Si on le considère à présent sous le côté de la poésie, on devra remarquer, 1°. que, tous les mots commençant par une consonne, il ne peut y avoir d'élision ; 2°. que *tot* et *quot* cessent par cela même d'être douteux ; 3°. que l'o de *virgo*, qui est douteux, ne peut être bref que devant *tibi*, seul mot qui commence par une brève ; 4°. enfin que *tibi*, dont le premier *i* est bref, et le second douteux , ne peut ni commencer ni finir le vers. Cela posé , voici comment je m'y prendrois, pour trouver les seules permutations qui puissent former un vers.

Le vers ne pouvant finir , ni par *tibi* , comme on vient de le voir, ni par *sidera* , qui est un dactyle, il est clair que les seuls mots qui puissent le terminer, sont : *tot*, *quot*, *sunt* ; et *cœlo* , *dotes*, *virgo*. De plus , 1°. ce qu'on vient de dire sur *tot* et *quot*, fait voir que, lorsqu'on connoîtra les vers qui finissent par *sunt* , il suffira de changer *sunt* en *tot* et en *quot* , pour connoître le nombre de ceux , qui doivent être terminés par chacun de ces deux mots ; 2°. ce qu'on a dit , d'un autre côté , sur *cœlo* , *dotes* et *virgo* , fait assez voir que, dès qu'on aura les terminaisons en *cœlo* , on aura d'abord celles en *dotes* , en se contentant de changer *cœlo* en *dotes* ; et ensuite qu'on aura toutes celles en *virgo* , en déduisant du nombre des finales en *cœlo* , celles où l'o de *virgo* sera bref devant *tibi*.

Le problème est donc ramené , à connoître seulement le nombre de vers différens qu'on peut trouver, en finissant constamment par *sunt* et par *cœlo*.

D'abord , on voit que les quatre mots , *dotes* , *virgo* , *sidera* , *cœlo* , ne peuvent terminer le vers , placés devant *sunt* : on ne peut donc le finir que par *tibi sunt* , *tot sunt* , et *quot sunt*.

Voyons d'abord la terminaison *tibi sunt* ; il est clair que *virgo* est le seul des six mots restans, qui puissent s'accorder avec cette finale. Donc, en finissant par *virgo tibi sunt* , l'on n'a plus que les cinq mots....... *tot dotes quot sidera cœlo* , qui peuvent admettre 120 permutations. Il ne reste plus qu'à connoître celles qu'on doit admettre ou exclure ; voyons celles qu'il faut exclure. Pour y parvenir, faisons parcourir à *sidera*, successivement toutes les places ; à la première, ainsi qu'à la cinquième, les quatre mots restans, *tot dotes quot cœlo*, de quelque manière qu'on les dispose, seront toujours propres à faire le vers ; il n'y a donc dans ces cas aucune permutation à exclure ; à la seconde comme à la quatrième, *tot* et *quot* ne pouvant servir de premiers ou de derniers mots, on ne pourra commencer ou finir le vers que par *dotes* ou *cœlo*. Dans chaque cas, les trois mots restans seront *tot*, *quot*, et *cœlo* ou *dotes* ; et comme ces trois mots font 6 permutations, qui vont toutes également, il est clair qu'il y aura 12 changemens à admettre, et par conséquent 12 à exclure, puisque, *sidera* une fois fixé, il ne reste plus que quatre mots variables, qui fournissent 24 permutations. Si l'on met *sidera* au troisième rang, on voit que des quatre mots restans, il n'en faut admettre que deux, qui, commençant le vers, forment un nombre pair de syllabes ; condition qui n'admet que *tot quot*, ou *quot tot* ; *cœlo dotes*, ou *dotes cœlo* ; ce qui réduit évidemment à 8, le nombre de permutations admissibles ; il reste donc 16 permutations à exclure. L'on voit par-là, que le nombre total des permutations à exclure, en finissant le vers par *virgo tibi sunt*, est de 40 ; il reste donc 80 manières de finir le vers par ces mots.

Passons maintenant à la finale *tot sunt* : on voit à l'instant que les seuls mots qui puissent les précéder, sont *tibi* et *sidera* ; voyons d'abord la terminaison, *tibi tot sunt* : il ne reste encore ici à combiner que les cinq mots.... *virgo dotes quot sidera cœlo*. Plaçons donc encore successivement *sidera* à tous les rangs. D'abord

au premier, l'o de *virgo* étant fait long, on voit que
toutes les permutations possibles entre les quatre mots,
virgo dotes quot cœlo, réussissent; mais à la cinquième
place, à cause de *tibi*, qui ne peut être précédé de
sidera, aucune n'est admissible; ce cas donne donc 24
permutations à ôter de 120. Mettons *sidera* pour second
mot, on voit que *quot* est le seul qui ne puisse commencer le vers; il y a donc, à cause des trois mots restans, susceptibles de 6 arrangemens, 6 permutations
à exclure. Au contraire, en mettant *sidera* à la quatrième
place, *quot* est le seul mot qui puisse le suivre; il ne
reste donc que 6 permutations à admettre, et par conséquent 18 à rejetter. Enfin, *sidera* étant fixé au troisième
rang, on voit qu'à cause des trois dissyllabes, *virgo*,
dotes, *cœlo*, *quot* ne peut précéder *sidera*; d'où l'on
conclut aisément, qu'il doit être exclus 12 permutations.
On voit, d'après cela, que le nombre total des changemens d'ordre à exclure étant 60, il ne reste que 60 ma-
niéres de faire le vers proposé, en le finissant par les trois
mots, *tibi tot sunt.*

Voyons encore les variations qu'admet la finale *sidera
tot sunt:* les cinq mots restans sont, *tibi virgo dotes
quot cœlo.* Dans ce cas, c'est à *tibi* que l'on fera parcourir successivement les cinq places: à la première, à
cause de *ti* bref, aucune permutation n'est possible; à la
cinquième, au contraire, il est aisé de voir que, l'o de
virgo étant fait toujours long, toutes les permutations sont
admissibles: à la seconde, le vers peut commencer par
virgo tibi, ou *quot tibi*; dans le premier cas, les trois
mots restans, qui font 6 permutations, seront également
convenables. Il en sera de même pour le second; l'on en
aura donc également 12 à exclure ou admettre. Met-on

tibi pour quatrième mot ? on observera que *quot* est le
seul mot qui ne puisse le suivre, à moins que *tibi* lui-
même ne soit précédé de *virgo*; l'on n'a donc ici que
4 permutations à exclure, au lieu de 6 qu'on auroit sans
l'o de *virgo*. Enfin, si l'on place *tibi* au troisième rang,
il faudra, si l'on fait le second *i* long, qu'il soit précédé
de *virgo*, précédé lui-même d'un des dissyllabes *dotes*
ou *cœlo*, ce qui admet évidemment 4 variations. Au contraire, si on le fait bref, il faut, pour satisfaire au vers,
que *tibi* soit précédé de *quot*, et d'un des trois dissyllabes restans; ce qui fournit 12 variations admissibles, et
16, en y joignant les 4 déjà trouvées; l'on n'en a donc
ici que 8 à exclure. Si à présent l'on rassemble les exclu-
sions qu'on vient de lire, on en trouvera 48, qui, re-
tranchées de 120, donneront pour reste 72 variations
possibles, pour le cas où l'on finit le vers par *sidera tot
sunt*. Ajoutons enfin à ces 72 changemens, les 60 qu'a
fournis la finale *tibi tot sunt*, on aura 132 permutations
pour finir le vers par *tot sunt*.

On voit aisément que, si l'on met *quot* à la place de
tot, au dernier pied, et *tot* au lieu de *quot* dans le corps
du vers, on pourra le finir aussi par *quot sunt* de 132
manières. Si l'on réunit donc les trois nombres 132,
132 et 80, résultats des permutations, qui correspondent
aux trois diverses fins de vers, *tot sunt*, *quot sunt*,
tibi sunt, on aura en tout 344 manières de finir le vers
par le mot *sunt*.

On voit enfin que, si l'on termine le vers par *tot* ou
quot au lieu de *sunt*, l'on aura en tout 3 fois 344 ou
1032 façons possibles de finir par *sunt*, *tot* et *quot*.

Passons aux finales *cœlo*, *dotes* et *virgo*. Quelque soit
celui de ces trois mots qu'on adopte, il ne peut être pré-

cédé que de *tibi* ou de *sidera*. Voyons d'abord *tibi cælo* ;
mais, avant tout, remarquons que *tibi* devant faire ici
deux breves, l'o de *virgo* ne peut être que long. Ainsi
qu'on finisse, ou par *tibi cælo*, ou par *tibi dotes*, ou
par *tibi virgo*, le nombre de permutations sera toujours
le même. Il suffit donc d'en chercher le nombre pour un
cas, pour *tibi cælo*, par exemple : une fois trouvé, on
le triplera.

Dans l'hypothèse actuelle, il reste les six mots, *tot
sunt virgo dotes quot sidera*, qui peuvent être disposés
de 720 manières. Voyons donc celles qu'il faut exclure,
et pour cela, mettons successivement *sidera* à chacune
des six places.

A la première, on voit tout de suite, que les 120
manières, qu'offrent les permutations des cinq mots restans, sont également propres à remplir le vers ; tandis
qu'à la sixième, au contraire, à cause que *tibi*, dans le
cas actuel, veut une longue avant lui, aucune n'est admissible ; d'où 120 permutations à exclure. Si l'on fixe
sidera au second mot, on ne peut le faire précéder que
de *dotes* ou de *virgo* ; dans chaque cas, les quatre mots
restans, formant 24 permutations, seront susceptibles
de tous les arrangemens possibles ; donc, pour les deux
cas, il se trouvera 48 permutations possibles, et par conséquent 72 à exclure : au cinquième rang, au contraire,
il ne pourra être suivi que d'un des trois monosyllabes ;
et comme alors les quatre mots qui le précèdent, offri-
ront 24 variations également possibles, il s'en trouvera
donc 72 admissibles, et par conséquent 48 à exclure.
Passons enfin aux troisième et quatrième places : à la
troisième, on voit que les deux mots, qui doivent précéder *sidera*, dactyle, devant former un nombre pair

de syllabes, ne peuvent admettre l'union de *tot*, ou *sunt*, ou *quot*, avec *virgo*, ou *dotes*, union qui peut avoir lieu de 12 façons; et, comme alors il reste toujours après *sidera* trois mots, qui offrent 6 permutations, l'on voit que l'on en a pour ce cas 72 à exclure. Mais à la quatrième, les deux mots qui doivent suivre *sidera*, devant, à cause des deux breves de *tibi*, former un nombre impair de syllabes, c'est l'union ci-dessus qui peut seule avoir lieu; d'où 72 variations à admettre, et 48 à exclure.

Si l'on réunit les cinq nombres 120, 72, 48, 72, 48, la somme sera 360; et si on la retranche de 720, le reste 360, sera le nombre de permutations qu'admet la terminaison, *tibi cœlo*; donc 3 fois 360 ou 1080, sera le nombre total des manières, qui peuvent concourir à faire le vers, en le finissant, ou par *tibi cœlo*, ou par *tibi virgo*, ou par *tibi dotes*. Enfin, ajoutant ces 1080 manières, aux 1032 déjà trouvées, on aura déjà 2112 variations de vers.

Il ne reste plus, pour completter la solution, qu'à trouver le nombre de permutations, que peuvent admettre *sidera cœlo*, *sidera dotes*, *sidera virgo*. On voit déjà, qu'ayant trouvé celles qui proviennent de *sidera cœlo*, on en aura le même nombre pour *sidera dotes*; et nous avons déjà dit que, pour obtenir celles de *sidera virgo*, il suffisoit d'exclure des permutations de *sidera cœlo*, celles où l'o de *virgo* étoit bref devant l'*i* de *tibi*. Voyons donc à trouver les variations de vers qu'admet la terminaison *sidera cœlo*.

Dans le cas présent, où il reste les six mots, *tot tibi sunt virgo dotes quot*, susceptibles de 720 permutations, c'est à *tibi* que nous allons faire tour-à-tour parcourir les six places. On voit d'abord que la première syllabe breve *ti* l'exclud du premier rang , par la nature du vers. Donc déjà 120 permutations à exclure : au lieu que , placé au sixième , si *tibi* fait deux breves , les 120 permutations , dont sont susceptibles les cinq mots restans , sont également légitimes. A la seconde place , *tibi* ne peut être précédé que d'un monosyllabe , ou de *virgo* ; dans le premier cas , qui peut arriver de trois manières , on a pour chacune 24 façons , à cause des 4 mots restans , qui font tous le vers , dans quelqu'ordre qu'on les range : on en a par conséquent 72 en tout ; dans le second cas , qui ne peut avoir lieu , quand *virgo* est à la fin du vers , on voit que les mots restans offrent 24 permutations ; l'on n'en a donc que 72 admissibles , pour cette hypothèse , tandis qu'il s'en trouve 96 pour l'autre ; ce qui fait d'un côté 48 , et de l'autre 24 à exclure. A la cinquième place , ou l'*i* de *tibi* sera long , ou il sera bref : s'il est long , la mesure du vers ne permet qu'un monosyllabe après lui , et *virgo* seul devant. Comme l'on a trois monosyllabes à choisir , et que , pour chaque choix , on peut commencer le vers par trois mots , on voit que cette supposition admet 18 variations , mais qui ne peuvent avoir lieu , quand *virgo* finit le vers. Si , au contraire , *i* est bref , il ne peut être suivi que d'un mot de deux syllabes , et alors il sera précédé de quatre mots , dont tous les arrangemens conviennent également ; ce qui en donnera 48 : on aura donc en tout 66 variations , et seulement 48 , quand *virgo* terminera le vers ; donc , pour ce dernier cas , il en faudra exclure 72, et seulement 54 pour le premier. Supposons à présent *tibi* à la troisième place ; *i* étant long , le vers ne pourra commencer que par *dotes virgo tibi* , et alors , à cause des trois mots restans , on aura 6 variations , qui n'auront plus lieu pour *virgo* final. *i* étant bref, la mesure veut que les deux premiers mots aient un nombre impair de syllabes, cas qui a déjà eu lieu, et qu'on a vu admettre 72 solutions; donc pour le cas de *virgo* final, il faut exclure 48 permutations, et seulement 42 pour le cas contraire. Enfin, à la quatrième place, si l'*i* est bref, les deux mots suivans doivent avoir un nombre pair de syllabes, cas contraire au précédent, et qui par conséquent ne peut admettre que 48 solutions; si l'*i* est long, *virgo* sera devant *tibi*, et la mesure exigera que l'on commence par deux monosyllabes, ce qui formera en tout 12 variations admissibles, mais qui n'auront pas lieu, dans l'hypothèse de *virgo* final; dans ce cas-ci, l'on aura donc 72 solutions à exclure, tandis que dans l'autre, on n'en aura que 60.

Réunissons à présent tous les arrangemens qu'exclud la terminaison *sidera virgo*, on aura les cinq nombres 120, 48, 72, 48, 72, dont la somme 360, ôté de 720, donne 360 façons de faire le vers, en finissant par *sidera virgo*. Rassemblons ensuite les cinq nombres 120, 24, 54, 42, 60; leur somme sera 300, qui, soustrait de 720, donne 420 manières de finir le vers par *sidera cœlo*, et par conséquent aussi 420, pour le terminer par *sidera dotes*. Enfin, si l'on ajoute 420, 420 et 360, on aura 1200, qui, réunis aux 2112 déjà trouvés, donneront en tout 3312 manières de faire le vers proposé.

ADDITION II.

Démonstrations de la formule du Binome.

7. Si nous avons cru devoir développer, plus que l'Auteur ne l'a fait, la formule du binome, pour le cas où m est un nombre entier, nous croyons être bien plus fondés à prouver la légitimité de la série, qui donne le développement de cette formule, dans le cas où m est un nombre entier négatif, ou fractionnaire, soit positif, soit négatif. En effet, la manière adoptée par Clairaut, et renfermée dans les deux tableaux de cette dernière partie, n'est pas des plus satisfaisantes ; car, n'offrant, à proprement parler, qu'une vérification de quelques-uns des premiers termes, on ne peut conclure ceux qui suivent qu'à l'aide des lois de l'analogie, lois qui elles-mêmes ne sont pas fort évidentes, puisqu'on n'entrevoit guères celle, d'après laquelle s'opèrent les réductions.

Entre plusieurs démonstrations, nous choisirons les trois suivantes, dont la dernière, due à Euler, est tirée du IXe volume des Nouv. Com. de Pétersbourg. Mais quoiqu'elle soit aussi élégante que rigoureuse, elle est appuyée sur une considération si fine et si délicate, qu'elle échappe à presque tous les commençans : d'ailleurs, elle suppose le binome démontré pour le cas, où m est entier et positif. C'est cette double raison qui nous a engagés à la faire précéder des deux autres. Nous les employons toutes deux, parce que, toutes semblables qu'elles sont, dans leur origine, elles doivent à deux hypothèses différentes, la diversité de leur marche, diversité qui ne peut être qu'instructive pour le Lecteur. La seconde, cependant, mérite la préférence, d'abord parce qu'elle est moins embarrassée, et ensuite parce qu'elle ne suppose pas, comme l'autre, la connoissance antérieure d'un théorème, dont on pourroit se passer.

Cependant comme ce théorème, qu'on doit à Landen, Géomètre Anglais, est fondé sur une remarque d'autant plus importante, qu'elle peut s'étendre à beaucoup de cas analytiques, et que d'ailleurs elle est nécessaire pour la démonstration que nous allons donner, nous croyons devoir la placer en avant.

8. On a vu (42, Ire partie) que, si l'on divise une quantité telle que $u^m - v^m$ par $u - v$, le quotient devient $u^{m-1} + u^{m-2}\,v + u^{m-3}\,v^2 + \ldots\ldots + uv^{m-2} + v^{m-1}$. Landen a prouvé, encore plus généralement,

$$\text{que } \frac{u^{\frac{m}{n}} - v^{\frac{m}{n}}}{u - v} = u^{\frac{m}{n}-1} \times$$

$$\left\{ \frac{1 + \dfrac{v}{u} + \left(\dfrac{v}{u}\right)^2 + \left(\dfrac{v}{u}\right)^3 + \ldots + \left(\dfrac{v}{u}\right)^{m-1}}{1 + \left(\dfrac{v}{u}\right)^{\frac{m}{n}} + \left(\dfrac{v}{u}\right)^{\frac{2m}{n}} + \left(\dfrac{v}{u}\right)^{\frac{3m}{n}} + \ldots + \left(\dfrac{v}{u}\right)^{\frac{(n-1)m}{n}}} \right\},$$

m et n étant supposés des nombres entiers positifs. Si dans cette équation, on fait pour abréger, $\dfrac{v}{u} = z$, on n'aura plus qu'à prouver la légitimité de celle-ci,

$$\frac{u^{\frac{m}{n}} - v^{\frac{m}{n}}}{u - v} = u^{\frac{m}{n} - 1}\left\{\frac{1 + z + z^2 + z^3 + \dots\dots + z^{m-1}}{1 + z^{\frac{m}{n}} + z^{\frac{2m}{n}} + z^{\frac{3m}{n}} + \dots\dots + z^{\frac{(n-1)m}{n}}}\right\}.$$

Pour y parvenir, je mets d'abord le premier membre

$$\frac{u^{\frac{m}{n}} - v^{\frac{m}{n}}}{u - v}$$

de cette équation, sous cette forme,

$$\frac{u^{\frac{m}{n}}\left(1 - \frac{v^{\frac{m}{n}}}{u^{\frac{m}{n}}}\right)}{u\left(1 - \frac{v}{u}\right)} = u^{\frac{m}{n} - 1}\left(\frac{1 - z^{\frac{m}{n}}}{1 - z}\right).$$ Si à présent

on compare le premier membre, ainsi transformé avec
le second, on n'aura plus, en supprimant de part et

d'autre le facteur commun $u^{\frac{m}{n} - 1}$, qu'à prouver l'é-
quation . . . .

$$\frac{1 - z^{\frac{m}{n}}}{1 - z} = \frac{1 + z + z^2 + z^3 + \dots\dots + z^{m-1}}{1 + z^{\frac{m}{n}} + z^{\frac{2m}{n}} + z^{\frac{3m}{n}} + \dots\dots + z^{\frac{(n-1)m}{n}}};$$ ce

qu'on fera aisément de la manière suivante. Supposons

$z^{\frac{m}{n}} = y$, nous aurons $z^m = y^n$; donc . . . .

$$\frac{1 - z^{\frac{m}{n}}}{1 - z^{\frac{m}{n}}} = \frac{1 - y^n}{1 - y} = 1 + y + y^2 + y^3 + \dots\dots + y^{n-1};$$

ce qui donne, en remettant pour y sa valeur $z^{\frac{m}{n}}$,

$$\frac{1-z^{m}}{1-z^{\frac{m}{n}}}=1+z^{\frac{m}{n}}+z^{\frac{2m}{n}}+z^{\frac{3m}{n}}+\ldots+z^{\frac{(n-1)m}{n}}$$: d'ailleurs

$$\frac{1-z^{m}}{1-z}=1+z+z^2+z^3+\ldots+z^{m-1}$$; équation

qui, divisée par la précédente, donne

$$\frac{1-z^{\frac{m}{n}}}{1-z}=\frac{1+z+z^2+z^3+\ldots+z^{m-1}}{1+z^{\frac{m}{n}}+z^{\frac{2m}{n}}+z^{\frac{3m}{n}}+\ldots+z^{\frac{(n-1)m}{n}}}$$; c'est-

à-dire, précisément celle qu'il s'agissoit de prouver, et par conséquent le théorème est démontré.

9. Nous allons donner à présent les démonstrations que nous avons promises. Mais d'abord, pour plus de simplicité, nous allons ramener le binome $x+a$ à n'avoir que l'unité pour un de ses deux termes. Pour cela, je mets $(x+a)^{m}$ sous cette forme, $x^{m}\left(1+\dfrac{a}{x}\right)^{m}$;

alors je fais $\dfrac{a}{x}=z$, et je n'ai plus qu'à développer la puissance m du binome $(1+z)$. Il suffira donc, dans ce que nous allons dire, d'opérer sur un binome, tel que $1+x$, ou $1+z$, etc. Observons d'abord que, d'après l'examen seul des premières puissances de $1+x$, il semble naturel de croire, que le développement d'une puissance quelconque de ce binome, doit être de la forme,

$$1+Ax+Bx^2+Cx^3+Dx^4+Ex^5+\text{etc.},$$

A, B, C, D, E, etc., étant des coefficiens de x, tout-à-fait indépendans des valeurs qu'on pourroit lui assigner. Cette forme est d'autant plus vraisemblable, que, lorsqu'on fait $x = 0$, elle se réduit à 1, comme cela doit être, et comme cela ne seroit pas, si quelqu'une des puissances de x étoit négative, puisqu'alors le terme où se trouveroit cette puissance, étant de la forme $N x^{-n}$, ne seroit autre chose que $\dfrac{N}{x^n}$, c'est-à-dire, (100, additions à la Ire. partie) une quantité infinie.

Cela posé, soit donc $(1 + x)^{\frac{m}{n}} = 1 + A x + B x^2 + C x^3 + D x^4 + E x^5 +$ etc., on aura aussi

$$(1+y)^{\frac{m}{n}} = 1 + A y + B y^2 + C y^3 + D y^4 + E y^5 +\text{ etc.}$$

Si l'on retranche la seconde équation de la première,

on aura $(1 + x)^{\frac{m}{n}} - (1 + y)^{\frac{m}{n}} = A(x-y) + B(x^2-y^2) + C(x^3-y^3) + D(x^4-y^4) + E(x^5-y^5) +$ etc.

Si à présent l'on divise les deux membres de celle-ci par

$x - y$, il viendra $\dfrac{(1 + x)^{\frac{m}{n}} - (1 + y)^{\frac{m}{n}}}{x - y} = \dfrac{A(x-y)}{x-y}$

$+ \dfrac{B(x^2 - y^2)}{x - y} + \dfrac{C(x^3 - y^3)}{x - y} + \dfrac{D(x^4 - y^4)}{x - y}$

$+ \dfrac{E(x^5 - y^5)}{x - y} +$ etc.

Telle est la marche commune aux deux premières démonstrations : mais ici elle change, parce que dans l'une on fait

X 4

$1 + x = u$, et $1 + y = v$, tandis que dans l'autre,
c'est à $\overset{n}{u}$ et $\overset{n}{v}$ qu'on égale $1 + x$ et $1 + y$. Voyons d'abord
la première hypothèse. Puisque $1 + x = u$, et $1 + y = v$,
le premier membre de la dernière équation deviendra,

$$\frac{u^{\frac{m}{n}} - v^{\frac{m}{n}}}{u - v}, \text{ ou } (7) \ldots \ldots \ldots \ldots \ldots \ldots$$

$$u^{\frac{m}{n}-1} \left\{ \frac{1 + \dfrac{v}{u} + \left(\dfrac{v}{u}\right)^2 + \left(\dfrac{v}{u}\right)^3 \ldots\ldots + \left(\dfrac{v}{u}\right)^{m-1}}{1 + \left(\dfrac{v}{u}\right)^{\frac{m}{n}} + \left(\dfrac{v}{u}\right)^{\frac{2m}{n}} + \left(\dfrac{v}{u}\right)^{\frac{3m}{n}} \ldots\ldots + \left(\dfrac{v}{u}\right)^{\frac{(n-1)m}{n}}} \right\};$$

quant au second membre, il devient évidemment,
$$A + B(x+y) + C(x^2 + xy + y^2) + D(x^3 + x^2 y + xy^2 + y^3)$$
$$+ E(x^4 + x^3 y + x^2 y^2 + xy^3 + y^4) + \text{etc.}$$
Egalant
donc les deux nouveaux membres, on a l'équation

$$u^{\frac{m}{n}-1} \left\{ \frac{1 + \dfrac{v}{u} + \left(\dfrac{v}{u}\right)^2 + \left(\dfrac{v}{u}\right)^3 + \ldots + \left(\dfrac{v}{u}\right)^{m-1}}{1 + \left(\dfrac{v}{u}\right)^{\frac{m}{n}} + \left(\dfrac{v}{u}\right)^{\frac{2m}{n}} + \left(\dfrac{v}{u}\right)^{\frac{3m}{n}} + \ldots + \left(\dfrac{v}{u}\right)^{\frac{(n-1)m}{n}}} \right\}$$
$$= A + B(x+y) + C(x^2 + xy + y^2) + D(x^3 + x^2 y + xy^2 + y^3)$$
$$+ E(x^4 + x^3 y + x^2 y^2 + xy^3 + y^4) + \text{etc.} , \text{ équation}$$
qui doit avoir lieu, quelques valeurs qu'on donne à
x et y, et par conséquent à u et à v, et où, malgré
ces changemens, les coefficiens A, B, C, D, E, etc. ne
doivent pas changer. Je puis donc supposer $x = y$,

hypothèse qui, avec celle de $1 + x = u$, et $1 + y = v$, donnent

$$1°. \begin{cases} u^{\frac{m}{n}-1} = (1+x)^{\frac{m}{n}-1} \\[2mm] \dfrac{v}{u} = 1 \\[2mm] 1 + \dfrac{v}{u} + \left(\dfrac{v}{u}\right)^2 + \left(\dfrac{v}{u}\right)^3 + \ldots + \left(\dfrac{v}{u}\right)^{m-1} = m \\[2mm] 1 + \left(\dfrac{v}{u}\right)^{\frac{m}{n}} + \left(\dfrac{v}{u}\right)^{\frac{2m}{n}} + \left(\dfrac{v}{u}\right)^{\frac{3m}{n}} + \ldots + \left(\dfrac{v}{u}\right)^{\frac{(n-1)m}{n}} = n \end{cases}$$

$$2°. \begin{cases} x + y = 2x \\ x^2 + xy + y^2 = 3x^2 \\ x^3 + x^2 y + xy^2 + y^3 = 4x^3 \\ x^4 + x^3 y + x^2 y^2 + xy^3 + y^4 = 5x^4 \\ x^5 + x^4 y + x^3 y^2 + x^2 y^3 + xy^4 + y^5 = 6x^5 \end{cases},$$

valeurs qui, mises dans la dernière équation, la changent en celle-ci :

$$(1+x)^{\frac{m}{n}-1} \times \frac{m}{n} = A + 2Bx + 3Cx^2 + 4Dx^3$$

$+ 5Ex^4 +$ etc. Multiplions à présent les deux membres de cette équation par $1 + x$, et nous aurons

$$\frac{m}{n}(1+x)^{\frac{m}{n}} = (1+x)(A + 2Bx + 3Cx^2 + 4Dx^3 + 5Ex^4$$

$+$ etc.) Telle est l'équation qui renferme tout ce qui est nécessaire, pour déterminer les valeurs des coefficiens A, B, C, D, E, etc.; aussi est-ce celle, où une fois parvenus, les deux démonstrations suivent absolument la même marche. Voyons d'abord comment, sans le secours du théorème de Landen, on est arrivé à l'équation ci-dessus, après avoir supposé $1+x=u^n$, $1+y=v^n$, et être parti de l'équation

$$\frac{(1+x)^{\frac{m}{n}}-(1+y)^{\frac{m}{n}}}{x-y}=\frac{A(x-y)}{x-y}+\frac{B(x^2-y^2)}{x-y}$$
$$+\frac{C(x^3-y^3)}{x-y}+\frac{D(x^4-y^4)}{x-y}+\frac{E(x^5-y^5)}{x-y}+\text{etc.}$$

Des deux équations $1+x=u^n$, $1+y=v^n$, on tire $(1+x)^{\frac{m}{n}}=u^m$, $(1+y)^{\frac{m}{n}}=v^m$, $x-y=u^n-v^n$; d'où l'équation ci-dessus se change en

$$\frac{u^m-v^m}{u^n-v^n}=\frac{A(x-y)}{x-y}+\frac{B(x^2-y^2)}{x-y}+\frac{C(x^3-y^3)}{x-y}$$
$$+\frac{D(x^4-y^4)}{x-y}+\frac{E(x^5-y^5)}{x-y}+\text{etc.}$$

Mais

$$(u^m-v^m)=(u-v)(u^{m-1}+u^{m-2}v+u^{m-3}v^2\ldots+uv^{m-2}+v^{m-1}+\text{etc})$$

et

$$u^n-v^n=(u-v)(u^{n-1}+u^{n-2}v+u^{n-3}v^2\ldots+uv^{n-2}+v^{n-1}+\text{etc.})$$

D'ailleurs, chaque terme du second membre est divisible par $x-y$; faisant donc les substitutions et les divisions indiquées, on aura, en supprimant le facteur commun $u-v$,

$$\frac{u^{m-1}+u^{m-2}v+u^{m-3}v^2\ldots+uv^{m-2}+v^{m-1}+\text{etc.}}{u^{n-1}+u^{n-2}v+u^{n-3}v^2\ldots+uv^{n-2}+v^{n-1}+\text{etc.}}$$

$$= \left\{ \begin{array}{l} A + B\,(x+y) + C(x^2 + xy + y^2) \\ + D(x^3 + x^2 y + xy^2 + y^3) + E(x^4 + x^3 y + x^2 y^2 + xy^3 + y^4 + \text{etc.}) \end{array} \right\}.$$

Faisons, comme dans l'autre manière, $x = y$, et nous aurons

$$1^{o}.\left\{ \begin{array}{l} u \;.\;.\;.\;.\;.\;.\;.\;.\;.\;.\;.\;.\;.\;.\;.\;.\;.\;.\;.\; = v \\ u^{m-1} + u^{m-2} v + u^{m-3} v^2 + \ldots + u v^{m-2} + v^{m-1} = m u^{m-1} \\ u^{n-1} + u^{n-2} v + u^{n-3} v^2 + \ldots + u v^{n-2} + v^{n-1} = n u^{n-1} \end{array} \right\}$$

$$2^{o}.\left\{ \begin{array}{l} x + y \\ x^2 + xy + y^2 \\ x^3 + x^2 y + xy^2 + y^3 \end{array} \right. \quad \begin{array}{l} = 2\,x \\ = 3\,x^2 \\ = 4\,x^3 \end{array} \Big\} \text{ etc.}$$

Ce qui réduit l'équation à

$$\frac{m u^{m-1}}{n u^{n-1}} = A + 2Bx + 3Cx^2 + 4Dx^3 + 5Ex^4 + \text{etc.}, \text{ ou,}$$

$$\left(\text{à cause de } \frac{u^{m-1}}{u^{n-1}} = \frac{u^m}{u^n} \right), \text{ à}$$

$$\frac{m}{n} u^m = u^n \left(A + 2Bx + 3Cx^2 + 4Dx^3 + 5Ex^4 + \text{etc.} \right);$$

mais $u^m = (1 + x)^{\frac{m}{n}}$; $u^n = 1 + x$; donc, en substituant, on arrivera à l'équation

$$\frac{m}{n}(1 + x)^{\frac{m}{n}} = (1 + x)(A + 2Bx + 3Cx^2 + 4Dx^3 + 5Ex^4 + \text{etc.})$$

la même que celle où nous étions déjà parvenus.

Il ne nous reste donc plus qu'à déterminer A, B, C, D, E, etc. ; et c'est, avons-nous déjà dit, l'équation précédente qui doit servir à remplir ce but. En effet, substituons d'abord dans le premier membre, au lieu de $(1+x)^{\frac{m}{n}}$, sa valeur supposée, $1 + Ax + Bx^2 + Cx^3 + Dx^4 + Ex^5 +$ etc. , on aura, en multipliant

par $\frac{m}{n}$, $\frac{m}{n} + \frac{m}{n}Ax + \frac{m}{n}Bx^2 + \frac{m}{n}Cx^3 + \frac{m}{n}Dx^4 + \frac{m}{n}Ex^5$

$+$ etc. $= \begin{cases} A + 2Bx + 3Cx^2 + 4Dx_3 + 5Ex^4 + \text{etc.} \\ \quad + Ax + 2Bx^2 + 3Cx^3 + 4Dx^4 + \text{etc.} \end{cases}$

Si l'on observe à présent, que toutes les équations antérieures doivent se vérifier, indépendamment de toute valeur particulière de x, on en concluera nécessairement, que leur premier membre doit être identiquement composé des mêmes termes que le second. Or, pour que cela ait lieu, il faut que, dans les deux membres, les termes affectés de la même puissance de x, le soient aussi des mêmes coefficiens. Il faut donc égaler entre eux les coefficiens qui se correspondent dans les deux membres : ce qui donnera les équations

$$
\left.\begin{aligned}
A &= \frac{m}{n} \\[2mm]
2B + A &= \frac{m}{n}A \\[2mm]
3C + 2B &= \frac{m}{n}B \\[2mm]
4D + 3C &= \frac{m}{n}C \\[2mm]
5E + 4D &= \frac{m}{n}D \\
\text{etc.}
\end{aligned}\right\}
\text{d'où l'on tire}
\left\{\begin{aligned}
A &= \frac{m}{n} \\[2mm]
B &= \frac{A\left(\dfrac{m}{n} - 1\right)}{2} \\[2mm]
C &= \frac{B\left(\dfrac{m}{n} - 2\right)}{3} \\[2mm]
D &= \frac{C\left(\dfrac{m}{n} - 3\right)}{4} \\[2mm]
E &= \frac{D\left(\dfrac{m}{n} - 4\right)}{5} \\
\text{etc.}
\end{aligned}\right.
$$

ce qui donne

$$A = \frac{m}{n}$$

$$B = \frac{\frac{m}{n}\left(\frac{m}{n} - 1\right)}{1 \, . \, 2}$$

$$C = \frac{\frac{m}{n}\left(\frac{m}{n} - 1\right)\left(\frac{m}{n} - 2\right)}{1 \, . \, 2 \, . \, 3}$$

$$D = \frac{\frac{m}{n}\left(\frac{m}{n} - 1\right)\left(\frac{m}{n} - 2\right)\left(\frac{m}{n} - 3\right)}{1 \, . \, 2 \, . \, 3 \, . \, 4}$$

$$E = \frac{\frac{m}{n}\left(\frac{m}{n} - 1\right)\left(\frac{m}{n} - 2\right)\left(\frac{m}{n} - 3\right)\left(\frac{m}{n} - 4\right)}{1 \, . \, 2 \, . \, 3 \, . \, 4 \, . \, 5}$$

etc.

Substituons enfin pour A, B, C, D, E, etc., leurs valeurs correspondantes, qu'on vient de trouver, dans

l'équation primitive $(1 + x)^{\frac{m}{n}} = 1 + Ac + Bc^2 + Cx^3 + Dx^4 + Ex^5$ etc., il viendra

$$(1 + x)^{\frac{m}{n}} = 1 + \frac{\frac{m}{n}}{1}x + \frac{\frac{m}{n}\left(\frac{m}{n} - 1\right)}{1 \, . \, 2}x^2 + \frac{\frac{m}{n}\left(\frac{m}{n} - 1\right)\left(\frac{m}{n} - 2\right)}{1 \, . \, 2 \, . \, 3}x^3$$

$$+ \frac{\frac{m}{n}\left(\frac{m}{n} - 1\right)\left(\frac{m}{n} - 2\right)\left(\frac{m}{n} - 3\right)}{1 \, . \, 2 \, . \, 3 \, . \, 4}x^4 \cdot \cdot \cdot \cdot \cdot$$

$$+ \frac{\frac{m}{n}\left(\frac{m}{n} - 1\right)\left(\frac{m}{n} - 2\right)\left(\frac{m}{n} - 3\right)\left(\frac{m}{n} - 4\right)}{1 \, . \, 2 \, . \, 3 \, . \, 4 \, . \, 5}x^5 + \text{etc.}$$

Observons, 1°. que, dans tout ce qui précède, il n'existe point d'induction, puisque toutes les équations, par lesquelles on a passé, sont symmétriques, et que la loi de leurs termes est telle, qu'on en peut concevoir un, aussi éloigné du premier qu'on le desirera ; 2°. que si l'on fait $n = 1$, l'on a la démonstration du binome, lorsque l'exposant est un entier.

10. Comme on pourroit encore douter de la légitimité de la formule, pour le cas, où l'exposant seroit entier négatif, ou fractionnaire négatif, nous allons le démontrer, en parcourant rapidement les calculs ci-dessus.

Soit donc supposé $(1+x)^{-\frac{m}{n}} = 1 + Ax + Bx^2 + Cx^3$

$+ Dx^4 + Ex^5 +$ etc. , et $(1+y)^{-\frac{m}{n}} = 1 + Ay + By^2$ $+ Cy^3 + Dy^4 + Ey^5 +$ etc. ; en ôtant l'une de l'autre, il

vient $(1+x)^{-\frac{m}{n}} - (1+y)^{-\frac{m}{n}} = A(x-y) + B(x^2-y^2)$ $+ C(x^3-y^3) + D(x^4-y^4) + E(x^5-y^5) +$ etc.; et en divisant par $x-y$ les deux membres, il vient
$$\frac{(1+x)^{-\frac{m}{n}} - (1+y)^{-\frac{m}{n}}}{x-y} =$$
$$\frac{A(x-y) + B(x^2-y^2) + C(x^3-y^3) + D(x^4-y^4) + E(x^5-y^5) + \text{etc.}}{x-y}$$

Voilà l'équation commune aux deux démonstrations : voici en quoi elles diffèrent.

Pose-t-on $1 + x = u$, et $1 + y = v$; le premier membre de la dernière équation deviendra
$$\frac{u^{-\frac{m}{n}} - v^{-\frac{m}{n}}}{u-v}.$$
Alors, si l'on multiplie haut et bas

par $u^{\frac{m}{n}} v^{\frac{m}{n}}$, il deviendra
$$\frac{v^{\frac{m}{n}} - u^{\frac{m}{n}}}{(u-v)\, u^{\frac{m}{n}} v^{\frac{m}{n}}} = \frac{1}{u^{\frac{m}{n}} v^{\frac{m}{n}}}$$

$$\times \frac{v^{\frac{m}{n}} - u^{\frac{m}{n}}}{u-v} = -\frac{1}{u^{\frac{m}{n}} v^{\frac{m}{n}}} \times \frac{u^{\frac{m}{n}} - v^{\frac{m}{n}}}{u-v} \; ; \text{ mais (7)}$$

$$\frac{u^{\frac{m}{n}} - v^{\frac{m}{n}}}{u-v} = u^{\frac{m}{n}-1} \cdot \cdot \cdot \cdot \cdot \cdot \cdot \cdot \cdot \cdot \cdot \cdot$$

$$\times \left\{ \frac{1 + \dfrac{v}{u} + \left(\dfrac{v}{u}\right)^2 + \left(\dfrac{v}{u}\right)^3 + \dots + \left(\dfrac{v}{u}\right)^{m-1}}{1 + \left(\dfrac{v}{u}\right)^{\frac{m}{n}} + \left(\dfrac{v}{u}\right)^{\frac{2m}{n}} + \left(\dfrac{v}{u}\right)^{\frac{3m}{n}} + \dots + \left(\dfrac{v}{u}\right)^{\frac{(n-1)m}{n}}} \right\}$$

$$\text{Donc} \; -\frac{1}{u^{\frac{m}{n}} v^{\frac{m}{n}}} \times \frac{u^{\frac{m}{n}} - v^{\frac{m}{n}}}{u-v} = \; \cdot \cdot \cdot \cdot \cdot \cdot \cdot$$

$$-\frac{1}{u^{\frac{m}{n}} v} \left\{ \frac{1 + \dfrac{v}{u} + \left(\dfrac{v}{u}\right)^2 + \left(\dfrac{v}{u}\right)^3 + \dots + \left(\dfrac{v}{u}\right)^{m-1}}{1 + \left(\dfrac{v}{u}\right)^{\frac{m}{n}} + \left(\dfrac{v}{u}\right)^{\frac{2m}{n}} + \left(\dfrac{v}{u}\right)^{\frac{3m}{n}} + \dots + \left(\dfrac{v}{u}\right)^{\frac{(n-1)m}{n}}} \right\}$$

On a donc, en substituant cette quantité, au lieu de
$$\frac{(1+x)^{-\frac{m}{n}} - (1+y)^{-\frac{m}{n}}}{x-y}, \text{ dans le premier membre de}$$

l'équation ci-dessus, et divisant le second par $x-y$, l'équation suivante :

$$-\frac{1}{uv^{\frac{m}{n}}}\left\{\frac{1+\frac{v}{u}+\left(\frac{v}{u}\right)^2+\left(\frac{v}{u}\right)^3+\ldots+\left(\frac{v}{u}\right)^{m-1}}{1+\left(\frac{v}{u}\right)^{\frac{m}{n}}+\left(\frac{v}{u}\right)^{\frac{2m}{n}}+\left(\frac{v}{u}\right)^{\frac{3m}{n}}+\ldots+\left(\frac{v}{u}\right)^{\frac{(m-1)m}{n}}}\right\}$$

$$=A+B(x+y)+C(x^2+xy+y^2)+D(x^3+x^2y+xy^2+y^3)$$
$$+E(x^4+x^3y+x^2y^2+xy^3+y^4)+\text{etc.}$$

Soit $x=y$; on aura $\frac{v}{u}=1$, $1+\frac{v}{u}+\ldots+\left(\frac{v}{u}\right)^{m-1}=m$,

$$1+\left(\frac{v}{u}\right)^{\frac{m}{n}}+\ldots+\left(\frac{v}{u}\right)^{\frac{(n-1)m}{n}}=n,$$

et l'équation se changera en

$$-\frac{m}{n}\times\frac{1}{(1+x)^{\frac{m}{n}+1}}=A+2Bx+3Cx^2$$

$+4Dx^3+5Ex^4+$ etc. Multipliant alors les deux membres par $1+x$, on aura

$$-\frac{m}{n}(1+x)^{-\frac{m}{n}}=$$

$(1+x)(A+2Bx+3Cx^2+4Dx^3+5Ex^4+$ etc.$)$.

Fait-on au contraire $1+x=u^n$, $1+y=v^n$! alors, en reprenant l'équation de laquelle on est parti, savoir,

$$\frac{(1+x)^{-\frac{m}{n}}-(1+y)^{-\frac{m}{n}}}{x-y}=\frac{A(x-y)}{x-y}+\frac{B(x^2-y^2)}{x-y}$$

$$+\frac{C(x^3-y^3)}{x-y}+\frac{D(x^4-y^4)}{x-y}+\frac{E(x^5-y^5)}{x-y}+\text{etc.},$$

le

le premier membre devient $\dfrac{u^{-m} - v^{-m}}{u^n - v^n}$; mais

$$u^{-m} - v^{-m} = \frac{1}{u^m} - \frac{1}{v^m} = \frac{v^m - u^m}{v^m u^m} \; ; \text{ d'où}$$

$$\frac{u^{-m} - v^{-m}}{u^n - v^n} = \frac{1}{v^m u^m} \left(\frac{v^m - u^m}{u^n - v^n} \right) = -\frac{1}{v^m u^m}$$

$\left(\dfrac{u^m - v^m}{u^n - v^n} \right)$; de plus, nous avons vu que, quand $x = y$,

$v = u$. Donc le premier membre, mis sous la forme

précédente, devient $-\dfrac{1}{u^{2m}} \times \dfrac{m}{n} \times \dfrac{u^{m-1}}{u^{n-1}}$, (9) ou

$$-\frac{m}{n} \cdot \frac{u^{-m-1}}{u^{n-1}} = -\frac{m}{n} \cdot \frac{u^{-m}1}{u^n} = -\frac{m}{n} \cdot \frac{(1+x)^{-\frac{m}{n}}}{1+x} \; ;$$

tandis que le second membre, après avoir effectué les divisions par $x - y$, et fait $x = y$, se change en $A + 2Bx + 3Cx^2 + 4Dx^3 + 5Ex^4 +$ etc. : on a donc l'équation suivante :

$$-\frac{m}{n} \cdot \frac{(1+x)^{-\frac{m}{n}}}{1+x} = A + 2Bx + 3Cx^2 + 4Dx^3$$

$+ 5Ex^4 +$ etc. ; et enfin, en multipliant les deux membres par $1 + x$, la même équation finale que ci-dessus.

En opérant alors, absolument comme on l'a fait pour

<table><tr><td>Tome II.</td><td style="text-align:right">Y</td></tr></table>

l'exposant positif, on trouve les équations successives,

$$-\frac{m}{n}(1+x)^{-\frac{m}{n}} = (1+x)(A + 2Bx + 3Cx^2 + 4Dx^3 + 5Ex^4 + \text{etc.}) = \ldots \ldots$$

$$\begin{Bmatrix} A + 2Bx + 3Cx^2 + 4Dx^3 + 5Ex^4 + \text{etc.} \\ + Ax + 2Bx^2 + 3Cx^3 + 4Dx^4 + \text{etc.} \end{Bmatrix}; \text{ et}$$

$$-\frac{m}{n} - \frac{m}{n}Ax - \frac{m}{n}Bx^2 - \frac{m}{n}Cx^3 - \frac{m}{n}Dx^4 - \text{etc.} =$$

$$\begin{Bmatrix} A + 2Bx + 3Cx^2 + 4Dx^3 + 5Ex^4 + \text{etc.} \\ + Ax + 2Bx^2 + 3Cx^3 + 4Dx^4 + \text{etc.} \end{Bmatrix}.$$

D'où

$$
\left.\begin{aligned}
A &= -\frac{m}{n} \\[1em]
2B + A &= -\frac{m}{n}A \\[1em]
3C + 2B &= -\frac{m}{n}B \\[1em]
4D + 3C &= -\frac{m}{n}C \\[1em]
5E + 4D &= -\frac{m}{n}D \\
\text{etc.}
\end{aligned}\right\}
\begin{aligned} &\text{d'où} \\ &\text{l'on} \\ &\text{tire} \end{aligned}
\left\{\begin{aligned}
A &= -\frac{m}{n} \\[1em]
B &= \frac{A\left(-\frac{m}{n}-1\right)}{2} \\[1em]
C &= \frac{B\left(-\frac{m}{n}-2\right)}{3} \\[1em]
D &= \frac{C\left(-\frac{m}{n}-3\right)}{4} \\[1em]
E &= \frac{D\left(-\frac{m}{n}-4\right)}{5} \\
\text{etc.}
\end{aligned}\right.
$$

ce qui donne

$$A = - \frac{m}{n}$$

$$B = \frac{\dfrac{m}{n}\left(\dfrac{m}{n}+1\right)}{1 \,.\, 2}$$

$$C = - \frac{\dfrac{m}{n}\left(\dfrac{m}{n}+1\right)\left(\dfrac{m}{n}+2\right)}{1 \,.\, 2 \,.\, 3}$$

$$D = \frac{\dfrac{m}{n}\left(\dfrac{m}{n}+1\right)\left(\dfrac{m}{n}+2\right)\left(\dfrac{m}{n}+3\right)}{1 \,.\, 2 \,.\, 3 \,.\, 4}$$

$$E = - \frac{\dfrac{m}{n}\left(\dfrac{m}{n}+1\right)\left(\dfrac{m}{n}+2\right)\left(\dfrac{m}{n}+3\right)\left(\dfrac{m}{n}+4\right)}{1 \,.\, 2 \,.\, 3 \,.\, 4 \,.\, 5}$$

etc.

Enfin ces valeurs étant mises dans celle de $(1+x)^{-\frac{m}{n}}$
$= 1 + Ax + Bx^2 + Cx^3 + Dx^4 + Ex^5 +$ etc. , donnent

$$(1+x)^{-\frac{m}{n}} = 1 - \frac{\dfrac{m}{n}}{1}x + \frac{\dfrac{m}{n}\left(\dfrac{m}{n}+1\right)}{1 \,.\, 2}x^2$$

$$\frac{\dfrac{m}{n}\left(\dfrac{m}{n}+1\right)\left(\dfrac{m}{n}+2\right)}{1 \,.\, 2 \,.\, 3}x^3 + \frac{\dfrac{m}{n}\left(\dfrac{m}{n}+1\right)\left(\dfrac{m}{n}+2\right)\left(\dfrac{m}{n}+3\right)}{1 \,.\, 2 \,.\, 3 \,.\, 4}x^4$$

$$\frac{\dfrac{m}{n}\left(\dfrac{m}{n}+1\right)\left(\dfrac{m}{n}+2\right)\left(\dfrac{m}{n}+3\right)\left(\dfrac{m}{n}+4\right)}{1 \,.\, 2 \,.\, 3 \,.\, 4 \,.\, 5}x^5 +$$ etc.

11. Voyons enfin la démonstration donnée par Euler ,

pour le cas de l'exposant fractionnaire positif et négatif, l'exposant entier et positif étant supposé déjà démontré.

D'après cette hypothèse, on sait que $(1+x)^m$

$$= 1 + \frac{m}{1}x + \frac{m(m-1)}{1 \cdot 2}x^2 + \frac{m(m-1)(m-2)}{1 \cdot 2 \cdot 3}x^3$$

$$+ \frac{m(m-1)(m-2)(m-3)}{1 \cdot 2 \cdot 3 \cdot 4}x^4 + \text{etc.}$$ Mais on

ignore à quoi répond le second membre de cette équation, lorsque m cesse d'être entier ou positif; cependant il est incontestable que, dans ce cas même, sa valeur étant liée à celle de m, il peut être regardé comme le développement d'une fonction inconnue de m : représentons cette fonction par $f(m)$: nous aurons en général :

$$f(m) = 1 + \frac{m}{1}x + \frac{m(m-1)}{1 \cdot 2}x^2 + \frac{m(m-1)(m-2)}{1 \cdot 2 \cdot 3}x^3$$

$$+ \frac{m(m-1)(m-2)(m-3)}{1 \cdot 2 \cdot 3 \cdot 4}x^4 + \text{etc.} ;$$ si on écrit

n au lieu de m, ce qui est permis, on aura de même,

$$f(n) = 1 + \frac{n}{1}x + \frac{n(n-1)}{1 \cdot 2}x^2 + \frac{n(n-1)(n-2)}{1 \cdot 2 \cdot 3}x^3$$

$$+ \frac{n(n-1)(n-2)(n-3)}{1 \cdot 2 \cdot 3 \cdot 4}x^4 + \text{etc.} ;$$ et par con-

séquent, $f(m) \times f(n) = \left(1 + \frac{m}{1}x + \frac{m(m-1)}{1 \cdot 2}x^2 \right.$

$$\left. + \frac{m(m-1)(m-2)}{1 \cdot 2 \cdot 3}x^3 + \frac{m(m-1)(m-2)(m-3)}{1 \cdot 2 \cdot 3 \cdot 4}x^4 + \text{etc.} \right)$$

$$\left(1 + \frac{n}{1}x + \frac{n(n-1)}{1 \cdot 2}x^2 + \frac{n(n-1)(n-2)}{1 \cdot 2 \cdot 3}x^3 \right.$$

$$\left. + \frac{n(n-1)(n-2)(n-3)}{1 \cdot 2 \cdot 3 \cdot 4}x^4 + \text{etc.} \right).$$ Exami-

nons maintenant quelle doit être la forme de ce produit, que nous désignerons par P. Il est évident que, si
on l'ordonne par rapport aux puissances de x, on pourra
le représenter par la série

$$1 + Ax + Bx^2 + Cx^3 + Dx^4 + \text{etc.}$$

et que le coefficient de l'une quelconque de ces puissances,
de la cinquième, par exemple, dépendra de la manière
dont seront composés l'un et l'autre des facteurs, depuis
le premier, jusqu'à celui qui renferme cette puissance ;
car ce sont les seuls qui concourent à la formation du
terme que nous considérons : mais la composition de ce
terme ne change pas, quelles que soient les valeurs particulières de m et de n, et si elle nous est connue dans
un cas, où m et n soient des nombres indéterminés,
elle sera la même dans tous les autres ; mais nous savons que, lorsque m et n sont des nombres entiers, le
produit P est égal à $(1+x)^m (1+x)^n$, ou à $(1+x)^{m+n}$,
et que $(1+x)^{m+n} = 1 + \dfrac{m+n}{1} x + \dfrac{(m+n)(m+n-1)}{1 \cdot 2} x^2$
$$+ \frac{(m+n)(m+n-1)(m+n-2)}{1 \cdot 2 \cdot 3} x^3 + \text{etc.} ;$$
c'est-à-dire, que chacun des coefficiens des puissances
de x est composé de la quantité $m+n$, comme les coefficiens correspondans des facteurs $(1+x)^m$, et $(1+x)^n$
le sont avec les nombres m et n. Or, le produit P devant conserver la même forme dans tous les cas, il doit
donc répondre en général à $f(m+n)$, d'où il résulte
que $f(m) \times f(n) = f(m+n)$; c'est cette équation, qui renferme le caractère fondamental de la fonction désignée par la lettre f, et qui nous en fera connoître la nature.

Si l'on y change n en $n + p$, elle donnera $f(m) \times f(n + p) = f(m + n + p)$, et comme $f(n) \times f(p) = f(n + p)$, il viendra, $f(m) \times f(n) \times f(p) = f(m + n + p)$. On obtiendroit une semblable équation, quelque fût le nombre de fonctions multipliées entre elles. Il suit de-là, que si l'on prend un nombre k de facteurs égaux à $f\left(\dfrac{h}{k}\right)$, on aura $f\left(\dfrac{h}{k}\right) \times f\left(\dfrac{h}{k}\right)$

$$\times f\left(\frac{h}{k}\right)\ldots = f\left(\frac{h}{k} + \frac{h}{k} + \frac{h}{k} \ldots\right) = f(h),$$

puisque $\dfrac{h}{k} \times k = h$; et par conséquent $\left(f\left(\dfrac{h}{k}\right)\right)^{k} = f(h)$. Tirant de part et d'autre la racine du degré k,

on trouvera $f\left(\dfrac{h}{k}\right) = \left(f(h)\right)^{\frac{1}{k}}$; mais h étant un nombre entier, $f(h) = (1 + x)^{h}$, et l'équation ci-dessus

devient $f\left(\dfrac{h}{k}\right) = (1 + x)^{\frac{h}{k}}$. Il est donc prouvé que $f\left(\dfrac{h}{k}\right)$, ou la série . . . .

$$1 + \frac{\frac{h}{k}}{1} x + \frac{\frac{h}{k}\left(\frac{h}{k} - 1\right)}{1 \cdot 2} x^2 + \frac{\frac{h}{k}\left(\frac{h}{k} - 1\right)\left(\frac{h}{k} - 2\right)}{1 \cdot 2 \cdot 3} x^3$$

$$+ \frac{\frac{h}{k}\left(\frac{h}{k} - 1\right)\left(\frac{h}{k} - 2\right)\left(\frac{h}{k} - 3\right)}{1 \cdot 2 \cdot 3 \cdot 4} x^4 + \text{etc.}, \text{ est le}$$

développement de la puissance fractionnaire $\dfrac{h}{k}$ de la quantité $1 + x$.

12. Passons maintenant au cas, où l'exposant est un nombre négatif : on a alors, $m + n = 0$; mais d'un autre côté, $f(m+n) = (1+x)^0 = 1$: il suit de-là que $f(m) \times f(n) = 1$; mettant au lieu de m sa valeur $-n$, il vient, quelque soit n, $f(-n) = \dfrac{1}{f(n)}$; et puisque

$$f(n) = (1+x)^n,\ f(-n) = \frac{1}{(1+x)^n} = (1+x)^{-n}.$$ Il en résulte donc que $f(-n)$, ou la série . . . .

$$1 - \frac{n}{1}x + \frac{n(n+1)}{1 \cdot 2}x^2 - \frac{n(n+1)(n+2)}{1 \cdot 2 \cdot 3}x^3$$

$$+ \frac{n(n+1)(n+2)(n+3)}{1 \cdot 2 \cdot 3 \cdot 4}x^4 - \text{etc.},\ \text{est le dé-}$$ veloppement de $(1+x)^{-n}$.

ADDITION III.

Des principaux usages de la formule du Binôme.

13. A présent que l'on est convaincu de la légitimité de la formule du Binome, pour tous les cas possibles, nous pouvons faire voir les utiles et nombreuses applications qu'on peut en faire ; applications d'autant plus nécessaires, que l'Auteur, dans le peu d'exemples qu'il a donnés, n'a pas suivi la marche la plus simple.

Reprenons donc la valeur de $(x+a)^m$, m étant un

nombre quelconque, ou $x^m + \dfrac{m}{1} a x^{m-1} + \dfrac{m}{1} \cdot \dfrac{m-1}{2} a^2 x^{m-2}$

$+ \dfrac{m}{1} \cdot \dfrac{m-1}{2} \cdot \dfrac{m-2}{3} a^3 x^{m-3} +$ etc. ; on voit qu'on

peut, à cause de $x^{m-1} = \dfrac{x^m}{x}$, $x^{m-2} = \dfrac{x^m}{x^2}$, x^{m-3}

$= \dfrac{x^m}{x^3}$, écrire ainsi la série précédente :

$x^m + \dfrac{m}{1} \dfrac{a}{x} x^m + \dfrac{m}{1} \cdot \dfrac{m-1}{2} \dfrac{a^2}{x^2} x^m + \dfrac{m}{1} \cdot \dfrac{m-1}{2} \cdot$

$\dfrac{m-2}{3} \dfrac{a^3}{x^3} x^m +$ etc., ou, à cause de x^m, qui est

facteur de tous les termes,

$$x^m \left(1 + \frac{m}{1} \frac{a}{x} + \frac{m}{1} \cdot \frac{m-1}{2} \frac{a^2}{x^2} + \frac{m}{1} \cdot \frac{m-1}{2} \cdot \frac{m-2}{3} \frac{a^3}{x^3} + \text{etc.} \right);$$

ce qui donne la règle suivante, pour élever un binome quelconque à une puissance aussi quelconque. Écrivez en première ligne les quantités ci-après :

$$m, \; \frac{m-1}{2}, \; \frac{m-2}{3}, \; \frac{m-3}{4}, \; \frac{m-4}{5} \; \text{etc.}$$

et a'ors, après avoir écrit pour premier terme de la seconde ligne, l'unité, multipliez-la par le premier terme m de la première ligne, et par le second terme du binome, divisé par le premier, et vous aurez le second terme de la série cherchée. Multipliez ce second terme par le second terme de la première ligne, et encore par le quotient du second terme du binome, divisé par le premier, et vous obtiendrez le troisième terme cherché. Multipliez ce troisième terme par le troisième de la première ligne, et encore par le quotient ci-dessus, et vous trouverez le quatrième terme cherché, etc., etc. Enfin multipliez tous ces termes par le premier terme du binome, élevé à la puissance m proposée, et vous aurez la série demandée.

14. 1°. Appliquons d'abord cette formule au cas où m est un entier ; et pour cela, soit proposé de trouver la cinquième puissance de $a^2 - b^2$; ici $m = 5$; j'écris donc en première ligne,

$$5, \frac{5-1}{2}, \frac{5-2}{3}, \frac{5-3}{4}, \frac{5-4}{5}, \text{ ou } 5, 2, 1, \tfrac{1}{2}, \tfrac{1}{5};$$

écrivant alors pour seconde ligne, d'abord l'unité, puis les produits successifs par $5, 2, 1, \tfrac{1}{2}, \tfrac{1}{5}$, et par $-\dfrac{b^2}{a^2}$;

je n'ai plus qu'à multiplier le tout par a^2 élevé à la puissance 5, ou par a^{10} ; ce qui me donne $(a^2 - b^2)^5 =$

$$a^{10}\left(1 - \frac{5b^2}{a^2} + \frac{5.2.b^4}{a^4} - \frac{5.2.1.b^6}{a^6} + \frac{5.2.1.1.b^8}{2.a^8} \right.$$
$$\left. - \frac{5.2.1.1.1.b^{10}}{2.5.a^{10}} \right) = a^{10} - 5b^2 a^8 + 10b^4 a^6 - 10b^6 a^4$$
$$+ 5b^8 a^2 - b^{10}.$$

15. 2°. Soit m fractionnaire ; soit, par exemple, à trouver les premiers termes de $(a+b)^{\frac{1}{5}}$. Je pose d'abord $\frac{1}{5}$, $\dfrac{\frac{1}{5}-1}{2}$, $\dfrac{\frac{1}{5}-2}{3}$, $\dfrac{\frac{1}{5}-3}{4}$ etc., ou $\dfrac{1}{5}$, $-\dfrac{4}{2.5}$,

$-\dfrac{9}{3.5}$, $-\dfrac{14}{4.5}$, $-\dfrac{19}{5.5}$ etc. ; d'où $(a+b)^{\frac{1}{5}} =$

$$a^{\frac{1}{5}}\left(1 + \frac{1}{5}\frac{b}{a} - \frac{1.4}{2.5^2}\frac{b^2}{a^2} + \frac{1.4.9}{2.3.5^3}\frac{b^3}{a^3} - \frac{1.4.9.14}{2.3.4.5^4}\frac{b^4}{a^4} \right.$$
$$\left. + \frac{1.4.9.14.19}{2.3.4.5.5^5}\frac{b^5}{a^5} - \text{etc.} \right) =$$

$$a^{\frac{2}{5}}\left(1+\frac{1}{5}\,\frac{b}{a}-\frac{2}{25}\,\frac{b^2}{a^2}+\frac{6}{2\cdot5\cdot4}\,\frac{b^3}{a^3}-\frac{21}{6\cdot25}\,\frac{b^4}{a^4}+\frac{399}{2\cdot5\cdot4\cdot5}\,\frac{b^5}{a^5}-\text{etc.}\right)$$

comme on l'avoit trouvé (LVII) : et si l'on avoit

$\left(a^3+b\right)^{\frac{2}{5}}$, il viendroit

$$\frac{2}{5}\,,\ \frac{\frac{2}{5}-1}{2}\,,\ \frac{\frac{1}{5}-2}{3}\,,\ \frac{\frac{1}{5}-3}{4}\ \text{etc.},\ \text{ou}\ \frac{1}{5},\ -\frac{2}{25}\ -\frac{1}{5},\ -\frac{3}{11}\ -\text{etc.},$$

et $a^{3\times\frac{2}{5}}$, ou $a\left(1+\frac{1}{5}\,\frac{b}{a^3}-\frac{2}{25}\,\frac{b^2}{a^6}+\frac{1}{11}\,\frac{b^3}{a^9}-\frac{15}{121}\,\frac{b^4}{a^{12}}\text{etc.}\right)$.

Veut-on appliquer l'une de ces deux dernières formules littérales, la seconde, par exemple, à des quantités numériques ? qu'on cherche alors la racine cubique de 45873642 (IIe partie , 24). On aura $a^3=45882712$, $a=358$, et $b=9070$: on aura donc, en prenant le signe inférieur , $\sqrt[3]{45873642}=\sqrt[3]{45882712-9070}=$

$$358\left(1-\frac{1}{3}\cdot\frac{9070}{45882712}-\frac{1}{9}\cdot\frac{9070^2}{45882712^2}-\frac{5}{81}\cdot\frac{9070^3}{45882712^3}-\text{etc.}\right)$$

Pour évaluer cette série le plus brièvement possible, j'observe que la seconde fraction est précisément le quarré de la première ; que la troisième est les $\frac{5}{3}$ du produit des deux autres. J'ai donc

$$1\ \ =\ +\,1,00000000000$$
$$-\frac{1}{3}\cdot\frac{9070}{45882712}\ \ =\ \dots\dots\dots\ -\,0,00006589265$$
$$-\frac{1}{9}\cdot\frac{9070^2}{45882712^2}\ \ =\ \dots\dots\dots\ -\,0,0000000434$$
$$-\frac{5}{81}\cdot\frac{9070^3}{45882712^3}\ \ =\ \dots\dots\dots\ -\,0,000000000005$$

$$\overline{\qquad\qquad\qquad\qquad}$$
$$+\,1,00000000000\quad -\,0,00006589695$$

Si l'on multiplie à présent chacun de ces résultats par

358, et qu'on retranche le second du premier, on aura pour reste 357,9764088759, qui s'accorde avec l'article cité à 2 dix-millionièmes près.

16. 3°. Soit m négatif, et pour cela supposons qu'on demande le développement en série de $\dfrac{a}{x+b}$; on a déjà vu (Ire. partie , 49), que cette série étoit égale à

$$\frac{a}{x}\left(1 - \frac{b}{x} + \frac{b^2}{x^2} - \frac{b^3}{x^3} + \frac{b^4}{x^4} - \text{etc.} \right),$$ et c'est en effet celle que va donner la formule du binome , en posant d'abord $\dfrac{a}{x+b} = a\,(x+b)^{-1}$; et ensuite

$$-1, \quad \frac{-1-1}{2}, \quad \frac{-1-2}{3}, \quad \frac{-1-3}{4}, \quad \text{etc.,} \quad \text{ou} \; -1, -1, -1, -1, \text{etc.}$$

et $(x+b)^{-1} = x^{-1}\left(1 - \frac{b}{x} + \frac{b^2}{x^2} - \frac{b^3}{x^3} + \frac{b^4}{x^4} - \text{etc.} \right);$ enfin $a\,(x+b)^{-1} = a x^{-1}$, ou

$$\frac{a}{x}\left(1 - \frac{b}{x} + \frac{b^2}{x^2} - \frac{b^3}{x^3} + \frac{b^4}{x^4} - \text{etc.} \right)$$

17. 4°. Enfin , supposons que l'un des termes du binome soit imaginaire ; qu'il s'agisse , par exemple , de trouver en série la valeur de $\left(a \pm b \sqrt{-1} \right)^{\frac{1}{3}}$. Ayant trouvé , comme ci-dessus , la suite

$$\frac{1}{3}, -\frac{2}{6}, -\frac{5}{9}, -\frac{8}{12}, -\frac{11}{15}, -\frac{14}{18}, -\frac{17}{21}, -\frac{20}{24},$$

J'observe que les puissances successives de $\pm b \sqrt{-1}$, sont $\pm b \sqrt{-1}, -b^2, \mp b^3 \sqrt{-1}, + b^4, \pm b^5 \sqrt{-1}, -b^6, \mp b^7 \sqrt{-1}, + b^8$, etc. ; d'où je conclus que

$$(a \pm b\sqrt{-1})^{\frac{1}{3}} = a^{\frac{1}{3}}\left(1 \pm \frac{1}{3}\frac{b\sqrt{-1}}{a} + \frac{1}{9}\frac{b^2}{a^2} \mp \frac{5}{81}\frac{b^3\sqrt{-1}}{a^3}\right.$$

$$-\frac{10}{243}\frac{b^4}{a^4} \pm \frac{22}{729}\frac{b^5\sqrt{-1}}{a^5} + \frac{154}{6561}\frac{b^6}{a^6} \mp \frac{2618}{137781}\frac{b^7\sqrt{-1}}{a^7}$$

$$\left.-\frac{6545}{413343}\frac{b^8}{a^8} \pm \text{etc.}\right).$$

Si l'on prend séparément ces deux séries, on verra tout de suite que $(a+b\sqrt{-1})^{\frac{1}{3}}$

$$+ (a-b\sqrt{-1})^{\frac{1}{3}} = 2a^{\frac{1}{3}}\left(1 + \frac{1}{9}\frac{b^2}{a^2} - \frac{10}{243}\frac{b^4}{a^4} + \frac{154}{6561}\frac{b^6}{a^6}\right.$$

$$\left.-\frac{6545}{413343}\frac{b^8}{a^8} + \text{etc.}\right);$$

et au contraire que $(a+b\sqrt{-1})^{\frac{1}{3}}$

$$- (a-b\sqrt{-1})^{\frac{1}{3}} = 2a^{\frac{1}{3}}\sqrt{-1}\left(\frac{1}{3}\frac{b}{a} - \frac{5}{81}\frac{b^3}{a^3} + \frac{22}{729}\frac{b^5}{a^5}\right.$$

$$\left.-\frac{2618}{137781}\frac{b^7}{a^7} + \text{etc.}\right) = \frac{2b\sqrt{-1}}{3a^{\frac{2}{3}}}\left(1 - \frac{5}{27}\frac{b^2}{a^2} + \frac{22}{243}\frac{b^4}{a^4}\right.$$

$$\left.-\frac{2618}{45927}\frac{b^6}{a^6} + \text{etc.}\right) :$$

ces deux séries nous serviront par la suite.

18. On a vu (LII et LIII) que la formule pouvoit servir également, à élever un trinome à une puissance marquée. Nous allons donner une manière générale d'élever un polynome quelconque $a+b+c+d+e$, etc., à une puissance donnée : mais auparavant nous croyons devoir donner la méthode abrégée qu'on va lire, méthode enseignée par Bézout, pour élever un trinome à une puissance entière, et que nous étendrons aux quadrinomes.

Supposons donc qu'on veuille élever le trinome $a+b+c$ à une puissance quelconque, à la cinquième, par exem-

ple. Je fais $b + c = p$; et j'ai alors $(a + p)^5 =$
$$a^5 + 5a^4p + 10a^3p^2 + 10a^2p^3 + 5ap^4 + p^5.$$

J'écris sous chaque terme de cette quantité l'exposant de p; je multiplie chacun par le nombre qui lui répond, et je change un p en b; ce qui donne :
$$5a^4b + 20a^3bp + 30a^2bp^2 + 20abp^3 + 5bp^4.$$

J'écris sous cette quantité la moitié de chaque exposant de p, et je multiplie chaque terme par le nombre inférieur; ce qui donne, en changeant encore un p en b,
$$10a^3b^2 + 30a^2b^2p + 30ab^2p^2 + 10b^2p^3.$$

J'écris sous chacun de ces termes le tiers des exposans de p, et après avoir multiplié chaque terme par le nombre correspondant, et changé un p en b, je trouve
$$10a^2b^3 + 20ab^3p + 10b^3p^2.$$

Écrivons encore sous les deux derniers termes le quart des exposans de p, multiplions, changeons un p en b, et nous aurons $5ab^4 + 5b^4p$.

Enfin mettant $\frac{1}{5}$ sous $5b^4p$, multipliant, changeant p en b, il vient b^5.

Réunissons enfin toutes ces six lignes, en ayant le soin de changer tous les p en c, et il viendra
$$a^5 + 5a^4c + 10a^3c^2 + 10a^2c^3 + 5ac^4 + c^5 + 5a^4b$$
$$+ 20a^3bc + 30a^2bc^2 + 20abc^3 + 5bc^4 + 10a^3b^2$$
$$+ 30a^2b^2c + 30ab^2c^2 + 10b^2c^3 + 10a^2b^3 + 20ab^3c$$
$$+ 10b^3c^2 + 5ab^4 + 5b^4c + b^5.$$

On voit donc que la règle générale consiste, 1°. à faire $b + c = p$, et à élever $a + p$ à la puissance n proposée, à la manière du binome; 2°. à multiplier la première par l'exposant de p dans chaque terme ; la seconde, par la moitié de l'exposant de p ; la troisième, par le tiers, etc., et enfin la n^{ieme} par $\dfrac{1}{n}$; 3°. à changer chaque fois un p en b ; 4°. enfin à changer en dernier lieu tous les p restans en c.

S'il s'agissoit d'un quadrinome $a + b + c + d$, alors on feroit $b + c + d = p$, et on opéreroit comme on vient de le faire, excepté qu'à la fin, au lieu de changer les p restans en c, on les changeroit en $c + d$; ainsi, soit $a + b + c + d$ à élever au cube, alors on opéreroit comme ci-dessus, et l'on trouveroit

$$a^3 + 3\,a^2p + 3\,ap^2 + p^3$$
$$\overline{\quad\quad + 3\,a^2b + 6\,abp + 3\,bp^2 \quad\quad}$$
$$\overline{\quad\quad\quad\quad + 3\,ab^2 + 3\,b^2p \quad\quad\quad\quad}$$
$$\overline{\quad\quad\quad\quad\quad\quad + b^3 \quad\quad\quad\quad\quad\quad}$$

et par conséquent, en mettant $c + d$ au lieu des p restans, on a $(a + b + c + d)^3 = a^3 + 3\,a^2(c + d) + 3\,a(c + d)^2 + (c + d)^3 + 3\,a^2b + 6\,ab(c + d) + 3\,b(c + d)^2 + 3\,ab^2 + 3\,b^2(c + d) + b^3 = a^3 + 3\,a^2c + 3\,a^2d + 3\,ac^2 + 6\,acd + 3\,ad^2 + c^3 + 3\,c^2d + 3\,cd^2 + d^3 + 3\,a^2b + 6\,abc + 6\,abd + 3\,bc^2 + 6\,bcd + 3\,bd^2 + 3\,ab^2 + 3\,b^2c + 3\,b^2d + b^3.$

Mais cette méthode offre encore des développemens de binome et des multiplications à faire : si l'on vouloit, d'après l'esprit de la méthode précédente, ne faire que de simples échanges de lettres, on y procéderoit comme pour le trinome, excepté qu'au lieu de changer à chaque ligne un p en b, on le changeroit d'abord en b, et ensuite en c, avec l'attention, 1°. de réunir, ce qui est fort facile et plus abrégé, les termes semblables ; 2°. de changer les p restans, non en c, mais en d. On entendra la règle, à la seule inspection de l'exemple précédent, traité d'après cette nouvelle méthode,

$$a^3 + 3\,a^2 p + 3\,a p^2 + p^3$$

$$\frac{\quad\quad\quad\quad\quad\quad\quad\quad\quad\quad}{}$$

$$3\,a^2 b + 6\,abp + 3\,bp^2$$
$$3\,a^2 c + 6\,acp + 3\,cp^2$$

$$\overline{\quad\quad\quad\quad\quad\quad\quad\quad\quad}$$

$$+ 3\,ab^2 + 3\,b^2 p$$
$$+ 6\,abc + 6\,bcp$$
$$+ 3\,ac^2 + 3\,c^2 p$$

$$\overline{\quad\quad\quad\quad\quad\quad\quad\quad\quad}$$

$$+ b^3$$
$$+ 3\,b^2 c$$
$$+ 3\,bc^2$$
$$+ c^3$$

Changeons enfin, dans l'addition de tous ces termes, p en d, et nous aurons, comme ci-dessus, $a^3 + 3\,a^2 d + 3\,ad^2 + d^3 + 3\,a^2 b + 3\,a^2 c + 6\,abd + 6\,acd + 3\,bd^2 + 3\,cd^2 + 3\,ab^2 + 6\,abc + 3\,ac^2 + 3\,b^2 d + 6\,bcd + 3\,c^2 d + b^3 + 3\,b^2 c + 3\,bc^2 + c^3$.

19. Nous allons à présent donner une méthode générale, pour élever à une puissance quelconque n, un polynome aussi quelconque, tel que $a + b + c + d + $ etc. : pour y parvenir, nous chercherons le terme général de la série, qui exprime le développement de la puissance n de ce polynome ; car on voit bien qu'au moyen de ce terme général, on formera, par des substi-

tutions convenables et successives, tous les termes de la
série demandée. Or, voici comment on parviendra à la
connoissance de ce terme général :

Dans la série $a^n + na^{n-1}b + n \cdot \dfrac{n-1}{2} a^{n-2} b^2$

$+ n \cdot \dfrac{n-1}{2} \cdot \dfrac{n-2}{3} a^{n-3} b^3 +$ etc., qui est le déve-

loppement de $(a+b)^n$, soit fait, pour abréger,

$n = A$, $n \cdot \dfrac{n-1}{2} = B$, $n \cdot \dfrac{n-1}{2} \cdot \dfrac{n-2}{3} = C$,

$n \cdot \dfrac{n-1}{2} \cdot \dfrac{n-2}{3} \cdot \dfrac{n-3}{4} = D$, etc. : on aura $(a+b)^n =$

$a^n + Aa^{n-1}b + Ba^{n-2}b^2 + Ca^{n-3}b^3 + Da^{n-4}b^4$

$+$ etc. ; et l'on voit facilement que le terme général de

cette série peut être représenté par $Na^{n-n'}b^{n'}$, N étant

égal à $n \cdot \dfrac{n-1}{2} \cdot \dfrac{n-2}{3} \cdot \dfrac{n-3}{4} \dots \dfrac{n-n'+1}{n'}$ (2).

Supposons à présent, qu'au lieu du binome $a+b$, il
s'agisse du trinome $a+b+c$; on voit qu'il faut, dans
la série précédente, au lieu de b, écrire $b+c$, ce qui
la changera en

$$a^n + Aa^{n-1}\left\{\begin{matrix}b\\+c\end{matrix}\right\} + Ba^{n-2}\left\{\begin{matrix}b^2\\+2bc\\+c^2\end{matrix}\right\}$$

$$+ Ca^{n-3}\left\{\begin{matrix}b^3\\+3b^2c\\+3bc^2\\+c^3\end{matrix}\right\} + Da^{n-4}\left\{\begin{matrix}b^4\\+4b^3c\\+6b^2c^2\\+4bc^3\\+c^4\end{matrix}\right\} +$$ etc.

développement aussi facile à entendre qu'à continuer, et
qui

qui montre que le terme général ci-dessus $Na^{n-n'}b^{n'}$, devient ici $Na^{n-n'}(b+c)^{n'}$. Supposons donc, d'une manière analogue à celle ci-dessus, $(b+c)^{n'}=b^{n'}$
$+A'b^{n'-1}c+B'b^{n'-2}c^2+C'b^{n'-3}c^3+\ldots\ldots$
$+N'b^{n'-n''}c^{n''}$, où N' sera égal à $n'.\dfrac{n'-1}{2}.\dfrac{n'-2}{3}.$
$\dfrac{n'-3}{4}\ldots\dfrac{n'-n''+1}{n''}$. On voit aisément que le premier

terme général $Na^{n-n'}b^{n'}$ devient $Na^{n-n'}(b+c)^{n'}=$
$Na^{n-n'}(b^{n'}+A'b^{n'-1}c+B'b^{n'-2}c^2+C'b^{n'-3}c^3$
$+\ldots+N'b^{n'-n''}c^{n''})$.

On voit dans ce second développement, 1°. que la somme des exposans des lettres a, b, c, est dans chaque terme égale à n; et 2°. que ces exposans sont combinés de manière à satisfaire à cette condition, prise dans toute sa généralité : donc le second terme général, ou celui de $(a+b+c)^n=NN'a^{n-n'}b^{n'-n''}c^{n''}$.

Supposons encore que c se change en $c+d$, ou qu'on ait à développer $(a+b+c+d)^n$, et que $(c+d)^{n''}$
$=c^{n''}+A''c^{n''-1}d+B''c^{n''-2}d^2+C''c^{n''-3}d^3$
$+\ldots+N''c^{n''-n'''}d^{n'''}$, cas où N'' équivaudra à
$n''.\dfrac{n''-1}{2}.\dfrac{n''-2}{3}.\dfrac{n''-3}{4}\ldots\dfrac{n''-n'''+1}{n'''}$, Alors le

second terme général $NN'a^{n-n'}b^{n'-n''}c^{n''}$ deviendra
$NN'a^{n-n'}b^{n'-n''}(c+d)^{n''}=NN'a^{n-n'}b^{n'-n''}$
$(c^{n''}+A''c^{n''-1}d+B''c^{n''-2}d^2+C''c^{n''-3}d^3+\ldots$
$+N''c^{n''-n'''}d^{n'''})$; ce qui donne pour le troisième

terme général, ou pour celui de $(a + b + c + d)^*$,
$N N' N'' a^{n-n'} b^{n'-n''} c^{n''-n'''} d^{n'''}$. L'on voit aisément
d'après ces trois exemples, que le terme général du
quintinome $(a + b + c + d + e)^n = N N' N'' N''' a^{n-n'}$
$b^{n'-n''} c^{n''-n'''} d^{n'''-n''''} e^{n''''}$, où $N''' = n'''. \dfrac{n'''-1}{2}$.

$\dfrac{n'''-2}{3} . \dfrac{n'''-3}{4} \dots \dfrac{n'''-n''''+1}{n''''}$. Si donc à présent

on remet pour N, N', N'', N''', leurs valeurs, on voit
que le terme général de la puissance n d'un polynome
quelconque, du quintinome $a + b + c + d + e$, par exem-

ple, est $\left(n. \dfrac{n-1}{2} . \dfrac{n-2}{3} \dots \dfrac{n-n'+1}{n'} \right)\left(n'. \dfrac{n'-1}{2}. \right.$

$\left. \dfrac{n'-2}{3} \dots \dfrac{n'-n''+1}{n''} \right)\left(n''. \dfrac{n''-1}{2} . \dfrac{n''-2}{3} \dots \dfrac{n''-n'''+1}{n'''} \dots \right)$

$\left(n'''. \dfrac{n'''-1}{2} . \dfrac{n'''-2}{3} \dots \dfrac{n'''-n''''+1}{n''''} \right) a^{n-n'}$

$b^{n'-n''} c^{n''-n'''} d^{n'''-n''''} e^{n''''}$. Mais ce terme général peut se réduire à une expression beaucoup plus
simple, de la manière suivante. Si dans $n. \dfrac{n-1}{2} . \dfrac{n-2}{3} \dots$

$\dfrac{n-n'+1}{n'}$, ou $\dfrac{n(n-1)(n-2)\dots(n-n'+1)}{1. \quad 2. \quad 3. \quad \dots \quad n'}$, on écrit,

à la suite des deux termes de la fraction, tous les facteurs compris entre $n - n'$ et 1, cette fraction ne changera pas, et deviendra

$\dfrac{n.(n-1) (n-2)\dots(n-n'+1) (n-n')\dots 3. 2. 1}{(1. 2. 3\dots n') ((n-n')\dots 3. 2. 1)}$, ou

$$\frac{1.\,2.\,3\ldots\ldots\ldots\ldots n}{(1.\,2.\,3\ldots n')(1.\,2.\,3\ldots(n-n'))}$$; il suffit à présent
de changer n en n', n'', n''', et n' en n'', n''', n'''',
pour trouver que
$$\frac{n'.(n'-1)(n'-2)\ldots(n'-n''+1)}{1.\qquad 2.\qquad 3\ldots\ldots n''} =$$
$$\frac{1.\,2.\,3\ldots\ldots\ldots\ldots n'}{(1.\,2.\,3\ldots n'')(1.\,2.\,3\ldots(n'-n''))}$$; que
$$\frac{n''(n''-1)(n''-2)\ldots(n''-n'''+1)}{1.\qquad 2.\qquad 3\ldots\ldots\ldots\ldots n'''} =$$
$$\frac{1.\,2.\,3\ldots\ldots\ldots n''}{(1.\,2.\,3\ldots n''')(1.\,2.\,3\ldots(n''-n'''))}$$; enfin que
$$\frac{n'''(n'''-1)(n'''-2)\ldots(n'''-n''''+1)}{1.\qquad 2.\qquad 3\ldots\ldots\ldots\ldots n''''} =$$
$$\frac{1.\,2.\,3\ldots\ldots\ldots n'''}{(1.\,2.\,3\ldots n'''')(1.\,2.\,3\ldots(n'''-n''''))}$$. Si maintenant,
avant de former le produit des quatre nouvelles frac-
tions, on observe que $1.\,2.\,3\ldots n'$, $1.\,2.\,3\ldots n''$,
$1.\,2.\,3\ldots n'''$, sont communs aux numérateurs et aux
dénominateurs, on verra tout de suite que le terme général cherché du quintinome, $(a+b+c+d+e)^n$,
est égal à
$$\frac{1.\,2.\,3.\,4\ldots\ldots\ldots\ldots\ldots\ldots\ldots\ldots\ldots\ldots\ldots\ldots n}{(1.\,2\ldots(n-n'))(1.\,2\ldots(n'-n''))(1.\,2\ldots(n''-n'''))(1.\,2\ldots(n'''-n''''))(1.\,2\ldots n'')}$$
$$\times a^{n-n'}\,b^{n'-n''}\,c^{n''-n'''}\,d^{n'''-n''''}\,e^{n''''}.$$

On peut encore, pour simplifier ce terme général,
supposer $n-n'=p$, $n'-n''=q$, $n''-n'''=r$,
$n'''-n''''=s$, $n''''=t$, et alors ce terme sera exprimé par
$$\frac{1.\,2.\,3.\,4\ldots\ldots\ldots\ldots\ldots\ldots\ldots\ldots\ldots\ldots n}{1.\,2\ldots p\times1.\,2\ldots q\times1.\,2\ldots r\times1.\,2\ldots s\times1.\,2\ldots t}\,a^{p}\,b^{q}\,c^{r}\,d^{s}\,e^{t};$$

sur quoi l'on observera que $p + q + r + s + t = n$.

Si donc l'on avoit à développer $(a + b + c + \dots)^n$, on commenceroit par ordonner le développement par rapport à une même lettre, à a, par exemple; c'est-à-dire, qu'on feroit successivement $p = n = n - 1 = n - 2$, etc. : ensuite on chercheroit tous les termes, qui devroient contenir la même puissance de a, ce qui se feroit en faisant varier tour-à-tour les exposans q, r, s, etc., de manière cependant à satisfaire à ces deux conditions, 1°. que les exposans $q + r +$ etc., offrissent chacun tous les changemens possibles depuis o jusqu'à $n - p$, et 2°. que leur somme dans chaque terme fût toujours égale à cette même quantité. Quant au coefficient particulier de chaque terme, il sera facile à calculer, d'après les valeurs données dans ce même terme aux lettres p, q, r, etc.

Soit, par exemple, proposé de trouver le développement de $(a + b + c + d + e)^5$. Je commencerois par faire $n = 5$, et par supposer successivement $p = 5 = 4 = 3 = 2 = 1 = o$; ensuite je formerois, dans chaque hypothèse, toutes les valeurs possibles des exposans q, r, s, t, de manière que $q + r + s + t = 5$, moins la valeur actuelle de p; et je calculerois enfin le coefficient total relatif à chacune de ces valeurs.

Ainsi je commencerois par faire $p = n = 5$, d'où $a^p = a^n = a^5$; ensuite je trouverois, d'après les conditions ci-dessus, que $q + r + s + t = n - p = 5 - 5 = o$, ne pourroient donner o, qu'en supposant q, r, s, t, égaux chacun à o. D'où $a^p \, b^q \, c^r \, d^s \, e^t = a^5 \times b^o \times c^o \times d^o \times e^o = a^5$. Quant au coefficient général, on voit que le numérateur $1 . 2 . 3 \dots n = 1 . 2 . 3 . 4 . 5$, et que le dénominateur $(1.2.3...p) (1.2.3...q) (1.2.3...r)$ $(1.2.3...s) (1.2.3...t)$, se réduit à $1.2.3...p =$ $1.2.3.4.5$: le terme général est donc $\dfrac{1.2.3.4.5.}{1.2.3.4.5.} a^5$

$= a^5$: faisons encore $p = 4$; alors $a^p = a^4$; et si l'on veut satisfaire aux conditions requises, pour trouver les termes qui contiendront a^4, on voit qu'ils se réduiront à ba^4, ca^4, da^4, ea^4, termes où q, r, s, t sont tour-à-tour égaux à 1, tandis que les autres le sont à zéro ; donc le numérateur du coefficient total sera à chaque fois $1.2.3.4.5$, et le dénominateur se réduira à $(1.2.3.4)$ $\times 1$: donc le terme total sera $\dfrac{1.2.3.4.5}{(1.2.3.4)1} (b+c+d+e)a^4$

$= 5a^4(b+c+d+e)$: soit enfin $p = 3$; alors tous les termes qui contiendront a^3 seront composés des exposans suivans de b, c, d, e, savoir : b^2, c^2, d^2, e^2, bc, bd, be, cd, ce, de ; quant au coefficient total, il sera $\dfrac{1.2.3.4.5}{(1.2.3)(1.2)}$, ou 10 pour chacun des quatre premiers termes b^2, c^2, d^2, e^2, et $\dfrac{1.2.3.4.5}{(1.2.3.)\times 1 \times 1}$, ou 20 pour chacun des six derniers bc, bd, etc. ; donc le troisième terme total sera

$10a^3(b^2+c^2+d^2+e^2)+20a^3(bc+bd+be+cd+ce+de)=$ $10a^3(b^2+c^2+d^2+e^2+2bc+2bd+2be+2cd+2ce+2de)$. Il sera facile maintenant de trouver les autres termes.

20. S'il s'agissoit d'obtenir, suivant les puissances de x, le développement de la puissance n du polynome $a+bx$ $+cx^2+dx^3+ex^4+$ etc., on pourroit aisément y parvenir, avec le secours du développement de la même puissance de $a+b+c+d+e+$ etc. En effet, après

avoir obtenu successivement, ainsi qu'on vient de le voir, chaque terme de cette suite, on y substitueroit bx au lieu de b, cx^2 au lieu de c, dx^3 au lieu de d, etc. ; et alors, ordonnant tous les termes par rapport à x, on auroit la série demandée. Ainsi l'on trouveroit, en formant le développement de $(a + b + c + d + e)^5$, les termes a^5, $5a^4(b+c+d+e)$, $10a^3(b^2+c^2+d^2+e^2)$, $20a^3(bc+bd+be+cd+ce+de)$, $10a^2(b^3+c^3+d^3+e^3)$, $30a^2(b^2c+bc^2+b^2d+bd^2+b^2e+be^2+c^2d+cd^2+c^2e+ce^2+d^2e+de^2)$, $60a^2(bcd+bce+bde+cde)$, $5a(b^4+c^4+d^4+e^4)$, $20a(b^3c+bc^3+b^3d+bd^3+b^3e+be^3+c^3d+cd^3+c^3e+ce^3+d^3e+de^3)$, $30a(b^2c^2+b^2d^2+b^2e^2+c^2d^2+c^2e^2+d^2e^2)$, $60a(b^2cd+bc^2d+b^2ce+bc^2e+b^2de+bd^2e+bde^2+bcd^2+bce^2+cd^2e+cde^2+c^2de)$, $20abcde$, $b^5+c^5+d^5+e^5$, $5(b^4c+bc^4+b^4d+bd^4+b^4e+be^4+c^4d+cd^4+c^4e+ce^4+d^4e+de^4)$, $10(b^3c^2+b^2c^3+b^3d^2+b^2d^3+b^3e^2+b^2e^3+c^3d^2+c^2d^3+c^3e^2+c^2e^3+d^3e^2+d^2e^3)$, $20(b^3cd+b^3ce+b^3de+bc^3d+bc^3e+bd^3e+bcd^3+bce^3+bde^3+c^3de+cd^3e+cde^3)$, $30(b^2c^2d+b^2c^2e+b^2cd^2+b^2ce^2+b^2d^2e+b^2de^2+bc^2e^2+bc^2d^2+bd^2e^2+c^2de^2+c^2d^2e+cd^2e^2)$, $60(b^2cde+bc^2de+bcd^2e+bcde^2)$.

Si à présent on met par-tout bx, cx^2, dx^3, ex^4, au lieu de b, c, d, e, on trouvera que la valeur de

$$(a + bx + cx^2 + dx^3 + ex^4)^5 = a^5 + 5a^4(bx + cx^2 + dx^3 + ex^4) + 10a^3(b^2x^2 + c^2x^4 + d^2x^6 + e^2x^8 + 2bcx^3 + 2bdx^4 + 2bex^5 + 2cdx^5 + 2cex^6 + 2dex^7) + 10a^2(b^3x^3 + c^3x^6 + d^3x^9 + e^3x^{12} + 3b^2cx^4 + 3bc^2x^5 + 3b^2dx^5 + 3bd^2x^7 + 3b^2ex^6 + 3be^2x^9 + 3c^2dx^7 + 3cd^2x^8 + 3c^2ex^8 + 3ce^2x^{10} + 3d^2ex^{10}$$

$+ 3de^2x^{11} + 6bcdx^6 + 6bcex^7 + 6bdex^8 + 6cdex^9)$

$+ 5a(b^4x^4 + c^4x^8 + d^4x^{12} + e^4x^{16} + 4b^3cx^5$

$+ 4bc^3x^7 + 4b^3dx^6 + 4bd^3x^{10} + 4b^3ex^7 + 4be^3x^{13}$

$+ 4c^3dx^9 + 4cd^3x^{11} + 4c^3ex^{10} + 4ce^3x^{14} + 4d^3ex^{13}$

$+ 4de^3x^{15} + 6b^2c^2x^6 + 6b^2d^2x^8 + 6b^2e^2x^{10}$

$+ 6c^2d^2x^{10} + 6c^2e^2x^{12} + 6d^2e^2x^{14} + 12b^2cdx^7$

$+ 12bc^2dx^8 + 12b^2cex^8 + 12bc^2ex^9 + 12b^2dex^9$

$+ 12bd^2ex^{11} + 12bde^2x^{12} + 12bcd^2x^9 + 12bce^2x^{11}$

$+ 12cd^2ex^{12} + 12cde^2x^{13} + 12c^2dex^{11} + 4bcdex^{10})$

$+ b^5x^5 + c^5x^{10} + d^5x^{15} + e^5x^{20} + 5b^4cx^6 + 5bc^4x^9$

$+ 5b^4dx^7 + 5bd^4x^{13} + 5b^4ex^8 + 5be^4x^{17} + 5c^4dx^{11}$

$+ 5cd^4x^{14} + 5c^4ex^{12} + 5ce^4x^{18} + 5d^4ex^{16} + 5de^4x^{19}$

$+ 10b^3c^2x^7 + 10b^2c^3x^8 + 10b^3d^2x^9 + 10b^2d^3x^{11}$

$+ 10b^3e^2x^{11} + 10b^2e^3x^{14} + 10c^3d^2x^{12} + 10c^2d^3x^{13}$

$+ 10c^3e^2x^{14} + 10c^2e^3x^{16} + 10d^3e^2x^{17} + 10d^2e^3x^{18}$

$+ 20b^3cdx^8 + 20b^3cex^9 + 20b^3dex^{10} + 20bc^3dx^{10}$

$+ 20bc^3ex^{11} + 20bd^3ex^{14} + 20bcd^3x^{12} + 20bce^3x^{15}$

$+ 20bde^3x^{16} + 20c^3dex^{13} + 20cd^3ex^{15} + 20cde^3x^{17}$

$+ 30b^2c^2dx^9 + 30b^2c^2ex^{10} + 30b^2cd^2x^{10} + 30b^2ce^2x^{12}$

$+ 30b^2d^2ex^{12} + 30b^2de^2x^{13} + 30bc^2e^2x^{13}$

$+ 30bc^2d^2x^{11} + 30bd^2e^2x^{15} + 30c^2de^2x^{15}$

$+ 30c^2d^2ex^{14} + 30cd^2e^2x^{16} + 60b^2cdex^{11}$

$+ 60bc^2dex^{12} + 60bcd^2ex^{13} + 60bcde^2x^{14}.$

Si l'on rassemble maintenant les coefficiens des différentes puissances de x, on trouvera pour le développement de $(a + bx + cx^2 + dx^3 + ex^4)^5$, ordonné par rapport à x, la quantité suivante :

$$a^5 + 5a^4bx + \left.\begin{matrix}+5a^4c\\+10a^3b^2\end{matrix}\right\}x^2 + \left.\begin{matrix}+5a^4d\\+20a^3bc\\+10a^2b^3\end{matrix}\right\}x^3$$

$$\left.\begin{aligned}
&+\ 5\,a^4e\\
&+\ 10\,a^3c^2\\
&+\ 20\,a^3bd\\
&+\ 30\,a^2b^2c\\
&+\ 5\,ab^4
\end{aligned}\right\}x^4
\qquad
\left.\begin{aligned}
&+\ 20\,a^3be\\
&+\ 20\,a^3cd\\
&+\ 30\,a^2bc^2\\
&+\ 30\,a^2b^2d\\
&+\ 20\,ab^3c\\
&+\ b^5
\end{aligned}\right\}x^5
\qquad
\left.\begin{aligned}
&+\ 10\,a^3d^2\\
&+\ 20\,a^3ce\\
&+\ 10\,a^2c^3\\
&+\ 30\,a^2b^2e\\
&+\ 60\,a^2bcd\\
&+\ 20\,ab^3d\\
&+\ 30\,ab^2c^2\\
&+\ 5\,b^4c
\end{aligned}\right\}x^6$$

$$\left.\begin{aligned}
&+\ 20\,a^3de\\
&+\ 30\,a^2bd^2\\
&+\ 30\,a^2c^2d\\
&+\ 60\,a^2bce\\
&+\ 20\,abc^3\\
&+\ 20\,ab^3e\\
&+\ 60\,ab^2cd\\
&+\ 5\,b^4d\\
&+\ 10\,b^3c^2
\end{aligned}\right\}x^7
\qquad
\left.\begin{aligned}
&+\ 10\,a^3e^2\\
&+\ 30\,a^2cd^2\\
&+\ 30\,a^2c^2e\\
&+\ 60\,a^2bde\\
&+\ 5\,ac^4\\
&+\ 30\,ab^2d^2\\
&+\ 60\,abc^2d\\
&+\ 60\,ab^2ce\\
&+\ 5\,b^4e\\
&+\ 10\,b^2c^3\\
&+\ 20\,b^3cd
\end{aligned}\right\}x^8
\qquad
\left.\begin{aligned}
&+\ 10\,a^2d^3\\
&+\ 30\,a^2be^2\\
&+\ 60\,a^2cde\\
&+\ 20\,ac^3d\\
&+\ 60\,abc^2e\\
&+\ 60\,ab^2de\\
&+\ 60\,abcd^2\\
&+\ 5\,bc^4\\
&+\ 10\,b^3d^2\\
&+\ 20\,b^3ce\\
&+\ 30\,b^2c^2d
\end{aligned}\right\}x^9$$

$$\left.\begin{aligned}
&+\ 30\,a^2ce^2\\
&+\ 30\,a^2d^2e\\
&+\ 20\,abd^3\\
&+\ 20\,ac^3e\\
&+\ 60\,ab^2e^2\\
&+\ 60\,ac^2d^2\\
&+\ 20\,abcde\\
&+\ c^5\\
&+\ 20\,b^3de\\
&+\ 20\,bc^3d\\
&+\ 30\,b^2c^2e\\
&+\ 30\,b^2cd^2
\end{aligned}\right\}x^{10}
\qquad
\left.\begin{aligned}
&+\ 30\,a^2de^2\\
&+\ 20\,acd^3\\
&+\ 60\,abd^2e\\
&+\ 60\,abce^2\\
&+\ 60\,ac^2de\\
&+\ 5\,c^4d\\
&+\ 10\,b^2d^3\\
&+\ 10\,b^3e^2\\
&+\ 20\,bc^3e\\
&+\ 30\,bc^2d^2\\
&+\ 60\,b^2cde
\end{aligned}\right\}x^{11}
\qquad
\left.\begin{aligned}
&+\ 10\,a^2e^3\\
&+\ 5\,ad^4\\
&+\ 60\,ac^2e^2\\
&+\ 60\,abde^2\\
&+\ 60\,acd^2e\\
&+\ 5\,c^4e\\
&+\ 10\,c^3d^2\\
&+\ 20\,bcd^3\\
&+\ 30\,b^2ce^2\\
&+\ 30\,b^2d^2e\\
&+\ 60\,bc^2de
\end{aligned}\right\}x^{12}$$

$$\left.\begin{aligned}
&+20\,abe^3\\
&+20\,ad^3e\\
&+60\,acde^2\\
&+5\,bd^4\\
&+10\,c^2d^3\\
&+20\,c^3de\\
&+30\,b^2de^2\\
&+30\,bc^2e^2\\
&+60\,bcd^2e
\end{aligned}\right\}x^{13}
\quad
\left.\begin{aligned}
&+20\,ace^3\\
&+60\,ad^2e^2\\
&+5\,cd^4\\
&+10\,b^2e^3\\
&+10\,c^3e^2\\
&+20\,bd^3e\\
&+30\,c^2d^2e\\
&+60\,bcde^2
\end{aligned}\right\}x^{14}
\quad
\left.\begin{aligned}
&+20\,ade^3\\
&+d^5\\
&+20\,bce^3\\
&+20\,cd^3e\\
&+30\,bd^2e^2\\
&+30\,c^2de^2
\end{aligned}\right\}x^{15}$$

$$\left.\begin{aligned}
&+5\,ae^4\\
&+5\,d^4e\\
&+10\,c^2e^3\\
&+20\,bde^3\\
&+30\,cd^2e^2
\end{aligned}\right\}x^{16}
\quad
\left.\begin{aligned}
&+5\,be^4\\
&+10\,d^3e^2\\
&+20\,cde^3
\end{aligned}\right\}x^{17}
\quad
\left.\begin{aligned}
&+5\,ce^4\\
&+10\,d^2e^3
\end{aligned}\right\}x^{18}$$

$$+5\,de^4\,x^{19} + e^5\,x^{20}.$$

21. Il résulte des calculs précédens, qu'au moyen de la méthode générale, qui convient à $(a+b+c+d+e+\text{etc.})^n$, on peut former aussi le développement de la puissance n du polynome $a + bx + cx^2 + dx^3 + ex^4 + $ etc. On vient de le prouver pour le cas, où n est un entier positif; et il est aisé de voir (19) qu'on réussiroit de même, dans l'hypothèse de n négatif ou fractionnaire : mais il faut convenir que cette méthode est fort longue, et n'est même qu'indirecte. Il sera tout à-la-fois et plus direct et plus simple, de se conduire de la manière suivante, qui est fondée sur le théorème de Landen.

Soit donc, n étant un nombre quelconque,

$$(a + bx + cx^2 + dx^3 + ex^4 + \text{etc.})^n = A + Bx + Cx^2$$
$$+ Dx^3 + Ex^4 + \text{etc.}, \text{ on aura aussi } (a + by + cy^2$$

$+ dy^3 + ey^4 +$ etc.$)^n = A + By + Cy^2 + Dy^3 + Ey^4$ $+$ etc.; équations, où A, B, C, D, E, etc., sont des coefficiens indéterminés.

Faisons, pour abréger, $a + bx + cx^2 + dx^3 + ex^4$ $+$ etc. $= u$, $a + by + cy^2 + dy^3 + ey^4 +$ etc. $= v$: il viendra $\overset{n}{u} - \overset{n}{v} = B(x-y) + C(x^2-y^2) + D(x^3-y^3)$ $+ E(x^4 - y^4) +$ etc., et $u - v = b(x-y) + c(x^2-y^2)$ $+ d(x^3 - y^3) + e(x^4 - y^4) +$ etc. Divisant ces deux équations membre par membre, on aura $\dfrac{\overset{n}{u} - \overset{n}{v}}{u - v} =$

$$\frac{B(x-y) + C(x^2-y^2) + D(x^3-y^3) + E(x^4-y^4) +\text{etc.}}{b(x-y) + c(x^2-y^2) + d(x^3-y^3) + e(x^4-y^4) +\text{etc.}}$$

ou, en divisant haut et bas le second membre par $x-y$, $\dfrac{\overset{n}{u} - \overset{n}{v}}{u - v} = $ . . . .

$$\frac{B + C(x+y) + D(x^2+xy+y^2) + E(x^3+x^2 y+xy^2+y^3) +\text{etc.}}{b + c(x+y) + d(x^2+xy+y^2) + e(x^3+x^2 y+xy^2+y^3) +\text{etc.}}.$$

Si l'on suppose à présent $x = y$, on aura en même-tems $u = v$, et le développement de $\dfrac{\overset{n}{u} - \overset{n}{v}}{u - v}$ (8) se réduira par cette supposition à $n\overset{n-1}{u}$, quelque soit n; donc on aura $n(a + bx + cx^2 + dx^3 + ex^4 +$ etc.$)^{n-1}$

$$= \frac{B + 2Cx + 3Dx^2 + 4Ex^3 +\text{etc.}}{b + 2cx + 3dx^2 + 4ex^3 +\text{etc.}} : \text{mais}$$

$(a + bx + cx^2 + dx^3 + ex^4 +$ etc.$)^{n-1} =$

$$\frac{(a + bx + cx^2 + dx^3 + ex^4 + \text{etc.})^n}{a + bx + cx^2 + dx^3 + ex^4 + \text{etc.}} =$$

$$\frac{A + Bx + Cx^2 + Dx^3 + Ex^4 + \text{etc.}}{a + bx + cx^2 + dx^3 + ex^4 + \text{etc.}} ; \text{ d'où}$$

$$\frac{n(A + Bx + Cx^2 + Dx^3 + Ex^4 + \text{etc.})}{a + bx + cx^2 + dx^3 + ex^4 + \text{etc.}} =$$

$$\frac{B + 2Cx + 3Dx^2 + 4Ex^3 + \text{etc.}}{b + 2cx + 3dx^2 + 4ex^3 + \text{etc.}}.$$

Si l'on chasse les dénominateurs, on trouvera

$$n(A + Bx + Cx^2 + Dx^3 + Ex^4 + \text{etc.})(b + 2cx + 3dx^2 + 4ex^3 + \text{etc.}) = (B + 2Cx + 3Dx^2 + 4Ex^3 + \text{etc.})(a + bx + cx^2 + dx^3 + ex^4 + \text{etc.}) :$$ en faisant les multiplications indiquées, on a

$$nbA + \left.\begin{matrix} nbB \\ +2ncA \end{matrix}\right\}x + \left.\begin{matrix} nbC \\ +2ncB \\ +3ndA \end{matrix}\right\}x^2 + \left.\begin{matrix} nbD \\ +2ncC \\ +3ndB \\ +4neA \end{matrix}\right\}x^3$$

$$\left.\begin{matrix} +nbE \\ +2ncD \\ +3ndC \\ +4neB \\ +5nfA \end{matrix}\right\}x^4 + \text{etc.} = \left.\begin{matrix} aB + 2aC \\ +bB \end{matrix}\right\}x + \left.\begin{matrix} +3aD \\ +2bC \\ +cB \end{matrix}\right\}x^2$$

$$\left.\begin{matrix} +4aE \\ +3bD \\ +2cC \\ +dB \end{matrix}\right\}x^3 + \left.\begin{matrix} +5aF \\ +4bE \\ +3cD \\ +2dC \\ +eB \end{matrix}\right\}x^4 + \text{etc.}$$

Si l'on compare ensemble les coefficiens des puissances homologues de x, on trouvera

$$aB = nbA.$$
$$2aC = (n-1)bB + 2ncA$$
$$3aD = (n-2)bC + (2n-1)cB + 3ndA.$$
$$4aE = (n-3)bD + (2n-2)cC + (3n-1)dB + 4neA.$$
$$5aF = (n-4)bE + (2n-3)cD + (3n-2)dC$$
$$+ (4n-1)eB + 5nfA, \text{ etc.}$$

L'on voit, 1°. que la loi de ces équations est aisée à saisir ; et 2°. que tous les coefficiens B, C, D, E, etc., seront connus aussi-tôt que A le sera ; 3°. enfin, que pour avoir la valeur de cette lettre, il suffit de faire $x = 0$ dans $(a + bx + cx^2 + dx^3 + ex^4 + \text{etc.})^n = A + Bx + Cx^2 + Dx^3 + Ex^4 + \text{etc.}$; ce qui donnera tout de suite $A = a^n$; d'où l'on tirera

$$B = na^{n-1}b$$

$$C = \frac{n(n-1)}{1.2}a^{n-2}b^2 + na^{n-1}e$$

$$D = \frac{n(n-1)(n-2)}{1.2.3}a^{n-3}b^3 + \frac{n(n-1)}{1.1}a^{n-2}bc$$

$$+ na^{n-1}d$$

$$E = \frac{n(n-1)(n-2)(n-3)}{1.2.3.4}a^{n-4}b^4 \ldots$$

$$+ \frac{n(n-1)(n-2)}{1.2.1}a^{n-3}b^2c + \frac{n(n-1)}{1.1}a^{n-2}bd$$

$$+ \frac{n(n-1)}{1.2}a^{n-2}c^2 + na^{n-1}e$$

$$F = \frac{n(n-1)(n-2)(n-3)(n-4)}{1 \cdot 2 \cdot 3 \cdot 4 \cdot 5} a^{n-5} b^5$$

$$+ \frac{n(n-1)(n-2)(n-3)}{1 \cdot 2 \cdot 3 \cdot 1} a^{n-4} b^3 c \ldots$$

$$+ \frac{n(n-1)(n-2)}{1 \cdot 2 \cdot 1} a^{n-3} b^2 d + \frac{n(n-1)(n-2)}{1 \cdot 1 \cdot 2} a^{n-3} b c^2$$

$$+ \frac{n(n-1)}{1 \cdot 1} a^{n-2} b e + \frac{n(n-1)}{1 \cdot 1} a^{n-2} c d + n a^{n-1} f,$$

$$G = \text{etc.}$$

Donc enfin, $(a + bx + cx^2 + dx^3 + ex^4 + \text{etc.})^n$
$= A + Bx + Cx^2 + Dx^3 + Ex^4 + Fx^5 + \text{etc.} =$

$$a^n + na^{n-1} bx + \left. \begin{matrix} \dfrac{n(n-1)}{1 \cdot 2} a^{n-2} b^2 \\[2mm] + n a^{n-1} e \end{matrix} \right\} x^2 \ldots$$

$$\left. \begin{matrix} + \dfrac{n(n-1)(n-2)}{1 \cdot 2 \cdot 3} a^{n-3} b^3 \\[2mm] + \dfrac{n(n-1)}{1 \cdot 1} a^{n-2} b c \\[2mm] + n a^{n-1} d \end{matrix} \right\} x^3 \ldots$$

$$\left. \begin{matrix} + \dfrac{n(n-1)(n-2)(n-3)}{1 \cdot 2 \cdot 3 \cdot 4} a^{n-4} b^4 \\[2mm] + \dfrac{n(n-1)(n-2)}{1 \cdot 1 \cdot 2} a^{n-3} b^2 c \\[2mm] + \dfrac{n(n-1)}{1 \cdot 1} a^{n-2} b d \\[2mm] + \dfrac{n(n-1)}{1 \cdot 2} a^{n-2} c^2 \\[2mm] + n a^{n-1} e \end{matrix} \right\} x^4$$

$$+\frac{n(n-1)(n-2)(n-3)(n-4)}{1.\;2.\;3.\;4.\;5}\,a^{n-5}\,b^5$$

$$+\frac{n(n-1)(n-2)(n-3)}{1.\;1.\;2.\;3}\,a^{n-4}\,b^3c$$

$$+\frac{n(n-1)(n-2)}{1.\;1.\;2}\,a^{n-3}\,b^2d$$

$$+\frac{n(n-1)(n-2)}{1.\;2.\;1}\,a^{n-3}\,bc^2$$

$$+\frac{n(n-1)}{1.\;1}\,a^{n-2}\,be$$

$$+\frac{n(n-1)}{1.\;1}\,a^{n-2}\,cd$$

$$+\;n\;a^{n-1}\,f$$

$$\left.\rule{0pt}{13ex}\right\}\,x^5$$

$$+\frac{n(n-1)(n-2)(n-3)(n-4)(n-5)}{1.\;2.\;3.\;4.\;5.\;6}\,a^{n-6}\,b^6$$

$$+\frac{n(n-1)(n-2)(n-3)(n-4)}{1.\;1.\;2.\;3.\;4}\,a^{n-5}\,b^4c$$

$$+\frac{n(n-1)(n-2)(n-3)}{1.\;1.\;2.\;3}\,a^{n-4}\,b^3d$$

$$+\frac{n(n-1)(n-2)(n-3)}{1.\;2.\;1.\;2}\,a^{n-4}\,b^2c^2$$

$$+\frac{n(n-1)(n-2)}{1.\;1.\;2}\,a^{n-3}\,b^2e$$

$$+\frac{n(n-1)(n-2)}{1.\;1.\;1}\,a^{n-3}\,bcd$$

$$+\frac{n(n-1)}{1.\;1}\,a^{n-2}\,bf$$

$$+\frac{n(n-1)(n-2)}{1.\;2.\;3}\,a^{n-3}\,c^3$$

$$+\frac{n(n-1)}{1.\;1}\,a^{n-2}\,ce$$

$$+\frac{n(n-1)}{1.\;2}\,a^{n-2}\,d^2$$

$$+\;n\;a^{n-1}\,g$$

$$\left.\rule{0pt}{20ex}\right\}\,x^6\!+\!e$$
$$f$$

22. Si l'on poussoit plus loin, et qu'on observât avec attention le développement ci-dessus, on verroit facilement que chaque ligne horizontale n'est elle-même que le développement des quantités ci-dessous, savoir :

La 1re. ligne de $\qquad (a+bx)^n$

La 2e. de $\qquad n \qquad cx^2 (a+bx)^{n-1}$

La 3e. de $\qquad n \qquad dx^3 (a+bx)^{n-1}$

La 4e. de $\qquad \dfrac{n(n-1)}{1.2} c^2 x^4 (a+bx)^{n-2}$

La 5e. de $\qquad nex^4 \qquad (a+bx)^{n-1}$

La 6e. de $\qquad \dfrac{n(n-1)}{1.2} \times 2cdx^5 (a+bx)^{n-2}$

La 7^e. de $\qquad n \qquad fx^5 (a+bx)^{n-1}$

La 8^e. de $\dfrac{n(n-1)(n-2)}{1.2.3} c^3 x^6 (a+bx)^{n-3}$

La 9e. de $\qquad \dfrac{n(n-1)}{1.2} \times 2cex^6 (a+bx)^{n-3}$

La 10e. de $\qquad \dfrac{n(n-1)}{1.2} d^2 x^6 (a+bx)^{n-2}$

La 11e. de $\qquad n \qquad gx^6 (a+bx)^{n-1}$

$\left. \right\}$ etc.

et c'est ce dont il est facile de se convaincre de la manière suivante. Si l'on considère la quantité $a + bx + cx^2 + dx^3 + ex^4 +$ etc., comme un binome, dont le premier terme soit $a + bx$, et le second $cx^2 + dx^3 + ex^4 +$ etc., on aura $(a + bx + cx^2 + dx^3 + ex^4 +$ etc.$)^n$

$$= (a+bx)^n + n(a+bx)^{n-1} (cx^2 + dx^3 + ex^4 +$ etc.$)$$

$$+ \frac{n(n-1)}{1 \cdot 2} (a + bx)^{n-2} (cx^2 + dx^3 + ex^4 + \text{etc.})^2$$

$$+ \frac{n(n-1)(n-2)}{1 \cdot 2 \cdot 3} (a + bx)^{n-3} (cx^2 + dx^3 + ex^4 + \text{etc.})^3$$

$$+ \text{etc.}$$

A présent si l'on ne développe du polynome $cx^2 + dx^3 + ex^4 + \text{etc.}$, et de ses puissances, que les termes qui ne passent pas la sixième, on verra que la dernière quantité se réduit à $(a + bx)^n + n(a + bx)^{n-1}$

$$(cx^2 + dx^3 + ex^4 + fx^5 + gx^6) + \frac{n(n-1)}{1 \cdot 2} (a + bx)^{n-2}$$

$$(c^2 x^4 + 2cd x^5 + d^2 x^6 + 2ce x^6) + \frac{n(n-1)(n-2)}{1 \cdot 2 \cdot 3}$$

$(a + bx)^{n-3} \times c^3 x^6$; ce qui fournit les onze produits, dont il vient d'être fait mention.

La formule précédente sera finie, lorsque n sera un nombre entier ; on peut tout de suite vérifier l'une par l'autre, et cette formule, et les sept premiers termes du développement de $(a + bx + cx^2 + dx^3 + ex^4)^5$ (art. 20), en faisant $n = 5$. Mais on observera, 1º. que dans cet exemple, f et g étant zéros, l'on ne doit tenir compte, ni du dernier terme du coefficient de x^5, ni du septième et du dernier termes de celui de x^6 ; et 2º. que le premier terme de celui-ci, ayant $n - 5$, ou zéro pour facteur, ne peut faire partie du coefficient total ; d'où l'on voit que les sept termes du coefficient de x^5 doivent se réduire à six, et que les onze termes de celui de x^6 n'en peuvent plus fournir que huit ; ce qui a lieu en effet, comme il est facile de s'en assurer.

FIN DES ADDITIONS A LA QUATRIEME PARTIE.

NOTES

NOTES

LA CINQUIÈME PARTIE.

Note 1 sur l'article I et les suivans.

Ce n'étoit point en substituant $x + r$ à la place de y, qu'on pouvoit arriver à une équation, telle que l'Auteur la désiroit dans son premier article, c'est-à-dire, qui n'eût que le premier et le dernier termes. Il existe pour cela une méthode, qui consiste à supposer $y^2 = x + r + sy$, r et s étant deux indéterminées, et x une nouvelle inconnue.

Il en seroit de même pour l'équation de l'article III, $y^4 + ay^3 + by^2 + cy + d = o$; car en faisant $y^3 = x + r + sy + ty^2$, r, s et t étant trois indéterminées, on arriveroit à une équation finale en x, telle que $x^4 + mx^3 + nx^2 + px + q = o$, qu'on pourroit réduire à l'équation à deux termes $x^4 + q = o$, en supposant m, n et p égaux à zéro. Cette méthode est due à Tschirnaüs; nous en parlerons dans les additions suivantes.

Tome II.   A a

Note 2 sur l'article VI.

On pourroit aussi trouver immédiatement la valeur de u, en substituant, non celle de z ou . . . .
$$\sqrt[3]{-\tfrac{1}{2}q \pm \sqrt{\tfrac{1}{4}q^2 + \tfrac{1}{27}p^3}},$$
dans $u = -\dfrac{p}{3z}$, mais celle de z^3, ou $-\tfrac{1}{2}q \pm \sqrt{\tfrac{1}{4}q^2 + \tfrac{1}{27}p^3}$, dans $u^3 + z^3 + q = 0$, qui donne $u = \sqrt[3]{-z^3 - q} =$ . . . . .
$$\sqrt[3]{-q + \tfrac{1}{2}q \mp \sqrt{\tfrac{1}{4}q^2 + \tfrac{1}{27}p^3}} = \sqrt[3]{-\tfrac{1}{2}q \mp \sqrt{\tfrac{1}{4}q^2 + \tfrac{1}{27}p^3}}$$
$$= -\sqrt[3]{\tfrac{1}{2}q \pm \sqrt{\tfrac{1}{4}q^2 + \tfrac{1}{27}p^3}}.$$

Note 3 sur l'article VII.

Clairaut prétend, au commencement de cet article, que l'expression de la valeur de x ne peut donner qu'une de ses valeurs : cependant l'on sait à présent que cette expression les renferme toutes trois, comme il est aisé de s'en convaincre de la manière suivante.

On a vu (add. IIe., p. 47), que les trois racines cubiques de n^3 étoient n, $n\left(\dfrac{-1 + \sqrt{-3}}{2}\right)$, et $n\left(\dfrac{-1 - \sqrt{-3}}{2}\right)$; d'où m^3 a pour ses trois racines cubiques m, $m\left(\dfrac{-1 \pm \sqrt{-3}}{2}\right)$: supposons maintenant, pour abréger, que $\tfrac{1}{2}q + \sqrt{\tfrac{1}{4}q^2 + \tfrac{1}{27}p^3} = m^3$, et que $-\tfrac{1}{2}q + \sqrt{\tfrac{1}{4}q^2 + \tfrac{1}{27}p^3} = n^3$, puisque $x =$

$$\sqrt[3]{-\tfrac{1}{2}q + \sqrt{\tfrac{1}{4}q^2 + \tfrac{1}{27}p^3}} - \sqrt[3]{\tfrac{1}{2}q + \sqrt{\tfrac{1}{4}q^2 + \tfrac{1}{27}p^3}} = \sqrt[3]{n^3} - \sqrt[3]{m^3},$$

il s'ensuit que x paroît susceptible des neuf valeurs suivantes :

$$x = n - m$$

$$x = n - m \left(\frac{-1 + \sqrt{-3}}{2} \right)$$

$$x = n - m \left(\frac{-1 - \sqrt{-3}}{2} \right)$$

$$x = n \left(\frac{-1 + \sqrt{-3}}{2} \right) - m$$

$$x = n \left(\frac{-1 + \sqrt{-3}}{2} \right) - m \left(\frac{-1 + \sqrt{-3}}{2} \right)$$

$$x = n \left(\frac{-1 + \sqrt{-3}}{2} \right) - m \left(\frac{-1 - \sqrt{-3}}{2} \right)$$

$$x = n \left(\frac{-1 - \sqrt{-3}}{2} \right) - m$$

$$x = n \left(\frac{-1 - \sqrt{-3}}{2} \right) - m \left(\frac{-1 + \sqrt{-3}}{2} \right)$$

$$x = n \left(\frac{-1 - \sqrt{-3}}{2} \right) - m \left(\frac{-1 - \sqrt{-3}}{2} \right)$$

Mais il est aisé de faire voir que, de ces neuf valeurs, il ne s'en trouve réellement que trois, qui puissent satisfaire à l'équation proposée : en effet, d'après l'art. VI, on a $n = u$ et $m = -z$; d'ailleurs, on doit avoir encore entre u et z les deux équations $u^3 + z^3 + q = 0$, et $3\,uz + p = 0$; or, de quelque manière qu'on prenne les neuf arrangemens ci-dessus, si l'on forme la somme des cubes de leurs parties, on aura pour résultat constant, $n^3 - m^3$; prenons, par exemple, les deux termes

$$n \left(\frac{-1 + \sqrt{-3}}{2} \right) - m \left(\frac{-1 - \sqrt{-3}}{2} \right) \quad \text{de la}$$

sixième valeur de x, on voit que, à cause de $(-1+\sqrt{-3})^3$ $= (-1-\sqrt{-3})^3 = 8$, la somme cherchée sera $\frac{n^3}{8} \times 8 - \frac{m^3}{8} \times 8 = n^3 - m^3 = u^3 + z^3 = -q$; d'où $u^3 + z^3 + q = 0$; donc, pour satisfaire à la première condition, toutes les neuf combinaisons sont également admissibles : mais il n'en sera pas de même pour la seconde ; car, pour cela, il faudroit prouver que le triple produit des deux termes de chacune fût par-tout $-3mn = 3uz = -p$; or, c'est ce qui ne peut avoir lieu que pour les trois cas suivans,

$$n - m, \quad n\left(\frac{-1+\sqrt{-3}}{2}\right) - m\left(\frac{-1-\sqrt{-3}}{2}\right),$$

$$n\left(\frac{-1-\sqrt{-3}}{2}\right) - m\left(\frac{-1+\sqrt{-3}}{2}\right), \quad \text{où le}$$

produit des deux termes est par-tout $-mn$, comme il est aisé de le vérifier. L'on voit donc que les neuf prétendues valeurs de x, se réduisent aux trois suivantes,

$$x = n - m, \quad x = n\left(\frac{-1+\sqrt{-3}}{2}\right) - m\left(\frac{-1-\sqrt{-3}}{2}\right),$$

$$x = n\left(\frac{-1-\sqrt{-3}}{2}\right) - m\left(\frac{-1+\sqrt{-3}}{2}\right), \quad \text{dont les}$$

deux dernières ne sont autre chose que . . . . . . $\frac{m-n}{2} \pm \frac{m+n}{2}\sqrt{-3}$, c'est-à-dire, précisément les mêmes que celles de Clairaut.

Il seroit encore possible, en partant des deux équations $u^3 + z^3 = -q$, et $uz = -\frac{p}{3}$, d'arriver aux mêmes résultats, d'après de simples considérations, fondées sur le principe cité, (III°. Partie , art. III). En effet , si on élève au cube les deux membres de la seconde, on aura $u^3 z^3 = -\dfrac{p^3}{27}$. Si à présent on considère u^3 et z^3 , comme les racines d'une équation du second degré , dont y soit l'inconnue , et dont q et $-\dfrac{p^3}{27}$ soient les coefficiens respectifs du second et du troisième termes, il viendra l'équation $y^2 + qy - \dfrac{p^3}{27} = 0$; mais celle-ci donne $y = -\tfrac{1}{2}q + \sqrt{\tfrac{1}{4}q^2 + \tfrac{1}{27}p^3}$, et $y = -(\tfrac{1}{2}q + \sqrt{\tfrac{1}{4}q^2 + \tfrac{1}{27}p^3})$; ou , en faisant comme ci-dessus, $-\tfrac{1}{2}q + \sqrt{\tfrac{1}{4}q^2 + \tfrac{1}{27}p^3} = n^3$, et $\tfrac{1}{2}q + \sqrt{\tfrac{1}{4}q^2 + \tfrac{1}{27}p^3} = m^3$, $y = n^3$ et $y = -m^3$; donc les deux termes u^3 et z^3 égalent respectivement n^3 et $-m^3$; d'où l'on tire pour $u + z$ les neuf valeurs déjà trouvées. Quelles que soient celles que l'on adopte, on verra qu'elles satisfont, à la vérité, aux deux équations $u^3 + z^3 + q = 0$, et $u^3 z^3 + \dfrac{p^3}{27} = 0$; mais cette dernière est plus générale que $uz + \dfrac{p}{3} = 0$, dont elle a été déduite ; c'est donc à cette dernière qu'il faut satisfaire ; ce qui alors ne permet plus que les trois combinaisons qu'on a déjà trouvées.

Notes 4, 5, 6, 7, 8 et 9, sur les articles IX, X, XI et XIX.

Ces quatre articles vont faire le sujet des six notes suivantes , toutes propres , tant à généraliser la théorie, qu'à simplifier la pratique des principes, ou des règles qu'ils renferment. En effet, après avoir, dans la première, donné aux deux radicaux cubes, une forme plus commode, pour ce que nous voulons en dire et en faire, dans la seconde et la troisième, nous démontrerons, indépendamment des séries, que les deux racines, contenues dans ces radicaux, sont réelles ou imaginaires, selon que $\frac{1}{27} p^3$, p étant négatif, est $>$ ou $< \frac{1}{4} q^2$; et cela, que ces radicaux soient des cubes parfaits, ou non ; ensuite, dans la quatrième et la cinquième, nous rendrons à-la-fois plus générales et plus convergentes, les séries développées par l'Auteur. Enfin dans la sixième, pour convaincre le Lecteur de ce dernier avantage, nous les appliquerons à un exemple.

4°. Nous observerons d'abord que la série, qui donne dans cet article la valeur de x, ou $- 2 a^{\frac{1}{3}} \left(1 + \dfrac{b^2}{9 a^2} - \dfrac{10 b^4}{243 a^4} + \dfrac{154 b^6}{6561 a^6} - \text{etc.} \right)$, est la même, au signe initial près, que celle que nous avons trouvée, (page 348) pour la valeur de la somme de $(a + b \sqrt{-1})^{\frac{1}{3}}$, et de $(a - b \sqrt{-1})^{\frac{1}{3}}$, ou de $\sqrt[3]{a + b \sqrt{-1}}$, et de $\sqrt[3]{a - b \sqrt{-1}}$; et on va voir que cela devoit avoir lieu : en effet, $\sqrt[3]{a - b \sqrt{-1}} = \sqrt[3]{-1} \times \sqrt[3]{-a + b \sqrt{-1}} = - \sqrt[3]{-a + b \sqrt{-1}}$; donc $\sqrt[3]{a + b \sqrt{-1}} + \sqrt[3]{a - b \sqrt{-1}} = \sqrt[3]{a + b \sqrt{-1}} - \sqrt[3]{-a + b \sqrt{-1}} = - \left[\sqrt[3]{-a + b \sqrt{-1}} - \sqrt[3]{a + b \sqrt{-1}} \right]$; c'est-à-dire, les deux radicaux, développés dans l'Auteur, mais précédés d'un signe contraire à celui, dont ils y sont affectés.

5e. Nous allons prouver, sans le secours des séries, employées par Clairaut, que les trois valeurs de x sont réelles, dans l'hypothèse de p négatif, et de $\frac{1}{27}p^3 > \frac{1}{4}q^2$: et pour cela nous distinguerons deux cas ; le premier, dans lequel $-\frac{1}{2}q + \sqrt{\frac{1}{4}q^2 + \frac{1}{27}p^3}$ et $+\frac{1}{2}q + \sqrt{\frac{1}{4}q^2 + \frac{1}{27}p^3}$, auroient tous deux des racines cubiques exactes ; et le second, où ces deux quantités ne seroient pas des cubes parfaits. Faisons d'abord, comme l'Auteur, $\frac{1}{2}q = a$, et $\sqrt{\frac{1}{27}p^3 + \frac{1}{4}q^2} = b\sqrt{-1}$; ce qui donnera pour la première valeur de x, $x = \sqrt[3]{-a + b\sqrt{-1}} - \sqrt[3]{a + b\sqrt{-1}} = -[\sqrt[3]{a + b\sqrt{-1}} + \sqrt[3]{a - b\sqrt{-1}}]$; et supposons en premier lieu que $\sqrt[3]{a + b\sqrt{-1}} = a' + b'\sqrt{-1}$; d'où $\sqrt[3]{a - b\sqrt{-1}} = a' - b'\sqrt{-1}$ (IVe. P. XXXI) ; donc $x = -(a' + b'\sqrt{-1} + a' - b'\sqrt{-1}) = -2a'$, première valeur de x, évidemment réelle.

Quant aux deux autres valeurs, citées dans l'art. XI, elles deviennent, par les substitutions de a et de $b\sqrt{-1}$, à la place de $\frac{1}{2}q$, et de $\sqrt{\frac{1}{4}q^2 + \frac{1}{27}p^3}$, $x = \frac{1}{2}[\sqrt[3]{a + b\sqrt{-1}} - \sqrt[3]{-a + b\sqrt{-1}}] \pm \frac{1}{2}\sqrt{-3}[\sqrt[3]{a + b\sqrt{-1}} + \sqrt[3]{-a + b\sqrt{-1}}]$, ou $x = \frac{1}{2}[\sqrt[3]{a + b\sqrt{-1}} + \sqrt[3]{a - b\sqrt{-1}}] \pm \frac{1}{2}\sqrt{-3}[\sqrt[3]{a + b\sqrt{-1}} - \sqrt[3]{a - b\sqrt{-1}}]$. Si à présent on substitue pour les deux radicaux cubes, leurs valeurs $a' + b'\sqrt{-1}$, et $a' - b'\sqrt{-1}$, on aura $x = \frac{1}{2}(a' + b'\sqrt{-1} + a' - b'\sqrt{-1}) \pm \frac{1}{2}\sqrt{-3}(a' + b'\sqrt{-1} - a' + b'\sqrt{-1})$, ce qui (à cause de $\sqrt{-1} \times \sqrt{-3} = -\sqrt{3}$), se réduit à $a' \mp b'\sqrt{3}$.

A a 4

On peut à l'instant vérifier ces valeurs sur l'équation $x^3 - 7x - 6 = 0$; dans laquelle $a = \frac{1}{2} q = -3$, et $b\sqrt{-1} = \sqrt{\frac{1}{4} q^2 + \frac{1}{27} p^3} = \sqrt{-\frac{100}{27}}$. On trouvera, par les méthodes de la IVe, partie, art. XXXI et suivans, que $\sqrt[3]{-3 \pm \sqrt{-\frac{100}{27}}} = 1 \pm \sqrt{-\frac{1}{3}} = 1 \pm \frac{1}{3} \sqrt{3} \times \sqrt{-1}$; donc $a' = 1$, et $b' = \frac{1}{3} \sqrt{3}$; donc encore les trois valeurs de x, ou $-2 a'$, $a' - b' \sqrt{3}$, et $a' + b' \sqrt{3}$, deviennent -2, $1 - \frac{1}{3} \sqrt{3} \times \sqrt{3}$, $1 + \frac{1}{3} \sqrt{3} \times \sqrt{3}$, ou -2, -1, $+3$: et en effet, $(x+2)(x+1)(x-3) = x^3 - 7x - 6$.

6°. Nous allons maintenant faire voir généralement que, lorsque les trois racines sont réelles, p est négatif, et que de plus $\frac{1}{27} p^3 =$ ou $> \frac{1}{4} q^2$; et réciproquement, que les trois racines sont réelles, lorsque p étant négatif, $\frac{1}{27} p^3 =$ ou $> \frac{1}{4} q^2$. Pour cela, nous supposerons ce qui sera démontré dans la suite, que toute équation de degré impair, du troisième, par conséquent, a au moins une racine réelle.

Soit donc a une racine réelle de l'équation $x^3 + px + q = 0$; on aura donc aussi $a^3 + pa + q = 0$; d'où $q = -a^3 - pa$; d'où encore $x^3 - a^3 + p(x-a) = 0$; ce qui donnera, en divisant par $x - a$, $x^2 + ax + a^2 + p = 0$, qui renferme les deux autres racines de la proposée, et donne $x = -\frac{1}{2} a \pm \sqrt{-\frac{3}{4} a^2 - p}$; résultat qui fait voir aussitôt que ces deux racines ne peuvent être réelles, à moins que p ne soit négatif, et de plus $=$ ou $> \frac{3}{4} a^2$: changeons donc le signe de p, et nous aurons $x^3 - px + q = 0$, et $a^3 - pa + q = 0$, ou $q = -a^3 + pa$. Il s'agit donc à présent de faire voir qu'il faut, pour que les trois racines soient réelles, que $\frac{1}{27} p^3 =$ ou $> \frac{1}{4} q^2$, et de le faire voir, en employant la valeur de a, sans cependant la connoître. Or, il est deux méthodes qui réussissent également.

Voici la première qui est rapportée (p. 42, Comp. des El. d'Alg. de Lacroix).

Supposons $p = \frac{3}{4}a^2 + d$; les deux racines de x, $-\frac{1}{2}a \pm \sqrt{-\frac{3}{4}a^2 + p}$, devenant $-\frac{1}{2}a \pm \sqrt{d}$, l'on voit qu'elles seront réelles ou imaginaires, selon que d sera positif ou zéro, ou sera négatif: d'ailleurs l'équation en q se changera en $q = -\frac{1}{4}a^3 + ad$; on aura donc, au moyen de ces deux valeurs de p et de q, $p^3 = \frac{27}{64}a^6 + \frac{27}{16}a^4 d + \frac{9}{4}a^2 d^2 + d^3$, $q^2 = \frac{1}{16}a^6 - \frac{1}{2}a^4 d + a^2 d^2$; ensuite $\frac{1}{27}p^3 = \frac{1}{64}a^6 + \frac{1}{16}a^4 d + \frac{1}{12}a^2 d^2 + \frac{1}{27}d^3$, $\frac{1}{4}q^2 = \frac{1}{64}a^6 - \frac{1}{8}a^4 d + \frac{1}{4}a^2 d^2$; et par conséquent $\frac{1}{27}p^3 - \frac{1}{4}q^2 = \frac{3}{16}a^4 d - \frac{1}{6}a^2 d^2 + \frac{1}{27}d^3 = 3d(\frac{1}{16}a^4 - \frac{1}{18}a^2 d + \frac{1}{81}d^2) = 3d(\frac{1}{4}a^2 - \frac{1}{9}d)^2$. Or, le second facteur de cette dernière quantité, étant nécessairement positif, puisqu'il est un quarré, elle deviendra positive ou zéro, ou bien négative, suivant que d lui-même sera positif ou zéro, ou bien négatif; et alors on voit que $\frac{1}{27}p^3$ sera $=$ ou $> \frac{1}{4}q^2$, ou bien $< \frac{1}{4}q^2$; donc aussi les deux dernières racines de x seront réelles ou imaginaires, selon que $\frac{1}{27}p^3 =$ ou $> \frac{1}{4}q^2$, ou bien $< \frac{1}{4}q^2$.

Voici maintenant la seconde méthode qui m'a été donnée par Haros, Géomètre du Cadastre. On a dit que, pour que les deux dernières valeurs de a fussent réelles, on devoit avoir $\frac{3}{4}a^2 =$ ou $< p$, ou que $a =$ ou $< \sqrt{\frac{4p}{3}}$, et que, d'un autre côté, $q = -a^3 + pa$; si l'on met dans le second membre, au lieu de a, la quantité égale, ou plus petite $\sqrt{\frac{4p}{3}}$, on aura aussi

$$q = \text{ou} < -\frac{4p}{3} \, V\!\sqrt{\frac{4p}{3}} + p \, V\!\sqrt{\frac{4p}{3}} \text{, ou en réduisant,}$$

$$q = \text{ou} < -\frac{p}{3} \, V\!\sqrt{\frac{4p}{3}} : \text{donc } q^2 = \text{ou} < \frac{4p^3}{27} \text{; donc en-}$$

core $\frac{q^2}{4} = \text{ou} < \frac{p^3}{27}$; donc les deux racines seront réelles,

si $\frac{q^2}{4} = \text{ou} < \frac{p^3}{27}$, ou si $\frac{p^3}{27} = \text{ou} > \frac{q^2}{4}$, et elles se-

ront imaginaires, si $\frac{p^3}{27} < \frac{q^2}{4}$. On voit que cette dé-

monstration a sur l'autre le mérite de la briéveté.

7°. Nous allons, dans cette note, généraliser les séries des articles IX et XI ; et pour cela, après avoir
adopté la forme de la note 4°. , savoir ,

$$-\left[(a + b\,V\!-\!1)^{\frac{1}{7}} + (a - b\,V\!-\!1)^{\frac{1}{7}}\right], \text{ au lieu de}$$

celle de l'Auteur, nous allons, en place de la quantité
renfermée entre les deux crochets, nous occuper de la

quantité générale $(a + b\,V\!-\!1)^{m} + (a - b\,V\!-\!1)^{m}$, et
faire voir qu'elle exprime une quantité toujours réelle ,
quel que soit m. Mais, pour y parvenir plus commodément, nous allons encore changer la forme de

$$(a + b\,V\!-\!1)^{m} + (a - b\,V\!-\!1)^{m}, \text{ et pour cela, nous}$$

observerons que $(a \pm b\,V\!-\!1)^{m} = a^{m}\left(1 \pm \frac{b}{a}\,V\!-\!1\right)^{m}$

$= a^{m}\left(1 \pm e\,V\!-\!1\right)^{m}$, en faisant, pour abréger, $\frac{b}{a} = e$.

Comme cette double série doit marcher suivant les puissances successives de $e\,V\!-\!1$, il sera bon de se rappeler ce
qu'on a dit sur celles de $V\!-\!a$, à la fin de la note 4

sur la IIe. partie, et l'on verra bientôt qu'en substituant 1 à la lettre a, on doit avoir ∓ 1, pour toute puissance de $\sqrt{-1}$, qui sera paire, ou pairement paire (c'est-à-dire, divisible par 4); et $\mp\sqrt{-1}$ pour celles qui, diminuées de l'unité, rentreront dans le premier, ou le second des cas précédens: ce qui renferme évidemment toutes les valeurs possibles en nombres entiers. Cela posé,

on trouvera facilement que

$$(1+c\sqrt{-1})^m = 1 + \frac{m}{1}c\sqrt{-1}$$

$$-\frac{m}{1}\cdot\frac{m-1}{2}c^2 - \frac{m}{1}\cdot\frac{m-1}{2}\cdot\frac{m-2}{3}c^3\sqrt{-1} + \frac{m}{1}\cdot$$

$$\frac{m-1}{2}\cdot\frac{m-2}{3}\cdot\frac{m-3}{4}c^4 + \text{etc.}$$

Quant à $(1-c\sqrt{-1})^m$,

on voit qu'il suffit de changer dans la série, le signe des puissances impaires de c, pour avoir aussitôt

$$(1-c\sqrt{-1})^m = 1 - \frac{m}{1}c\sqrt{-1} - \frac{m}{1}\cdot\frac{m-1}{2}c^2$$

$$+\frac{m}{1}\cdot\frac{m-1}{2}\cdot\frac{m-2}{3}c^3\sqrt{-1} + \frac{m}{1}\cdot\frac{m-1}{2}\cdot\frac{m-2}{3}\cdot$$

$$\frac{m-3}{4}c^4 - \text{etc.}$$

Si, dans chacune de ces deux séries, on réunit les termes de rang pair, et ceux de rang impair, c'est-à-dire, ceux qui sont ou ne sont pas affectés de $\sqrt{-1}$, on aura

$$(1+c\sqrt{1})^m = 1 - \frac{m}{1}\cdot\frac{m-1}{2}c^2 + \frac{m}{1}\cdot\frac{m-1}{2}\cdot\frac{m-2}{3}\cdot\frac{m-3}{4}c^4 - \text{etc...}$$

$$+\left(\frac{m}{1}c - \frac{m}{1}\cdot\frac{m-1}{2}\cdot\frac{m-2}{3}c^3 + \frac{m}{1}\cdot\frac{m-1}{2}\cdot\frac{m-2}{3}\cdot\frac{m-3}{4}\cdot\right.$$

$$\left.\frac{m-4}{5}c^5 - \text{etc.}\right)\sqrt{-1}.$$

$$(1-c\sqrt{-1})^m = 1 - \frac{m}{1} \cdot \frac{m-1}{2} c^2 + \frac{m}{1} \cdot \frac{m-1}{2} \cdot \frac{m-2}{3} \cdot$$

$$\frac{m-3}{4} c^4 - \text{etc.} \ldots - \left(\frac{m}{1} c - \frac{m}{1} \cdot \frac{m-1}{2} \cdot \frac{m-2}{3} c^3 \right.$$

$$+ \frac{m}{1} \cdot \frac{m-1}{2} \cdot \frac{m-2}{3} \cdot \frac{m-3}{4} \cdot \frac{m-4}{5} c^5 - \text{etc.} \bigg) \sqrt{-1}.$$

Pour obtenir à présent la valeur de $\left(1 + c\sqrt{-1}\right)^m$ $+ \left(1 - c\sqrt{-1}\right)^m$, il ne faut qu'ajouter ces deux résultats ; alors tous les termes affectés de $\sqrt{-1}$, se détruiront, et en multipliant par $2a^m$ la somme des puissances paires, on aura $\left(a + c\sqrt{-1}\right)^m + \left(a - c\sqrt{-1}\right)^m =$

$$2a^m \left(1 - \frac{m}{1} \cdot \frac{m-1}{2} c^2 + \frac{m}{1} \cdot \frac{m-1}{2} \cdot \frac{m-2}{3} \cdot \frac{m-3}{4} c^4 - \text{etc.} \right) =$$

$$2a^m \left(1 - \frac{m}{1} \cdot \frac{m-1}{2} \frac{b^2}{a^2} + \frac{m}{1} \cdot \frac{m-1}{2} \cdot \frac{m-2}{3} \cdot \frac{m-3}{4} \frac{b^4}{a^4} - \text{etc.} \right),$$

série où il ne s'agit plus que de substituer $\frac{1}{1}$ à la place de m, et de changer le signe initial, pour avoir celle du numéro IX.

Si, au lieu d'ajouter les deux résultats, on eût, au contraire, retranché le second du premier, il ne seroit resté que les quantités affectées de $\sqrt{-1}$, et l'on auroit

$$\text{eu} \left(1 + c\sqrt{-1}\right)^m - \left(1 - c\sqrt{-1}\right)^m = \left(\frac{m}{1} c - \frac{m}{1} \cdot \right.$$

$$\frac{m-1}{2} \cdot \frac{m-2}{3} c^3 + \frac{m}{1} \cdot \frac{m-1}{2} \cdot \frac{m-2}{3} \cdot \frac{m-3}{4} \cdot$$

$$\frac{m-4}{5} c^5 - \text{etc.} \bigg) 2\sqrt{-1} ; \quad \text{d'où} \left(a + b\sqrt{-1}\right)^m$$

$$-(a-b\sqrt{-1})^m = 2a^m\sqrt{-1}\left(\frac{m}{1}\frac{b}{a} - \frac{m}{1}\cdot\frac{m-1}{2}\cdot\frac{m-2}{3}\frac{b^3}{a^3} + \frac{m}{1}\cdot\frac{m-1}{2}\cdot\frac{m-2}{3}\cdot\frac{m-3}{4}\cdot\frac{m-4}{5}\frac{b^5}{a^5} - \text{etc.}\right)$$

Pour obtenir à présent les deux autres séries du n°. XI, on se rappellera, (Note 5), que

$$x = \tfrac{1}{2}\left[(a+b\sqrt{-1})^{\frac{1}{3}} + (a-b\sqrt{-1})^{\frac{1}{3}}\right] \pm \tfrac{1}{2}\sqrt{-3}\left[(a+b\sqrt{-1})^{\frac{1}{3}} - (a-b\sqrt{-1})^{\frac{1}{3}}\right].$$

Il ne s'agira donc plus, après avoir substitué par-tout $\tfrac{1}{3}$ à m, que de diviser par 2 la première série, qui deviendra

$$a^{\frac{1}{3}}\left(1 + \frac{1}{9}\frac{b^2}{a^2} - \frac{10}{243}\frac{b^4}{a^4} + \frac{154}{6561}\frac{b^6}{a^6} - \text{etc.}\right), \text{ de mul-}$$

tiplier celle que nous venons de trouver, et qui se change en

$$2a^{\frac{1}{3}}\sqrt{-1}\left(\frac{1}{3}\frac{b}{a} - \frac{5}{81}\frac{b^3}{a^3} + \frac{22}{729}\frac{b^5}{a^5} - \text{etc.}\right), \text{ de la}$$

multiplier, dis-je, par $\pm\tfrac{1}{2}\sqrt{-3}$, ce qui donnera

$$\mp a^{\frac{1}{3}}\sqrt{3}\left(\frac{1}{3}\frac{b}{a} - \frac{5}{81}\frac{b^3}{a^3} + \frac{22}{729}\frac{b^5}{a^5} - \text{etc.}\right), \text{ enfin,}$$

d'ajouter ces deux séries ; car on voit bien que la dernière n'est autre chose que

$$\mp\tfrac{1}{2}\frac{b}{a^{\frac{1}{3}}}\sqrt{3}\left(1 - \frac{5}{27}\frac{b^2}{a^2} + \frac{22}{243}\frac{b^4}{a^4} - \text{etc.}\right).$$

Comme les séries générales que nous venons de trouver, ne peuvent servir, qu'autant que b est plus petit que a, il faudroit, pour le cas contraire, en former d'autres, qui procédassent suivant les puissances de $\dfrac{a}{b}$.

On y parviendra de la manière suivante, qui consiste à

faire dépendre ces nouvelles séries de celles qu'on vient de trouver. Voici comment cette méthode est exposée dans l'ouvrage déjà cité de Lacroix, page 148.

Écrivons d'abord les binomes proposés comme il suit :

$$\left(b\sqrt{-1}+a\right)^{m}, \left(-b\sqrt{-1}+a\right)^{m}.$$

Or, $b\sqrt{-1}+a = \left(1+\dfrac{a}{b\sqrt{-1}}\right)b\sqrt{-1} =$

$\left(1-\dfrac{a}{b}\sqrt{-1}\right)b\sqrt{-1}$, puisque $\dfrac{1}{\sqrt{-1}} = -\sqrt{-1}$;

de même $-b\sqrt{-1}+a = \left(1-\dfrac{a}{b\sqrt{-1}}\right)\times -b\sqrt{-1}$

$= \left(1+\dfrac{a}{b}\sqrt{-1}\right)\times -b\sqrt{-1}$; donc $\left(a+b\sqrt{-1}\right)^{m}$

$= \left(b\sqrt{-1}\right)^{m}\left(1-\dfrac{a}{b}\sqrt{-1}\right)^{m}$; $\left(a-b\sqrt{-1}\right)^{m} =$

$\left(-b\sqrt{-1}\right)^{m}\left(1+\dfrac{a}{b}\sqrt{-1}\right)^{m}$; les développemens

des facteurs $\left(1-\dfrac{a}{b}\sqrt{-1}\right)^{m}$ et $\left(1+\dfrac{a}{b}\sqrt{-1}\right)^{m}$, se

déduiront de ceux de . . . .

$\left(1-\dfrac{b}{a}\sqrt{-1}\right)^{m}$ et $\left(1+\dfrac{b}{a}\sqrt{-1}\right)^{m}$, en changeant

$\dfrac{b}{a}$ en $\dfrac{a}{b}$; il ne restera plus qu'à multiplier les séries

résultantes, par les facteurs $\left(b\sqrt{-1}\right)^{m} = b^{m}\left(\sqrt{-1}\right)^{m}$,

et $\left(-b\sqrt{-1}\right)^{m} = (-b)^{m}\left(\sqrt{-1}\right)^{m}$. Pour obtenir

$\left(\sqrt{-1}\right)^{m}$, lorsque $m = \dfrac{p}{q}$, il faut chercher la valeur de $\left(\sqrt{-1}\right)^{\frac{1}{q}}$, et l'élever ensuite à la puissance p. Soit

$y = \left(\sqrt{-1}\right)^{\frac{1}{q}}$, ou, ce qui revient au même, $y = (-1)^{\frac{1}{2q}}$, en élevant les deux membres à la puissance $2q$, on aura

$y^{2q} = -1$, ou $y^{2q} + 1 = 0$. Telle est l'équation d'où

dépend en général $\left(\sqrt{-1}\right)^{\frac{1}{q}}$; mais, lorsque q est impair, une des valeurs de cette expression est égale à $-\sqrt{-1}$, ou à $+\sqrt{-1}$; selon que q, diminué de 1, est pair ou pairement pair, parce qu'en faisant, dans le premier cas, $y = -\sqrt{-1}$, et dans le second, $y = +\sqrt{-1}$, on trouve $y^q = \sqrt{-1}$; il suit de-là que $\left(\sqrt{-1}\right)^{\frac{1}{q}} = -\sqrt{-1}$; en achevant le calcul, pour le cas de $m = \frac{1}{3}$, ce qui n'a plus de difficulté, on trouvera pour $\sqrt[3]{b\sqrt{-1}+a} + \sqrt[3]{-b\sqrt{-1}+a}$, au signe initial près, la même série que celle du numéro X, comme on va le voir.

$1^o.$ $(b\sqrt{-1}+a)^{\frac{1}{3}} = -b\sqrt{-1}\left(1 + \frac{1}{9}\frac{a^2}{b^2} - \frac{10}{243}\frac{a^4}{b^4} + \text{etc.}\right)$
$\qquad - b^{\frac{1}{3}}\left(\frac{1}{3}\frac{a}{b} - \frac{5}{81}\frac{a^3}{b^3} + \text{etc.}\right)$

$2^o.$ $(-b\sqrt{-1}+a)^{\frac{1}{3}} = +b\sqrt{-1}\left(1 + \frac{1}{9}\frac{a^2}{b^2} - \frac{10}{243}\frac{a^4}{b^4} + \text{etc.}\right)$
$\qquad - b^{\frac{1}{3}}\left(\frac{1}{3}\frac{a}{b} - \frac{5}{81}\frac{a^3}{b^3} + \text{etc.}\right)$

$3^o.$ $(b\sqrt{-1}+a)^{\frac{1}{3}} + (-b\sqrt{-1}+a)^{\frac{1}{3}} = -2b^{\frac{1}{3}}\left(\frac{1}{3}\frac{a}{b} - \frac{5}{81}\frac{a^3}{b^3} + \text{etc.}\right)$
$\qquad = \frac{2a}{3b^{\frac{2}{3}}}\left(-1 + \frac{5}{27}\frac{a^2}{b^2} - \text{etc.}\right).$

8°. Il ne nous reste plus qu'à donner, pour obtenir la première valeur de $x = -\frac{1}{2}\left\{(a+b\sqrt{-1})^{\frac{1}{3}} + (a-b\sqrt{-1})^{\frac{1}{3}}\right\}$, des séries plus rapides que *

$$-2a^{\frac{1}{3}}\left(1 + \frac{1}{9}\frac{b^2}{a^2} - \frac{10}{243}\frac{b^4}{a^4} + \frac{154}{6561}\frac{b^6}{a^6} - \text{etc.}\right)$$

Pour y parvenir plus commodément, après s'être rappellé que $-\frac{1}{2}\left\{(a+b\sqrt{-1})^{\frac{1}{3}} + (a-b\sqrt{-1})^{\frac{1}{3}}\right\} = -a^{\frac{1}{3}}\left\{(1+\frac{b}{a}\sqrt{-1})^{\frac{1}{3}} + (1-\frac{b}{a}\sqrt{-1})^{\frac{1}{3}}\right\}$, l'on fera $\frac{b}{a}=c$, et $\frac{1}{3}=m$. Cela posé, on a $(1+c)^m =$

$$1 + \frac{m}{1}c + \frac{m}{1}\cdot\frac{m-1}{2}c^2 + \frac{m}{1}\cdot\frac{m-1}{2}\cdot\frac{m-2}{3}c^3 + \text{etc.}$$

$$(1-c)^m = 1 - \frac{m}{1}c + \frac{m}{1}\cdot\frac{m-1}{2}c^2 - \frac{m}{1}\cdot\frac{m-1}{2}\cdot\frac{m-2}{3}c^3 + \text{etc.}$$

Si on ajoute ces équations, l'on aura :

$$(1+c)^m + (1-c)^m = 2\left(1 + \frac{m}{1}\cdot\frac{m-1}{2}c^2 + \frac{m}{1}\cdot\frac{m-1}{2}\cdot\frac{m-2}{3}\cdot\frac{m-3}{4}c^4 + \text{etc.}\right),$$

série où il n'entre que les termes, qui occupent un rang impair dans le développement de chaque binome, et où de plus, les puissances de c croissent continuellement de deux unités.

D'un autre côté, on a vu ci-dessus que $(1 + c\sqrt{-1})^m + (1 - c\sqrt{-1})^m = 2\left(1 - \frac{m}{1}\cdot\frac{m-1}{2}c^2 + \frac{m}{1}\cdot\frac{m-1}{2}\cdot\frac{m-2}{3}\cdot\frac{m-3}{4}c^4 - \text{etc.}\right)$: ici, la plus légère attention

suffit

suffit, pour faire remarquer que cette série, ne différant de la précédente, que par le signe qui varie de deux en deux termes, il ne faudra que les ajouter ou les retrancher, pour avoir deux nouvelles séries, où les puissances de c croissent de quatre en quatre unités; et en effet, si on les ajoute, on trouve

$$\left(1+c\sqrt{-1}\right)^{m}+\left(1-c\sqrt{-1}\right)^{m}+\left(1+c\right)^{m}+\left(1-c\right)^{m}=$$

$$4\left(1+\frac{m}{1}\cdot\frac{m-1}{2}\cdot\frac{m-2}{3}\cdot\frac{m-3}{4}c^{4}+\text{etc}\right);$$ si au contraire, on retranche la première de la seconde, on a

$$\left(1+c\sqrt{-1}\right)^{m}+\left(1-c\sqrt{-1}\right)^{m}-\left(1+c\right)^{m}-\left(1-c\right)^{m}=$$

$$-4\left(\frac{m}{1}\cdot\frac{m-1}{2}c^{2}+\frac{m}{1}\cdot\frac{m-1}{2}\cdot\frac{m-2}{3}\cdot\frac{m-3}{4}\cdot\frac{m-4}{5}\cdot\frac{m-5}{6}c^{6}+\text{etc.}\right).$$

Ces deux équations donnent les deux suivantes :

$$\left(1+c\sqrt{-1}\right)^{m}+\left(1-c\sqrt{-1}\right)^{m}=-\left(1+c\right)^{m}-\left(1-c\right)^{m}$$

$$+4\left(1+\frac{m}{1}\cdot\frac{m-1}{2}\cdot\frac{m-2}{3}\cdot\frac{m-3}{4}c^{4}+\text{etc.}\right)$$

$$\left(1+c\sqrt{-1}\right)^{m}+\left(1-c\sqrt{-1}\right)^{m}=\left(1+c\right)^{m}+\left(1-c\right)^{m}$$

$$-4\left(\frac{m}{1}\cdot\frac{m-1}{2}c^{2}+\frac{m}{1}\cdot\frac{m-1}{2}\cdot\frac{m-2}{3}\cdot\frac{m-3}{4}\cdot\frac{m-4}{5}\cdot\frac{m-5}{6}c^{6}+\text{etc.}\right).$$

Si à présent on remet pour m, sa valeur $\frac{1}{3}$, et

pour c, $\dfrac{b}{a}$, on trouvera, au lieu de . . . .

$$x = -a^{\frac{1}{3}}\left\{\left(1+\frac{b}{a}\sqrt{-1}\right)^{\frac{1}{3}}+\left(1-\frac{b}{a}\sqrt{-1}\right)^{\frac{1}{3}}\right\},$$

$$=-a^{\frac{1}{3}}\left\{-\left(1+\frac{b}{a}\right)^{\frac{1}{3}}-\left(1-\frac{b}{a}\right)^{\frac{1}{3}}+4\left(1-\frac{10}{243}\frac{b^4}{a^4}-\frac{6545}{413343}\frac{b^8}{a^8}-\text{etc.}\right)\right.$$

$$\text{u}\ldots a^{\frac{1}{3}}\left\{\left(1+\frac{b}{a}\right)^{\frac{1}{3}}+\left(1-\frac{b}{a}\right)^{\frac{1}{3}}-4\left(1-\frac{10}{243}\frac{b^4}{a^4}-\frac{6545}{413343}\frac{b^8}{a^8}-\text{etc.}\right)\right.$$

$$=-a^{\frac{1}{3}}\left\{\left(1+\frac{b}{a}\right)^{\frac{1}{3}}+\left(1-\frac{b}{a}\right)^{\frac{1}{3}}-4\left(-\frac{1}{9}\frac{b^2}{a^2}-\frac{154}{6561}\frac{b^6}{a^6}-\text{etc.}\right)\right.$$

$$\text{u}\ldots -a^{\frac{1}{3}}\left\{\left(1+\frac{b}{a}\right)^{\frac{1}{3}}+\left(1-\frac{b}{a}\right)^{\frac{1}{3}}+4\left(\frac{1}{9}\frac{b^2}{a^2}+\frac{154}{6561}\frac{b^6}{a^6}+\text{etc.}\right)\right.$$

L'on voit, d'après ces deux expressions, que, lorsque la fraction $\dfrac{b}{a}$ sera petite, il suffira de ne prendre de l'une ou de l'autre série, que le premier terme — 4, ou $\dfrac{4}{9}\dfrac{b^2}{a^2}$; et qu'alors la valeur de x se réduira à l'une ou à l'autre de ces deux-ci :

$$x = a^{\frac{1}{3}}\left\{\left(1+\frac{b}{a}\right)^{\frac{1}{3}}+\left(1-\frac{b}{a}\right)^{\frac{1}{3}}-4\right\},$$

$$x = -a^{\frac{1}{3}}\left\{\left(1+\frac{b}{a}\right)^{\frac{1}{3}}+\left(1-\frac{b}{a}\right)^{\frac{1}{2}}+\frac{4}{9}\frac{b^2}{a^2}\right\}$$

et de plus, le signe des termes qu'on néglige fait voir que la première valeur est plus petite, et la seconde plus grande que la vraie valeur ; ce qui pourra servir à reconnoître, au moyen de la différence des résultats qu'elles donneront, le degré d'approximation, où l'on sera parvenu.

9e. Appliquons ces formules à un exemple, et pour cela proposons-nous l'équation $x^3 - 303 x + 2030 = 0$; l'on a ici, $a = \frac{1}{2} q = 1015$, $b = \frac{p^3}{27} - \frac{q^2}{4} = 101^3$

$- 1015^2 = 76$; d'où $\frac{b}{a} = \frac{76}{1015}$, $\frac{b^2}{a^2} = \frac{5776}{1030225}$;

$1 + \frac{b}{a}$, et $1 - \frac{b}{a} = \frac{1091}{1015}$ et $\frac{939}{1015}$, dont les racines cubiques sont 1,0244 et 0,9744, dont la somme est 1,9988; ajoutons-y -4, et multiplions le résultat $-2,0012$

par $a^{\frac{1}{3}} = \sqrt[3]{1015} = 10,0497$, nous aurons $x = -20,11146$; si, au contraire, à la somme des radicaux, ou à 1,9988, on ajoute $\frac{4}{9} \frac{b^2}{a^2}$, ou 0,00255, on aura 2,00135, qui,

multiplié par $- a^{\frac{1}{3}}$ ou par $- 10,0497$, donnera $x = -20,11296$. La différence des deux valeurs de x est 150, dont la moitié 75 ajoutée à la plus petite, ou retranchée de la plus grande, donnera pour valeur moyenne $x = -20,11221$.

Notes 10, 11 *et* 12 *sur l'article XXV.*

10e. La marche que l'Auteur a suivie, pour résoudre les équations du troisième et du quatrième degrés, n'est pas régulière; car il auroit dû, après avoir supposé pour le troisième degré, $x = u + z$, supposer pour le quatrième, $x = t + u + z$: nous nous servirons de cette méthode, dans nos additions à cette partie.

11e. En attendant, nous allons faire voir, $1^°$. que la réduite du sixième degré, devoit nécessairement d'abaisser au troisième ; et 2°. que cela auroit encore lieu, quand même l'équation du quatrième proposée auroit un second terme. Voici comment je démontrerois la première assertion. Puisque l'équation $z^4 + pz^2 + qz + r = 0$, est sans second terme, il faut que la somme de ses racines, tant positives que négatives, soit nulle ; soient donc a, a', a'', a''', les quatre racines de l'équation en z, on aura $a + a' + a'' + a''' = 0$. Si alors, comme l'a supposé Clairaut, cette équation est le produit de $z^2 + xz + t$, par $z^2 - xz + s$, on voit que x représente la somme de deux de ces quatre racines, prises avec un signe contraire : or, la somme de deux quelconques d'entr'elles donne les six combinaisons suivantes : $-(a + a')$, $-(a + a'')$, $-(a + a''')$, $-(a' + a'')$, $-(a' + a''')$, $-(a'' + a''')$; donc d'abord l'équation doit être du sixième degré : mais, à cause de $a + a' + a'' + a''' = 0$, on voit que l'on a $a + a' = -(a'' + a''')$, $a + a'' = -(a' + a''')$, $a + a''' = -(a' + a'')$; d'où il suit que, dans l'hypothèse actuelle, trois des six valeurs de x sont respectivement égales aux trois autres, prises avec un signe contraire. Soient donc m, m', m'', les trois premières valeurs de x dans l'équation générale du sixième degré, $x^6 + fx^5 + gx^4 + hx^3 + ix^2 + kx + l = 0$, il faudra que les trois autres soient respectivement $-m$, $-m'$, $-m''$: c'est-à-dire, que l'on ait à la fois, en mettant, par exemple, m au lieu de x, dans l'équation précédente, $m^6 + fm^5 + gm^4 + hm^3 + im^2 + km + l = 0$, et $m^6 - fm^5 + gm^4 - hm^3 + im^2 - km + l = 0$. Mais ces équations ne peuvent coexister, que dans le cas où f, h, k seroient zéros ; il faut donc que la réduite ne contienne que les termes, où x est affecté d'un exposant pair, c'est-à-dire, qu'elle soit de la forme $x^6 + gx^4 + ix^2 + l = 0$, telle que celle que Clairaut a trouvée dans l'article qui nous occupe.

12e. Il s'agit à présent de faire voir, qu'en supposant que l'équation générale du quatrième degré, ait conservé son second terme, si on la considère comme le produit de $z^2 + xz + t$, par $x^2 + yz + s$, la réduite en x ou en y, qui sera encore du sixième degré, sera cependant convertible en une autre équation du troisième. Pour le démontrer, représentons toujours la réduite en x ou en y, en x, par exemple, par $x^6 + fx^5 + gx^4 + hx^3 + ix^2 + kx + l = 0$; et soient encore les racines de la proposée, a, a', a'', a'''. Le coefficient f du second terme de cette équation sera égal à la somme des racines de x, prises avec un signe contraire, c'est-à-dire, à $a + a'$, $+ a + a''$, $+ a + a'''$, $+ a' + a''$, $+ a' + a'''$, $+ a'' + a'''$, ou à $3(a + a' + a'' + a''')$. Faisons maintenant évanouir le second terme de x^6

$+ fx^5 +$ etc., en posant $x = u - \dfrac{f}{6}$, on aura . . . . .

$u = x + \dfrac{f}{6}$; si l'on ajoute à $\dfrac{f}{6}$, c'est-à-dire, à $\dfrac{1}{2}(a + a' + a'' + a''')$, les six valeurs successives de x, ou $-(a+a')$, $-(a+a'')$, $-(a+a''')$, $-(a'+a'')$, $-(a'+a''')$, $-(a''+a''')$, il viendra pour les six valeurs de u dans la réduite transformée,

$$-(a+a') + \frac{a+a'+a''+a'''}{2} = \frac{a''+a'''-a-a'}{2} \quad (1)$$

$$-(a+a'') + \frac{a+a'+a''+a'''}{2} = \frac{a'+a'''-a-a''}{2} \quad (2)$$

$$-(a+a''') + \frac{a+a'+a''+a'''}{2} = \frac{a'+a''-a-a'''}{2} \quad (3)$$

$$-(a'+a'') + \frac{a+a'+a''+a'''}{2} = \frac{a+a'''-a'-a''}{2} \quad (3)$$

$$-(a'+a''') + \frac{a+a'+a''+a'''}{2} = \frac{a+a''-a'-a'''}{2} \quad (2)$$

$$-(a''+a''') + \frac{a+a'+a''+a'''}{2} = \frac{a+a'-a''-a'''}{2} \quad (1)$$

où l'on voit, du premier coup-d'œil, que les trois premières valeurs de u ne sont autre chose que les trois dernières, prises, et dans un sens opposé, et avec un signe contraire. Donc la nouvelle transformée ne pourra être que de cette forme, $x^6 + gx^4 + ix^2 + l = 0$.

Nous croyons que le Lecteur ne verra pas sans intérêt, la démonstration précédente, confirmée par le calcul suivant.

Soit $z^4 + mz^3 + nz^2 + pz + q = 0$, l'équation générale et complete du quatrième degré ; et supposons-la formée du produit des deux équations du second degré, $z^2 + xz + s$, et $z^2 + yz + t$. En effectuant réellement le produit, et en comparant les divers coefficiens des puissances de z, avec les correspondans de l'équation proposée, on a $x+y=m$, $xy+s+t=n$, $tx + sy = p$, $st = q$; la seconde donne $s + t = n - xy$; et $s^2 + 2st + t^2 = (n - xy)^2$; la quatrième donne $4 st = 4 q$; et si on la retranche de la dernière, il vient : $s^2 - 2st + t^2 = (n - xy)^2 - 4q$; d'où $s - t = \sqrt{(n-xy)^2 - 4q}$; équation qui, traitée avec celle-ci, $s + t = n - xy$, par voie d'addition et de soustraction, donne $2s = n - xy + \sqrt{(n-xy)^2 - 4q}$; $2t = n - xy$

$- \sqrt{(n - xy)^2 - 4q}$; substituons enfin ces valeurs de s et t dans $tx + sy = p$, on trouvera $x(n - xy)$ $- x\sqrt{(n - xy)^2 - 4q} + y(n - xy) + y\sqrt{(n - xy)^2 - 4q}$ $- 2p = 0$, ou $(y - x)\sqrt{(n - xy)^2 - 4q} = 2p - (n - xy)$ $(x + y)$; mettons dans cette équation pour y, sa valeur $m - x$, tirée de la première équation $y + x = m$, et nous aurons $(m - 2x)\sqrt{(n - mx + x^2)^2 - 4q} =$ $2p - m(n - mx + x^2)$; cette équation, en élevant chaque membre au quarré, se change en $(m - 2x)^2.$ $((n - mx + x^2)^2 - 4q) = 4p^2 - 4pm(n - mx + x^2)$ $+ m^2(n - mx + x^2)^2$; en faisant les élévations de puissances, et les multiplications indiquées, en réduisant et en ordonnant, on trouve, $4x^6 - 12mx^5$ $+ (12m^2 + 8n)x^4 - (4m^3 + 16mn)x^3 + (4n^2 + 8m^2n$ $+ 4mp - 16q)x^2 + (16mq - 4mn^2 - 4m^2p)x$ $+ 4mnp - 4p^2 - 4m^2q = 0$, ou, en divisant tous les termes par 4, $x^6 - 3mx^5 + (3m^2 + 2n)x^4 - (m^3 + 4mn)x^3$ $+ (n^2 + 2m^2n + mp - 4q)x^2 + (4mq - mn^2$ $- m^2p)x - m^2q + mnp - p^2 = 0.$

Si dans cette équation, on fait $x = \dfrac{u + m}{2}$, on aura la transformée suivante :

$$
\begin{array}{l}
u^6 \left.\begin{array}{l} + 6m \\ - 6m \end{array}\right\} u^5
\quad \left.\begin{array}{l} + 15m^2 \\ - 30m^2 \\ + 12m^2 \\ + 8n \end{array}\right\} u^4
\quad \left.\begin{array}{l} + 20m^3 \\ - 60m^3 \\ + 48m^3 \\ + 32mn \\ - 8m^3 \\ - 32mn \end{array}\right\} u^3
\end{array}
$$

$$
\left.\begin{array}{l}
+15\,m^4\\ -60\,m^4\\ +72\,m^4\\ +48\,m^2n\\ -24\,m^4\\ -96\,m^2n\\ +16\,n^2\\ +32\,m^2n\\ -64\,q\\ +16\,mp
\end{array}\right\}u^2
\left.\begin{array}{l}
+6\,m^5\\ -30\,m^5\\ +48\,m^5\\ +32\,m^3n\\ -24\,m^5\\ -96\,m^3n\\ +32\,mn^2\\ +64\,m^3n\\ -128\,mq\\ +32\,m^2p\\ +128\,mq\\ -32\,mn^2\\ -32\,m^2p
\end{array}\right\}u
\left.\begin{array}{l}
+m^6\\ -6\,m^6\\ +12\,m^6\\ +8\,m^4n\\ -8\,m^6\\ -32\,m^4n\\ +16\,m^2n^2\\ +32\,m^4n\\ -64\,m^2q\\ +16\,m^3p\\ +128\,m^2q\\ -32\,m^2n^2\\ -32\,m^3p\\ -64\,m^2q\\ +64\,mnp\\ -64\,p^2
\end{array}\right\}=0
$$

qui se réduit à $u^6 + (8n - 5m^2)u^4 + (3m^4 - 16m^2n + 16n^2 - 64q + 16mp)u^2 - m^6 + 8m^4n - 16m^2n^2 - 16m^3p + 64mnp - 64p^2 = 0$, équation qui ne renferme que les puissances paires de u.

Note 13 sur l'article XXXII.

On pourroit, au moyen des coefficiens mêmes de l'équation proposée, reconnoître les cas, où la réduite doit avoir toutes ses trois racines réelles. Pour cela, je commence par délivrer $x^6 + 2px^4 + (p^2 - 4r)x^2 - q^2 = 0$, de son second terme, en faisant $x^2 = \dfrac{y - 2p}{3}$, ce qui donne pour transformée $y^3 - (3p^2 + 36r)y - 2p^3 + 72pr - 27q^2 = 0$. Comparant cette équation à l'équation générale du troisième degré, sans second terme, $y^3 + Py + Q = 0$, on a $P = -(3p^2 + 36r)$, $Q = -2p^3 + 72pr - 27q^2$; $(\frac{1}{3}P)^3 = -(p^2 + 12r)^3$; $(\frac{1}{2}Q)^2 = (-p^3 + 36pr - \frac{27}{2}q^2)^2$. On voit donc que les trois racines de la réduite seront réelles, si

$$(p^2 + 12r)^3 > (-p^3 + 36pr - \tfrac{27}{2}q^2)^2.$$

Ainsi l'on voit, (XXXVIII), que la réduite de $z^4 + 3z^2 + 2z - 3 = 0$, n'a qu'une racine réelle, parce que $(p^2 + 12r)^3$, ou 27^3, ou $19683 < ((-p^2 + 36r)p - \frac{27}{2}q^2)^2$, ou 164025. L'on voit encore, (XLI), que la réduite de $z^4 + 11z^2 - 2z + 56 = 0$, à ses trois racines réelles, parce que $(p^2 + 12r)^3 = 498677257 > ((-p^2 + 36r)p - \frac{27}{2}q^2)^2$, ou que 432265681, etc., etc.

Note 14 sur l'article XLV.

On peut trouver une manière beaucoup plus simple et plus courte, que celle adoptée par l'Auteur, pour arriver à l'équation finale $x^9 - 3ad^2x^6 - 3ab^2x^6 + 3a^2b^4x^3 + 3a^2d^4x^3 - 21a^2b^2d^2x^3 = a^3b^6 + 3a^3b^4d^2 + 3a^3b^2d^4 + a^3d^6$, équation qui, en faisant $x^3 = y$, se rabaisse au troisième degré.

Pour parvenir à cette équation, j'élève au cube les deux membres de $x = \sqrt[3]{ab^2} + \sqrt[3]{ad^2}$, et j'ai $x^3 = ab^2 + ad^2 + 3\sqrt[3]{(ab^2)^2} \times \sqrt[3]{ad^2} + 3\sqrt[3]{(ad^2)^2} \times \sqrt[3]{ab^2} = ab^2 + ad^2 + 3\sqrt[3]{ab^2 \times ad^2}\,(\sqrt[3]{ab^2} + \sqrt[3]{ad^2})$;

donc $x^3 - (ab^2 + ad^2) = 3x\sqrt[3]{a^2 d^2 b^2}$; si l'on élève chaque membre au cube, on aura $x^9 - 3(ab^2 + ad^2)x^6 + 3(ab^2 + ad^2)^2 x^3 - (ab^2 + ad^2)^3 = 27\, a^2 b^2 d^2 x^3$, qui, étant développé, est l'équation même, que nous venons de citer.

FIN DES NOTES SUR LA CINQUIEME PARTIE.

ADDITIONS

A LA CINQUIÈME PARTIE,

ET

SUPPLÉMENT

A L'ALGÈBRE DE CLAIRAUT.

ADDITION I.

Observations générales sur les équations, et sur leurs racines.

Comme la plupart des matières, que nous aurions à traiter, dans le supplément à cet ouvrage, ont une liaison assez intime, avec celles dont nous allons nous occuper dans les additions à la dernière partie, nous avons jugé qu'il seroit utile, pour l'ordre et l'intelligence de ces différentes parties, de fondre ensemble les diverses matières qu'elles renferment.

1. Nous allons d'abord parler des racines des équations. Pour cela, il faut d'abord savoir quel nombre de racines peut avoir une équation quelconque. Nous allons donc prouver,

comme nous l'avons annoncé, (IIᵉ. partie, note 1), que toute équation du degré n ne peut avoir plus de n racines.

Soit prise l'équation générale $x^n + bx^{n-1} + cx^{n-2} + dx^{n-3} \ldots + ix + k = 0$; et supposons que a soit une valeur de x, elle deviendra $a^n + ba^{n-1} + ca^{n-2} + da^{n-3} \ldots + ia + k = 0$; à présent, soit qu'on retranche ces deux équations l'une de l'autre, soit qu'ayant pris dans la seconde la valeur de $k = -a^n - ba^{n-1} - ca^{n-2} - da^{n-3} \ldots - ia$, on la substitue dans la première, il viendra également $x^n - a^n + b(x^{n-1} - a^{n-1}) + c(x^{n-2} - a^{n-2}) \ldots + i(x - a) = 0$; équation divisible par $x - a$, et qui donne (page 53),

$$\left.\begin{aligned}
\frac{x^n - a^n}{x - a} &= x^{n-1} + ax^{n-2} + a^2x^{n-3} + a^3x^{n-4} \ldots + a^{n-1} \\[4pt]
\frac{b(x^{n-1} - a^{n-1})}{x - a} &= bx^{n-2} + bax^{n-3} + ba^2x^{n-4} \ldots + ba^{n-2} \\[4pt]
\frac{c(x^{n-2} - a^{n-2})}{x - a} &= cx^{n-3} + cax^{n-4} \ldots + ca^{n-3} \\[4pt]
\frac{d(x^{n-3} - a^{n-3})}{x - a} &= dx^{n-4} \ldots + da^{n-4} \\[4pt]
\cdots\cdots\cdots\cdots\cdots& \\[4pt]
\frac{i(x - a)}{x - a} &= {}+ i
\end{aligned}\right\} =$$

équation qui a une racine de moins, et dont le degré est aussi moindre d'une unité : supposons à présent que la seconde racine de x soit a', et faisons, pour abréger,
$$a + b = b', \quad a^2 + ba + c = c', \quad a^3 + ba^2 + ca + d$$
$$= d' \ldots a^{n-1} + ba^{n-2} + ca^{n-3} + da^{n-4} \ldots + i = i',$$
on aura les deux équations, $x^{n-1} + b'x^{n-2} + c'x^{n-3} + d'x^{n-4} + \ldots + i' = 0$, et $a'^{n-1} + b'a'^{n-2} + c'a'^{n-3} + d'a'^{n-4} \ldots + i' = 0$; mettant dans la première, au lieu de i', sa valeur $- a'^{n-1} - b'a'^{n-2} - c'a'^{n-3} - d'a'^{n-4} -$ etc., on aura $x^{n-1} - a'^{n-1} + b'(x^{n-2} - a'^{n-2}) + c'(x^{n-3} - a'^{n-3}) \ldots + h'(x - a') = 0$, qui est divisible par $x - a'$, et dont le quotient pourroit être représenté par $x^{n-2} + b''x^{n-3} + c''x^{n-4} \ldots + h'' = 0$, équation qui a autant de racines que d'unités, de moins que la proposée. En continuant ainsi, l'on verroit qu'on arriveroit, en supposant les racines subséquentes, $a''', a'''', \ldots a^{\prime\cdots(n-1)}$, à une dernière équation, qui seroit $x - a^{\prime\cdots(n-1)} = 0$; ce qui feroit voir que la proposée est le produit d'autant de facteurs $x - a, x - a', x - a'' \ldots x - a^{\prime\cdots(n-1)}$, qu'il y a d'unités dans le degré n de l'équation proposée.

Soit, par exemple, l'équation du quatrième degré, $x^4 + bx^3 + cx^2 + dx + e = 0$; s'il existe une valeur a de x, on aura $a^4 + ba^3 + ca^2 + da + e = 0$; d'où $x^4 - a^4 + b(x^3 - a^3) + c(x^2 - a^2) + d(x - a) = 0$, qui, à cause de $x = a$, ou de $x - a = 0$, doit être, et est réellement divisible par $x - a$; le quotient $x^3 + (a + b)x^2$

$+ (a^2 + ba + c) x + a^3 + ba^2 + ca + d = 0$, ou, pour abréger, $x^3 + b'x^2 + c'x + d' = 0$; supposons à présent que a' soit une des racines de cette dernière équation, on aura donc $a'^3 + b'a'^2 + c'a' + d' = 0$; et $x^3 - a'^3 + b' (x^2 - a'^2) + c' (x - a') = 0$, qui, divisée par $x - a'$, donne $x^2 + (a' + b') x + a'^2 + b'a' + c' = 0$, ou $x^2 + b''x + c'' = 0$; enfin, soit a'' la racine de cette équation, on a $a''^2 + b''a'' + c'' = 0$, d'où $x^2 - a''^2 + b''(x - a'') = 0$, qui, divisée par $x - a''$, donne pour quotient $x + a'' + b'' = 0$, ou $x - a''' = 0$. Donc l'équation proposée est le produit des quatre facteurs $x - a$, $x - a'$, $x - a''$ et $x - a'''$.

2. On voit donc qu'il seroit prouvé qu'une équation quelconque, non-seulement ne peut être le produit d'un nombre de facteurs, plus grand que l'exposant de son degré, mais même qu'elle est le produit d'un nombre de ces facteurs, précisément égal à son exposant, si l'on pouvoit démontrer que toute équation, est le produit d'une équation, d'un degré inférieur d'une unité, par un facteur $x - a$, a étant un nombre quelconque, réel ou imaginaire. Mais l'on n'a pas de démonstration complette de cette proposition. On prouve bien, il est vrai, que toute équation de degré impair, a une racine réelle : il reste donc à démontrer le théorème, pour les équations de degré pair. L'on peut faire voir que cette vérité a lieu pour ces sortes d'équations, quand le dernier terme est négatif : mais cela ne suffit pas, puisqu'il faudroit encore trouver une démonstration, qui pût être indépendante du signe de ce dernier terme ; telle est celle que donne Laplace, (séances des Éc. N., T. II, Leçons, p. 315) ; mais cette démonstration suppose ce qui est en question, c'est-à-dire, que l'équation est le produit

de facteurs simples $x-a$, $x-b$, etc. Cependant il existe des présomptions très-fortes en faveur de cette assertion, présomptions fondées sur l'esprit même du calcul Algébrique. Sans entrer plus avant dans ce sujet, nous nous bornerons aux deux théorèmes, dont nous venons de parler ; c'est-à-dire, que nous allons faire voir d'abord, ce que nous avions promis de démontrer (376), que toute équation de degré impair a une racine réelle, et ensuite que toute équation d'un degré pair, et dont le dernier terme est négatif, a deux racines réelles. Mais pour être en droit de parvenir à ces conclusions, il est nécessaire de démontrer d'abord le théorème suivant.

3. Lorsqu'on a trouvé deux quantités, qui, substituées dans une équation à la place de l'inconnue, donnent deux résultats de signe contraire, on peut en conclure, qu'une des racines de l'équation proposée est comprise entre ces deux quantités, et est par conséquent réelle. Ce qu'on va lire est tiré de Lacroix, (El. d'Al. p. 243).

Soit, par exemple, l'équation $x^3 - 13\,x^2 + 7\,x - 1 = 0$, si l'on substitue successivement 2 et 20 à la place de x, le premier membre, au lieu de se réduire à zéro, sera égal à $- 31$ dans le premier cas, et à $+ 2939$ dans le second : on en peut conclure que cette équation a une racine réelle, comprise entre 2 et 20. Pour prouver cette assertion, voici comment on peut raisonner : en réunissant d'un côté les termes positifs de l'équation proposée, et de l'autre les termes négatifs, on a $x^3 + 7\,x - (13\,x^2 + 1)$; cette quantité s'est trouvée négative, lorsqu'on a fait $x = 2$, parce que, dans cette hypothèse, $x^3 + 7\,x < 13\,x^2 + 1$; et elle s'est trouvée positive, lorsqu'on a fait $x = 20$, parce qu'alors $x^3 + 7\,x > 13\,x^2 + 1$; les quantités $x^3 + 7\,x$, et $13\,x^2 + 1$,

augmentent chacune de leur côté, lorsqu'on donne à x
des valeurs de plus en plus grandes, valeurs qu'on peut
prendre aussi proches les unes des autres qu'on voudra,
en sorte qu'on pourra faire croître les quantités proposées, par des degrés de telle petitesse qu'on le jugera à
propos. Mais, puisque la première des quantités ci-
dessus, d'abord plus petite que la seconde, est devenue
ensuite plus grande, il est évident qu'elle a un accrois-
sement plus rapide que l'autre, au moyen duquel
elle compense, pour ainsi dire, l'excès que cette dernière avoit sur elle, et la dépasse ensuite. Il y a donc
un moment, où ces deux quantités sont égales. « C'est
ainsi, dit Lagrange, que deux mobiles, qu'on suppose
parcourir une même droite, et qui, partant à la fois de
deux points différens, arrivent en même-tems à deux
autres points, mais de manière que celui, qui étoit
d'abord en arrière, se trouve ensuite plus avancé que
l'autre, doivent nécessairement se rencontrer dans leur
chemin ». La valeur de x, quelle qu'elle soit, mais
dont l'existence vient d'être prouvée, qui rend $x^3 + 7x$
$= 13 x^2 + 1$, donnant $x^3 + 7x - (13 x^2 + 1) = 0$,
ou $x^3 - 13 x^2 + 7x - 1 = 0$, est nécessairement la
racine de l'équation proposée.

Ce qu'on vient de voir sur l'équation particulière
$x^3 - 13 x^2 + 7x - 1 = 0$, peut s'appliquer à une
équation quelconque, dont nous désignerons les termes
positifs par P, et les négatifs par N. Soit a la plus
petite valeur de x; supposons qu'elle ait donné un résultat
négatif, et qu'une autre valeur plus grande b en ait donné
un positif; ces deux circonstances n'ont pu avoir lieu,
que parce que, par la première substitution, on avoit
$P < N$, et par la seconde, $P > N$. P ayant donc dé-

passé N, on en concluera, comme ci-dessus, qu'il existe une valeur de x, comprise entre a et b, qui donne $P = N$. Le raisonnement ci-dessus semble exiger que les valeurs, qu'on donne à x, soient toutes deux positives, ou toutes deux négatives : car, lorsqu'elles ont des signes différens, celle qui est négative fait changer de signes les termes de l'équation proposée, qui contiennent des puissances impaires de x, et par conséquent les expressions P et N ne sont pas composées de la même manière, dans l'une des substitutions et dans l'autre. Cette difficulté disparoît, en faisant $x = o$; par-là, l'équation proposée se réduit à son dernier terme, qui se trouve nécessairement de signe contraire au résultat de la première, ou de la seconde substitution. Soit, par exemple, l'équation $x^4 - 2 x^3 - 3 x^2 - 15 x - 3 = o$, dont le premier membre, lorsqu'on y fait $x = - 1$, et $x = - 2$, devient $+ 12$ et $- 47$. En supposant $x = o$, il se réduit à $- 3$; les deux substitutions de $x = o$ et $x = - 1$, donnent donc deux résultats de signes contraires ; mais en mettant $- y$ au lieu de x, l'équation proposée se change en $y^4 + 2 y^3 - 3 y^2 + 15 y - 3 = o$, et on a $P = y^4 + 2 y^3 + 15 y$, $N = 3 y^2 + 3$; d'où $P < N$, lorsque $y = o$, $P > N$, lorsque $y = 1$. On peut donc raisonner dans le cas actuel, comme dans le précédent, et conclure que l'équation en y a une racine réelle, comprise entre o et $+ 1$; d'où il suit que celle de l'équation en x se trouve entre o et $- 1$, et par conséquent entre $+ 2$ et $- 1$.

La proposition que nous avons énoncée, ne pouvant plus présenter que des cas, qui rentrent dans l'un ou l'autre de ceux que nous venons d'examiner, est suffisamment prouvée, et va nous conduire à cette autre, non moins importante.

Tome II. C c

4. Toute équation d'un degré impair a nécessairement une racine réelle, d'un signe contraire à celui de son dernier terme ; pour prouver cette proposition en général, il suffit de montrer, qu'on peut toujours trouver un nombre tel, qu'étant substitué au lieu de x, il donne au premier membre de l'équation proposée, une valeur d'un signe contraire à celui de son dernier terme, qui exprime ce que devient ce membre, lorsqu'on fait $x = 0$; et de là on concluera, en vertu du n°. précédent, qu'il y a une racine réelle, comprise entre 0, et le nombre dont on vient de parler. Soit l'équation

$$x^m + Px^{m-1} + Qx^{m-2} \ldots + Tx \pm U = 0.$$

Pour peu qu'on ait observé la marche, que suivent les accroissemens des diverses puissances d'un nombre plus grand que l'unité, on voit que, parmi ces puissances, la plus élevée surpasse d'autant plus celles qui lui sont inférieures, que le nombre dont il s'agit est plus considérable ; en sorte que rien ne limite l'excès de la première sur chacune des autres. Il suit de là, et nous le prouverons encore plus bas, qu'on peut toujours assigner un nombre M, qui, mis à la place de x, rende le terme x^m supérieur à la somme de tous ceux qui le suivent, quels que soient leurs signes, en sorte que le signe de la quantité

$$M^m + PM^{m-1} + QM^{m-2} \ldots + TM \pm U = 0$$

ne dépende que de celui de son premier terme M^m. Cela posé, l'exposant m étant impair, le terme M^m sera positif, si le nombre M est positif, et négatif, si ce nombre est négatif ; et par conséquent, en prenant $x = - M$, lorsque le dernier terme U a le signe $+$, on aura un résul-

tat de signe contraire à celui, que donne la supposition de
$x = o$; d'où l'on voit que la proposée a une racine entre
o et $- M$, c'est-à-dire, négative. Si le dernier terme
U a le signe $-$, on fait alors $x = + M$; il vient un
résultat de signe contraire à la supposition de $x = o$; et
dans ce cas, la racine se trouve entre o et $+ M$, c'est-
à-dire, positive.

5. On peut assigner facilement une valeur du nombre
M, qui satisfasse, dans tous les cas, à la condition
exigée plus haut ; et cette valeur est celle du plus grand
coefficient négatif de l'équation, augmenté de l'unité, en
supposant que le premier terme soit rendu positif. En
effet, si S désigne ce coefficient, on a

$$(S+1)^m = S(S+1)^{m-1} + (S+1)^{m-1}$$
$$(S+1)^{m-1} = S(S+1)^{m-2} + (S+1)^{m-2}$$
$$(S+1)^{m-2} = S(S+1)^{m-3} + (S+1)^{m-3}$$
$$\cdots\cdots\cdots\cdots\cdots$$
$$(S+1)^2 = S(S+1) + S+1$$

d'où l'on tire successivement

$$(S+1)^m = S(S+1)^{m-1} + S(S+1)^{m-2} + (S+1)^{m-2}$$

$$(S+1)^m = S(S+1)^{m-1} + S(S+1)^{m-2} + S(S+1)^{m-3} + (S+1)^{m-3}$$
$$\cdots\cdots\cdots\cdots\cdots$$
$$(S+1)^m = S(S+1)^{m-1} + S(S+1)^{m-2} + S(S+1)^{m-3} + S(S+1)^{m-4} \ldots + S+1.$$

D'un autre côté, par la substitution de $S + 1$, au lieu de x, le premier membre de l'équation proposée devient

$$(S + 1)^{m} + P(S + 1)^{m-1} + Q(S + 1)^{m-2}$$
$$+ R(S + 1)^{m-3} + S(S + 1)^{m-4} \dots + U,$$

et il est évident que toute la partie,

$$P(S + 1)^{m-1} + Q(S + 1)^{m-2} + \text{etc.},$$

sera moindre que $(S + 1)^{m}$, puisque tous les termes qui la composent, à l'exception de $S(S + 1)^{m-4}$, ont des coefficiens moindres que ceux qui leur correspondent dans la valeur de $(S + 1)^{m}$.

Si on prenoit M négatif, et que l'exposant m fût impair, le premier terme de l'équation changeroit de signe, ainsi que tous ceux où l'exposant de x est impair ; si le plus grand coefficient positif, après ce changement, étoit R, on rendroit la partie négative plus grande que la positive, en faisant $M = - R - 1$. Les racines de la proposée seroient alors toutes comprises entre $S + 1$ et $- R - 1$; car tous les nombres positifs, plus grands que $S + 1$, qu'on substitueroit à x, donneroient des résultats positifs de plus en plus grands, et tous les nombres négatifs qui surpasseroient $- R - 1$, conduiroient de même à des résultats négatifs de plus en plus grands.

6. Lorsque l'équation proposée est d'un degré pair, le premier terme M^{m} restant positif, quelque signe qu'on donne à M, on ne peut s'assurer, par ce qui précède, de l'existence d'une racine réelle, si le dernier terme a le signe $+$, puisque, soit qu'on fasse $x = o$, ou $x = \pm M$,

on a toujours un résultat positif. Mais, quand ce terme U est négatif, on trouve, en faisant $x = 0$, $x = +M$, $x = -M$, trois résultats affectés respectivement des signes $+$, $-$ et $+$, et par conséquent l'équation proposée a au moins deux racines réelles dans ce cas ; l'une positive, comprise entre M et 0, l'autre négative, comprise entre 0 et $-M$; donc toute équation de degré pair, dont le dernier terme est négatif, a au moins deux racines réelles, l'une positive, et l'autre négative.

7. Ce qu'on va lire, servira sans doute à convaincre le lecteur, que toute équation du degré n, doit avoir précisément autant de racines, que n contient d'unités. Soit l'équation

$$u^n + pu^{n-1} + qu^{n-2} + ru^{n-3} \ldots + t = 0 ;$$

on peut la regarder comme la résultante des n équations suivantes à n inconnues : $u + x + y + z + \ldots = -p$; $ux + uy + uz \ldots + xy + xz \ldots + yz \ldots + \ldots = q$; $uxy + uxz + uyz \ldots + xyz \ldots + \ldots = -r \ldots$ $uxyz \ldots = \pm t$ (le signe $+$ ayant lieu pour le cas de n pair, et le signe $-$, quand n est impair). Si l'on écrit ainsi les équations précédentes, $-u - x - y - z - \ldots = p$; $ux + uy + uz \ldots + xy + xz \ldots + yz \ldots + \ldots = q$; $-uxy - uxz - uyz \ldots - xyz \ldots - \ldots = r \ldots \pm uxyz \ldots = t$; si ensuite on multiplie la première par u^{n-1}, ou par x^{n-1}, ou etc. ; la seconde par u^{n-2}, ou par x^{n-2}, ou etc. ; la troisième par u^{n-3}, ou par x^{n-3}, ou etc., et ainsi de suite, jusqu'à la dernière, qu'on laissera telle qu'elle est, puisqu'il faudroit la multiplier par u^{n-n}, ou x^{n-n}, ou etc., c'est-à-dire, par u°, ou x°, ou etc. $= 1$; et si enfin on ajoute toutes ces équations membre à membre, on aura

$$-u^n = pu^{n-1} + qu^{n-2} + ru^{n-3} \ldots + t;$$

qui revient à

$$u^n + pu^{n-1} + qu^{n-2} + ru^{n-3} \ldots + t = 0, \text{ ou}$$

$$-x^n = px^{n-1} + qx^{n-2} + rx^{n-3} \ldots + t, \text{ c'est-à-dire,}$$

$$x^n + px^{n-1} + qx^{n-2} + rx^{n-3} \ldots + t = 0 ; \text{ ou}$$

$$-y^n = \text{etc.}$$

D'où l'on voit que, puisque d'un côté, la première n'est autre chose que l'équation même proposée, et que d'un autre, on a, pour obtenir la valeur des n inconnues, précisément la même équation, il est nécessaire que chacune d'elles donne les valeurs de toutes; et que, par conséquent, l'équation générale ait autant de racines, qu'il y a d'unités dans n.

Si l'on vouloit se convaincre du calcul général ci-dessus, à l'aide d'un exemple, on pourroit se donner $u^5 + pu^4 + qu^3 + ru^2 + su + t = 0$; ensuite l'on poseroit les cinq équations suivantes à cinq inconnues : $-u - x - y - z - v = p$; $ux + uy + uz + uv + xy + xz + xv + yz + yv + zv = q$; $-uxy - uxz - uxv - uyz - uyv - uzv - xyz - xyv - xzv - yzv = r$; $uxyz + uxyv + uxzv + uyzv + xyzv = s$; $-uxyzv = t$. Si à présent on multiplie la première par u^4, la seconde par u^3, la troisième par u^2, la quatrième par u^1, et enfin la cinquième par u° ou 1, et qu'on ajoute ces cinq équations membre à membre, il viendra

$$-u^5 - u^4 x - u^4 y - u^4 z - u^4 v + u^4 x + u^4 y + u^4 z$$
$$+ u^4 v + u^3 xy + u^3 xz + u^3 xv + u^3 yz + u^3 yv + u^3 zv$$

$$- u^3 xy - u^3 xz - u^3 xv - u^3 yz - u^3 yv - u^3 zv - u^2 xyz$$
$$- u^2 xyv - u^2 xzv - u^2 yzv + u^2 xyz + u^2 xyv + u^2 xzv$$
$$+ u^2 yzv + uxyzv - uxyzv = pu^4 + qu^3 + ru^2 + su$$
$+ t$, qui se réduit à $- u^5 = pu^4 + qu^3 + ru^2 + su$
$+ t$, ou $u^5 + pu^4 + qu^3 + ru^2 + su + t = 0$. On
eût trouvé $x^5 + px^4 + qx^3 + rx^2 + sx + t = 0$, s'
on eût multiplié successivement chacune des cinq équations par x^4, x^3, x^2, x^1, x^0, etc. Enfin, si l'équation
générale proposée eût été sans second terme, on voit
qu'il eût suffi de poser $- u - x - y - z - \ldots = 0$.

8. Nous pouvons, à présent, considérer plus généralement que nous ne l'avons fait jusqu'ici, les fonctions
symmétriques des racines d'une équation quelconque.

Soit donc $x^m + px^{m-1} + qx^{m-2} + rx^{m-3} \ldots + tx$
$+ u = 0$, cette équation ; soient ensuite a, b, c, d,
e, etc., ses racines ; soient enfin S_1, la somme des
premières puissances de ces racines ; S_2, la somme de
leurs quarrés ; S_3, la somme de leurs cubes ; S_4, la
somme de leurs quatrièmes puissances ; et en général, S_m
la somme des puissances de l'ordre m ; on aura les équations suivantes : $S_1 = a + b + c + d + e +$ etc. ;
$S_2 = a^2 + b^2 + c^2 + d^2 + e^2 +$ etc. ; $S_3 = a^3 + b^3$
$+ c^3 + d^3 + e^3 +$ etc.... $S_m = a^m + b^m + c^m + d^m$
$+ e^m +$ etc.

Cela posé, on demande s'il n'est pas possible, sans
résoudre l'équation proposée, de trouver les valeurs de
S_1, S_2, S_3, $S_4 \ldots S_m$, en fonctions des coefficiens,
censés connus, de cette équation ? Oui, sans doute, on
le peut toujours, et pour cela, l'on se conduira de la
manière suivante.

C c 4

Si on divise par $x - a$ l'équation proposée, on trouvera (1) pour quotient,

$$x^{m-1}\begin{Bmatrix}+a\\+p\end{Bmatrix}x^{m-2}\begin{Bmatrix}+a^2\\+pa\\+q\end{Bmatrix}x^{m-3}\begin{Bmatrix}+a^3\\+pa^2\\+qa\\+r\end{Bmatrix}x^{m-4}\dots\dots\begin{matrix}+a^{m-1}\\+pa^{m-2}\\+qa^{m-3}\\+ra^{m-4}\\\dots\dots\\+t\end{matrix}$$

On voit encore que, si on divisoit l'équation proposée
par $x - b$, ou $x - c$, ou etc., on trouveroit pour quotiens;

$$x^{m-1}\begin{Bmatrix}+b\\+p\end{Bmatrix}x^{m-2}\begin{Bmatrix}+b^2\\+pb\\+q\end{Bmatrix}x^{m-3}\begin{Bmatrix}+b^3\\+pb^2\\+qb\\+r\end{Bmatrix}x^{m-4}\dots\dots\begin{matrix}+b^{m-1}\\+pb^{m-2}\\+qb^{m-3}\\+rb^{m-4}\\\dots\dots\\+t\end{matrix}$$

$$x^{m-1}\begin{Bmatrix}+c\\+p\end{Bmatrix}x^{m-2}\begin{Bmatrix}+c^2\\+pc\\+q\end{Bmatrix}x^{m-3}\begin{Bmatrix}+c^3\\+pc^2\\+qc\\+r\end{Bmatrix}x^{m-4}\dots\dots\begin{matrix}+c^{m-1}\\+pc^{m-2}\\+qc^{m-3}\\+rc^{m-4}\\\dots\dots\\+t\end{matrix}$$

En continuant ainsi, on obtiendroit autant de quotiens, que l'équation a de racines ; et l'on voit clairement que, si l'on se sert de la notation précédente, dans l'addition de tous ces quotiens, on pourra représenter leur somme par la quantité suivante.

$$mx^{m-1} + \begin{Bmatrix} +S_1 \\ +mp \end{Bmatrix} x^{m-2} + \begin{Bmatrix} +S_2 \\ +pS_1 \\ +mq \end{Bmatrix} x^{m-3} + \begin{Bmatrix} +S_3 \\ +pS_2 \\ +qS_1 \\ +mr \end{Bmatrix} x^{m-4} \ldots + \begin{Bmatrix} +S_{m-1} \\ +pS_{m-2} \\ +qS_{m-3} \\ +rS_{m-4} \\ \ldots \ldots \\ +mt \end{Bmatrix} \cdot$$

Cela posé, on remarquera que chaque quotient particulier est le produit de tous les facteurs $x - a$, $x - b$, $x - c$, etc. de l'équation, excepté celui par lequel on a divisé. Le premier de ces quotiens, par exemple, renferme tous les facteurs, hors $x - a$; le coefficient de son second terme sera donc la somme de toutes les racines moins a, et prises avec un signe contraire ; celui de son troisième terme, sera la somme de tous leurs produits deux à deux, excepté ceux qui seroient formés de la lettre a, combinée avec chacune des autres ; le coefficient du quatrième terme contiendroit de même tous les produits trois à trois, hors ceux qui résulteroient de la lettre a, combinée avec deux autres quelconques, et il en seroit ainsi des coefficiens suivans. Ce qu'on vient de dire sur la lettre a et sur le premier quotient, pourra être également dit du second quotient, et de la lettre b, du troisième quotient, et de la lettre c, etc. Il résulte de là, que le coefficient du second terme dans l'expression ci-dessus, c'est-à-dire, dans la somme des quotiens,

est égal à $m - 1$ fois la somme des racines, prises avec
un signe contraire. Car si toutes les lettres se trouvoient
dans chaque quotient, on auroit m fois cette somme;
mais comme chaque lettre manque une fois, d'après ce
qu'on vient de voir, elles ne seront chacune répétées que
$m - 1$ de fois; on aura donc $(m - 1)\,p$ pour le coefficient en question; mais, d'un autre côté, dans la somme
ci-dessus, il est exprimé par $S_1 + mp$. On a donc d'a-
bord l'équation $S_1 + mp = (m - 1)\,p$; qui donne
$S_1 = - p$.

Le coefficient du troisième terme, dans la somme des
quotiens, contiendra plusieurs fois les divers produits
des racines a, b, c, d, etc., combinées deux à deux;
mais chacun de ces produits manquera dans deux quotiens; ab, par exemple, ne se trouvera ni dans le
premier, ni dans le second; tous ne seront donc répétés
que $m - 2$ fois; et comme leur somme est exprimée par
q dans la proposée, on aura $(m - 2)\,q$, pour le coefficient du troisième terme, qui d'ailleurs est $S_2 + pS_1$
$+ mq$; on a donc $S_2 + pS_1 + mq = (m - 2)q$; d'où l'on
tire pour la valeur de S_2, en substituant pour S_1 sa valeur $- p$, $S_2 = p^2 - 2q$.

Le coefficient du quatrième terme dans la somme des
quotiens, sera formé des produits des racines, prises
trois à trois, et avec des signes contraires; mais chacun de ces produits manquera dans trois quotiens;
$- abc$, par exemple, ne se trouvera ni dans le premier,
ni dans le second, ni dans le troisième; tous ne seront
donc répétés que $m - 3$ fois; leur somme étant r dans
la proposée, $(m - 3)\,r$ sera donc ce coefficient, et
comme d'ailleurs il est exprimé par $S_3 + pS_2 + qS_1$
$+ mr$, on aura donc l'équation $S_3 + pS_2 + qS_1 + mr$

$= (m-3)r$; d'où l'on peut tirer facilement $S_3 = -p^3 + 3pq - 3r$.

On peut pousser ces raisonnemens aussi loin qu'on voudra, et on en tirera

$$\left.\begin{array}{l} S_1 + mp = (m-1)p, \\ S_2 + pS_1 + mq = (m-2)q \\ S_3 + pS_2 + qS_1 + mr = (m-3)r \\ \text{etc.} \end{array}\right\} \begin{array}{c} \text{d'où} \\ \text{l'on} \\ \text{tire} \end{array} \left\{\begin{array}{l} S_1 + p = 0 \\ S_2 + pS_1 + 2q = 0 \\ S_3 + pS_2 + qS_1 + 3r = 0 \\ \text{etc.} \end{array}\right.$$

9. On obtiendra, par ces formules, la somme des puissances des racines, tant que l'exposant de ces puissances sera moindre que m ; mais rien n'est plus facile que de les trouver, passé ce terme. En effet, il suffit pour cela, comme Euler l'a remarqué, de multiplier l'équation proposée par x^n ; alors il vient

$$x^{m+n} + px^{m+n-1} + qx^{m+n-2} + rx^{m+n-3} \ldots + tx^{m+1} + ux^n = 0$$

mettant successivement a, b, c, d, etc., au lieu de x, il vient

$$a^{m+n} + pa^{m+n-1} + qa^{m+n-2} + ra^{m+n-3} \ldots + ta^{n+1} + ua^n = 0$$
$$b^{m+n} + pb^{m+n-1} + qb^{m+n-2} + rb^{m+n-3} \ldots + tb^{n+1} + ub^n = 0$$
$$\ldots \ldots \ldots \ldots \ldots \ldots \ldots \ldots \ldots \ldots$$

En ajoutant ces résultats entr'eux, on aura, en vertu de la notation adoptée,

$$S_{m+n} + pS_{m+n-1} + qS_{m+n-2} + rS_{m+n-3} \ldots + tS_{n+1} + uS_n = 0.$$

Cette équation se lie parfaitement avec les précédentes ; car, en faisant $n = 0$, on a

$S_n = S_0 = a^0 + b^0 + c^0 + d^0 +$ etc. D'où il suit que, puisque a^0, ou b^0, ou etc. $= 1$, et que d'ailleurs le nombre des racines a, b, etc. $= m$, S_0 égale l'unité répétée m de fois, c'est-à-dire, que $S_0 = m$. Par cette observation, l'équation ci-dessus devient

$$S_m + pS_{m-1} + qS_{m-2} + rS_{m-3} \ldots + tS_1 + mu = 0,$$

résultat dont la forme répond à celle de la dernière des équations du numéro précédent, qui seroit

$$S_{m-1} + pS_{m-2} + qS_{m-3} + rS_{m-4} \ldots + (m-1)t = 0.$$

Les équations dont on vient de parler, fournissent les suivantes :

$$
\left.
\begin{aligned}
S_1 &= -p \\
S_2 &= -pS_1 - 2q \\
S_3 &= -pS_2 - qS_1 - 3r \\
S_4 &= -pS_3 - qS_2 - rS_1 - 4s \\
&\text{etc.} \ldots \ldots
\end{aligned}
\right\}
\begin{aligned} &\text{ce} \\ &\text{qui} \\ &\text{donne} \end{aligned}
\left\{
\begin{aligned}
S_1 &= -p \\
S_2 &= p^2 - 2q \\
S_3 &= -p^3 + 3pq - 3r \\
S_4 &= p^4 - 4p^2 q + 4pr + 2q^2 - 4s \\
&\text{etc.} \ldots \ldots \ldots \ldots
\end{aligned}
\right.
$$

$$
\text{et}\left\{
\begin{aligned}
p &= -S_1 \\
q &= -\frac{pS_1 + S_2}{2} \\
r &= -\frac{pS_2 + qS_1 + S_3}{3} \\
s &= -\frac{pS_3 + qS_2 + rS_1 + S_4}{4} \\
&\text{etc.} \ldots \ldots \ldots
\end{aligned}
\right.
$$

Ce qui donne le moyen, non-seulement d'obtenir les sommes des puissances des racines d'une équation, en fonctions des coefficiens de cette équation, mais encore de trouver même cette équation, lorsqu'on ne connoît que les sommes des puissances de ses racines.

Soit, par exemple, proposée l'équation

$$x^4 - 5x^3 + 5x^2 + 5x - 6 = 0;$$

ici on a $m = 4$, et $p = -5$; $q = 5$; $r = 5$; $s = -6$;

on aura donc $S_1 = -p = 5$; $S_2 = p^2 - 2q = 15$; $S_3 = -p^3 + 3pq - 3r = 35$; $S_4 = p^4 - 4p^2q + 4pr + 2q^2 - 4s = 99$. Si l'on veut avoir S_5, on fera $m = 4$ et $n = 1$ dans l'équation $S_{m+n} + pS_{m+n-1} + qS_{m+n-2} + rS_{m+n-3} \ldots + tS_{n+1} + uS_n = 0$, et l'on en tirera $S_5 = -pS_4 - qS_3 - rS_2 - sS_1$; ce qui donne $S_5 = 275$; en faisant $n = 2$ dans la même équation, on auroit $S_6 = -pS_5 - qS_4 - rS_3 - sS_2$; d'où $S_6 = 795$, etc. ; ce qu'il est facile de vérifier d'après les valeurs mêmes de x, qui sont 1, 2, 3 et -1.

Réciproquement, si l'on savoit que les racines d'une équation du quatrième degré par exemple, sont telles que $S_1 = 5$, $S_2 = 15$, $S_3 = 35$, et $S_4 = 99$; on pourroit, au moyen des dernières formules citées ci-dessus, trouver les valeurs des coefficiens de cette équation : car on auroit $p = -S_1 = -5$; $q = -\frac{1}{2}(pS_1 + S_2) = 5$; $r = -\frac{1}{3}(pS_2 + qS_1 + S_3) = 5$; enfin . . . . . . $s = -\frac{1}{4}(pS_3 + qS_2 + rS_1 + S_4) = -6$.

Nous passerons maintenant à la résolution des équations des premiers degrés, qui vont encore nous donner l'occasion de parler des racines des équations.

ADDITION II.

Diverses méthodes pour la résolution des équations.

10. Les différentes manières, dont les Analystes ont envisagé les équations, les ont aussi conduits à diverses méthodes pour les résoudre : de ces méthodes, les unes

sont particulières à certains degrés; les autres, et c'est le plus grand nombre, les embrassent tous. Il nous paroît utile pour le Lecteur, de rassembler, sous un même point de vue, ces diverses solutions; et, quoique celle des équations du cinquième degré soit encore à trouver, nous n'en exposerons pas moins une partie des tentatives qu'on a faites, pour y parvenir.

Au nombre des méthodes particulières, on peut ranger d'abord celle, qui conduit à la résolution de l'équation générale du quatrième degré, où on la considère comme le produit de deux équations du second. Il est encore une autre manière de traiter cette équation ; c'est de la partager en deux membres, tels que l'on puisse les regarder comme des quarrés. Voici la route que nous avons trouvée et suivie, et que nous indiquerons d'autant plus volontiers, qu'elle nous semble la plus courte de toutes, pour arriver, tant à la réduite, qu'aux valeurs de x.

Soit donc l'équation sans second terme, $x^4 + px^2 + qx + r = 0$; je l'écris ainsi, $x^4 + px^2 = -qx - r$; alors j'ajoute à chaque membre le quarré de zx, z étant une indéterminée : ce qui donne $x^4 + (z^2 + p)x^2 = z^2 x^2 - qx - r$, ou, en complettant le quarré

$$\left(x^2 + \frac{z^2 + p}{2} \right)^2 = z^2 x^2 - qx + \frac{(z^2 + p)^2 - 4r}{4},$$

dont le second membre doit être un quarré, puisque le premier en est un ; mais les deux premiers termes sont ceux du quarré de $zx - \dfrac{q}{2z}$, dont le troisième est

$\dfrac{q^2}{4z^2}$; il faut donc que $\dfrac{q^2}{4z^2} = \dfrac{(z^2 + p)^2 - 4r}{4}$; d'où l'on tire à l'instant la réduite connue

$$z^6 + 2pz^4 + (p^2 - 4r)z^2 - q^2 = 0.$$

Il ne seroit ni plus difficile, ni plus long, d'obtenir les quatre valeurs de x; en effet, puisqu'on a

$$\left(x^2 + \frac{z^2 + p}{2} \right)^2 = \left(zx - \frac{q}{2z} \right)^2 \text{, on en tire}$$

$$x^2 + \frac{z^2 + p}{2} = \pm zx \mp \frac{q}{2z}; \text{ d'où } x^2 \mp zx = -\frac{z^2 + p}{2}$$

$$\mp \frac{q}{2z}; \text{ donc } x = \pm \tfrac{1}{2} z \pm \sqrt{ -\frac{z^2}{4} - \frac{p}{2} \mp \frac{q}{2z} }.$$

11. Passons maintenant aux méthodes générales; nous commencerons par citer celle que donne Lagrange, et qu'expose Laplace dans le tome second des Leçons des Écoles Normales, page 304. Il va lui-même détailler les raisons qui assurent, et doivent réellement assurer à cette méthode, la première place sur toutes les autres. « Depuis long-tems, dit-il, les Analystes ont résolu les équations du troisième et du quatrième degrés, par diverses méthodes ingénieuses. Elles consistent à transformer par des substitutions convenables, l'équation que l'on veut résoudre, en une autre qui puisse être résolue, à la manière des équations d'un degré inférieur, et à déterminer, au moyen des racines de cette équation, que l'on nomme réduite, toutes les racines de la proposée.

Il est visible que ces dernières racines étant données, au moyen des racines de la réduite, elles en sont des fonctions, et qu'ainsi les racines de la réduite sont elles-mêmes fonctions des racines de la proposée. Toutes les méthodes de résoudre une équation, se réduisent donc à déterminer une fonction de ses racines, qui dépende d'une équation d'un dégré inférieur, et qui soit telle, qu'elle donne facilement les racines de la proposée. En considérant, sous ce point de vue, les diverses solutions

des équations du troisième et du quatrième degrés, il en
résulte, pour les résoudre, une méthode puisée dans la
nature même de ces équations, et qui a l'avantage d'é-
clairer ces solutions, d'en montrer les rapports, et de
faire voir comment, par des procédés très-différens,
elles conduisent cependant à des résultats identiques.
Ainsi, quoique cette méthode soit un peu plus longue
que les méthodes indirectes, je la crois préférable dans
les cours destinés à développer les vrais principes des
sciences....

Pour exposer d'une manière uniforme, ce que l'on sait
sur la résolution des équations, nous allons reprendre celle
de l'équation du second degré, $x^2 + px + q = 0$;
nommons a et b ses deux racines ; leur somme $a + b$
est, comme on l'a vu, égale à $-p$. Il ne s'agit donc
plus que d'avoir la valeur d'une autre fonction des racines, qui, combinée avec l'équation précédente, détermine chacune de ces racines, en ne résolvant que des
équations du premier degré. Pour cela, il faut que la
fonction cherchée soit de la forme $la + mb$: les fonctions
de cette forme, dans lesquelles les quantités ne sont élevées qu'à la première puissance, et ne sont point multipliées les unes par les autres, se nomment *fonctions
linéaires*. La précédente est susceptible de deux combinaisons, en y changeant a en b, et réciproquement ;
elle dépend donc d'une équation du second degré, excepté dans le cas, où $l = m$; mais alors cette fonction
ne donne que la somme des racines, qui est déjà connue. Puisque nous sommes forcés, pour déterminer la
fonction $la + mb$, dont nous avons besoin, de résoudre
une équation du second degré, il faut que cette équation
puisse se résoudre par une simple extraction de racines,

et

et qu'ainsi elle ne renferme que le quarré de l'inconnue. Dans ce cas, ses deux racines sont égales, mais de signes contraires ; il faut donc déterminer les deux coefficiens l et m, de manière que la fonction $la + mb$ ne change point de valeur, et prenne un signe contraire, en y changeant a en b, et réciproquement ; ce qui donne $la + mb = -lb - ma$, où $l = -m$; et, si l'on suppose, pour simplifier, $l = 1$, la fonction cherchée sera $a - b$. En la désignant par z, la valeur de z sera donnée par l'équation $(z - (a - b))(z - (b - a)) = 0$, ou $z^2 = a^2 + b^2 - 2ab$; or, on a $a^2 + b^2 = p^2 - 2q$; $ab = q$; donc $z^2 = p^2 - 4q$, d'où l'on tire z, ou $a - b = \sqrt{p^2 - 4q}$. En combinant cette équation avec celle-ci, $a + b = -p$, on trouve pour a et b les deux racines connues.....

12. En supposant l'équation générale du troisième degré, privée, pour plus de simplicité, de son second terme, où $x^3 + px + q = 0$; soient a, b c, ses trois racines, et cherchons *à priori*, une fonction de ces racines, qui ne dépende que d'une équation du second degré, et qui les détermine facilement. La forme la plus simple que l'on puisse supposer à cette fonction, est celle-ci, $la + mb + nc$; en y échangeant entr'elles les racines a, b, c, on a six combinaisons différentes ; ainsi l'équation, dont cette fonction dépend, est du sixième degré. Pour en faire usage, il faut qu'elle soit résoluble à la manière des équations du second degré, et qu'ainsi le cube de cette fonction ne dépende que d'une équation du second degré. Alors, en nommant h et h' ses deux racines, et en désignant par 1, α et α', les trois racines cubiques de l'unité, les six valeurs de la fonction proposée seront h, αh, $\alpha' h$; h', $\alpha h'$, $\alpha' h'$. Si l'on prend

pour h et h' deux de ces valeurs, telles que $la + mb + nc$, et $lb + ma + nc$; et si l'on observe que $\alpha' = \alpha^2$, il est facile de voir que les quatre autres valeurs ne peuvent pas être égales à celles-ci, multipliées respectivement par α et par α', à moins que les coefficiens l, m, n, ne soient entr'eux, comme les racines cubiques de l'unité, et réciproquement, que si cela a lieu, les six valeurs de $la + mb + nc$, ne seront que les deux précédentes, multipliées respectivement par ces racines cubiques. En supposant donc l, m, n, égaux à ces racines, et représentant par z, la fonction $la + mb + nc$, z sera donné par l'équation

$$\left[z^3 - (a + \alpha b + \alpha' c)^3 \right]\left[z^3 - (\alpha a + b + \alpha' c)^3 \right] = 0,$$

dans laquelle le coefficient de z^3, et le terme indépendant de z, seront des fonctions invariables des racines a, b, c, puisque les six valeurs de la fonction $a + \alpha b + \alpha' c$, y entrent de la même manière. C'est en effet ce que le calcul confirme *à posteriori* ; car, si l'on considère que, par la nature des racines cubiques de l'unité, on a $\alpha' = \alpha^2$, et $1 + \alpha + \alpha' = 0$, on parvient à la réduite $z^6 + 27 q\, z^3 - 27 p^3 = 0$. Les racines de cette équation sont :

$$3\sqrt[3]{-\tfrac{1}{2}q + \sqrt{\tfrac{1}{4}q^2 + \tfrac{1}{27}p^3}}, \; 3\sqrt[3]{-\tfrac{1}{2}q - \sqrt{\tfrac{1}{4}q^2 + \tfrac{1}{27}p^3}};$$

en nommant donc z et z' ces racines, on aura, $a + \alpha b + \alpha' c = z$, $\alpha a + b + \alpha' c = z'$; la condition que le second terme de la proposée est nul, donne $a + b + c = 0$; on aura ainsi

$$a = \frac{z + \alpha' z'}{3}, \; b = \frac{\alpha' z + z'}{3}, \; c = \frac{\alpha(z + z')}{3}.$$

z et z' étant des racines cubiques, ils sont susceptibles chacun de trois valeurs, qui donnent neuf valeurs diffé-

rentes pour les racines a, b, c. Cette multiplicité de valeurs tient, à ce que z et z' ne contiennent que le cube
de p, en sorte que les valeurs précédentes de a, b, c,
résolvent, outre la proposée, les deux équations

$$x^3 + \alpha px + q = 0, \quad x^3 + \alpha' px + q = 0.$$

Elles sont donc les valeurs de l'équation du neuvième
degré, résultante du produit de ces trois équations.
Mais, parmi ces racines, il ne faut choisir que les trois
qui, substituées pour a, b, c, satisfont à l'équation
$ab + ac + bc = p$; cette équation donne $zz' = -3\alpha p$;
ainsi, en désignant par $3h$ et $3h'$, les valeurs de z et
de z', lorsqu'on prend l'unité pour racine cubique de
l'unité, il suffit de supposer $z = 3h$, et $z' = 3\alpha h$, et
alors on a $a = h + h'$, $b = \alpha' h + \alpha h'$, $c = \alpha h + \alpha' h'$,
ou les trois valeurs connues de x.....

13. Considérons maintenant l'équation du quatrième
degré, $x^4 + px^2 + qx + r = 0$; soient a, b, c, d,
ses quatre racines. Pour les déterminer, nous allons chercher, comme nous venons de le faire, relativement aux
équations du second et du troisième degrés, une fonction de ces racines, qui les donne facilement, et qui
ne dépende que d'une équation, d'un degré inférieur
au quatrième. Nous emploierons encore la supposition,
qui nous a réussi pour les équations des degrés infé-
rieurs, savoir, que cette fonction renferme les racines,
sous une forme linéaire ; nous la représenterons ainsi par
la suivante, $fa + mb + nc + td$. Cette fonction est susceptible de vingt-quatre combinaisons différentes ; elle
dépend donc d'une équation du 24e. degré. Mais il est
facile de voir que, si l'on suppose $f = m$, les vingt-
quatre combinaisons se réduiront à douze ; et que, si l'on

D d 2

suppose de plus $l = n$, les douze combinaisons se réduiront à six ; en sorteque la fonction $m(a+b)+n(c+d)$ ne dépend que d'une équation du sixième degré. Enfin, si l'on suppose $n = -m$, cette dernière équation aura ses racines égales deux à deux, mais affectées de signes contraires ; elle ne renfermera donc que les puissances paires de l'inconnue, et elle pourra se résoudre à la manière des équations du troisième degré. Il suit de là, qu'en supposant, pour plus de simplicité, $m = 1$, et en représentant par $4z$, la fonction $(a+b-c-d)^2$, z sera donné par une équation du troisième degré ; or, on a $(a+b-c-d)^2 = -4p+4(ab+cd)$. L'équation en z sera donc $[z+p-(ab+cd)][z+p-(ad+bc)]$ $[z+p-(ac+bd)] = 0$; d'où l'on tire, $z^3 + 2pz^2$ $+(p^2-4r)z - q^2 = 0$. Telle est la réduite des équations du quatrième degré. Soient z, z' z'', ses trois racines, on aura $a+b-c-d = 2\sqrt{z}$, $a+c-b$ $-d = 2\sqrt{z'}$, $a+d-b-c = 2\sqrt{z''}$. En combinant ces trois équations avec celle-ci, $a+b+c+d = 0$, qui résulte de ce que le second terme manque dans l'équation proposée du quatrième degré, on aura

$$a = \tfrac{1}{2}\left[\sqrt{z}+\sqrt{z'}+\sqrt{z''}\right]; \quad b = \tfrac{1}{2}\left[\sqrt{z}-\sqrt{z'}-\sqrt{z''}\right];$$
$$c = \tfrac{1}{2}\left[\sqrt{z'}-\sqrt{z}-\sqrt{z''}\right]; \quad d = \tfrac{1}{2}\left[\sqrt{z''}-\sqrt{z}-\sqrt{z'}\right].$$

Chacun des radicaux $\sqrt{z}$, $\sqrt{z'}$, $\sqrt{z''}$, pouvant être également affecté du signe $+$, ou du signe $-$, il en résulte huit valeurs différentes, pour les racines a, b, c, d ; cela vient de ce que la réduite en z, ne renfermant que le quarré de q, les valeurs qu'elle donne pour a, b, c, d, doivent également satisfaire à la proposée, en y supposant q négatif ; en sorte que ces valeurs résolvent une équation du huitième degré, comme on a vu que la réduite du troisième degré résout une équation du neuvième. Mais ces valeurs se réduisent à quatre, en leur faisant remplir la condition, que la somme des produits trois-à-trois des racines a, b, c, d, soit égale à $-q$; cette somme est égale à $\sqrt{z}.\sqrt{z'}.\sqrt{z''}$. Il faut conséquemment donner aux radicaux un signe tel, que ce produit soit d'un signe contraire à q, et cela déterminera les quatre valeurs, que l'on doit prendre pour les racines de la proposée.

14. Comme dans la citation que nous venons de faire, il se trouve plusieurs passages, qui pourroient embarrasser le Lecteur, nous croyons utile de les éclaircir, à l'aide des calculs suivans.

1°. Nous allons prouver que les coefficiens l, m, n, ne sont autre chose que les racines cubiques de l'unité. Pour cela, considérons d'abord les six combinaisons différentes, qu'offre la fonction $la + mb + nc$, savoir :

$$la + mb + nc \qquad\qquad lb + ma + nc$$
$$lb + mc + na \qquad\qquad la + mc + nb$$
$$lc + ma + nb \qquad\qquad lc + mb + na$$

Elles devront être les six racines de l'équation cherchée; et, pour qu'elle soit résoluble à la manière du second degré, il faut bien que ces six racines aient entr'elles les mêmes relations, que les six valeurs h, αh, $\alpha' h$; h', $\alpha h'$, $\alpha' h'$, de la fonction proposée, c'est-à-dire, qu'après avoir supposé $la + mb + nc = h$, et $lb + ma + nc = h'$, il faudra que, des quatre racines restantes, deux soient égalées à αh et $\alpha' h$, et les deux autres à $\alpha h'$ et $\alpha' h'$; ce qui peut se faire de six manières, puisqu'il s'agit de quatre quantités, prises deux à deux. De quelque manière que l'on s'y prenne, on arrivera toujours à trouver pour l, m, n, les trois racines cubiques de l'unité, combinées entr'elles de six différentes manières, relatives au choix qu'on aura fait entre les six premières combinaisons. Comme il s'agit ici de trouver pour l, m, n, les quantités 1, α, α', il faudra adopter les équations suivantes :

$$lc + ma + nb = \alpha h = \alpha(la + mb + nc),$$
$$lb + mc + na = \alpha'h = \alpha'(la + mb + nc),$$
$$\text{et} \quad lc + mb + na = \alpha h' = \alpha(lb + ma + nc),$$
$$la + mc + nb = \alpha'h' = \alpha'(lb + ma + nc);$$

d'où l'on tire, en transposant,

$$(l - \alpha n)c + (m - \alpha l)a + (n - \alpha m)b = 0$$
$$(l - \alpha'm)b + (m - \alpha'n)c + (n - \alpha'l)a = 0$$
$$\text{et} \quad (m - \alpha l)b + (n - \alpha m)a + (l - \alpha n)c = 0$$
$$(l - \alpha'm)a + (n - \alpha'l)b + (m - \alpha'n)c = 0.$$

Comme toutes ces équations doivent se vérifier, indépendamment des valeurs particulières de a, b, c, on égalera séparément a zéro les coefficiens de ces diverses quantités ; ce qui donnera entre les inconnues l, m, n, les équations suivantes :

$l - \alpha n = 0$, $m - \alpha l = 0$, $n - \alpha m = 0$; $l - \alpha'm = 0$, $m - \alpha'n = 0$, $n - \alpha'l = 0$; les trois premières donnent $l = \alpha^3 l$, $m = \alpha l$, $n = \alpha^2 l$; ou, à cause que $\alpha^3 = 1$, $l = l$, $m = \alpha l$, $n = \alpha^2 l$. Si l'on fait attention que $\alpha' = \alpha^2$, on verra que les trois dernières équations se changeront en $l = \alpha^2 m$, $m = \alpha^2 n$, $n = \alpha^2 l$, ou $l = \alpha^6 l$, $m = \alpha^4 l$, $n = \alpha^2 l$, ou, à cause de $\alpha^6 = 1$, $\alpha^4 = \alpha$, $l = l$, $m = \alpha l$, $n = \alpha^2 l$, comme ci-dessus. Il suit de là que le coefficient l reste indéterminé et arbitraire, on peut donc le faire égal à 1, et alors on a $l = 1$, $m = \alpha$, $n = \alpha^2$.

15. 2°. Nous allons faire voir comment l'équation

$$\left[z^3-(a+\alpha b+\alpha^2 c)^3\right]\cdot\left[z^3-(\alpha a+b+\alpha^2 c)^3\right]=0,$$

conduit à la réduite $z^6+27qz^3-27p^3=0$: pour cela, j'écris le produit ci-dessus, sous la forme suivante :

$$\left.\begin{aligned}&z^6-(a+\alpha b+\alpha^2 c)^3\\&\quad-(\alpha a+b+\alpha^2 c)^3\end{aligned}\right\}z^3+(a+\alpha b+\alpha^2 c)^3(\alpha a+b+\alpha^2 c)^3$$

$=0$; mais $(a+\alpha b+\alpha^2 c)^3(\alpha a+b+\alpha^2 c)^3=$ $((a+\alpha b+\alpha^2 c)(\alpha a+b+\alpha^2 c))^3$; développant le produit de $a+\alpha b+\alpha^2 c$ par $\alpha a+b+\alpha^2 c$, il vient $\alpha a^2+ab+a\alpha^2 c+\alpha^2 ab+\alpha b^2+\alpha^3 bc+a\alpha^3 c+\alpha^2 bc+\alpha^4 c^2$; mais $\alpha a^2+\alpha b^2+\alpha^4 c^2=\alpha(a^2+b^2+c^2)$, à cause de $\alpha^3=1$, et le reste n'est que $(1+\alpha^2)(ab+bc+ac)=-\alpha(ab+bc+ac)$: donc $(a+\alpha b+\alpha^2 c)^3(\alpha a+b+\alpha^2 c)^3=\ \ .\ \ .\ \ .\ \ .$ $\alpha^3[(a^2+b^2+c^2-(ab+bc+ac))^3]=(a^2+b^2+c^2$ $+2ab+2bc+2ac-3ab-3bc-3ac)^3=$ $[(a+b+c)^2-3(ab+bc+ac)]^3$. Mais $a+b+c=0$, $ab+bc+ac=p$; donc la quantité ci-dessus $=-27p^3$. Passons aux coefficiens de z^3 ; d'abord $(a+\alpha b+\alpha^2 c)^3=a^3+\alpha^3 b^3+\alpha^6 c^3+3a^2\alpha b$ $+3a^2\alpha^2 c+3\alpha^4 b^2 c+3\alpha^2 ab^2+3\alpha^4 ac^2+3\alpha^5 bc^2$ $+6\alpha^3 abc=a^3+b^3+c^3+3(\alpha a^2 b+\alpha^2 a^2 c+\alpha b^2 c$ $+\alpha^2 ab^2+\alpha ac^2+\alpha^2 bc^2)+6abc$. De même $(\alpha a+b+\alpha^2 c)^3=\alpha^3 a^3+b^3+\alpha^6 c^3+3\alpha^2 a^2 b$ $+3\alpha^4 a^2 c+3\alpha^2 b^2 c+3\alpha ab^2+3\alpha^5 ac^2+3\alpha^4 bc^2$ $+6\alpha^3 abc=a^3+b^3+c^3+3(\alpha^2 a^2 b+\alpha a^2 c+\alpha^2 b^2 c$ $+\alpha ab^2+\alpha^2 ac^2+\alpha bc^2)+6abc$: si l'on ajoute ensemble ces deux résultats, on aura $2(a^3+b^3+c^3)$ $+3[(\alpha+\alpha^2)a^2 b+(\alpha+\alpha^2)a^2 c+(\alpha+\alpha^2)b^2 c$ $+(\alpha+\alpha^2)ab^2+(\alpha+\alpha^2)ac^2+(\alpha+\alpha^2)bc^2]+12abc$. Mais $\alpha+\alpha^2=-1$; donc on a enfin pour le coefficient total de z^3, au signe près, $2a^3 + 2b^3 + 2c^3 + 12abc - 3a^2b - 3a^2c - 3b^2c - 3ab^2 - 3ac^2 - 3bc^2$, quantité qui, comme on peut s'en assurer par le calcul, revient à celle-ci : $2(a+b+c)^3 - 9((a+b+c)ac - abc) - 9((a+b+c)ab - abc) - 9((a+b+c)bc - abc)$; ou, à cause de $a+b+c = 0$, à $27abc$; or $abc = -q$; on a donc enfin $z^6 + 27qz^3 - 27p^3 = 0$.

16. 3°. Voyons maintenant le quatrième degré. Nous allons d'abord prouver que $(a+b-c-d)^2 = -4p + 4(ab + cd)$. En effet, $(a+b-c-d)^2 = a^2 + b^2 + c^2 + d^2 + 2ab - 2ac - 2ad - 2bc - 2bd + 2cd = (a+b+c+d)^2 - 4ac - 4ad - 4bc - 4bd$. Mais comme l'équation proposée manque de second terme, $a+b+c+d = 0$; d'où $(a+b-c-d)^2 = -4ac - 4ad - 4bc - 4bd$; mais $p = ab + ac + ad + bc + bd + cd$; donc $-4ac - 4ad - 4bc - 4bd = -4p + 4ab + 4cd$. Cela posé, il ne nous reste plus qu'à faire voir que la réduite doit provenir des trois facteurs, $z + p - (ab + cd)$, $z + p - (ad + bc)$, $z + p - (ac + bd)$. Pour cela, il s'agit d'exprimer en p, q, r, les fonctions symmétriques de a, b, c, d, qui s'y trouvent contenues. D'abord, pour simplifier, on fera $z + p = u$, ce qui donnera les trois facteurs, $u - (ab + cd)$, $u - (ad + bc)$, $u - (ac + bd)$. Leur produit est $u^3 - (ab + ac + ad + bc + bd + cd)u^2$

$$+ \begin{array}{l} a^2bc + a^2bd + a^2cd \\ + ab^2c + ab^2d + b^2cd \\ + abc^2 + ac^2d + bc^2d \\ + abd^2 + acd^2 + bcd^2 \end{array} \Bigg\} u - \begin{cases} a^3bcd + ab^3cd + abc^3d + abcd^3 \\ \\ a^2b^2c^2 + a^2b^2d^2 + a^2c^2d^2 + b^2c^2d^2 \end{cases}$$

$= 0$. On voit tout de suite que le coefficien de $u^2 = -p$; pour avoir celui de u, on observera que la première ligne horizontale équivaut à $a(abc+abd+acd+bcd)$ $- abcd$, que la 2e. $= b(abc + abd + acd + bcd)$ $- abcd$, que la 3e. revient à $c(abc+abd+acd+bcd)$ $- abcd$, enfin que la 4e. $= d(abc+abd+acd+bcd)$ $- abcd$. Donc ce coefficient $= (a + b + c + d)$ $(abc + abd + acd + bcd) - 4abcd$, et se réduit par conséquent à $- 4abcd$, à cause de $a + b + c + d = 0$; donc le coefficient de u est $- 4r$. Quant au dernier terme, la première ligne est évidemment égale à

$$- abcd(a^2 + b^2 + c^2 + d^2) = - abcd \ldots$$
$$[(a+b+c+d)^2 - 2(ab+ac + ad + bc + bd + cd)] :$$

mais $- abcd = - r, (a + b + c + d)^2 = 0$, $- 2(ab + ac + ad + bc + bd + cd) = - 2p$; cette première ligne vaut donc $- r \times - 2p$, ou $2pr$; quant à la seconde, elle est égale à $- (abc+abd+acd+bcd)^2$ $+ 2(a^2b^2cd + a^2bc^2d + ab^2c^2d + a^2bcd^2 + ab^2cd^2$ $+ abc^2d^2) = - q^2 + 2abcd(ab+ac+ad+bc+bd+cd)$ $= - q^2 + 2pr$; donc le dernier terme équivaut à $4pr - q^2$. L'équation en u est donc $u^3 - pu^2 - 4ru$ $+ 4pr - q^2 = 0$: remettant, au lieu de u, sa valeur $z + p$, on aura la réduite cherchée $z^6 + 2pz^4 + (p^2 - 4r)z^2$ $- q^2 = 0$.

17. Nous avons promis (p. 369), de parler de la méthode due à Tschirnaüs ; la voici. Prenons d'abord l'équation complette du second degré , $y^2 + py + q = 0$: si l'on prend l'équation auxiliaire $y = x + a$, et qu'on multiplie les termes de celle-ci par y, on aura $y^2 = (x+a)y$, ou $y^2 = (x + a)^2$, en mettant pour y sa valeur $x + a$; substituant dans la proposée , au lieu de y^2 et y leurs valeurs, on aura $(x + a)^2 + p(x + a) + q = 0$; on pourroit tout de suite , en regardant $x + a$ comme un

seul terme, obtenir $x + a$, ou $y = - \dfrac{p}{2} \pm \sqrt{\tfrac{1}{4} p^2 - q}$.

Mais, pour nous conformer à l'esprit de la méthode, nous développerons $(x + a)^2 + p(x + a) + q = 0$, ce qui donnera $x^2 + (2a + p)x + a^2 + pa + q = 0$; égalons à zéro le coefficient de x, on aura $2a + p = 0$, ou $a = - \tfrac{1}{2} p$, et $x^2 + a^2 + ap + q = 0$, qui donne $x = \pm \sqrt{\tfrac{1}{4} p^2 - q}$; d'où $x + a$ ou $y = - \tfrac{1}{2} p \pm \sqrt{\tfrac{1}{4} p^2 - q}$.

18. Passons aux équations du troisième degré; mais, pour simplifier, prenons l'équation sans second terme, $y^3 + py + q = 0$, et l'équation subsidiaire $y^2 = x + a + by$; il s'agit, conformément à l'esprit de la méthode, d'arriver à une équation en x, telle que $x^3 + Ax^2 + Bx + C = 0$, où l'on puisse faire A et B égaux à zéro, afin d'avoir l'équation à deux termes, $x^3 + C = 0$, d'où $x = \sqrt[3]{-C}$. Pour y parvenir, je multiplie par y, les termes de $y^2 = x + a + by$, et j'ai $y^3 = (x + a)y + by^2$, ou $y^3 = (x + a)(y + b) + b^2 y$, en mettant pour y^2 sa valeur $x + a + by$. Si l'on substitue dans la proposée cette valeur de y^3, elle devient $(x+a)(y+b) + b^2 y + py + q = 0$; d'où l'on tire $y = - \dfrac{(x+a)b + q}{x + a + b^2 + p}$.

Mettons enfin cette valeur de y dans l'équation $y^2 = x + a + by$, et nous aurons; après avoir réduit, et ordonné par rapport à x,

$$x^3 + (3a + 2p)x^2 + (3a^2 + 4ap + b^2 p - 3bq + p^2)x$$
$$+ a^3 + 2a^2 p + ap^2 + ab^2 p - 3abq - b^3 q - bpq - q^2$$
$$= 0,$$

équation qui répond à $x^3 + Ax^2 + Bx + C = 0$; donc, puisqu'on doit y faire A et $B = 0$, il faut qu'on ait $3a + 2p = 0$, $3a^2 + 4ap + b^2 p - 3bq + p^2 = 0$;

d'où $x = -\sqrt[3]{C} = -\sqrt[3]{(a^3 + 2a^2 p + ap^2 + ab^2 p - 3abq}$
$-b^3 q - bpq - q^2)$. La première équation donne
$a = -\dfrac{2p}{3}$; substituant dans la seconde, on aura pour

trouver b, $b^2 - \dfrac{3q}{p} b = \dfrac{p}{3}$. Enfin, pour simplifier,

autant qu'il est possible, la valeur de x, on y substituera d'abord la valeur de a, et l'on aura

$$x = \sqrt[3]{-\frac{2p^3}{27} - \frac{2p}{3}(b^2 p - 3bq) - b^3 q - bpq - q^2} ;$$

mais $b^2 p - 3bq = \dfrac{p^2}{3}$; donc la quantité sous le radical

devient $-\left(\dfrac{8p^3}{27} + q^2 + qb\,(b^2 + p)\right)$: en substituant

pour b^2, deux fois de suite sa valeur $\dfrac{p}{3} + \dfrac{3q}{p} b$, on a

enfin $x = -\sqrt[3]{\left(\dfrac{8p^3}{27} + 2q^2 + \left(\dfrac{4p}{3} + \dfrac{9q^2}{p^2}\right)bq\right)}$.

A présent que l'on connoît en p et en q, les valeurs
de a, b, x, il ne faudra plus, pour avoir y, que les

substituer dans $y = -\dfrac{(x + a)b + q}{x + a + b^2 + p}$.

19. Voyons encore le quatrième degré, et proposons-
nous l'équation $y^4 + py^3 + qy^2 + ry + s = 0$: quand,
au moyen de l'équation subsidiaire, on sera parvenu à
l'équation $x^4 + Ax^3 + Bx^2 + Cx + D = 0$, on pourra
s'y prendre de deux manières différentes : car, ou l'on
pourra faire A et $C = 0$, ce qui réduira l'équation à
$x^4 + Bx^2 + D = 0$, qui pourra se résoudre à la manière de celles du second degré ; ou l'on pourra faire à-

la-fois, A, B, $C = 0$, ce qui réduira l'équation à $x^4 + D = 0$. Nous allons brièvement employer ces deux méthodes. Pour la première, on prendra l'équation auxiliaire $y^2 = x + a + by$; en la quarrant, il vient $y^4 = (x+a)^2 + 2by(x+a) + b^2 y^2$, ou $y^4 = (x+a)^2 + 2by(x+a) + b^2(x+a) + b^3 y$, en mettant pour y^2 sa valeur. Multipliant encore $y^2 = x + a + by$ par y, il vient $y^3 = (x+a)y + by^2 = (y+b)(x+a) + b^2 y$. Si dans l'équation proposée, on substitue pour y^4, y^3, y^2, leurs valeurs, il viendra $x^2 + 2ax + a^2 + 2bxy + 2aby + b^2 x + ab^2 + b^3 y + pxy + pay + pbx + abp + b^2 py + qx + aq + bqy + ry + s = 0$, qui donne

$$y = - \left(\frac{x^2 + 2ax + a^2 + b^2 x + ab^2 + bpx + abp + qx + aq + s}{2bx + 2ab + b^3 + px + pa + b^2 p + bq + r} \right).$$

Substituant cette valeur de y dans $y^2 = x + a + by$, on obtiendra l'équation du quatrième degré, correspondante à $x^4 + Ax^3 + Bx^2 + Cx + D = 0$; il ne restera plus qu'à poser $A = 0$ et $C = 0$; si l'on fait le calcul, qui n'a d'autre difficulté que celle de la longueur, on verra que $A = 0$ sera du premier degré, relativement aux indéterminées a et b, et que $C = 0$ ne montera qu'au troisième ; d'où l'on voit que la résolution de l'équation du quatrième degré est ramenée à celle d'une équation du troisième. Connoissant a et b, on substituera leurs valeurs dans les coefficiens B et D, qui sont fonctions de a, b et p, q, r, s ; alors x sera connu, et l'on n'aura plus qu'à mettre les valeurs de a, b, x, dans celle de y, donnée ci-dessus.

Pour transformer l'équation proposée, en une autre qui n'eût que deux termes, il faudroit en faire disparoître trois, et par conséquent supposer $y^3 = x + a + by + cy^2$; et, lorsqu'on sera parvenu à l'équation

$x^4 + Ax^3 + Bx^2 + Cx + D = 0$, on fera A, B, $C = 0$, ce qui donnera $x^4 + D = 0$; mais les indéterminées a, b, c, seront au premier degré dans A, au second dans B, et au troisième dans C; d'où il suit que la valeur de l'une d'entr'elles dépendra d'une équation du sixième degré, mais que Lagrange a prouvé se réduire au troisième.

Quant au cinquième degré, où il faudra nécessairement changer la proposée en une autre, qui n'ait que deux termes, la recherche de la valeur des indéterminées conduira à une équation finale, d'un degré beaucoup plus élevé, que la proposée même; nous nous arrêterons donc ici, et nous passerons aux méthodes suivantes.

20. Euler, conduit par la forme des racines du second et du troisième degrés, dans les équations sans second terme, qui sont $x = \sqrt{a}$, $x = \sqrt[3]{a} + \sqrt[3]{b}$, conjectura que celles du quatrième, du cinquième degrés, enfin du degré n, seroient de la forme $x = \sqrt[4]{a} + \sqrt[4]{b} + \sqrt[4]{c}$,
$$x = \sqrt[5]{a} + \sqrt[5]{b} + \sqrt[5]{c} + \sqrt[5]{d}; \dots x = \sqrt[n]{a} + \sqrt[n]{b} + \sqrt[n]{c} + \text{etc.},$$
le nombre des radicaux étant $n - 1$. Mais la difficulté qu'il trouva dans l'équation du cinquième degré, lui fit modifier la forme précédente, et adopter la loi suivante, à commencer du second degré, jusqu'au degré n : $x = a\sqrt{u}$, $x = a\sqrt[3]{u} + b\sqrt[3]{u^2}$,
$$x = a\sqrt[4]{u} + b\sqrt[4]{u^2} + c\sqrt[4]{u^3}, \quad x = a\sqrt[5]{u} + b\sqrt[5]{u^2}$$
$$+ c\sqrt[5]{u^3} + d\sqrt[5]{u^4} \dots x = a\sqrt[n]{u} + b\sqrt[n]{u^2} + c\sqrt[n]{u^3}$$
$$+ d\sqrt[n]{u^4} \dots + m\sqrt[n]{u^{n-1}},$$
les quantités a, b, c, d $\dots m$ étant indéterminées, et au nombre de $n - 1$.

Si l'on suppose $\sqrt[n]{u} = y$, on aura $x = ay + by^2 + cy^3 + dy^4 \ldots + my^{n-1} = 0$; donc, si l'on fait, comme on en est bien le maître, $u = 1$, on aura les deux équations $y^n - 1 = 0$, et $x = ay + by^2 + cy^3 + dy^4 + \ldots + my^{n-1}$, qui sont, à un léger changement près, les mêmes que celles que donne Bézout (Alg. page 209); voici la marche qu'il a suivie.

21. Nous supposerons que $x^m + px^{m-2} + qx^{m-3} + rx^{m-4} + \ldots + k = 0$, est en général l'équation qu'il s'agit de résoudre. On prendra les deux équations $y^m - 1 = 0$, et $ay^{m-1} + by^{m-2} + cy^{m-3} + dy^{m-4} + \ldots + x = 0$; par le moyen de ces deux dernières, on éliminera y, ce qui conduira à une équation en x, qui sera du degré m, et n'aura pas de second terme. Les coefficiens des différentes puissances de x seront des fonctions de a, b, c, etc. On égalera chaque coefficient au coefficient de la même puissance de x dans l'équation proposée, ce qui donnera autant d'équations, pour déterminer a, b, c, etc., qu'il y a de ces quantités. Lorsqu'elles auront été déterminées, on aura toutes les valeurs de x, en substituant dans l'équation $ay^{m-1} + by^{m-2} + cy^{m-3} + dy^{m-4} \ldots + x = 0$, ces valeurs de a, b, c, etc., et en mettant successivement pour y, chacune des racines de l'équation $y^m - 1 = 0$.

Appliquons cette règle à l'équation du second degré, $x^2 + p = 0$: après avoir fait $y^2 - 1 = 0$, et $ay + x = 0$, je multiplie cette dernière équation par y, et j'ai $ay^2 + xy$

$=0$, ou $xy + a = 0$, en mettant pour y^2, sa valeur
1, tirée de $y^2 - 1 = 0$; des deux équations $ay + x$
$= 0$, et $xy + a = 0$, je tire $x^2 - a^2 = 0$; comparant
à $x^2 + p = 0$, il vient $- a^2 = p$, d'où $a = \pm \sqrt{p}$;
mettant cette valeur de a dans $ay + x = 0$, j'ai $\pm y \sqrt{p}$
$+ x = 0$; enfin substituant, au lieu de y, successivement ses valeurs $+ 1$ et $- 1$, tirées de $y^2 - 1 = 0$,
j'ai $x = \mp \sqrt{p}$, et $x = \pm \sqrt{p}$; c'est-à-dire, $x = + \sqrt{p}$
et $- \sqrt{p}$.

22. Soit ensuite l'équation da troisième degré $x^3 + px$
$+ q = 0$. Je prends $y^3 - 1 = 0$, et $ay^2 + by + x = 0$.
Pour chasser y, je multiplie cette dernière par y, et
mettant pour y^3 sa valeur 1, tirée de l'équation $y^3 - 1$
$= 0$, j'ai $by^2 + xy + a = 0$. Je multiplie de même
celle-ci par y, et mettant encore pour y^3 sa valeur 1,
j'ai $xy^2 + ay + b = 0$; ainsi, j'ai les trois équations,
$ay^2 + by + x = 0$, $by^2 + xy + a = 0$, $xy^2 + ay$
$+ b = 0$. Par le moyen des deux premières, je prends
les valeurs de y^2 et de y, selon la méthode des équations du premier degré à deux inconnues, et j'ai

$$y^2 = \frac{x^2 - ab}{b^2 - ax}, \quad y = \frac{a^2 - bx}{b^2 - ax}; \text{ je substitue ces valeurs}$$

dans la troisième équation, $xy^2 + ay + b = 0$; j'ai

$$\frac{x^3 + a^3 - 2abx}{b^2 - ax} + b = 0; \text{ ou, chassant le dénomina-}$$

teur, transposant et réduisant $x^3 - 3abx + a^3 + b^3$
$= 0$. Comparant cette équation avec la proposée $x^3 + px$
$+ q = 0$, j'ai $- 3ab = p$, $a^3 + b^3 = q$; substituant

dans la seconde, au lieu de b, sa valeur $- \dfrac{p}{3a}$, déduite de la première, il vient $a^3 - \dfrac{p^3}{27\,a^3} = q$, ou

$a^6 - qa^3 - \dfrac{p^3}{27} = 0$; d'où l'on tire

$a^3 = \frac{1}{2}q + \sqrt{\dfrac{q^2}{4} + \dfrac{p^3}{27}}$. Mais $a^3 + b^3 = q$, ou $b^3 = q$

$- a^3$; donc $b^3 = \frac{1}{2}q - \sqrt{\dfrac{q^2}{4} + \dfrac{p^3}{27}}$; donc

$$a = \sqrt[3]{\left(\tfrac{1}{2}q + \sqrt{\dfrac{q^2}{4} + \dfrac{p^3}{27}}\right)},\ b = \sqrt[3]{\left(\tfrac{1}{2}q - \sqrt{\dfrac{q^2}{4} + \dfrac{p^3}{27}}\right)}.$$

Comme l'équation $ay^2 + by + x = 0$, donne $x = -ay^2$

$- by$, on a donc $x = -y^2\sqrt[3]{\left(\tfrac{1}{2}q + \sqrt{\dfrac{q^2}{4} + \dfrac{p^3}{27}}\right)}$

$- y\sqrt[3]{\left(\tfrac{1}{2}q - \sqrt{\dfrac{q^2}{4} + \dfrac{p^3}{27}}\right)}$, qui renferme les trois

racines. Pour les avoir, je représente les trois racines de y
par 1, α, α', et j'observe que $\alpha' = \alpha^2$, et que $\alpha'^2 = \alpha$;
d'où je conclus que les trois valeurs de x sont

$$x = -\sqrt[3]{\left(\tfrac{1}{2}q + \sqrt{\dfrac{q^2}{4} + \dfrac{p^3}{27}}\right)} - \sqrt[3]{\left(\tfrac{1}{2}q - \sqrt{\dfrac{q^2}{4} + \dfrac{p^3}{27}}\right)};$$

$$x = -\alpha'\sqrt[3]{\left(\tfrac{1}{2}q + \sqrt{\dfrac{q^2}{4} + \dfrac{p^3}{27}}\right)} - \alpha\sqrt[3]{\left(\tfrac{1}{2}q - \sqrt{\dfrac{q^2}{4} + \dfrac{p^3}{27}}\right)};$$

$$x = -\alpha\sqrt[3]{\left(\tfrac{1}{2}q + \sqrt{\dfrac{q^2}{4} + \dfrac{p^3}{27}}\right)} - \alpha'\sqrt[3]{\left(\tfrac{1}{2}q - \sqrt{\dfrac{q^2}{4} + \dfrac{p^3}{27}}\right)};$$

c'est-à-dire, les trois valeurs connues, en mettant

$\dfrac{-1 + \sqrt{-3}}{2}$, au lieu de α, et $\dfrac{-1 - \sqrt{-3}}{2}$, au lieu de α'.

23.

23. Soit ensuite l'équation $x^4 + p x^2 + q x + r = 0$; je prends les deux équations $y^4 - 1 = 0$, et $a y^3 + b y^2 + c y + x = 0$. Pour chasser y, je multiplie celle-ci trois fois de suite par y, et je substitue à mesure, au lieu de y^4, sa valeur 1, tirée de l'équation $y^4 - 1 = 0$; ce qui me donne, en comprenant la seconde équation, les quatre suivantes, $a y^3 + b y^2 + c y + x = 0$, $b y^3 + c y^2 + x y + a = 0$, $c y^3 + x y^2 + a y + b = 0$, $x y^3 + a y^2 + b y + c = 0$; si, à l'aide des trois premières, on tire les valeurs de y^3, y^2 et y, on aura

$$y^3 = \frac{-x^3 + b^2 x - b c^2 + 2 a c x - a^2 b}{a x^2 - 2 b c x + a b^2 + c^3 - a^2 c},$$

$$y^2 = \frac{c x^2 - 2 a b x + a^3 - a c^2 + b^2 c}{a x^2 - 2 b c x + a b^2 + c^3 - a^2 c},$$

$$y = \frac{b x^2 - a^2 x - c^2 x - b^3 + 2 a b c}{a x^2 - 2 b c x + a b^2 + c^3 - a^2 c}.$$

Substituant dans la dernière, on aura, après avoir chassé le dénominateur, réduit et changé les signes, $x^4 - (4 a c + 2 b^2) x^2 + (4 a^2 b + 4 b c^2) x - a^4 - c^4 + b^4 + 2 a^2 c^2 - 4 a b^2 c$, qui, comparé avec $x^4 + p x^2 + q x + r = 0$, donne $- (4 a c + 2 b^2) = p$, $4 a^2 b + 4 b c^2 = q$, $- a^4 - c^4 + b^4 + 2 a^2 c^2 - 4 a b^2 c = r$. La seconde

donne $a^2 + c^2 = \dfrac{q}{4 b}$; en quarrant les deux membres, on a

$$a^4 + 2 a^2 c^2 + c^4 = \frac{q^2}{16 b^2}, \text{ d'où } a^4 + c^4 = \frac{q^2}{16 b^2} - 2 a^2 c^2.$$

Substituant cette valeur de $a^4 + c^4$ dans la troisième

équation, il vient $- \dfrac{q^2}{16 b^2} + 4 a^2 c^2 + b^4 - 4 a b^2 c = r$.

La première équation $4 a c + 2 b^2 = - p$ donne

Tome II.   Ee

$ac = \dfrac{-p - 2b^2}{4}$, qui, substitué dans la précédente,

la change en $-\dfrac{q^2}{16 b^2} + 4 \left(\dfrac{-p - 2b^2}{4} \right)^2 + b^4 - 4 b^2$

$\left(\dfrac{-p - 2b^2}{4} \right) = r$, ou, en chassant les fractions,

transposant, réduisant, et ordonnant par rapport à b, $64 b^6 + 32 p b^4 + (4 p^2 - 16 r) b^2 - q^2 = 0$, ou, en faisant enfin $2b = z$, $z^6 + 2 p z^4 + (p^2 - 4 r) z^2 - q^2 = 0$, qui est la réduite ordinaire. Avant de chercher les valeurs de a et de c, reprenons l'équation $ay^3 + by^2 + cy + x = 0$; elle donne $x = -ay^3 - by^2 - cy$, dans laquelle on doit substituer tour-à-tour les quatre valeurs de y, tirées de l'équation $y^4 - 1 = 0$; ces valeurs sont évidemment $+1$, -1, $+\sqrt{-1}$, $-\sqrt{-1}$; ce qui donnera pour les quatre valeurs de x.
$x = -a - b - c$, $x = a - b + c$, $x = a\sqrt{-1} + b - c\sqrt{-1}$, $x = -a\sqrt{-1} + b + c\sqrt{-1}$, ou $x = -b - (a + c)$, $x = -b + (a + c)$, $x = +b + (a - c)\sqrt{-1}$, $x = +b - (a - c)\sqrt{-1}$: il ne s'agit donc plus, pour avoir les valeurs de x, que de connoitre celles de $a + c$ et de $a - c$; voici comment on y parviendra. Les deux équations $4 ac + 2 b^2 = -p$, et $4 a^2 b + 4 b c^2 = q$, trouvées ci-dessus, donnent $2 ac = -\frac{1}{2} p - b^2$, et

$a^2 + c^2 = \dfrac{q}{4 b}$; ajoutant la première à la seconde, et

l'en retranchant ensuite, il vient

$a^2 + 2 ac + c^2 = \dfrac{q}{4 b} - \frac{1}{2} p - b^2$, $a^2 - 2 ac + c^2$

$$= \frac{q}{4b} + \tfrac{1}{2}p + b^2; \text{ donc } a + c = \pm \sqrt{\frac{q}{4b} - \tfrac{1}{2}p - b^2},$$

$$a - c = \pm \sqrt{\frac{q}{4b} + \tfrac{1}{2}p + b^2}.$$ Substituant à présent ces valeurs de $a + c$ et de $a - c$, dans les quatre valeurs de x, l'on aura, en observant que

$$\pm \sqrt{\frac{q}{4b} + \tfrac{1}{2}p + b^2} \sqrt{-1} = \pm \sqrt{-\frac{q}{4b} - \tfrac{1}{2}p - b^2}.$$

$$x = -b \mp \sqrt{\frac{q}{4b} - \tfrac{1}{2}p - b^2}, \quad x = +b \pm \sqrt{-\frac{q}{4b} - \tfrac{1}{2}p - b^2},$$

$$x = -b \pm \sqrt{\frac{q}{4b} - \tfrac{1}{2}p - b^2}, \quad x = +b \mp \sqrt{-\frac{q}{4b} - \tfrac{1}{2}p - b^2}.$$

Si l'on remarque à présent que, de quelque manière qu'on prenne les signes, les valeurs rentrent les unes dans les autres ; et si, au lieu de b, on écrit $\dfrac{z}{2}$, on aura les quatre valeurs données par Clairaut, en changeant z en x, et x en z.

24. Voyons enfin l'équation du cinquième degré, générale, mais sans second terme, $x^5 + px^3 + qx^2 + rx + s = 0$. Nous prendrons, selon la méthode, les deux équations $y^5 - 1 = 0$, et $ay^4 + by^3 + cy^2 + dy + x = 0$; multiplions celle-ci quatre fois de suite par y, et substituons à mesure 1 pour y^5, on aura les cinq équations suivantes, $ay^4 + by^3 + cy^2 + dy + x = 0$; $by^4 + cy^3 + dy^2 + xy + a = 0$; $cy^4 + dy^3 + xy^2 + ay + b = 0$; $dy^4 + xy^3 + ay^2 + by + c = 0$; $xy^4 + ay^3 + by^2 + cy + d = 0$. Au moyen des quatre premières, on trouvera les valeurs de y^4, y^3, y^2 et

y, (Voyez pag. 113). Substituant dans la dernière, et chassant le dénominateur, il viendra.

$$-3bcx^3 + 2a^2cx^2 - 3adx^3 + a^2d^2x + 2bd^2x^2$$
$$+ x^5 - abcdx + 2ab^2x^2 - a^3bx - b^3dx + 2c^2dx^2$$
$$+ b^2c^2x - ac^3x - cd^3x - 3a^3bx + a^5 + 2a^2b^2d$$
$$- 3a^3cd + 2a^3cx^2 - abcdx - ab^3c + 2a^2bc^2 - ac^3x$$
$$+ ac^2d^2 + db^2x^2 + 2a^2d^2x - adx^3 - abd^3 - 3ab^3c$$
$$+ a^2bc^2 - abcdx + 2b^3cd^2 + 2a^2b^2d - a^3bx$$
$$+ 2ab^2x^2 - 3b^3dx - bcx^3 + b^5 + 2b^2c^2x$$
$$- bc^3d + bd^2x^2 - abd^3 - 3ac^3x + 2a^2bc^2 - a^3cd$$
$$- abcdx + 2ac^2d^2 + a^3cx^2 - bcx^3 - 3bc^3d$$
$$+ 2b^2c^2x + 2c^2dx^2 - ab^3c + b^2cd^2 + c^5 - cd^3x$$
$$- abcdx - a^3cd + 2a^3d^2x - 3abd^3 - adx^3$$
$$+ 2bd^2x^2 + 2b^2cd^2 + c^2dx^2 - 3cd^3x - b^3dx$$
$$+ a^3b^2d + 2ac^2d^2 - bc^3d + d^5 = 0.$$

Ce qui donne

$$x^5 - 5(ad + bc)x^3 + 5(bd^2 + c^2d + a^2c + ab^2)x^2$$
$$+ 5(a^2d^2 + b^2c^2 - cd^3 - b^3d - a^3b - ac^3 - abcd)x$$
$$+ a^5 + b^5 + c^5 + d^5 + 5(a^2bc^2 + a^2b^2d + b^2cd^2$$
$$+ ac^2d^2 - a^3cd - ab^3c - abd^3 - bc^3d) = 0.$$

Alors égalant le coefficient de x^3 à p, celui de x^2 à q, celui de x à r, enfin tous les termes sans x à s, on aura quatre équations pour déterminer a, b, c et d. Mais la longueur des calculs a toujours empêché jusqu'ici de parvenir à la réduite.

25. Nous allons terminer cette seconde addition par la méthode qu'on attribue à Cardan, mais qu'on doit plutôt attribuer à Hudde, et qui consiste à faire l'inconnue, égale à autant d'inconnues, moins une, qu'il y a d'unités dans le plus haut exposant de l'inconnue. Comme dans le troisième degré, c'est la méthode suivie par Clairaut, nous y renvoyons le lecteur : nous observerons seulement que l'équation résultante

$u^3 + 3u^2z + 3uz^2 + z^3 + pu + pz + q = 0$,
pouvant s'écrire ainsi $u^3 + z^3 + q + (3uz + p)$
$(u + z) = 0$, il était fort naturel de la décomposer en
ces deux équations $u^3 + z^3 + q = 0$, et $(3uz + p)$
$(u + z) = 0$, ou simplement $3uz + p = 0$, puisque
$u + z = x$, et ne peut être zéro.

26. Soit l'équation du quatrième degré $x^4 + px^2 + qx$
$+ r = 0$, et supposons $x = y + z + t$, j'aurai d'abord
$x^2 = y^2 + z^2 + t^2 + 2(yz + yt + zt)$. Ensuite quarrant de nouveau, j'ai $x^4 = (y^2 + z^2 + t^2)^2 + 4$
$(y^2 + z^2 + t^2)(yz + yt + zt) + 4(yz + yt + zt)^2$.
Or $(yz + yt + zt)^2 = y^2z^2 + y^2t^2 + z^2t^2 + 2y^2zt$
$+ 2yz^2t + 2yzt^2 = y^2z^2 + y^2t^2 + z^2t^2 + 2yzt$
$(y + z + t)$. Je substitue ces valeurs de x^4, x^2 et x dans
la proposée, et je mets ensemble les termes, qui se
trouvent multipliés par $y + z + t$, ainsi que par
$yz + yt + zt$. J'ai la transformée $(y^2 + z^2 + t^2)^2 + p$
$(y^2 + z^2 + t^2) + (4(y^2 + z^2 + t^2) + 2p)(yz + yt + zt)$
$+ 4(y^2z^2 + y^2t^2 + z^2t^2) + (8yzt + q)(y + z + t)$
$+ r = 0$. Maintenant, comme pour les équations du
troisième degré, nous avons fait évanouir les termes qui
contenaient $y + z$, nous ferons de même disparaître ici
les termes qui contiennent $y + z + t$ et $yz + yt + zt$,
ce qui nous donnera les deux équations de condition,
$8yzt + q = 0$ et $4(y^2 + z^2 + t^2) + 2p = 0$. Il restera
alors l'équation $(y^2 + z^2 + t^2)^2 + p(y^2 + z^2 + t^2) + 4$
$(y^2z^2 + y^2t^2 + z^2t^2) + r = 0$; et ces trois équations
détermineront les trois quantités y, z, t. La seconde
donne d'abord $y^2 + z^2 + t^2 = -\frac{1}{2}p$, et cette valeur
étant substituée dans la troisième, on aura $y^2z^2 + y^2t^2$
$+ z^2t^2 = \frac{p^2}{16} - \frac{r}{4}$; de plus $yzt = -\frac{q}{8}$, étant élevé

au quarré, donne $y^2 z^2 t^2 = \dfrac{q^2}{64}$, donc, par la théorie générale de la formation des équations, les trois quantités y^2, z^2, t^2, seront les racines d'une équation du troisième degré de la forme $u^3 + \dfrac{p}{2} u^2 + \left(\dfrac{p^2}{16} - \dfrac{r}{4} \right) u - \dfrac{q^2}{64} = 0$, ou $64 u^3 + 32 p u^2 + (4 p^2 - 16 r) u - q^2 = 0$, qui, en faisant $4 u = z^2$, devient la réduite connue $z^6 + 2p z^4 + (p^2 - 4 r) z^2 - q^2 = 0$.

27. En se servant toujours de la méthode de Cardan, voici la manière la plus simple dont on pourrait arriver aux équations, d'où l'on tire la réduite : 1°. Pour le troisième degré, où $x = u + z$, il vient, en cubant chaque membre, $x^3 = u^3 + z^3 + 3 u^2 z + 3 u z^2 = u^3 + z^3 + 3 u z (u + z) = u^3 + z^3 + 3 u z x$; d'où $x^3 - 3 u z x - u^3 - z^3 = 0$, qui donne, en comparant les termes aux termes correspondans de $x^3 + p x + q = 0$, $- 3 u z = p$, $- u^3 - z^3 = q$, etc.

2°. Pour le quatrième degré : de $x = u + y + z$, on tire, en quarrant les deux membres, $x^2 = u^2 + y^2 + z^2 + 2 (u y + u z + y z)$; ce qui donne $x^2 - (u^2 + y^2 + z^2) = 2 (u y + u z + y z)$. Quarrant encore, on a $x^4 - 2 (u^2 + y^2 + z^2) x^2 + (u^2 + y^2 + z^2)^2 = 4 (u y + u z + y z)^2 = 4 (u^2 y^2 + u^2 z^2 + y^2 z^2) + 8 (u^2 y z + u y^2 z + u y z^2) = 4 (u^2 y^2 + u^2 z^2 + y^2 z^2) + 8 u y z (u + y + z) = 4 (u^2 y^2 + u^2 z^2 + y^2 z^2) + 8 u y z x$: on a donc $x^4 - 2 (u^2 + y^2 + z^2) x^2 - 8 u y z x + (u^2 + y^2 + z^2)^2 - 4 (u^2 y^2 + u^2 z^2 + y^2 z^2) = 0$; équation qui, comparée à l'équation générale, $x^4 + p x^2 + q x + r = 0$, donne $- 2 (u^2 + y^2 + z^2) = p$, $- 8 u y z = q$; $(u^2 + y^2 + z^2)^2 - 4 (u^2 y^2 + u^2 z^2 + y^2 z^2) = r$; qui sont les trois mêmes équations que celles de l'article 26, en supposant toutefois que par - tout l'on substitue t à u, et que dans la dernière, au lieu de $(u^2 + y^2 + z^2)^2$, on mette sa valeur $\dfrac{p^2}{4}$, tirée de la première, ce qui la change

$$\text{en } \frac{p^2}{4} - 4\,(u^2 y^2 + u^2 z^2 + y^2 z^2) = r.$$

ADDITION III.

Des cas où une équation peut s'abaisser.

28. Nous terminerons ce qui regarde la théorie des équations à une inconnue, par l'examen des cas où elles peuvent s'abaisser, c'est-à-dire, être ramenées à un degré inférieur à celui sous lequel elles se présentent. Or on va voir que cet abaissement a lieu, lorsqu'il existe une relation particulière entre les racines de ces équations. Pour le prouver, prenons l'équation générale $x^m + px^{m-1} + qx^{m-2} + \ldots + s = 0$; représentons les m racines par a, b, c, etc.; et supposons enfin qu'on sache qu'il existe entre deux, ou trois, ou etc. racines, les relations indiquées par les équations suivantes $fa + kb = l$, $ha + ib + kc = l$, etc., h, i, k, l, etc. étant des quantités connues; on pourra trouver fort simplement les racines a, b, ou a, b, c, etc. En effet, ces quantités étant des racines de l'équation proposée, elle se change en $a^m + pa^{m-1} + qa^{m-2} + \ldots + s = 0$, $b^m + pb^{m-1} + qb^{m-2} + \ldots + s = 0$; ou en $a^m + pa^{m-1} + qa^{m-2} + \ldots + s = 0$, $b^m + pb^{m-1} + qb^{m-2} + \ldots + s = 0$, $c^m + pc^{m-1} + qc^{m-2}$

$+ \ldots + s = 0$; ou en etc. Alors si, au moyen de l'équation de relation, et de la dernière, ou des deux dernières, ou etc. des équations ci-dessus, on élimine b, ou b et c, ou etc., on parviendra à une équation finale qui, ne renfermant plus que a, aura nécessairement avec

$$a^{m} + pa^{m-1} + qa^{m-2} + \ldots + s = 0,$$

un diviseur commun, qui doit servir à déterminer a ; il est aisé de voir que si, au lieu des deux dernières transformées, on eût pris la première et la troisième, on auroit le moyen de déterminer b, et qu'il en seroit de même pour toutes les autres racines, en choisissant convenablement les transformées. Si l'on avait $i = k$, il est clair que les équations de relation se changeraient en $i(a+b) = l$, $ha + i(b+c) = l$, etc. où l'on voit que, soit qu'on change dans la première a en b ou b en a, et dans la seconde b en c ou c en b, etc., l'équation ne change pas ; il s'en suit que le diviseur commun qui donneroit l'une des racines, devroit aussi donner l'autre : donc en ce cas ce diviseur doit être du second degré. Si des quantités h, i, k etc., trois ou quatre, ou etc., étoient égales, alors on auroit, entre trois ou quatre ou etc. racines, une équation, où elles joueroient toutes le même rôle ; par conséquent le diviseur commun qui donneroit l'une d'elles, seroit du troisième, ou du quatrième, ou etc. degrés.

Observons cependant que, si l'on donnoit entre les m racines une relation indiquée par $k(a+b+c+\text{etc.}) = l$, elle ne pourroit servir à connoître l'une d'entr'elles, puisque l'on a de nécessité entre la somme de toutes les racines et le coefficient p, l'équation $a+b+c+\text{etc.} = -p$ ou $k(a+b+c+\text{etc.}) = k \times -p$. Il en seroit de même pour la somme des produits deux à deux, trois à trois, etc. Citons maintenant quelques exemples: mais, pour abréger, nous ne parcourrons que les trois cas suivans; 1°. lorsque plusieurs racines sont égales, mais de signes contraires; 2°. lorsqu'elles sont entièrement égales; 3°. lorsqu'elles sont *réciproques*, c'est-à-dire que, prises deux à deux, l'une est exprimée par a, et l'autre par $\dfrac{1}{a}$.

29. Prenons pour premier exemple du premier cas,
$$x^3 + px^2 - (p^2 - 2pq + q^2)\,x - p^3 + 2p^2q - pq^2 = 0;$$
et supposons que l'on sache d'avance que, parmi les trois racines de cette équation, il y en a deux qui sont égales, mais de signes contraires; si nous appellons a et b ces deux racines, nous tirerons d'abord de l'équation proposée les deux suivantes; $a^3 + pa^2 - (p^2 - 2pq + q^2)\,a - p^3 + 2p^2q - pq^2 = 0$, $b^3 + pb^2 - (p^2 - 2pq + q^2)\,b - p^3 + 2p^2q - pq^2 = c$. Mais à cause de $a = -b$, la dernière se change en $-a^3 + pa^2 + (p^2 - 2pq + q^2)\,a - p^3 + 2p^2q - pq^2 = 0$; si l'on cherche le commun diviseur des deux équations en a^3, on trouvera qu'il est $a^2 - p^2 + 2pq - q^2$; on a donc $a^2 - (p-q)^2 = 0$, ou $a^2 = (p-q)^2$, ou $a = \pm(p-q)$; donc $b = -a = \mp(p-q)$; donc les deux racines cherchées sont $p-q$ et $q-p$. On auroit pu, dans cet exemple, arriver aux valeurs ci-dessus, sans employer la méthode du commun diviseur: en effet, si à l'équation $a^3 +$ etc., l'on ajoute $-a^3 +$ etc., la somme sera $2pa^2 - 2p^3 + 4p^2q - 2pq^2 = 0$, ou $2p(a^2 - p^2 + 2pq - q^2) = 0$; ou, parce que $2p$ n'est pas zéro, $a^2 - p^2 + 2pq - q^2 = 0$; d'où l'on tire, comme tout-à-l'heure, $a = \pm(p-q)$.

3o. On vient de voir que l'équation, qui renfermoit le diviseur commun, étoit du second degré; et cela devoit arriver, à cause de la relation $a = -b$ qui, donnant $a + b = 0$, demeure la même, en y changeant a en b et b en a. On auroit encore pu résoudre ce problème de la manière suivante : le facteur qui renferme les deux racines a et b, doit être $x^2 - (a+b)x + ab$; mais à cause de $a = -b$, il devient $x^2 - a^2$. Il faut donc que l'équation proposée soit divisible par ce facteur, et par conséquent que le reste soit égal au zéro. Or, si l'on pousse la division par ce facteur, aussi loin qu'on le pourra, on trouvera pour reste, égal à zéro, l'équation $(a^2 - p^2 + 2pq - q^2)x + pa^2 - p^3 + 2p^2q - pq^2 = 0$; mais cette quantité doit être nulle, indépendamment de toute valeur de x; il faut donc qu'on ait $a^2 - p^2 + 2pq - q^2 = 0$ et $pa^2 - p^3 + 2p^2q - pq^2 = 0$, équations qui donnent également $a^2 = (p-q)^2$; d'où $x^2 - a^2 = x^2 - (p-q)^2$, ou $x = \pm(p-q)$, comme ci - dessus. De plus, si l'on observe que $(a^2 - p^2 + 2pq - q^2)x + pa^2 - p^3 + 2p^2q - pq^2 = 0$, revient à $(x+p)(a^2 - (p-q)^2) = 0$, l'on aura tout de suite $x = +p-q$, $x = -(p-q)$, $x = -p$, pour les trois racines de l'équation proposée.

Proposons-nous encore, pour second exemple du même cas, l'équation numérique $x^5 - 4x^4 - 10x^3 + 40x^2 + 9x - 36 = 0$; et supposons qu'on sache que, sur les cinq racines a, b, c, d, e, on ait les deux relations, $a = -b$ et $c = -d$, ou $a+b = 0$, et $c+d = 0$. Si l'on forme les deux équations $a^5 - 4a^4 - 10a^3 + 40a^2 + 9a - 36 = 0$, et $b^5 - 4b^4 - 10b^3 + 40b^2 + 9b - 36 = 0$; si ensuite on met dans cette dernière $-a$ au lieu de b, elle deviendra $-a^5 - 4a^4 + 10a^3 + 40a^2 - 9a - 36$

$= 0$ qui, ajoutée à la première, donnera $- 8 a^4 + 80 a^2 - 72 = 0$, ou $a^4 - 10 a^2 + 9 = 0$; si l'on fait pour c et d, ce qu'on vient de faire pour a et b, on trouvera de même que l'équation qui donnera c, sera $c^4 - 10 c^2 + 9 = 0$; on seroit arrivé à une équation semblable pour b et pour d; d'où il suit que l'une d'entr'elles donne les valeurs de a, b, c et d tout-à-la-fois; en résolvant cette équation, on trouve que les quatre racines sont $+ 3$, $- 3$, $+ 1$, $- 1$: quant à la cinquième, on trouvera aisément qu'elle est $+ 4$, en divisant l'équation proposée par le produit des quatre facteurs, $x - 3$, $x + 3$, $x - 1$ et $x + 1$.

Si au lieu de cette méthode, ou de celle du commun diviseur, on eût voulu se servir de la troisième, il eût fallu diviser d'abord l'équation par $x^2 - a^2$, ce qui eût donné, pour l'égaler à zéro, le reste $(9 + a^4 - 10 a^2) x + 40 a^2 - 4 a^4 - 36 = 0$; d'où l'on tire les deux équations identiques $9 + a^4 - 10 a^2 = 0$, $40 a^2 - 4 a^4 - 36 = 0$, puisque la dernière n'est que $- 4 (9 + a^4 - 10 a^2) = 0$. Mettant à présent x^2 et x^4 au lieu de a^2 et a^4, il viendra, au lieu de la proposée, $x^4 - 10 x^2 + 9 = 0$, ce qui donnera pour x les quatre valeurs ci-dessus; quant à la cinquième, on la trouvera en divisant la proposée par $x^4 - 10 x^2 + 9 = 0$. Sans faire cette division, on pourroit obtenir cette racine, en observant que le reste $(9 + a^4 - 10 a^2) x + 40 a^2 - 4 a^4 - 36 = 0$, n'est autre chose que $(x - 4) (9 + a^4 - 10 a^2) = 0$; d'où l'on tire $x = 4$. Enfin l'on peut, d'après l'équation même proposée, et les équations de relation $a + b = 0$, $c + d = 0$, obtenir tout de suite, et cette dernière racine, et l'abaissement de la proposée. En effet, les deux dernières donnent $a + b + c + d = 0$; mais d'ailleurs, par la nature même des équations, on a $a + b + c + d + e = +4$; donc $e = 4$; d'où l'on obtient tout de suite $x^4 - 10\,x^2 + 9 = 0$, en divisant la proposée par $x - 4 = 0$.

31. Passons aux racines égales : d'abord nous allons prouver, en suivant la marche précédente, que, dans ce cas, l'équation proposée est susceptible d'abaissement.

Pour cela, soit prise l'équation générale, $x^m + p x^{m-1} + q x^{m-2} + \ldots t x + u = 0$, et ne supposons égales que deux de ses racines, a et b par exemple ; on aura d'abord $a^m + p a^{m-1} + q a^{m-2} + \ldots t a + u = 0$, et $b^m + p b^{m-1} + q b^{m-2} + \ldots t b + u = 0$; en les retranchant, l'on a $a^m - b^m + p\,(a^{m-1} - b^{m-1}) + q\,(a^{m-2} - b^{m-2}) + \ldots + t\,(a - b) = 0$, qui, divisé par $a - b$, donne

$$\left.\begin{array}{l} a^{m-1} + b\,a^{m-2} + b^2 a^{m-3} \ldots\ldots + b^{m-1} \\[4pt] \qquad + p\,a^{m-2} + p b a^{m-3} \ldots\ldots + p b^{m-2} \\[4pt] \qquad\qquad + q\,a^{m-3} \ldots\ldots + q b^{m-3} \\[4pt] \qquad\qquad\qquad \ldots\ldots \\[4pt] \qquad\qquad\qquad\quad + t \ldots \end{array}\right\} = 0 ;$$

à présent, si l'on fait $a = b$, chaque ligne horizontale de cette équation se changera successivement en chacun des termes suivans, $m a^{m-1}$, $(m-1)\,p a^{m-2}$, $(m-2)\,q a^{m-3}$, $\ldots\ldots$ et t ; il faut donc que, dans cette hypothèse, les deux équations $a^m + p a^{m-1}$

$$+ qa^{m-2} + \ldots + ta + u = 0, \text{ et } ma^{m-1}$$

$$+ (m-1) pa^{m-2} + (m-2) qa^{m-3} + \ldots + t = 0;$$

ou, en remettant x pour a, que $x^m + px^{m-1} + qx^{m-2}$

$$+ \ldots tx + u = 0, \text{ et } mx^{m-1} + (m-1) px^{m-2}$$

$$+ (m-2) qx^{m-3} + \ldots + t = 0, \text{ aient un commun}$$

diviseur : donc toute équation qui a des racines égales, est susceptible d'abaissement.

Voyons maintenant comment l'on parvient à trouver les racines égales des équations : il est beaucoup de voies pour arriver à la règle qu'il faut suivre ; mais, entr'elles, nous choisirons les deux suivantes, dont la première réunit l'élégance à la précision et à la généralité, et dont l'autre renferme des détails utiles pour la pratique de la règle. Elles sont tirées, l'une des *Élémens d'Algèbre*, pag. 235, et l'autre, du *Complément de Lacroix*, pag. 60. Voyons d'abord celle-ci. Supposons que l'équation $x^m + px^{m-1} + qx^{m-2} + rx^{m-3} + \ldots + tx + u = 0$

soit le développement de l'équation $(x-a)^n (x-b)^p$

$(x-c)^q \ldots \times (x-g)(x-h) = 0$, c'est-à-dire, supposons qu'elle ait n racines égales à a, p égales à b, q égales à c, etc.; cela posé, si l'on divise successivement cette équation n fois de suite par $x-a$, p fois de suite par $x-b$, q fois de suite par $x-c$, etc., et qu'on ajoute tous les quotiens, on verra que la somme est égale à

$$n (x-a)^{n-1} (x-b)^p (x-c)^q \ldots (x-g)(x-h)$$

$$+ p (x-a)^n (x-b)^{p-1} (x-c)^q \ldots (x-g)(x-h)$$

$$+ q (x-a)^{n} (x-b)^{p} (x-c)^{q-1} \dots\dots\dots (x-g)(x-h)$$

$$+ (x-a)^{n} (x-b)^{p} (x-c)^{q} \dots\dots\dots\dots\dots (x-k)$$

$$+ (x-a)^{n} (x-b)^{p} (x-c)^{q} \dots\dots\dots\dots (x-g).$$

En observant que les facteurs égaux donnent le même quotient, répété un nombre de fois égal à leur degré de multiplicité ; de plus, à l'inspection seule de cette dernière quantité, on voit qu'elle a pour facteur commun à toûs ses termes, le produit $(x-a)^{n-1} (x-b)^{p-1} (x-c)^{q-1}$. Ici, rappelons-nous, 1°. (p. 409) que la même somme est égale à

$$mx^{m-1} + S_1 \left\{ x^{m-2} + S_2 \right. \left\{ x^{m-3} + S_3 \right. \left\{ x^{m-4} \dots + S_{m-1} \right.$$

$$\begin{aligned} & mx^{m-1} \\ & + S_1 \\ & + mp \end{aligned} \Bigg\} \; \begin{aligned} & x^{m-2} \\ & + S_2 \\ & + pS_1 \\ & + mq \end{aligned} \Bigg\} \; \begin{aligned} & x^{m-3} \\ & + S_3 \\ & + pS_2 \\ & + qS_1 \\ & + mr \end{aligned} \Bigg\} \; \begin{aligned} & x^{m-4} \dots \\ & + S_{m-1} \\ & + pS_{m-2} \\ & + qS_{m-3} \\ & + rS_{m-4} \\ & \dots\dots \\ & + mt \end{aligned} \Bigg\};$$

2°. (Page 411) que $S_1 + mp = (m-1) p$, $S_2 + p S_1 + mq = (m-2) q$, $S_3 + p S_2 + q S_1 + mr = (m-3) r$, etc. ; et l'on verra que la fonction précédente revient à $mx^{m-1} + (m-1) px^{m-2} + (m-2) qx^{m-3} + \dots\dots + t = 0$. Il suit donc de là que, quand la proposée aura la forme qu'on lui a supposée plus haut, les deux quantités $x^{m} + px^{m-1} + qx^{m-2} + \dots\dots + tx + u$, et $mx^{m-1} + (m-1) px^{m-2}$

$$+ (m-2) qx^{m-3} + \ldots + t,$$ auront pour diviseur commun, le produit $(x-a)^{n-1} (x-b)^{p-1} (x-c)^{q-1} \ldots$ qui renferme tous les facteurs égaux, élevés à un degré moindre d'une unité que dans l'équation proposée. Passons à la seconde démonstration.

32. Soient faites les mêmes suppositions que dans la première, c'est-à-dire, soient a, b, c, d etc., les racines de l'équation $x^m + px^{m-1} + qx^{m-2} + rx^{m-3} + \ldots + tx + u = 0$. En y substituant $a + y$ au lieu de x, et développant les puissances, on aura

$$\left. \begin{array}{l} a^m + m\,a^{m-1} y + \dfrac{m(m-1)}{2} a^{m-2} y^2 + \ldots + y^m \\[2ex] pa^{m-1} + (m-1) pa^{m-2} y + \dfrac{(m-1)(m-2)}{2} pa^{m-3} y^2 + \ldots \\[2ex] qa^{m-2} + (m-2) qa^{m-3} y + \dfrac{(m-2)(m-3)}{2} qa^{m-4} y^2 + \ldots \\[2ex] ra^{m-3} + (m-3) ra^{m-4} y + \dfrac{(m-3)(m-4)}{2} ra^{m-5} y^2 + \ldots \\[2ex] \ldots \ldots \ldots \ldots \ldots \ldots \ldots \ldots \ldots \\[1ex] \ldots \ldots \ldots \ldots \ldots \ldots \ldots \ldots \ldots \\[1ex] ta + t\,y \end{array} \right\} = 0.$$

Résultat dont la première colonne s'évanouit d'elle-même, puisque a est supposé une des racines de l'équation proposée, et qui devient, après la division de tous les termes restans par y,

$$\left.\begin{aligned}
&m\,a^{m-1} + \frac{m(m-1)}{2}a^{m-2}y + \ldots + y^{m-1} \\
&+ (m-1)pa^{m-2} + \frac{(m-1)(m-2)}{2}pa^{m-3}y + \ldots \ldots \\
&+ (m-2)qa^{m-3} + \frac{(m-2)(m-3)}{2}qa^{m-4}y + \ldots \ldots \\
&+ (m-3)ra^{m-4} + \frac{(m-3)(m-4)}{2}ra^{m-5}y + \ldots \ldots \\
&+ \ldots \ldots \ldots \ldots \ldots \ldots \ldots \ldots \ldots \ldots \ldots \\
& \ldots \ldots \ldots \ldots \ldots \ldots \ldots \ldots \ldots \ldots \ldots \\
&+ t.
\end{aligned}\right\} = 0.$$

Cette équation aura visiblement pour ses $m-1$ racines $y = b-a$, $y = c-a$, $y = d-a \ldots$ etc. Représentons-là par

$$A + \frac{B}{2}y + \frac{C}{2.3}y^2 \ldots + y^{m-1} = 0 \ldots \ldots (d).$$

en faisant, pour abréger, $ma^{m-1} + (m-1)pa^{m-2} + (m-2)qa^{m-3} \ldots \ldots + t = A$; $m(m-1)a^{m-2} + (m-1)(m-2)pa^{m-3} \ldots \ldots = B$, etc. et désignons par V l'expression $a^m + pa^{m-1} + qa^{m-2} + \ldots + ta + u = 0$; si l'équation proposée a deux racines égales, si l'on a, par exemple, $a = b$, l'une des valeurs de y, savoir $b-a$, deviendra nulle; il faudra donc que l'équation (d) soit satisfaite, en y faisant $y = 0$; or cette hypothèse fait évanouir tous les termes, excepté le terme tout connu A; ce dernier doit donc être nul par lui-même; la valeur de a doit donc satisfaire en même-temps aux équations $V = 0$, $A = 0$. Quand la proposée aura trois racines égales; savoir, $a = b = c$, deux des racines de l'équation (d) deviendront nulles en même-temps,

temps, savoir $b - a$ et $b - c$; dans ce cas, l'équation sera divisible deux fois de suite par $y - o$, ou par y; c'est ce qui ne peut arriver, que quand les coëfficiens A et B sont nuls; il faut donc que la valeur de a satisfasse en même-temps aux trois équations $V = o$, $A = o$, $B = o$. En poursuivant ces raisonnemens, on verra que, lorsque la proposée aura quatre racines égales, l'équation (d) aura trois racines égales à zéro, ou sera divisible trois fois de suite par y, ce qui exige que les coëfficiens A, B et C soient nuls en même-temps, et que la valeur de a satisfasse par conséquent à-la-fois aux quatre équations, $V = o$, $A = o$, $B = o$, $C = o$, et ainsi de suite. D'un autre côté, il est clair que, quand une même quantité satisfait à plusieurs équations à-la-fois, c'est qu'elles ont toutes un facteur commun. Donc, pour trouver les racines égales de l'équation proposée, il faut chercher les diviseurs communs aux équations $V = o$, $A = o$, $B = o$, $C = o$, etc. Ceux qui sont communs aux deux premières seulement, sont des facteurs doubles de la proposée, c'est-à-dire que si l'on trouve pour commun diviseur entre $V = o$ et $A = o$, une expression de la forme $(a - \alpha)(a - \beta)$, par exemple, l'inconnue x aura deux valeurs égales à α, et deux autres égales à β, ou que la proposée aura ces quatre facteurs,
$(x - \alpha)(x - \alpha)(x - \beta)(x - \beta)$. Les facteurs communs à-la-fois aux trois premières équations ci-dessus, indiquent des facteurs triples dans la proposée; c'est-à-dire, que si les premiers sont de la forme $(a - \alpha)(b - \beta)$, par exemple, les seconds seront de celle-ci, $(x - \alpha)^3 (x - \beta)^3$. Il est facile de pousser ces considérations aussi loin qu'on voudra.

Il est à propos de remarquer que l'équation $A = o$,
$$\text{ou } ma^{m-1} + (m-1)pa^{m-2} + (m-2)qa^{m-3} \ldots + t = o,$$

se déduit immédiatement de l'équation $V = 0$, ou a^m
$+\ pa^{m-1}\ +\ qa^{m-2}\ \ldots\ldots +\ ta + u = 0$, en multipliant chacun des termes de cette dernière, par l'exposant de la puissance de a qu'il renferme, et diminuant ensuite cet exposant d'une unité ; sur quoi il faut observer que le terme u, étant équivalent à $u \times a^0$, doit s'anéantir dans ces opérations, où il se trouve multiplié par 0. L'équation $B = 0$ se tire de $A = 0$, comme $A = 0$ se tire de $V = 0$; $C = 0$ se tire de $B = 0$, comme $B = 0$ de $A = 0$, et ainsi de suite. Il est visible qu'on peut, si l'on veut, ne pas changer x en a, puisque a ne représente ici aucune racine en particulier, et dériver immédiatement de la proposée les équations $A = 0$, $B = 0$, $C = 0$, etc. : éclaircissons ceci par un exemple.

Soit l'équation $x^5 - 13\ x^4 + 67\ x^3 - 171\ x^2 + 216\ x - 108 = 0$; l'équation (A) devient dans ce cas $5\ x^4 - 52\ x^3 + 201\ x^2 - 342\ x + 216 = 0$; son diviseur commun avec la proposée est $x^3 - 8\ x^2 + 21\ x - 18$; ce diviseur, étant du troisième degré, doit renfermer lui-même plusieurs facteurs : il faut donc chercher s'il n'en aurait pas de communs avec l'équation $B = 0$, qui est ici $20\ x^3 - 156\ x^2 + 402\ x - 342 = 0$, et on trouvera en effet pour résultat $x - 3$; donc la proposée a trois racines égales à 3, ou admet $(x - 3)^3$ au nombre de ses facteurs. Divisant ensuite le premier diviseur commun par $x - 3$, autant de fois de suite qu'il est possible, c'est-à-dire deux fois, on trouve $x - 2$. Ce diviseur n'étant commun qu'à l'équation proposée et à l'équation $A = 0$, n'entre que deux fois dans la proposée. On voit enfin que cette équation est équivalente à $(x - 3)^3\ (x - 2)^2 = 0$.

33. On peut trouver les racines ci-dessus, au moyen

seul du diviseur commun et de l'équation proposée, ce qui est plus court. Pour cela, je divise celle-ci par ce diviseur, et j'ai pour quotient $x^2 - 5x + 6 = (x-3)$ $(x-2)$. Divisant le diviseur à son tour par $x-2$, et le quotient $x^2 - 6x + 9$ par $x-3$, j'ai pour dernier quotient $x-3$; l'équation proposée est donc le produit de $(x-3)$ $(x-2)$ $(x-2)$ $(x-3)$ $(x-3) = (x-3)^3$ $(x-2)^2$. Je me conduirois de même dans l'exemple suivant.

Soit proposé de trouver les racines égales de $x^6 - 6x^4 - 4x^3 + 9x^2 + 12x + 4 = 0$; le commun diviseur est $x^4 + x^3 - 3x^2 - 5x - 2$; je divise la proposée par ce diviseur; le quotient est $x^2 - x - 2 = (x+1)$ $(x-2)$; divisant à son tour le diviseur par $x+1$, et le quotient $x^3 - 3x - 2$ par $x-2$, j'ai pour second quotient $x^2 + 2x + 1 = (x+1)^2$; la proposée est donc le produit de $(x+1)$ $(x-2)$ $(x+1)$ $(x-2)$ $(x+1)^2 = (x+1)^4$ $(x-2)^2$.

34. Passons maintenant aux équations *réciproques*, ainsi nommées, parce qu'elles ne changent pas lorsqu'on y substitue $\frac{1}{x}$ au lieu de x. Ce cas aura lieu toutes les fois que les termes, placés à égales distances du premier et du dernier, auront les mêmes coefficiens; telle serait l'équation $x^5 + px^4 + qx^3 + qx^2 + px + 1 = 0$, ou l'équation $x^8 + px^7 + qx^6 + rx^5 + sx^4 + rx^3 + qx^2 + px + 1 = 0$; l'équation $x^4 + pax^3 + qa^2x^2 + pa^3x + a^4 = 0$, seroit aisément convertible en une équation réciproque; car pour cela, il suffiroit de faire $x = ay$, ce qui donneroit $a^4y^4 + pa^4y^3 + qa^4y^2 + pa^4y + a^4 = 0$, ou $y^4 + py^3 + qy^2 + py + 1 = 0$, en divisant tous les termes par a^4.

Nous allons maintenant faire voir que toute équation réciproque du degré $2m$, est réductible à une équation du degré m, et que, si elle est du degré $2m+1$, elle pourra encore se ramener à une équation du degré m.

Soit d'abord l'équation générale d'un degré pair,

$$x^{2m} + px^{2m-1} + qx^{2m-2} + \ldots + qx^2 + px + 1 = 0;$$

je la divise par x^m, ce qui la change en $x^m + px^{m-1}$

$$+ qx^{m-2} + \ldots + q\frac{1}{x^{m-2}} + p\frac{1}{x^{m-1}} + \frac{1}{x^m} = 0.$$

Réunissant ensemble tous les termes également éloignés des extrêmes, il vient $x^m + \dfrac{1}{x^m} + p\left(x^{m-1} + \dfrac{1}{x^{m-1}} \right)$

$$+ q\left(x^{m-2} + \frac{1}{x^{m-2}} \right) + \text{etc.} = 0. \quad \text{Alors on fera}$$

$x + \dfrac{1}{x} = z$, et l'on en déduira les valeurs de $x^2 + \dfrac{1}{x^2}$,

$x^3 + \dfrac{1}{x^3} \ldots x^m + \dfrac{1}{x^m}$, de la manière suivante. Je

quarre $x + \dfrac{1}{x} = z$, et j'ai $x^2 + \dfrac{1}{x^2} = z^2 - 2$; mul-

tipliant ces deux équations membre à membre, il viendra

$x^3 + \dfrac{1}{x^3} + x + \dfrac{1}{x} = z^3 - 2z$, d'où $x^3 + \dfrac{1}{x^3} = z^3 - 3z$;

quarrons $x^2 + \dfrac{1}{x^2} = z^2 - 2$, et nous aurons $x^4 + \dfrac{1}{x^4}$

$+ 2 = z^4 - 4z^2 + 4$; d'où $x^4 + \dfrac{1}{x^4} = z^4 - 4z^2 + 2$;

multiplions membre à membre les deux équations

$x^2 + \dfrac{1}{x^2} = z^2 - 2$, $x^3 + \dfrac{1}{x^3} = z^3 - 3z$, il viendra

$x^5 + \dfrac{1}{x^5} + x + \dfrac{1}{x} = z^5 - 5z^3 + 6z$; d'où

$x^5 + \dfrac{1}{x^5} = z^5 - 5z^3 + 5z$; quarrons $x^3 + \dfrac{1}{x^3} = z^3 - 3z$,

il en résulte $x^6 + \dfrac{1}{x^6} + 2 = z^6 - 6z^4 + 9z^2$, d'où

$x^6 + \dfrac{1}{x^6} = z^6 - 6z^4 + 9z^2 - 2$; enfin pour avoir

$x^7 + \dfrac{1}{x^7}$, je multiplie ensemble les équations

$x^3 + \dfrac{1}{x^3} = z^3 - 3z$, et $x^4 + \dfrac{1}{x^4} = z^4 - 4z^2 + 2$,

et j'ai $x^7 + \dfrac{1}{x^7} + x + \dfrac{1}{x} = z^7 - 7z^5 + 14z^3 - 6z$;

d'où $x^7 + \dfrac{1}{x^7} = z^7 - 7z^5 + 14z^3 - 7z$. En continuant ainsi, on voit que, pour calculer la valeur de
$x^{2n} + \dfrac{1}{x^{2n}}$, il faudroit quarrer la valeur de $x^n + \dfrac{1}{x^n}$,
et en retrancher 2, parce que le quarré de
$x^n + \dfrac{1}{x^n} = x^{2n} + \dfrac{1}{x^{2n}} + 2$. Par exemple, si l'on vou-

loit avoir la valeur de $x^{10} + \dfrac{1}{x^{10}}$, je quarre $z^5 - 5z^3 + 5z$,

valeur de $x^5 + \dfrac{1}{x^5}$, ce qui me donne

$z^{10} - 10z^8 + 35z^6 - 50z^4 + 25z^2$, dont je retranche 2, et j'ai $z^{10} - 10 z^8 + 35 z^6 - 50 z^4 + 25 z^2 - 2 = x^{10} + \dfrac{1}{x^{10}}$. Si j'avais, au contraire, à trouver la valeur de $x^{2n+1} + \dfrac{1}{x^{2n+1}}$, je multiplierois l'une par l'autre les valeurs de $x^n + \dfrac{1}{x^n}$ et de $x^{n+1} + \dfrac{1}{x^{n+1}}$, et du produit je retrancherois z, parce que le produit de $x^n + \dfrac{1}{x^n}$ par $x^{n+1} + \dfrac{1}{x^{n+1}} = x^{2n+1} + \dfrac{1}{x^{2n+1}} + x + \dfrac{1}{x}$.

Ainsi, si je cherchois la valeur de $x^{11} + \dfrac{1}{x^{11}}$, je ferois le produit de $z^5 - 5 z^3 + 5 z$ par $z^6 - 6 z^4 + 9 z^2 - 2$, valeurs de $x^5 + \dfrac{1}{x^5}$ et de $x^6 + \dfrac{1}{x^6}$; et retranchant ensuite z de ce produit, j'aurais

$$x^{11} + \frac{1}{x^{11}} = z^{11} - 11 z^9 + 44 z^7 - 77 z^5 + 55 z^3 - 11 z.$$

D'après tout ce qu'on vient de dire, il n'est pas difficile de voir que la loi des valeurs de $x^m + \dfrac{1}{x^m}$ est telle qu'il suit :

$$z^m - \frac{m}{1} z^{m-2} + \frac{m\,(m-3)}{1 \cdot 2} z^{m-4} - \frac{m\,(m-4)\,(m-5)}{1 \cdot 2 \cdot 3} z^{m-6} + \frac{m\,(m-5)\,(m-6)\,(m-7)}{1 \cdot 2 \cdot 3 \cdot 4} z^{m-8}$$

etc. L'on voit par-là que l'équation en x du degré $2\,m$, est ramenée à une équation en z du degré m. S'il s'agissoit d'une équation de degré impair, par exemple de $x^7 + p x^6 + q x^5 + r x^4 + r x^3 + q x^2 + p x + 1 = 0$,

on l'écriroit comme il suit, $x^7 + 1 + px(x^5 + 1)$
$+ qx^2(x^3 + 1) + rx^3(x + 1) = 0$: alors on pourroit
diviser tous les termes par $x + 1$, et rassemblant tous
les coefficiens des mêmes puissances de x, on auroit
$x^6 + (p-1)x^5 - (p-q-1)x^4 + (p-q+r-1)$
$x^3 - (p-q-1)x^2 + (p-1)x + 1 = 0$, équation réciproque, réductible au troisième degré.

35. Donnons à présent un exemple de chaque cas,
dans la seule équation
$x^7 + 2x^6 - 2x^5 - x^4 - x^3 - 2x^2 + 2x + 1 = 0$;
comme cette équation est d'un degré impair, je l'écris
comme il suit, $x^7 + 1 + 2x(x^5 + 1) - 2x^2(x^3 + 1)$
$- x^3(x + 1) = 0$; divisant par $x + 1$ tous les termes, il
vient $x^6 - x^5 + x^4 - x^3 + x^2 - x + 1 + 2x^5 - 2x^4$
$+ 2x^3 - 2x^2 + 2x - 2x^4 + 2x^3 - 2x^2 - x^3 = 0$,
ou $x^6 + x^5 - 3x^4 + 2x^3 - 3x^2 + x + 1 = 0$, résultat qu'on eût trouvé d'une manière plus courte et plus
commode, en divisant simplement l'équation par $x + 1 = 0$,
d'où $x = -1$. Ensuite, pour avoir les six autres racines de l'équation réciproque du degré pair $x^6 + x^5 - 3x^4$
$+ 2x^3 - 3x^2 + x + 1 = 0$, je la mets sous cette

forme $x^3 + \dfrac{1}{x^3} + x^2 + \dfrac{1}{x^2} - 3\left(x + \dfrac{1}{x}\right) + 2 = 0.$

Je fais $x + \dfrac{1}{x} = z$; ce qui la change encore en

$z^3 - 3z + z^2 - 2 - 3z + 2 = 0$, ou $z^3 + z^2 - 6z = 0$;
d'où l'on tire $z = 0$ et $z^2 + z - 6 = 0$, équation du second
degré, qui résolue donne $z = 2$ et $z = -3$. Pour avoir

maintenant les valeurs de x ; j'observe que $x + \dfrac{1}{x} = z$,

donne $x^2 - zx + 1 = 0$; mettant pour z successivement

ses trois valeurs 0, 2 et -3, j'ai à résoudre les trois équations du second degré $x^2 + 1 = 0$, $x^2 - 2x + 1 = 0$, $x^2 + 3x + 1 = 0$; elles donnent ces six valeurs de x, $\pm\sqrt{-1}$, $+1$ et $+1$, $\dfrac{-3 \pm \sqrt{5}}{2}$, qui, avec -1, forment les sept racines cherchées.

36. On a déjà trouvé (p. 250) les racines de l'équation $y^m - 1 = 0$, lorsque m ne passoit pas 4. Nous allons, au moyen de la méthode précédente, chercher les racines suivantes, et voir jusqu'à quel degré on peut réussir. Pour cela, nous observerons 1°. que, si l'équation est d'un degré pair, comme $y^{2n} - 1 = 0$, le plus court sera de la regarder comme le produit de $y^n + 1 = 0$, par $y^n - 1 = 0$: 2°. que si elle est d'un degré impair, et que ce nombre impair soit un nombre premier, on ne pourra que la diviser par $y - 1 = 0$, ce qui conduira à une équation réciproque, et inférieure d'un degré; 3° enfin que, si le nombre impair est le produit de deux autres, tels que dans l'équation $y^{pq} - 1 = 0$, p et q étant des nombres impairs, on fera $y^p = x$, ce qui la changera en $x^q - 1 = 0$; mais si dans $y^p - x = 0$ on fait $y = \sqrt[p]{x}$, on aura $x z^p - x = 0$, ou $z^p - 1 = 0$; d'où l'on voit que, si l'on sait résoudre les deux équations $x^q - 1 = 0$ et $z^p - 1 = 0$, il sera facile de résoudre aussi l'équation $y^{pq} - 1 = 0$. D'après cela, passons à la résolution de

l'équation générale $y^m - 1 = 0$, lorsque m surpasse 4. Si l'on fait d'abord successivement $m = 5 = 7 = 11$, où m se rapporte au second des trois cas qu'on vient d'examiner, on divisera par $y - 1 = 0$, les équations $y^5 - 1 = 0$, $y^7 - 1 = 0$, $y^{11} - 1 = 0$: on aura pour quotiens $y^4 + y^3 + y^2 + y + 1 = 0$, $y^6 + y^5 + y^4 + y^3 + y^2 + y + 1 = 0$, $y^{10} + y^9 + y^8 + y^7 + y^6 + y^5 + y^4 + y^3 + y^2 + y + 1 = 0$: on $y^2 + \dfrac{1}{y^2} + y + \dfrac{1}{y} + 1 = 0$, $y^3 + \dfrac{1}{y^3} + y^2 + \dfrac{1}{y^2} + y + \dfrac{1}{y} + 1 = 0$,

$$y^5 + \frac{1}{y^5} + y^4 + \frac{1}{y^4} + y^3 + \frac{1}{y^3} + y^2 + \frac{1}{y^2} + y + \frac{1}{y} + 1 = 0,$$

qui, en faisant $y + \dfrac{1}{y} = z$, se changent en $z^2 + z - 1 = 0$, $z^3 + z^2 - 2z - 1 = 0$, $z^5 + z^4 - 4z^3 - 3z^2 + 3z + 1 = 0$, dont les deux premières seulement sont résolubles dans l'état actuel de l'analyse. Ayant donc trouvé les deux racines de l'une, et les trois de l'autre, on les substituera successivement pour z dans l'équation $y^2 - yz + 1 = 0$, ce qui, avec la racine 1, tirée de l'équation $y - 1 = 0$, fournira les cinq et les sept racines cherchées. Supposons à présent que m soit le produit de deux nombres impairs, ou qu'on ait $y^9 - 1 = 0$, $y^{15} - 1 = 0$, $y^{21} - 1 = 0$, $y^{25} - 1 = 0$, $y^{27} - 1 = 0$, $y^{13} - 1 = 0$, on supposera par-tout, hors dans $y^{15} - 1 = 0$, que $y^3 = x$, et les équations ci-dessus se changeront en $x^3 - 1 = 0$, $x^5 - 1 = 0$, $x^7 - 1 = 0$, $x^9 - 1 = 0$, $x^{13} - 1 = 0$, dont des trois premières sont évidemment résolubles, et dont la quatrième le devient, puisque $y^9 - 1 = 0$ l'est déjà. Mais $x^{11} - 1 = 0$ ne l'est pas, comme on l'a vu ci-dessus. Cela posé, si l'on veut avoir toutes les valeurs de y dans les différentes équations ci-dessus, on observera que $y^3 = x$ donne $y = \sqrt[3]{x}$, $y = \alpha \sqrt[3]{x}$, $y = \alpha^2 \sqrt[3]{x}$; et il n'y aura plus qu'à y substituer pour x ses trois, cinq, sept et neuf valeurs, tirées de $x^3 - 1 = 0$, $x^5 - 1 = 0$, $x^7 - 1 = 0$, $x^9 - 1 = 0$. Pour $y^{25} - 1 = 0$, on fera $y^5 = x$, d'où $x^5 - 1 = 0$, et $y^5 - x = 0$; faisant $y = z \sqrt[5]{x}$, il vient $z^5 x - x = 0$, ou $z^5 - 1 = 0$. Combinant tour-à-tour toutes les cinq valeurs de z avec les cinq de x, dans $y = z \sqrt[5]{x}$, on aura les 25 valeurs de y. Voyons enfin le cas où m est pair : alors l'équation sera de la forme $y^{2n} - 1 = 0$, ou $y^{4n} - 1 = 0$. Dans le premier cas, qui comprend les équations, $y^6 - 1 = 0$, $y^{10} - 1 = 0$, $y^{14} - 1 = 0$, $y^{18} - 1 = 0$, $y^{22} - 1 = 0$, on supposera que toutes ces équations sont formées de $(y^3 - 1)(y^3 + 1) = 0$, $(y^5 - 1)(y^5 + 1) = 0$, $(y^7 - 1)(y^7 + 1) = 0$, $(y^9 - 1)(y^9 + 1) = 0$, $(y^{11} - 1)(y^{11} + 1) = 0$, dont tous les premiers facteurs sont résolubles, excepté $y^{11} - 1 = 0$; quant aux seconds, comme ils deviennent de la forme des premiers, en y faisant $y = -y'$, on voit qu'ils sont encore résolubles, à l'exception du dernier. On voit de plus, qu'après avoir trouvé la moitié des valeurs de y, par la solution du premier facteur, on aura sur-le-champ l'autre moitié, en changeant les signes de la première. S'il s'agissoit de l'équation $y^{4n} - 1 = 0$, qui contient les équations $y^8 - 1 = 0$, $y^{12} - 1 = 0$, $y^{16} - 1 = 0 \ldots \ldots y^{44} - 1 = 0$, on feroit $y^4 = x$, ce qui changeroit l'équation en $x^2 - 1 = 0$, $x^3 - 1 = 0$, $x^4 - 1 = 0 \ldots x^{11} - 1 = 0$, dont la dernière seule n'est pas résoluble. Quant aux 8, 12,

16...40 valeurs de y, on les trouveroit, en substituant les 2, 3, 4..... 10 valeurs de x, tirées des équations en x, dans l'équation $y^4 = x$, qui donne quatre valeurs de y pour chaque valeur de x. Enfin, si l'on résume ce qu'on vient de dire, on verra que, selon que l'exposant m de l'équation générale $y^m - 1 = 0$, sera un nombre impair premier ou non premier, ou simplement pair ou pairement pair, la solution deviendra impossible, lorsque m sera ou 11 ou 33, et 22 ou 44.

ADDITION IV.

De l'élimination.

37. Après avoir parcouru les différens cas, qu'offre la résolution des équations de tous les degrés à une seule inconnue, nous allons nous occuper des équations à plusieurs inconnues, et d'un degré quelconque. Nous avons déja parlé (addit. IV, à la IIe. part.) des équations du second degré, à deux inconnues, et nous avons promis de revenir sur cet article : en voici le moment et le lieu. D'abord nous observerons, qu'outre les deux méthodes analogues à celles que nous avons suivies dans cette addition, il en est encore plusieurs autres qu'on peut employer : mais les unes et les autres ont, ou le défaut de la longueur, ou celui de conduire à une équation finale, compliquée de facteurs étrangers. Nous citerons donc les deux méthodes suivantes, qui sont exemptes de ces deux défauts.

Soit donc proposé de trouver l'équation finale en y,

résultante de l'élimination de x dans les deux équations générales, du degré m, $x^m + px^{m-1} + qx^{m-2} + rx^{m-3} \ldots\ldots + t = 0$, $x^m + p'x^{m-1} + q'x^{m-2} + r'x^{m-3} \ldots\ldots + t' = 0$, dans lesquelles on suppose d'abord qu'on ait délivré le premier terme x^m de son coefficient, s'il en avoit un, en divisant tous les autres termes de l'équation par ce coefficient, et ensuite que $p, q, r\ldots\ldots t$, et $p', q', r'\ldots\ldots t'$, sont des fonctions de y et de connues ; voici comment l'on parviendra à l'équation finale en y : 1°. L'on retranchera la seconde équation de la première, ce qui donnera une première équation du degré $m-1$. 2°. On multipliera la première par $x+p'$, la seconde par $x+p$, et l'on retranchera le second produit du premier, ce qui donnera une seconde équation du degré $m-1$. 3°. On multipliera la première par $x^2 + p'x + q'$, et la seconde par $x^2 + px + q$; on retranchera le second produit du premier, ce qui donnera une troisième équation du degré $m-1$; et l'on continuera ainsi, jusqu'à ce que le multiplicateur soit devenu du degré $m-1$. Cela posé, on aura m équations du degré $m-1$. On considérera dans chacune d'elles les différentes puissances x^{m-1}, x^{m-2}, x^{m-3}, etc., comme si elles étaient autant d'inconnues du premier degré. Par le moyen des $m-1$ premières équations, ou, en général, d'un nombre $m-1$ de ces équations, on déterminera (pag. 109), les valeurs de ces inconnues, qu'on substituera dans la dernière. Cette opération donnera une équation sans x, dans laquelle, mettant pour $p, q, r\ldots t$, et $p', q', r'\ldots\ldots t'$, les quantités que ces lettres représentent, et qui peuvent d'ailleurs contenir telles puissances de y qu'on voudra, on aura l'équation finale en y. Avant d'appliquer cette règle à des exemples, il sera bon d'observer que, dans les multiplications successives par $x+p'$ et $x+p$, $x^2+p'x+q'$ et x^2+px+q, etc., on peut se dispenser de multiplier les deux premiers, les trois premiers, etc. termes des deux équations proposées, et en général autant de leurs premiers termes qu'il en entre dans le multiplicateur, parce que le produit qu'ils donneront, s'anéantira par la soustraction. A présent, supposons $m=2$, c'est-à-dire, qu'on ait les deux équations, $x^2+px+q=0$, $x^2+p'x+q'=0$, qui peuvent représenter toutes les équations à deux inconnues, dans lesquelles l'une seulement ne passe pas le second degré : en retranchant la seconde de la première, il vient $(p-p')\,x+q-q'=0$. Multipliant ensuite la première par $x+p'$, et la seconde par $x+p$, ou plutôt, d'après la remarque ci-dessus, les derniers termes q et q' par $x+p'$ et $x+p$, retranchant le second produit du premier, il vient $(q-q')\,x+p'q-pq'=0$. Prenant alors dans la première équation la valeur de x, ou $\dfrac{q'-q}{p-p'}$, et les substituant dans l'autre, j'aurai

$$(q-q')\times\frac{q'-q}{p-p'}+p'q-pq'=0,$$ ou, à cause que

$$q'-q=-(q-q'),\quad -\frac{(q'-q)^2}{p-p'}+p'q-pq'=0,$$ ou enfin

$$-(q'-q)^2+(p-p')\,(p'q-pq')=0.$$

Si l'on avoit $m=3$ ou les deux équations, $x^3+px^2+qx+r=0$, $x^3+p'x^2+q'x+r'=0$; retranchant la seconde de la première, il vient $(p-p')\,x^2$

$+ (q-q') x + r - r' = 0$; multipliant $qx + r$ par $x + p'$, et $q'x + r'$ par $x + p$, et retranchant les deux produits, on a pour reste $(q-q') x^2 + (r - r' + p'q - pq') x + p'r - pr' = 0$; enfin, en multipliant r seulement par $x^2 + p'x + q'$, et r' par $x^2 + px + q$, et retranchant, l'on aura $- (r - r') x^2 + (rp' - r'p) x + rq' - r'q = 0$; si à présent, l'on considère x^2 et x comme des inconnues au premier degré, il ne s'agira plus que de déterminer leurs valeurs, à l'aide de deux quelconques de ces trois équations du second degré, et de substituer ces valeurs dans la troisième. On voit ce qu'il y auroit à faire pour le cas de $m = 4 = 5$, etc.

Jusqu'ici on a supposé que les deux équations proposées étoient du même degré pour x; si elles ne l'étoient pas, si par exemple on avoit $x^m + px^{m-1} + qx^{m-2} + rx^{m-3} \ldots\ldots + t = 0$, $x^n + p'x^{n-1} + q'x^{n-2} + r'x^{n-3} \ldots + t' = 0$; alors on se conduira comme il suit : soit m le plus grand exposant; on multipliera la seconde équation par x^{m-n}, ce qui les réduira toutes deux au même degré. Alors on opérera, comme dans le cas précédent, en continuant les multiplications, jusqu'à ce que le multiplicateur soit devenu du degré $n-1$, ce qui donnera n équations, chacune du degré $m-1$. On substituera dans chacune, et dans toutes les puissances supérieures à x^n, la valeur de x^n tirée de l'équation du degré n, et on continuera de substituer, jusqu'à ce que la plus haute puissance restante soit x^{n-1}, ce qui sera toujours possible; alors on aura n équations, chacune du degré $n-1$. En employant $n-1$ de ces équations, on déterminera les valeurs de x^{n-1}, x^{n-2}, x^{n-3}, etc., considérés comme autant d'inconnues au premier degré, et on les substituera dans la dernière. Soient par exemple les deux équations générales du 4e. et du 3e. degrés, $x^4 + px^3 + qx^2 + rx + s = 0$, $x^3 + p'x^2 + q'x + r' = 0$; je multiplie celle-ci par x, ce qui donne $x^4 + p'x^3 + q'x^2 + r'x = 0$, et par conséquent la rend du même degré que la première : alors je retranche la seconde de la première; et j'ai cette équation du troisième degré, $(p-p') x^3 + (q-q') x^2 + (r-r') x + s = 0$; ensuite je multiplie $qx^2 + rx + s$ seulement, par $x + p'$ et $q'x^2 + r'x$ par $x + p$, et, après avoir retranché le second produit du premier, j'ai pour reste $(q-q')x^3 + (r-r'+p'q-pq') x^2 + (s+p'r-pr') x + p'r = 0$. Enfin je multiplie $rx + s$ seulement, par $x^2 + p'x + q'$, et $r'x$ par $x^2 + px + q$; je retranche le second produit du premier, et j'ai $(r-r') x^3 + (rp'-r'p+s) x^2 + (q'r-qr'+p's) x + q's = 0$. J'ai donc en tout n ou trois équations, chacune du degré $m-1$ ou troisième. L'on voit à présent que si, dans chacune d'elles, on substitue pour x^3 sa valeur $-p'x^2 - q'x - r'$, tirée de la seconde équation proposée, on aura trois équations en x^2. Tirant de deux d'entr'elles les valeurs de x et de x^2, il n'y aura plus qu'à les substituer dans la troisième, pour avoir l'équation finale en y.

S'il y avoit plus de deux équations et de deux inconnues, trois par exemple, on pourra combiner l'une d'entr'elles successivement avec les deux autres, pour éliminer x, et chasser ensuite y des deux résultats qu'on auroit obtenus; mais aussi l'on voit que la première est

employée deux fois, tandis que chacune des deux autres
n'est employée qu'une fois ; ce qui fait que les trois équations proposées ne concourent pas de la même manière
à l'équation finale, et que par-là, cette dernière est
compliquée d'un facteur étranger à la question. Le moyen
d'éviter cet inconvénient, seroit d'éliminer, en combinant les équations, non pas deux à deux, mais trois à
trois. Mais cette manière de les combiner exige un choix
particulier, dont le détail seroit trop long. Voyons à
présent un exemple particulier des deux cas expliqués
ci-dessus. Soit donc proposé d'abord d'éliminer x des
deux équations, $x^3 + x^2 y - 7xy^2 - 2y^3 + 1 = 0$,
$x^3 + 6 x^2 y + 11 xy^2 + 6 y^3 = 0$; en retranchant la 2ᵉ.
de la 1ʳᵉ., j'ai pour reste $-5 x^2 y - 18 xy^2 - 8 y^3 + 1 = 0$;
multipliant la première par $x + 6y$, la seconde par
$x + y$, retranchant et réduisant, il vient $18 x^2 y^2$
$+ 61 xy^3 - x + 18 y^4 - 6 y = 0$; enfin multipliant la
première par $x^2 + 6 xy + 11 y^2$, et la seconde par
$x^2 + xy - 7 y^2$, retranchant et réduisant, l'on a
$(8 y^3 - 1) x^2 + (18 y^4 - 6 y) x - 20 y^5 - 11 y^2 = 0$.
Prenant dans les deux premières les valeurs de x^2 et de
x, on aura $x^2 = \dfrac{164 y^6 + 39 y^3 + 1}{19 y^4 + 5 y}$, et $x = \dfrac{-54 y^4 - 12 y}{19 y^3 + 5}$;
les substituant dans la dernière, et réduisant, il vien-
dra l'équation finale en y, $40 y^9 + 53 y^6 + 14 y^3 + 1 = 0$,
qui, en faisant $y^3 = z$, se réduit à $40 z^3 + 53 z^2 + 14 z + 1$
$= 0$, équation qui donne tout de suite $z = -1$, et ensuite

$$z = -\frac{1}{8} \text{ et } -\frac{1}{5}, \text{ d'où } y = -1 = -\frac{1}{2} = -\frac{1}{\sqrt[3]{5}}: \text{ donc}$$

$$x = \frac{-54 y^4 - 12 y}{19 y^3 + 5} = +3 = +1 = +\frac{1}{\sqrt[3]{5}}.$$

Soient

Soient proposées encore les deux équations, $x^4 + x^3 y - 3x^2 y^2 + 3xy^3 + 6y^4 = 0$, et $x^3 - 4x^2 y - 3xy^2 - 16 = 0$: je retranche de la première la seconde multipliée par x, et j'ai pour reste, $5x^3 y + 3xy^3 + 16x + 6y^4 = 0$. Multipliant encore la première par $x - 4y$, et la seconde par $x^2 + xy$, ensuite retranchant et réduisant, il vient $9y^3 x^2 + 8x^3 - 3xy^4 + 8xy - 12y^5 = 0$; enfin multipliant la première par $x^2 - 4xy - 3y^2$, et la seconde par $x^3 + x^2 y - 3xy^2$; retranchant et réduisant, on a pour reste $3x^3 y^3 + 16x^3 - 6x^2 y^4 + 16x^2 y - 48xy^2 - 33xy^5 - 18y^6 = 0$. Si dans celle-ci et dans $5x^3 y + 3xy^3 + 16x + 6y^4 = 0$, on met pour x^3, sa valeur $4x^2 y + 3xy^2 + 16$, tirée de la seconde équation proposée, on aura avec la seconde transformée, ces trois équations du second degré $(9y^3 + 8)x^2 - 3xy^4 + 8xy - 12y^5 = 0$; $10x^2 y^2 + 9xy^3 + 8x + 40y + 3y4 = 0$, $6x^2 y^4 + 80x^2 y - 24xy^5 - 18y^6 + 48y^3 + 256 = 0$; si, au moyen des deux premières, on tire les valeurs de x et de x^2, on aura

$$x = -\left(\frac{147y^7 + 384y^4 + 320y}{111y^6 + 64y^3 + 64}\right); \quad x^2 = \frac{99y^8 + 320y^2}{111y^6 + 64y^3 + 64};$$

substituant dans la troisième, on a pour l'équation finale en y, $531 y^{12} + 5328 y^9 + 9984 y^6 + 11264 y^3 + 4096 = 0$, équation qui, en faisant $y^3 = z$, se change en $531 z^4 + 5328 z^3 + 9984 z^2 + 11264 z + 4096 = 0$; si on la résoud, on trouvera qu'une des valeurs de z est -8,

donc $y = \sqrt[3]{z} = -2$; d'où $x = -\left(\dfrac{147y^7 + 384y^4 + 320y}{111y^6 + 64y^3 + 64}\right)$

$= 2$; passons maintenant à la seconde méthode.

38. Si dans les deux équations du premier exemple, on substitue pour y l'une de ses valeurs, — 1 par exemple, elles se changeront en $x^3 - x^2 - 7x + 3 = 0$, et $x^3 - 6x^2 + 11x - 6 = 0$, qui ne sont autre chose que $(x-3)(x^2 + 2x - 1) = 0$, et $(x-3)(x^2 - 3x + 2) = 0$; de même si, dans celles du second exemple, on substitue — 2 pour y, elles deviennent $(x-2)(x^3 - 12x - 48) = 0$, et $(x-2)(x^2 + 10x + 8) = 0$; d'où l'on voit que, si l'on pouvoit connoître l'une des valeurs de y, en la substituant dans les deux équations proposées, elles acquerroient un commun diviseur, qu'elles n'avoient pas auparavant: il n'y a donc qu'à exprimer analytiquement la condition, d'où dépend l'existence de ce diviseur. Pour cela, il ne faut qu'opérer sur les équations données, comme si l'on cherchoit leur commun diviseur, s'il existoit réellement; et, dès qu'on sera parvenu à un reste indépendant de x, en l'égalant à zéro, on exprimera la condition demandée, et l'on obtiendra en même temps l'équation finale. Ainsi, étant données les deux premières équations $x^3 + x^2 y - 7xy^2 - 2y^3 + 1 = 0$, $x^3 + 6x^2 y + 11xy^2 + 6y^3 = 0$, je divise la première par la seconde, et j'obtiens pour diviseurs successifs, $x^3 + 6x^2 y + 11xy^2 + 6y^3$, $5x^2 y + 18xy^2 + 8y^3 - 1$, $(5 + 19y^3)x + 34y^4 + 12y$, qui me donne pour reste indépendant de x, $- 1000 y^9 - 1325 y^6 - 350y^3 - 25 = 0$, ou $40y^9 + 53y^6 + 14y^3 + 1 = 0$; d'où l'on tire pour y, et ensuite pour x les mêmes valeurs déjà trouvées. Si l'on opère d'une manière analogue sur les deux autres équations $x^4 + x^3 y - 3x^2 y^2 + 3xy^3 + 6y^4 = 0$, et $x^3 - 4x^2 y - 3xy^2 - 16 = 0$, on trouvera pour le dernier diviseur $(111 y^6 + 64 y^3 + 64) x$

$+ 147y^7 + 384y^4 + 320y$, et pour reste indépendant de x, $531y^{12} + 5328y^9 + 9984y^6 + 11264y^3 + 4096 = 0$, ce qui donne pour y et x les valeurs ci-dessus.

ADDITION V.

Des Problêmes indéterminés.

39. D'après ce qu'on a vu (pages 91 et 94 ,) tout problème indéterminé du premier degré à deux inconnues, peut être représenté par $ax = by + c$; a, b, c pouvant être positifs ou négatifs ; ce qui forme les huit combinaisons suivantes : $+ ax = + by + c$, $+ ax = + by - c$; $+ ax = - by + c$, $+ ax = - by - c$; et $- ax = + by + c$, $- ax = + by - c$, $- ax = - by + c$, $- ax = - by - c$; dont les quatre dernières reviennent aux quatre premières, en changeant tous les signes. Cela posé, nous observerons d'abord que, dans ces sortes de problèmes, on enjoint ordinairement de n'admettre pour les valeurs de x et de y, que des nombres positifs et entiers ; ce qui ne peut convenir à la dernière forme,

$$ax = - by - c, \text{ ou } x = - \left(\frac{by + c}{a} \right)$$ qui donne

pour x une valeur forcément négative, parce que y doit être positif. Il ne reste donc plus que les trois premières formes d'équations : la première $ax = by + c$, donne

$$x = \left(\frac{by + c}{a} \right),$$ où l'on voit que x sera toujours positif,

quelques valeurs positives qu'on donne à y ; la seconde

$$x = \left(\frac{by - c}{a} \right)$$ indique que, pour que x soit positif,

il faut que by soit plus grand que c, ou que y surpasse $\frac{c}{b}$: enfin la troisième $x = \dfrac{c - by}{a}$ fait voir que x ne sera positif, qu'autant que c sera plus grand que by, ou que y sera plus petit que $\frac{c}{b}$. Voilà les conditions qu'exige l'hypothèse que x et y soient positifs; mais il faut de plus qu'ils soient des entiers. Occupons-nous donc de l'équation $ax + by = c$, sauf à donner ensuite à b ou à c le signe $-$, s'il le faut; car la résolution de cette équation convient également aux deux autres, $ax = c + by$, et $ax = by - c$. D'abord j'observe que, si l'une des inconnues x ou y avoit l'unité pour coefficient, alors le problème seroit résolu; car on auroit $x = c - by$, ou $y = c - ax$; et en prenant alors pour y ou x des entiers, on auroit aussi des entiers pour x ou y. Tâchons donc de ramener l'équation proposée à une de cette dernière forme. Pour cela je suppose d'abord a moindre que b. Je suppose ensuite que le quotient de b par a soit q, et le reste r, j'aurai $b = aq + r$, où r sera moindre que a; l'équation $ax + by = c$, se change en $ax + aqy + ry = c$; faisant $x + qy = s$, on aura $as + ry = c$. Si $r = 1$, alors le problème est résolu; car on auroit les équations $x + qy = s$, et $y + as = c$, dont l'on tireroit $y = c - as$, $x = s - qy$. Si r surpasse 1, comme il est moindre que a, nous supposerons que le quotient de a par r soit q', et le reste r'; d'où $a = q'r + r'$; substituons cette valeur de a dans $as + ry = c$, et nous aurons $q'rs + r's + ry = c$ ou $r(y + q's) + r's = c$; faisons $y + q's = t$, il viendra $rt + r's = c$: nous aurons donc les trois équations $x + qy = s$, $y + q's = t$, $r's + rt = c$, qui, dès que $r' = 1$, donnent $x = s - qy$, $y = t - q's$, $s = c - rt$, dans lesquelles prenant pour t des nombres entiers, on aura aussi des nombres entiers pour s, y et x. Si r' est encore plus grand que 1, comme il est moindre que r, on supposera que le quotient de r par r' soit q'', et le reste r''; ce qui donnera $r = r'q'' + r''$; alors reprenant la dernière équation $rt + r's = c$, elle se changera, par la substitution de $r'q'' + r''$ pour r, en $r'q''t + r''t + r's = c$; faisant $q''t + s = u$, il viendra $r'u + r''t = c$; si alors $r'' = 1$, il en resultera les quatre équations, $x + qy = s$, $y + q's = t$, $s + q''t = u$, $t + r'u = c$, dont on tire $x = s - qy$, $y = t - q's$, $s = u - q''t$, $t = c - r'u$, où l'on voit que les valeurs de x, y, s et t seront toujours entières, du moment que u sera un entier. On voit aisément, que, si l'on poussoit plus loin ce procédé, on ne pourroit manquer d'arriver à une équation, où l'une des inconnues auroit l'unité pour coefficient: en effet les valeurs de r, r', r'' s'obtiennent absolument par la même opération, que celle qu'exige la règle du plus grand commun diviseur entre deux nombres a et b, premiers entr'eux, règle qui conduit à trouver l'unité pour dernier reste. Observons que nous venons de dire que a et b sont premiers entr'eux; en effet, s'ils n'étoient pas tels, ils pourroient être représentés chacun par un produit de deux facteurs, dont l'un seroit commun à tous les deux, c'est-à-dire que si $a = lm$, $b = ln$; substituant pour a et b ces valeurs dans $ax + by = c$, il viendroit $lmx + lny = c$, où, en divisant par l, $mx + ny = \dfrac{l}{c}$ qui ne pourra donner pour x et y des entiers, lorsque c ne sera pas divisible par l; d'un autre côté, s'il l'étoit, il faudroit commencer par diviser tous les termes de l'équation par l, division qui changeroit a et b en deux nombres, qui seroient premiers entr'eux.

40. Si par hazard on connoissoit déjà une solution d'une question indéterminée, il seroit un moyen fort simple d'en déduire autant qu'on en desireroit. En effet soit $x = a'$ et $y = b'$, les deux valeurs trouvées, l'équation $ax + by = c$, se changeroit en $aa' + bb' = c$; soustrayant, l'on a $a(x - a') + b(y - b') = 0$, qui donne $x - a' = \dfrac{b}{a}(b' - y)$; mais b et a sont supposés premiers entr'eux; donc, pour que x soit un entier, il faut que $b' - y$ soit divisible par a, ou que $b' - y = ma$, m étant un nombre entier quelconque; on aura par-là, pour déterminer x et y, les deux équations $x = a' + bm$, $y = b' - ma$, où, en donnant à m des valeurs entières, l'on aura des entiers pour x et y. De plus, si l'on substitue pour m, $m + 1$, $m + 2$, etc, les valeurs de x et de y seront successivement, $x = a' + bm$, $x = a' + bm + b$, $x = a' + bm + 2b$ etc; $y = b' - ma$, $y = b' - ma - a$, $y = b' - ma - 2a$ etc, quantités en progression arithmétique, telle que la différence des valeurs successives de x est b coefficient de y dans $ax + by = c$, et celle des valeurs successives de y est $-a$, coefficient de x, mais pris avec un signe contraire. Voyons à présent un exemple applicable à chacune des trois formes, $ax = by + c$, $ax = by - c$, $ax = c - by$.

41. Un marchand doit 1200 francs; n'ayant pas d'argent, il offre de les payer, en livrant deux sortes de draps, l'une à 23 francs le mètre, et l'autre à 31 : on demande de combien de manières il peut s'acquitter. Soit x le nombre de mètres à 23 francs, et y celui des mètres à 31 : on

aura l'équation $23x + 31y = 1200$, qui, en faisant $a = 23$, $b = 31$, $c = 1200$, revient à $ax + by = c$; d'où l'on voit d'abord que x ne peut surpasser $\dfrac{c}{a}$ ou $\dfrac{1200}{23}$, $= 52\dfrac{4}{23}$, et de même que y ne peut surpasser $\dfrac{c}{b} = \dfrac{1200}{31}$ $= 38\dfrac{22}{31}$; à présent pour trouver leurs valeurs, je cherche le plus grand commun diviseur de 23 et 31, et je compare ensuite les quotiens et les restes successifs, aux quotiens et aux restes correspondans, déjà trouvés dans la recherche du commun diviseur de a et de b, dans l'équation générale $ax + by = c$; je trouve $q = 1$, $r = 8$, $q' = 2$, $r' = 7$, $q'' = 1$, $r'' = 1$. Dans ce cas, on a les quatre équations, $x = s - y$, $y = t - 2s$, $s = u - t$, $t = 1200 - 7u$, d'où l'on tire $y = 3600 - 23u$, $x = 31u - 4800$; la valeur de y fait voir que u ne peut être plus grand que 156, et celle de x, que u ne peut être moindre que 155; on n'a donc pour x, comme pour y, que deux valeurs qu'on trouve, en faisant successivement $u = 155$ et 156, ce qui donne pour x, 5 et 36, et pour y, 35 et 12; en effet 5 mètres à 23 francs, et 35 à 31 font 1200 francs, de même que 36 à 23 et 12 à 31.

Si l'on eût proposé cette question; un marchand, pour payer à un autre 1200 francs, échange avec lui du drap de 23 francs le mètre contre du drap à 31. On demande de combien de manières il peut s'acquitter. Soit x le nombre de mètres à 23 francs, et y celui des mètres à 31. On a l'équation $23x - 31y = 1200$, qui, étant de la forme $ax = by + c$, fait voir que rien ne peut limiter les valeurs de x et de y; cela posé, l'on a d'abord $a = 23$,

$b = -31$, $c = 1200$, et ensuite $q = -1$, $q' = -2$, $q'' = -1$; $r = -8$, $r' = 7$, $r'' = -1$: de plus, on a les quatre équations $x = s+y$, $y = t+2s$, $s = u+t$, et $-t = 1200 - 7u$, et non $t = 1200 - 7u$, à cause de $r'' = -1$ et non pas $+1$. Remontant aux valeurs de x et de y, on trouve $y = 23u - 3600$, et $x = 31u - 4800$. Ces valeurs indiquent qu'on peut donner à u toutes celles qu'on voudra; pourvu qu'il soit plus grand que 156. Si l'on fait donc $u = 157$, on trouvera $y = 11$ et $x = 67$; en effet 67 mètres à 23 francs font 1541 fr. et 11 mètres à 31 en valent 341, nombres dont la diffé- rence est 1200. Si l'on faisoit $u = 158 = 159$, etc. on trouveroit $x = 98$, 129 etc., $y = 34$, 57, etc., où l'on voit que x croît sans cesse de 31 coefficient de y, et y de 23 coefficient de x.

Si, au lieu d'échanger des mètres de 23 francs contre des mètres de 31, le premier marchand en eût échangé à 31 contre des mètres à 23, alors appellant y le nombre des premiers, et x celui des seconds, on eût eu l'équa- tion, $31y - 23x = 1200$, ou $23x - 31y = -1200$, ou $23x = 31y - 1200$, qui est de la seconde forme $ax = by - c$. On voit donc que la solution de cette ques- tion revient à celle qui précède, en ayant soin seulement de substituer -1200 au lieu de $+1200$, ou $-c$ au lieu de $+c$. Par là, la dernière des quatre équations $-t = 1200 - 7u$ devient $-t = -1200 - 7u$, ou $t = 1200 + 7u$, et $y = 23u + 3600$, $x = 31u + 4800$, valeurs qui indiquent qu'on peut donner à u toutes les valeurs positives possibles; et en outre toutes les valeurs négatives depuis -1 jusqu'à -154; si l'on fait $u = -154$, on trouvera $x = 26$, et $y = 58$; en effet 58 mètres à 31 francs font

1798 francs, et 26 mètres à 23 en font 598, nombres dont la différence est 1200.

42. Il est un moyen d'abréger souvent la méthode ci-dessus; il consiste à augmenter le quotient d'une unité, lorsque le reste sera plus grand que la moitié du diviseur; ainsi, dans les exemples ci-dessus, après avoir trouvé que le quotient de 31 divisé par 23 étoit 1 et le reste 8, je divise 23 par 8, et au lieu de mettre 2 au quotient, je mets 3, et alors le reste $= -1$. Si on applique ceci au premier exemple, on a $q = 1$, $r = 8$, $q' = 3$, $r' = -1$; et je n'ai plus par-là que les trois équations $x = s - y$, $y = t - 3s$, $- s = 1200 - 8t$; d'où je tire $y = 5600 - 23t$, et $x = 31t - 4800$; et alors la solution s'achève absolument de même. L'on voit que ces deux règles conduisent par une voie assurée à la solution des problêmes indéterminés; mais il faut avouer aussi qu'elles sont bien souvent trop longues et trop compliquées.

43. En voici une qui n'est pas, à la vérité, exempte de tâtonnemens, mais qui, avec un peu d'habitude du calcul, est très-souvent aussi courte que facile. Elle est fondée sur ce principe, que deux nombres entiers peuvent être ajoutés, soustraits, ou multipliés à volonté, sans cesser d'être des entiers, ce qui est évident; et, d'ailleurs, elle a pour but, comme la précédente, de ramener l'une des indéterminées à n'avoir que l'unité pour coefficient, ce qui étoit le vrai but en effet où il falloit parvenir. On la comprendra aisément au moyen des exemples suivans. D'abord appliquons-la au premier des trois problêmes ci-dessus. Il est exprimé par l'équation $23x = 1200 - 31y$: on en tire $x = \dfrac{1200 - 31y}{23}$, ou, en divisant autant qu'il est

possible, $x = 52 - y + \dfrac{4 - 8y}{23}$, $= 52 - y$

$- 4 \left(\dfrac{2y - 1}{23} \right)$; or, x et y doivent être des entiers ;

donc aussi, puisque 4 n'est pas facteur de 23, $\dfrac{2y - 1}{23}$, de

même que 12 fois ce nombre, ou $\dfrac{24y - 12}{23}$, et $\dfrac{24y - 12}{23}$

$- \dfrac{23y}{23} = \dfrac{y - 12}{23}$, doivent être des entiers ; soit donc

$\dfrac{y - 12}{23} = e$, on aura $y = 23e + 12$; or $x = \dfrac{1200 - 31y}{23}$

$= 36 - 31e$; la valeur de y fait voir qu'on ne peut faire e négatif ; celle de x, que e ne peut être plus grand que 1 ; on n'a donc à mettre pour e que les deux valeurs o et 1 : ce qui donne pour y, 12 et 35, et pour x, 36 et 5.

On voit que la difficulté consiste à trouver un facteur, qui rende le coefficient d'une inconnue égal au dénominateur, augmenté ou diminué de l'unité. Cette recherche, il est vrai, a été fort facile dans l'exemple ci-dessus ; mais il pourroit se présenter des cas moins aisés. Aussi, pour habituer le lecteur à cette méthode, en ferons-nous usage dans les exemples suivans. 1er. On demande de trouver un nombre qui, divisé par 19, donne 5 de reste, et 7, en le divisant par 43. Soit n en nombre ; que ses quotiens par 19 et par 43 soient x et y, on aura $n = 19x + 5$, $n = 43y + 7$; donc $19x + 5 = 43y + 7$, ou $19x$

$= 43y + 2$; d'où $x = \dfrac{43y + 2}{19} = 2y + \dfrac{5y + 2}{19}$;

mais si $\dfrac{5y + 2}{19}$ est un entier, 4 fois ce nombre, ou

$$\frac{20\,y + 8}{19}, \text{ et } \frac{20\,y + 8 - 19\,y}{19}, \text{ ou } \frac{y + 8}{19} \text{ est aussi un}$$

entier e. On a donc $\dfrac{y + 8}{19} = e$; donc $y = 19\,e - 8$,

et $x = \dfrac{43\,y + 2}{19} = 43\,e - 18$. Ici faisant successivement

$e = 1, 2, 3$, etc., on trouve $y = 11, 30, 49 \ldots$

$x = 25, 68, 111 \ldots$ séries de valeurs fort aisées à
continuer, puisqu'il suffit d'ajouter sans cesse 19 aux termes de la première, et 43 à ceux de la seconde. On trouvera ensuite n ou le nombre cherché, par le moyen de l'une
des équations $n = 19 + 5$, ou $n = 43\,y + 7$, qui
donneront également pour n cette suite de valeurs 480,
1297, 2114, etc., qu'on pourra continuer aisément,
en observant qu'il suffit, pour les avoir, d'ajouter sans
cesse à chaque terme le nombre 817, qui est le produit
des deux diviseurs 19 et 43.

44. IIe. S'il y avoit plus d'une équation et de deux inconnues, deux équations, par exemple, et trois inconnues,
on commenceroit par éliminer l'une d'elles, comme on va
le voir dans la question suivante, citée pag. 93, mais où
l'on ne spécifie pas la valeur de z. On voudroit mêler ensemble du café à 4 liv., à 2 liv. 10 s. et à 3 liv., de
manière à former 60 livres de café, qu'on pût vendre
3 liv. 4 s. la livre. On demande de combien de manières
peut se faire ce mélange. Les nombres de livres à mélanger étant x, y et z, on a ces deux équations $x + y$
$+ z = 60$; $4\,x + 2\frac{1}{2}\,y + 3\,z = 60 \times 3\frac{1}{5}$; ou $x + y + z$
$= 60$, et $8\,x + 5\,y + 6\,z = 384$. Si l'on substitue dans
la seconde équation la valeur d'une inconnue, de z, par
exemple, $= 60 - x - y$, on aura, en réduisant,
$y = 2\,x - 24$, d'où $z = 84 - 3\,x$. La valeur de y fait

voir que celle de x ne peut être plus petite que 13, et celle de z, qu'elle ne peut être plus grande que 27. On a donc ces 15 solutions :

$$\left\{\begin{aligned}
x &= 13, 14, 15, 16, 17, 18, 19, 20, 21, 22, 23, 24, 25, 26, 27. \\
y &= 2, 4, 6, 8, 10, 12, 14, 16, 18, 20, 22, 24, 26, 28, 30. \\
z &= 45, 42, 39, 36, 33, 30, 27, 24, 21, 18, 15, 12, 9, 6, 3.
\end{aligned}\right.$$

dont la huitième est justement celle qu'on a dû trouver, d'après l'hypothèse de $z = 24$.

45. IIIe. On pourra se servir de la méthode précédente, lorsqu'une inconnue aura l'unité pour coefficient ; mais si ce cas n'avoit pas lieu, on opéreroit comme il suit. On demande un nombre qui, divisé par 7, par 11, par 17 et par 19, laisse successivement pour restes 3, 4, 5 et 6. Il vient ces quatre équations ; $n = 7x + 3$, $n = 11y + 4$, $n = 17z + 5$, $n = 19u + 6$; d'où $7x + 3 = 11y + 4$, $11y + 4 = 17z + 5$, $17z + 5 = 19u + 6$, ou $7x = 11y + 1$, $11y = 17z + 1$, $17z = 19u + 1$.

$7x = 11y + 1$, donne $x = \dfrac{11y + 1}{7} = y + \dfrac{4y + 1}{7}$,

mais $\dfrac{4y + 1}{7}$ doit être un entier ; donc $\dfrac{8y + 2}{7}$ et

$\dfrac{8y + 2 - 7y}{7}$, et enfin $\dfrac{y + 2}{7}$ est un entier ; je l'appelle e ;

donc $y + 2 = 7e$, et $y = 7e - 2$; d'où $x = \dfrac{11y + 1}{7}$

$= 11e - 3$: à présent je mets $7e - 2$ au lieu de y dans $11y = 17z + 1$, et j'ai $77e = 17z + 23$; donc

$z = \dfrac{77e - 23}{17} = 4e - 1 + \dfrac{9e - 6}{17}$, donc $\dfrac{9e - 6}{17}$,

$\dfrac{18e - 12}{17}$, $\dfrac{e - 12}{17}$ est un entier e' ; d'où $e = 17e' + 12$,

$z = 77 e' + 53$, $y = 119 e' + 82$, $x = 187 e' + 129$.
Substituant enfin pour z, $77 e' + 53$, dans $17 z = 19 u + 1$, on a $1309 e' + 900 = 19 u$; d'où

$$u = \frac{1309 e' + 900}{19}$$

$$= 69 e' + 47 - \frac{2 e' - 7}{19}; \text{ donc } \frac{2 e' - 7}{19} \text{ ou } \frac{20 e' - 70}{19}$$

ou $\dfrac{e' + 6}{19} = e''$; d'où $e' = 19 e'' - 6$; $u = 1309 e'' - 306$,

$z = 1463 e'' - 409$, $y = 2261 e'' - 632$, $x = 3553 e'' - 993$; enfin $n = 7 x + 3 = 24871 e'' - 6948$. Si l'on fait $e'' = 1 = 2 = 3$, etc., on trouvera $n = 17923$, 42794, 67665, etc., en augmentant toujours de 24871, produit des quatre dénominateurs 7, 11, 17, 19. On auroit pu trouver le nombre n directement en observant que ces quatre quantités $\dfrac{n - 3}{7}$, $\dfrac{n - 4}{11}$, $\dfrac{n - 5}{17}$, $\dfrac{n - 6}{19}$

doivent être des entiers; je fais donc $\dfrac{n - 3}{7} = e$, d'où $n = 7 e + 3$; $\dfrac{n - 4}{11}$ devient alors $\dfrac{7 e - 1}{11}$, qui est un entier, ainsi que $\dfrac{21 e - 3}{11}$, ou $\dfrac{3 - 21 e}{11}$, ou $\dfrac{3 - 21 e + 22 e}{11}$, ou enfin $\dfrac{e + 5}{11}$. J'ai donc $e = 11 e' - 3$, et $n = 7 e + 3 = 77 e' - 18$. Substituant dans $\dfrac{n - 5}{17}$, j'ai l'entier

$$\frac{77 e' - 23}{17}, \text{ ou } \frac{9 e' - 6}{17}, \text{ ou } \frac{18 e' + 5}{17}, \text{ ou } \frac{18 e' + 5 - 17 e'}{17};$$

d'où je tire $e' = 17 e'' - 5$, et $n = 1309 e'' - 403$,

qui change $\dfrac{n-6}{19}$ en $\dfrac{1509\,e''-409}{19}$, qui devient succes-

sivement $\dfrac{-10-2\,e''}{19}$, $\dfrac{2\,e''+10}{19}$, $\dfrac{20\,e''+100}{19}$, $\dfrac{e''+5}{19}$

$=e'''$; $e''=19\,e'''-5$, $n=24871\,e'''-6948$, comme ci-dessus.

46. Enfin si l'on avoit une seule équation à trois in-connues, par exemple, $2\,x+3\,y+5\,z=56$, on au-

roit d'abord $x=28-y-2\,z-\dfrac{y+z}{2}$, équation qui

fait voir, 1°. que $y+z$ doit former un nombre

pair; 2°. que $y+2\,z+\dfrac{y+z}{2}$ doit être moindre que

28; 3°. que la plus haute valeur de x s'obtiendra, en

faisant y et $z=1$, ce qui donne $x=24$. 4°. Pour avoir la plus petite, on supposera $x=1$, et l'équation pro-

posée deviendra $3\,y+5\,z=54$, d'où $y=18-z-\dfrac{2z}{3}$.

Donc z doit être un multiple de 3, de manière cependant

que $\dfrac{5z}{3}$ soit moindre que 18; ce qui donne, lorsque $x=1$,

$z=3=6=9$, et $y=13=8=3$. Mais en voilà suffisamment sur une matière aussi facile.

47. Il existe aussi des problêmes indéterminés du second degré, du troisième etc. Du premier genre seroient ceux, où l'on proposeroit de trouver deux quarrés, dont la somme ou la différence fussent égales à un quarré proposé ; car alors, appellant les quarrés cherchés, x^2 et y^2, et le quarré donné, a^2, on auroit l'équation $x^2 \pm y^2 = a^2$; mais ces sortes de problêmes sont plus curieux qu'utiles. Ceux qui

désireront approfondir cette matière, pourront consulter le second volume de l'algèbre d'Euler, enrichi des additions de Lagrange. Cependant nous citerons un seul exemple. C'est celui qui précède, où il s'agit de résoudre l'équation $x^2 \pm y^2 = a^2$; pour cela, je fais $x = zy - a$; d'où $x^2 = z^2 y^2 - 2azy + a^2$; par là, $x^2 \pm y^2 = a^2$, devient $z^2 y^2 - 2azy + a^2 \pm y^2 = a^2$; réduisant, et divisant par y, on a $\left(z^2 \pm 1 \right) y = 2az$, d'où $y = \dfrac{2az}{z^2 \pm 1}$,

et $x = zy - a = a\,\dfrac{z^2 \mp 1}{z^2 \pm 1}$; quantités où il ne restera plus, pour satisfaire au problème, qu'à prendre pour z, toutes les valeurs qu'on voudra : ce qu'on peut voir en général, en observant que $x^2 = a^2\,\dfrac{\left(z^4 \mp 2z^2 + 1\right)}{\left(z^2 \pm 1\right)^2}$, que

$y^2 = a^2 \cdot \dfrac{4z^2}{\left(z^2 \pm 1\right)^2}$, et par conséquent que $x^2 \pm y^2$

$= a^2\,\dfrac{z^4 \pm 2z^2 + 1}{\left(z^2 \pm 1\right)^2} = a^2$. Soit, par exemple, $a^2 = 225$;

on a $a = 15$, $y = \dfrac{30z}{z^2 \pm 1}$ et $x = 15 \cdot \dfrac{z^2 \mp 1}{z^2 \pm 1}$ ce qui, en

faisant $z = 2 = 3 = 4$ etc, donne ces deux suites de valeurs.

$$\left\{ \begin{array}{l} y = 12 = 9 = \frac{120}{17}\ \text{etc.} \\ x = 9 = 12 = \frac{225}{17}\ \text{etc.} \end{array} \right\} \text{ et } \left\{ \begin{array}{l} y = 20 = \frac{45}{4} = 8\ \text{etc.} \\ x = 25 = \frac{75}{4} = 17\ \text{etc.} \end{array} \right\}.$$

Si l'on faisoit $z = \frac{1}{2}, \frac{1}{3}, \frac{1}{4}$, etc. on trouveroit pour y et pour x,

$$\left\{ \begin{array}{l} y = 12 = \frac{120}{13} = \frac{72}{5}\ \text{etc.} \\ x = -9 = -\frac{96}{13} = -\frac{54}{5}\ \text{etc.} \end{array} \right\} \text{ et } \left\{ \begin{array}{l} y = -20 = -36 = -\frac{160}{7}\ \text{etc.} \\ x = -25 = -39 = -\frac{175}{7}\ \text{etc.} \end{array} \right\}.$$

ADDITION VI.

Des Suites ou Séries.

48. On a vu que la division donnoit naissance aux suites (p. 54); que si, par exemple, on avoit à diviser p par $p' + q' x$, on auroit la suite infinie $\dfrac{p}{p'} - \dfrac{p q'}{p'^2} x$ $+ \dfrac{p q'^2}{p'^3} x^2 - \dfrac{p q'^3}{p'^4} x^3 + \dfrac{p q'^4}{p'^5} x^4 -$ etc ; on auroit

pu encore trouver la même série, en regardant $\dfrac{p}{p' + q' x}$ comme $p (p' + q' x)^{-1}$, qu'on développeroit à l'aide de la formule du binome. On parviendroit encore au même but, en se servant de la méthode des coefficiens indéterminés, c'est-à-dire en supposant $\dfrac{p}{p' + q' x} = A + B x$ $+ C x^2 + D x^3 + E x^4 +$ etc : car, en multipliant le second nombre par le dénominateur du premier, et transposant p dans le second, on auroit

$$0 = \begin{Bmatrix} p' A + p' B \\ - p + q' A \end{Bmatrix} x + \begin{Bmatrix} + p' C \\ + q' B \end{Bmatrix} x^2 + \begin{Bmatrix} + p' D \\ + q' C \end{Bmatrix} x^3 + \begin{Bmatrix} + p' E \\ + q' D \end{Bmatrix} x^4$$

Or cette équation doit avoir lieu, quelque valeur qu'on donne à x; l'on égalera donc séparement à zéro les coefficiens de chaque puissance de x; ce qui formera les équations suivantes : $p' A - p = 0$; $p' B + q' A = 0$; $p' C + q' B = 0$; $p' D + q' C = 0$; $p' E + q' D = 0$; d'où l'on tire $A = \dfrac{p}{p'}$; $B = - \dfrac{q'}{p'} A$; $C = - \dfrac{q'}{p'} B$; $D = - \dfrac{q'}{p'} C$; $E = - \dfrac{q'}{p'} D$, etc. où l'on voit que chaque coefficient

cient est formé du produit de celui qui précède par la quantité constante $-\dfrac{q'}{p'}$; ou que, dans la série $A + Bx + Cx^2 + D x^3 + E x^4 +$ etc., chaque terme est le produit de celui qui précède par $-\dfrac{q'}{p'}x$: En effectuant les produits successifs, on trouvera la série ci-dessus. Si l'on avoit eu à développer la fraction $\dfrac{p + qx}{p' + q'x + r'x^2}$, on auroit supposé cette quantité encore égale à $A + Bx + Cx^2 + D x^3 + E x^4 +$ etc; et opérant comme pour l'autre, on trouveroit. . . . . .

$$\left.\begin{array}{l}p'A + p'B \\ -p + q'A \\ -q\end{array}\right\}x + \left.\begin{array}{l}+ p'C \\ + q'B \\ + r'A\end{array}\right\}x^2 + \left.\begin{array}{l}+ p'D \\ + q'C \\ + r'B\end{array}\right\}x^3 + \left.\begin{array}{l}+ p'E \\ + q'D \\ + r'C\end{array}\right\}x^4 + \left.\begin{array}{l}\text{etc.} \\ \text{etc.} \\ \text{etc.}\end{array}\right\} = 0 \;;$$

ce qui donneroit $p'A - p = 0$, $p'B + q'A - q = 0$, $p'C + q'B + r'A = 0$, $p'D + q'C + r'B = 0$; $p'E + q'D + r'C = 0$, etc; d'où $A = \dfrac{p}{p'}$, $B = \dfrac{q}{p'} - \dfrac{q'}{p'}A$, $C = -\dfrac{r'}{p'}A - \dfrac{q'}{p'}B$, $D = -\dfrac{r'}{p'}B - \dfrac{q'}{p'}C$; $E = -\dfrac{r'}{p'}C - \dfrac{q'}{p'}D$ etc. L'on voit que, dans ce cas, à partir du troisième coefficient C, chacun est déterminé par le produit respectif des deux qui le précèdent par $-\dfrac{r'}{p'}$ et $-\dfrac{q'}{p'}$; et que chaque terme de la série se forme des deux qui le précèdent, multipliés respectivement par $-\dfrac{r'}{p'}x^2$ et

H h

$-\dfrac{q'}{p'}x$. Par des opérations et des raisonnémens sembla-

bles, on trouveroit qu'en faisant $\dfrac{p+qx+rx^2}{p'+q'x+r'x^2+s'x^3}$

$= A + Bx + Cx^2 + Dx^3 + Ex^4 +$ etc., le coeffi-

cient d'une puissance quelconque de x dépendra des trois

qui le précèdent, multipliés respectivement par $-\dfrac{s'}{p'}$,

$-\dfrac{r'}{p'}$ et $-\dfrac{q'}{p'}$, et qu'un terme quelconque de la suite sera

formé des trois précédens, multipliés respectivement par

$-\dfrac{s'}{p'}x^3$, $-\dfrac{r'}{p'}x^2$, $-\dfrac{q'}{r'}x$; et qu'en général, étant donné

$$\frac{p+qx+rx^2\ldots\ldots+t\,x^{m-1}}{p'+q'x+r'x^2\ldots\ldots+t'x^{m-1}+u'x^{m}}=A+Bx$$

$+ Cx^2 + Dx^3 + Ex^4 +$ etc., on en déduira une

suite, où le coefficient d'un terme quelconque dépendra

d'autant de coefficiens précédens, qu'il y a d'unités dans

le plus haut exposant du dénominateur, en observant

toutefois que cette loi n'a lieu, qu'après autant de termes

qu'il s'en trouve au nominateur. Ces sortes de séries ont

été appellées *récurrentes*, parceque, pour obtenir cha-

cun de leurs termes, il faut *recourir* à ceux qui précè-

dent, et les quantités $-\dfrac{q'}{p'}$, $\dfrac{-r'}{p'}$ et $-\dfrac{q'}{p'}$ etc., ont été

nommées *échelle de relation*.

49. Cela posé, nous allons nous proposer de résoudre

le problème suivant : trouver la somme d'un nombre quel-

conque de termes d'une série récurrente. Mais nous supposerons, pour fixer les idées, que l'échelle de relation ne renferme que trois termes p, q, r; (si elle en renfermoit plus ou moins, on lui appliqueroit aisément le même procédé.) Soit donc la série représentée par $A + B + C + D \ldots + H + I + K + L$; on aura cette suite d'équations; $pA + qB + rC = D$, $pB + qC + rD = E$, $pC + qD + rE = F$, $pD + qE + rF = G \ldots pH + qI + rK = L$; si l'on ajoute membre à membre toutes ces équations, l'on trouvera $p(A + B + C + D \ldots + H) + q(B + C + D \ldots + I) + r(C + D \ldots + K) = (D \ldots + L)$. Désignons par S la somme de la série $A + B, \ldots + K + L$, et nous aurons $p(S - I - K - L) + q(S - A - K - L) + r(S - A - B - L) = S - A - B - C$. D'où l'on tirera $S =$

$$\frac{p(I + K + L) + q(A + K + L) + r(A + B + L) - (A + B + C)}{p + q + r - 1};$$

d'où l'on voit que la somme demandée ne dépend que des trois premiers et des trois derniers termes. Soit proposé, par exemple, de trouver la somme des dix premiers termes de la suite récurrente 2, 5, $9 \ldots 142$, 249, 437, sachant de plus que $p = 1$, $q = -1$, $r = 2$; l'on aura $A = 2$, $B = 5$, $C = 9$, $I = 142$, $K = 249$, $L = 437$, et

$$S = \frac{1(142 + 249 + 437) - 1(2 + 249 + 437) + 2(2 + 5 + 437) - (2 + 5 + 9)}{1 - 1 + 2 - 1}$$

$= 1012$, comme il est aisé de s'en assurer, en prenant la somme de tous les termes, 2, 5, 9, 15, 26, 46, 81, 142, 249, 437.

50. Veut-on à présent connoître la fraction d'où une série récurrente tire son origine ? On y parviendra aisément, en regardant cette série comme prolongée indéfiniment,

condition qui se trouvera remplie, en faisant abstraction des derniers termes. Alors les équations précédentes n'étant plus bornées à $pH + qI + rK = L$, on aura $pA + qB + rC = D$, $pB + qC + rD = E$, $pC + qD + rE = F$, $pD + qE + rF = G$, etc., etc., si on les ajoute, on aura $p(A + B + C + D + \text{etc.}) + q(B + C + D + \text{etc.}) + r(C + D + \text{etc.}) = D + \text{etc.}$, ce qui, en appelant S la somme de tous les termes de la série continuée à l'infini, ou, ce qui revient au même, la fraction qui l'a produite par son développement, se change en $pS + q(S - A) + r(S - A - B) - (S - A - B - C) = 0$; d'où l'on tire

$$S = \frac{A(q + r - 1) + B(r - 1) - C}{p + q + r - 1}.$$

Proposons-nous pour exemple de trouver de quelle fraction provient la série récurrente $2 + 5x + 9x^2 + 15x^3 + 26x^4 + 46x^5 + \text{etc.}$, où les trois facteurs sont x^3, $-x^2$ et $2x$; comme on peut s'en assurer, en observant que $15x^3 = 2 \times x^3 + 5x \times -x^2 + 9x^2 \times 2x$, etc. L'on a donc ici $A = 2$, $B = 5x$, $C = 9x^2$; $p = x^3$, $q = -x^2$, $r = 2x$;

d'où
$$S = \frac{2(-x^2 + 2x - 1) + 5x(2x - 1) - 9x^2}{x^3 - x^2 + 2x - 1}$$
$$= \frac{-x^2 - x - 2}{x^3 - x^2 + 2x - 1} = \frac{2 + x + x^2}{1 - 2x + x^2 - x^3}.$$

En développant cette fraction, on retombe en effet sur la série proposée.

51. Les suites dont on vient de parler, ne sont pas les seules qu'on puisse sommer. On a déjà vu (p. 259 à 260) comment on obtenoit la somme des termes d'une progression, soit par différences, soit par quotiens. Nous allons ici nous occuper de sommer les termes d'une pro-

gression par différences, élevés à une puissance quelconque m. Soit cette progression désignée par $\div a.\ b.\ c.\ d.\ \ldots\ t.\ u$, soit la différence ou la raison, r, et n le nombre des termes, il s'agira donc de sommer $a^m + b^m + c^m + d^m \ldots\ldots + t^m + u^m$. Pour cela, j'observe d'abord que $b = a + r,\ c = b + r,\ d = c + r \ldots u = t + r$; donc

$$b^m = a^m + m a^{m-1} r + m.\frac{m-1}{2} a^{m-1} r^2 + m.\frac{m-1}{2}.\frac{m-2}{3} a^{m-3} r^3 + \text{etc.}$$

$$c^m = b^m + m b^{m-1} r + m.\frac{m-1}{2} b^{m-1} r^2 + m.\frac{m-1}{2}.\frac{m-2}{3} a^{m-3} r^3 + \text{etc.}$$

$$d^m = c^m + m c^{m-1} r + m.\frac{m-1}{2} c^{m-1} r^2 + m.\frac{m-1}{2}.\frac{m-2}{3} c^{m-3} r^3 + \text{etc.}$$

$$\cdots\cdots\cdots\cdots\cdots\cdots\cdots\cdots\cdots\cdots\cdots$$

$$u^m = t^m + m t^{m-1} r + m.\frac{m-1}{2} t^{m-1} r^2 + m.\frac{m-1}{2}.\frac{m-2}{3} t^{m-3} r^3 + \text{etc.}$$

Si l'on ajoute respectivement les deux membres de ces équations, on aura, après avoir réduit, et changé a^m de membre,

$$u^m - a^m = \frac{m}{1} r \left(a^{m-1} + b^{m-1} + c^{m-1} \ldots + t^{m-1} \right)$$

$$+ \frac{m}{1}.\frac{m-1}{2} r^2 \left(a^{m-2} + b^{m-2} + c^{m-2} \ldots + t^{m-2} \right)$$

$$+ \frac{m}{1}.\frac{m-1}{2}.\frac{m-2}{3} r^3 \left(a^{m-3} + b^{m-3} + c^{m-3} \ldots + t^{m-3} \right)$$

$+$ etc. Si l'on fait $a + b + c + \ldots + t + u = S_1$, $a^2 + b^2 + c^2 + \ldots + t^2 + u^2 = S_2$, $a^3 + b^3 + c^3$

$$+ \ldots + t^3 + u^3 = S_3, \ldots \ldots \overset{m}{a} + \overset{m}{b} + \overset{m}{c}$$

$$+ \ldots + \overset{m}{t} + \overset{m}{u} = \underset{m}{S} \, ; \text{ on aura } a + b + c + \ldots$$

$$+ t = S_1 - u \, ; \, a^2 + b^2 + c^2 + \ldots + t^2 = S_2 - u^2,$$

$$a^3 + b^3 + c^3 + \ldots + t^3 = S_3 - u^3 \ldots \ldots$$

$$\overset{m}{a} + \overset{m}{b} + \overset{m}{c} + \ldots + \overset{m}{t} = \underset{m}{S} - \overset{m}{u} \, ; \text{ ce qui}$$

donnera

$$\overset{m}{u} - \overset{m}{a} = \frac{m}{1} r \left(\underset{m-1}{S} - \overset{m-1}{u} \right) + \frac{m}{1}$$

$$\frac{m-1}{2} r^2 \left(\underset{m-2}{S} - \overset{m-2}{u} \right) + \frac{m}{1} \cdot \frac{m-1}{2} \cdot \frac{m-2}{3} r^3$$

$$\left(\underset{m-3}{S} - \overset{m-3}{u} \right) + \text{ etc. L'on voit, d'après la liaison}$$

qui existe entre les sommes S_1, S_2, $\ldots \ldots \underset{m-1}{S}$, que

l'on connoîtra chacune d'elles, lorsque celles qui la précèdent seront connues. Faisons donc d'abord $m = 1$,

nous aurons $u - a = r \left(S_0 - \overset{o}{u} \right)$; mais $\overset{o}{u} = 1$, et

$$S_0 = \overset{o}{a} + \overset{o}{b} + \overset{o}{c} \ldots \ldots + \overset{o}{t} + \overset{o}{u} = n \, ; \text{ donc}$$

$u = a + r(n-1)$; ainsi qu'on le savoit déjà.

Faisons $m = 2$, il viendra $u^2 - a^2 = 2r \left(S_1 - u \right)$
$+ r^2 (S_0 - u^o) = 2r (S_1 - u) + r(u - a)$, à cause

de $S_0 - u^o = \dfrac{u - a}{r}$; donc $S_1 = \dfrac{u^2 - a^2 + ru + ra}{2r}$

$$= \frac{(u - a + r)(u + a)}{2r} \, ; \text{ mais } u - a + r = nr \, ; \text{ donc}$$

$S_1 = (u + a)\dfrac{n}{2}$, comme on devoit s'y attendre. Si l'on

suppose $m = 3$, on aura $u^3 - a^3 = 3r(S_2 - u^2) + 3r^2(S_1 - u) + r^3(S_0 - u^0)$; en substituant ici les valeurs de S_0 et de S_1, on aura

$$S_2 = \frac{2(u^3 - a^3) + 3r(u^2 + a^2) + r^2(u - a)}{6r}.$$

Si l'on suppose $m = 4$, on aura $u^4 - a^4 = 4r(S_3 - u^3) + 6r^2(S_2 - u^2) + 4r^3(S_1 - u) + r^4(S_0 - u^0)$; en y substituant les valeurs de S_0, S_1, S_2, on trouvera,

$u^4 - a^4 + 4ru^3 - 2r(u^3 - a^3) - 3r^2(u^2 + a^2) - r^3(u - a) + 6r^2u^2 - 2r^2(u^2 - a^2) - 2r^3(u+a) + 4r^3a - r^3u + r^3a = 4rS_3$, ce qui donne

$$S_3 = \frac{u^4 - a^4 + 2r(u^3 + a^3) + r^2(u^2 - a^2)}{4r}.$$ Enfin

soit $m = 5$, on aura $u^5 - a^5 = 5r(S_4 - u^4) + 10r^2(S_3 - u^3) + 10r^3(S_2 - u^2) + 5r^4(S_1 - u) + r^5(S_0 - u^0)$; qui devient, après les substitutions des valeurs de S_0, S_1, S_2 et S_3, $u^5 - a^5 = 5rS_4$

$$-5ru^4 + \frac{5ru^4 - 5ra^4 + 10r^2u^3 + 10r^2a^3 + 5r^3u^2 - 5r^3a^2}{2}$$

$$-10r^2u^3 + \frac{20r^2u^3 - 20r^2a^3 + 30r^3u^2 + 30r^3a^2 + 10r^4u - 10r^4a}{6}$$

$$-10r^3u^2 + \frac{5r^3u^2 - 5r^3a^2 + 5r^4u + 5r^4a}{2} - 5r^4u$$

$+ r^4u - r^4a$; ce qui donne

$$S_4 = \frac{6(u^5 - a^5) + 15r(u^4 + a^4) + 10r^2(u^3 - a^3) - r^4(u - a)}{30r}.$$

On trouveroit de même les sommes suivantes.

Hh 4

52. Il existe un inconvénient dans la méthode précédente; c'est d'être obligé, pour calculer chaque somme, de connoître déjà les sommes précédentes. La méthode suivante, due à Thomas Simpson, est exempte de ce défaut.

On voit d'abord que $S_0 = n$, et que $S_1 = \dfrac{r}{2}n^2 + \dfrac{2a - r}{2}n$,

en substituant pour u, $a + (n - 1)r$, dans $S_1 = \dfrac{(u - a + r)(u + a)}{2r}$. L'analogie engage donc à croire que la somme des puissances quelconques m peut être exprimée par $A n^{m+1} + B n^{m} + C n^{m-1} \ldots\ldots$ $+ Pn$, $A, B, C, D \ldots P$ étant indépendans de n.

De plus, si l'on représente la progression par $\dot{} a . a + r .$

$a + 2r \ldots\ldots\ldots a + (n - 1)r$, on aura $\underset{m}{S} = a^m$

$+ (a + r)^m + (a + 2r)^m \ldots + (a + (n - 1)r)^m$,

ce qui donne $A n^{m+1} + B n^{m} + C n^{m-1} \ldots + P n$

$= a^m + (a + r)^m + (a + 2r)^m \ldots + (a + (n-1)r)^m$.

Si à présent on suppose la progression proposée augmentée du terme suivant $a + nr$, le nombre des termes deviendra $n + 1$, de n qu'il étoit. Mettant donc $n + 1$ au lieu de n, on aura $A(n + 1)^{m+1} + B(n + 1)^{m}$

$+ C(n + 1)^{m-1} \ldots + P(n + 1) = a^m + (a + r)^m$

$+ (a + 2r)^m \ldots + (a + (n - 1)r)^m + (a + nr)^m$.

Retranchant de cette équation la précédente, on aura,

$$A\left((n+1)^{m+1} - n^{m+1}\right) + B\left((n+1)^{m} - n^{m}\right)$$

$$+ C\left((n+1)^{m-1} - n^{m-1}\right)\dots + P = (a+nr)^{m}.$$

En développant dans chaque membre, et ordonnant par rapport à n, on a

$$\left.\begin{aligned}
\frac{m+1}{1}An^{m} &+ \frac{(m+1)m}{1.2}An^{m-1} + \frac{(m+1)m(m-1)}{1.2.3}An^{m-2} + \text{etc.}\\
&+ \frac{m}{1}Bn^{m-1} + \frac{m(m-1)}{1.2}Bn^{m-2} + \text{etc.}\\
&\qquad\qquad\quad + \frac{m-1}{1}Cn^{m-2} + \text{etc.}
\end{aligned}\right\} =$$

$$r^{m}n^{m} + \frac{m}{1}ar^{m-1}n^{m-1} + \frac{m(m-1)}{1.2}a^{2}r^{m-2}n^{m-2}$$

$+$ etc. Si on égale les coefficiens des puissances semblables de n, on aura les équations : $\dfrac{m+1}{1}A = r^{m}$; $\dfrac{(m+1)m}{1.2}A + \dfrac{m}{1}B = \dfrac{m}{1}ar^{m-1}$; $\dfrac{(m+1)m(m-1)}{1.2.3}A + \dfrac{m(m-1)}{1.2}B + \dfrac{m-1}{1}C = \dfrac{m(m-1)}{1.2}a^{2}r^{m-2}$;

$$\frac{(m+1)m(m-1)(m-2)}{1.2.3.4}A + \frac{m(m-1)(m-2)}{1.2.3}B$$
$$+ \frac{(m-1)(m-2)}{1.2}C + \frac{m-2}{1}D = \frac{m(m-1)(m-2)}{1.2.3}$$

$a^{3}r^{m-3}$ etc. d'où l'on tire $A = \dfrac{r^{m}}{m+1}$; $B = ar^{m-1}$

$$-\frac{m+1}{2}A; \quad C=\frac{m}{2}a^2 r^{m-2}-\frac{m}{2}B-\frac{(m+1)m}{2.\quad3}A;$$

$$D=\frac{m(m-1)}{2.\quad3}a^3 r^{m-3}-\frac{m-1}{2}C-\frac{m(m-1)}{2.\quad3}B$$

$$-\frac{(m+1)m(m-1)}{2.\quad3.\quad4}A.\ \text{etc. Si, dans ces formules,}$$

on fait successivement $m=0=1=2=3=4$ etc, et qu'on substitue chaque fois pour A, B, C etc. les valeurs qu'on en tirera, on trouvera

$$S_0=n$$

$$S_1=\frac{r}{2}n^2+\frac{2a-r}{2}n$$

$$S_2=\frac{r^2}{3}n^3+r\frac{2a-r}{2}n^2+\frac{6a^2-6ar+r^2}{6}n$$

$$S_3=\frac{r^3}{4}n^4+r^2\frac{2a-r}{2}n^3+r\frac{6a^2-6ar+r^2}{4}n^2+\frac{2a^3-3a^2r+a\ldots}{2}$$

$$S_4=\frac{r^4}{5}n^5+r^3\frac{2a-r}{2}n^4+r^2\frac{6a^2-6ar+r^2}{3}n^3+r\frac{2a^3-3a^2r+\ldots}{1}$$

$$+\frac{30a^4-60a^3r+30a^2r^2-r^4}{30}n.$$

$$S_5=\text{etc.}$$

S'il s'agissoit de la suite naturelle des nombres 1, 2, 3, $4\ldots\ldots n$, on auroit $a=r=1$, et les sommes ci-dessus deviendroient

$$S_0=n\ldots\ldots\ldots\ldots\ldots\ldots=\frac{n}{1}$$

$$S_1=\frac{1}{2}n^2+\frac{1}{2}n\ldots\ldots\ldots=\frac{n(n+1)}{1.\quad2}$$

$$S_2=\frac{1}{3}n^3+\frac{1}{2}n^2+\frac{1}{6}n\ldots\ldots=\frac{n(n+1)(2n+1)}{1.\quad2.\quad3}$$

$$S_3 = \frac{1}{4} n^4 + \frac{1}{2} n^3 + \frac{1}{4} n^2 \ldots = \frac{n^2 (n+1)^2}{4}$$

$$S_4 = \frac{1}{5} n^5 + \frac{1}{2} n^4 + \frac{1}{3} n^3 - \frac{1}{30} n \ldots = \frac{n(n+1)(2n+1)(3n^2+3n-1)}{2.\ 3.\ 5}$$

$$S_5 = \text{etc}$$

Si l'on demandoit, par exemple, de trouver la somme des 12 premiers quarrés 1, 4, 9 etc., on auroit $n = 12$,

et $S_2 = \dfrac{12.\ 13.\ 25}{6} = 650$. Celle des 12 premiers cubes

seroit $\dfrac{12^2.\ 13^2}{4} = 6084$; enfin celle des 12 premières

puissances quatrièmes seroit $\dfrac{12}{2}.\ \dfrac{13}{3}.\ \dfrac{25}{5}.\ 467 = 60710$.

Nous allons appliquer ces valeurs à la solution des deux problêmes suivans.

53. Nous l'employerons d'abord à sommer les suites des nombres *figurés*, qu'on appelle ainsi, parce qu'en représentant par autant de points les unités qu'ils renferment, on peut disposer ces points de manière à former des *figures* géométriques. Voici ces suites : 1. 2. 3. 4...., 1. 3. 6. 10...., 1, 4, 10, 20....., 1. 5, 15, 35..... etc. On voit que chacune d'elles se forme par l'addition des termes de la suite précédente ; ainsi la seconde se forme des sommes suivantes, 1, 1 + 2, 1 + 2 + 3, 1 + 2 + 3 + 4 etc. ; la troisième n'est autre chose que, 1, 1 + 3, 1 + 3 + 6, 1 + 3 + 6 + 10, etc. L'on voit donc que la somme de chacune d'elles est la même chose, que le terme général de la suivante. Cela posé, le terme général de la première étant n, et sa somme étant $\dfrac{n(n+1)}{2}$, le terme général

de la seconde sera $\dfrac{n\,(n+1)}{2} = \dfrac{n^2}{2} + \dfrac{n}{2}$; donc on aura la somme en ajoutant celles des premières et des secondes puissances, et en prenant la moitié du tout, ce dont on peut s'assurer par la simple inspection des deux suites,

$$1 + 4 + 9 + 16 + 25 \ldots \ldots + n^2.$$
$$1 + 2 + 3 + 4 + 5 \ldots \ldots + n.$$

mais $S_2 = \dfrac{2\,n^3 + 3\,n^2 + n}{6}$, et $S_1 = \dfrac{n^2 + n}{2}$; donc

$$\frac{S_2 + S_1}{2} = \frac{n^3 + 3\,n^2 + 2\,n}{6} = \frac{n\,(n+1)\,(n+2)}{1.\quad 2.\quad 3},$$

somme, qui est le terme général de la troisième suite 1. 4. 10. 20. . . . . Si l'on décompose ce terme général en trois parties, savoir, $\dfrac{n^3}{6}$, $\dfrac{3\,n^2}{6}$, $\dfrac{2\,n}{6}$, on verra que chaque terme de la série 1, 4, 10, 20, ... n'est autre chose, en faisant successivement $n = 1 = 2 = 3 = 4$ etc., que le sixième de la colonne verticale correspondante

$$\left\{\begin{array}{l}1,\ \ 8,\ \ 27,\ \ 64 \ldots \ldots \ldots n^3 \\ 3,\ \ 12,\ \ 27,\ \ 48 \ldots \ldots \ldots 3\,n^2 \\ 2,\ \ 4,\ \ 6,\ \ 8 \ldots \ldots \ldots 2\,n\end{array}\right\}.$$ Donc la somme cherchée s'obtiendra, en ajoutant ensemble la somme des cubes, ensuite trois fois la somme des quarrés, enfin deux fois la somme des premières puissances, et en divisant le tout par 6. Or $S_3 = \dfrac{n^4 + 2\,n^3 + n^2}{4}$, $3\,S_2 = \dfrac{2\,n^3 + 3\,n^2 + n}{2}$, $2\,S_1 = n^2 + n$; donc la somme cherchée, ou

$$\frac{S_3 + 3\,S_2 + 2\,S_1}{6} = \frac{n^4 + 6\,n^3 + 11\,n^2 + 6\,n}{24}$$
$$= \frac{n\,(n+1)\,(n+2)\,(n+3)}{1.\quad 2.\quad 3.\quad 4}.$$ On verra de même que

le terme général de la quatrième suite 1, 5, 15, 35.... est

$$\frac{n^4 + 6n^3 + 11n^2 + 6n}{24}, \text{ ou } \frac{n^4}{24} + \frac{6n^3}{24} + \frac{11n^2}{24} + \frac{6n}{24};$$

que la somme est exprimée par $\dfrac{S_4}{24} + \dfrac{6S_3}{24} + \dfrac{11S_2}{24} + \dfrac{6S_1}{24}$;

que $\dfrac{S_4}{24} = \dfrac{6n^5 + 15n^4 + 10n^3 - n}{24.30}$, que

$\dfrac{6S_3}{24} = \dfrac{n^4 + 2n^3 + n^2}{16}$, que $\dfrac{11S_2}{24} = \dfrac{22n^3 + 33n^2 + 11n}{6.24}$,

que $\dfrac{6S_1}{24} = \dfrac{n^2 + n}{8}$; qu'enfin la somme cherchée

égale

$$\frac{\left\{\begin{array}{l} 6n^5 + 15n^4 + 10n^3 - n + 45n^4 + 90n^3 \\ + 45n^3 + 110n^3 + 165n^2 + 55n + 90n^2 + 90n \end{array}\right\}}{24.30}$$

$$= \frac{n^5 + 10n^4 + 55n^3 + 50n^2 + 24n}{5.24} =$$

$$\frac{n(n+1)(n+2)(n+3)(n+4)}{1. \quad 2. \quad 3. \quad 4. \quad 5.}$$

54. Je vais à présent démontrer que la somme des premières puissances, ou des quarrés, ou des cubes de tous les nombres qui précèdent un nombre premier, est divisible par ce nombre. Pour y parvenir, j'observe d'abord que la formule $6n \pm 1$ renferme, hors 2 et 3, tous les nombres premiers, en faisant successivement $n = 0 = 1 = 2 = 3$ etc.; ensuite que les termes qui les précèdent sont au nombre de $6n$, ou de $6n - 2$, selon qu'il s'agira de $6n + 1$, ou de $6n - 1$. Enfin que pour avoir dans ces deux cas, S_1, S_2, S_3, S_4, etc., il

faut, au lieu de n, substituer $6n$ ou $6n - 2$, dans les formules précédentes. Par-là, elles deviendront,

$$\text{Pour la formule } 6n + 1.$$

$$S_1 = \frac{6n(6n+1)}{2} \ldots = 3n(6n+1)$$

$$S_2 = \frac{6n(6n+1)(12n+1)}{2.3} = n(6n+1)(12n+1)$$

$$S_3 = \frac{36n^2(6n+1)^2}{4} \ldots = 9n^2(6n+1)^2$$

$$S_4 = \frac{6n(6n+1)(12n+1)(108n^2+18n-1)}{2. \qquad 3. \qquad 5} =$$

$$\frac{n(6n+1)(12n+1)(108n^2+18n-1)}{5}$$

$$\text{Pour la formule } 6n - 1.$$

$$S_1 = \frac{(6n-2)(6n-1)}{2} \ldots = (3n-1)(6n-1)$$

$$S_2 = \frac{(6n-2)(6n-1)(12n-3)}{2.3} = (3n-1)(6n-1)(4n-1)$$

$$S_3 = \frac{(6n-2)^2(6n-1)^2}{4} \ldots = (3n-1)^2(6n-1)^2$$

$$S_4 = \frac{(6n-2)(6n-1)(12n-3)(108n^2-54n+5)}{2. \qquad 3. \qquad 5} =$$

$$\frac{(3n-1)(6n-1)(4n-1)(108n^2-54n+5)}{5}.$$

L'on voit par ces formules que les quotiens de S_1, S_2, S_3 par $6n \pm 1$, seront toujours des entiers : mais qu'il n'en sera pas de même pour S_4, qui, à cause du dénominateur 5 exige encore que l'un des facteurs restans soit un multiple de 5. Pour appliquer ceci à un exemple, supposons $n = 2$, alors $6n \pm 1$ deviendra 13 ou 11. Pour le premier cas, on aura $S_1 = 78$, $S_2 = 650$, $S_3 = 6084$, nombres tous divisibles exactement par 13. Le second cas donne $S_1 = 55$, $S_2 = 385$, $S_3 = 3025$, tous divisibles sans reste par 11. De plus, on aura d'un côté

$$S_4 = \frac{2.13.25.467}{5},$$

qui, après avoir été divisé par 13, se trouve encore divisible par 5, à cause du facteur 25, et de l'autre côté,

$$S_4 = \frac{5.11.7.329}{5},$$

qui est divisible, non seulement par 11, mais encore par 5. Il n'en seroit pas de même, si l'on supposoit dans la formule $6n-1$, $n=1$; car on trouveroit

$$S_4 = \frac{2.5.3.59}{5},$$

qui n'est pas divisible deux fois de suite par 5. Il n'y a donc que les puissances premières, quarrées et cubiques des nombres qui précèdent un nombre premier, qui jouissent de la propriété générale, que leurs sommes prises, ou ensemble, ou séparément, soient divisibles par ce nombre premier; propriété cependant que partagent avec les nombres premiers, tous les nombres non premiers compris dans la double formule $6n \pm 1$, tels que 25, 35, 49, etc.

55. Toute suite peut être exprimée par $a + ay^{m} + by^{m+n} + cy^{m+2n} + dy^{m+3n} + $ etc., m et n étant des nombres entiers ou fractionnaires: supposons qu'elle soit égale à x, on peut demander de trouver la valeur de y en x; la méthode que nous allons employer s'appelle *méthode inverse des séries*, ou *retour des suites*. Pour

y parvenir généralement, je transpose a dans le premier

membre, je divise tout par a, enfin je fais $\dfrac{x - a}{a} = u$,

et j'ai $u = y^m + \dfrac{b}{a} y^{m+n} + \dfrac{c}{a} y^{m+2n} +$ etc.; il s'agit

donc de trouver la valeur de y en u: je suppose $y = u^{\frac{1}{m}}$

$+ B u^{\frac{1+n}{m}} + C u^{\frac{1+2n}{m}} + D u^{\frac{1+3n}{m}} +$ etc., en ayant

soin de prendre $u^{\frac{1}{m}}$ pour premier terme de la série,

afin que le premier terme de la valeur de y^m soit une quantité

u, égale au premier membre de l'équation $u = y^m$

$+ \dfrac{b}{a} y^{m+n} +$ etc. Cela posé, à cause de $u =$

$$
\left\{
\begin{aligned}
&y^m \\
&+ \dfrac{b}{a} y^{m+n} \\
&+ \dfrac{c}{a} y^{m+2n} \\
&+ \dfrac{d}{a} y^{m+3n} \\
&+ \text{etc.}
\end{aligned}
\right\}
=
\left\{
\begin{aligned}
&\left(u^{\frac{1}{m}} + B u^{\frac{1+n}{m}} + C u^{\frac{1+2n}{m}} + \text{etc.} \right)^m \\
&\dfrac{b}{a}\left(u^{\frac{1}{m}} + B u^{\frac{1+n}{m}} + C u^{\frac{1+2n}{m}} + \text{etc.} \right)^{\,} \\
&\dfrac{c}{a}\left(u^{\frac{1}{m}} + B u^{\frac{1+n}{m}} + C u^{\frac{1+2n}{m}} + \text{etc.} \right)^{\,} \\
&\dfrac{d}{a}\left(u^{\frac{1}{m}} + B u^{\frac{1+n}{m}} + C u^{\frac{1+2n}{m}} + \text{etc.} \right)^{\,} \\
&+ \text{etc.}
\end{aligned}
\right\}
$$

On voit qu'il faut élever $u^{\frac{1}{m}} + B u^{\frac{1+n}{m}}$ etc., d'abord

à la puissance m, ensuite à la puissance $m+n$ etc. Pour

développer plus aisément la première, faisons $u^{\frac{1}{m}} = p$,

et Bu

$$\text{et } B u^{\frac{1+n}{m}} + Cu^{\frac{1+2n}{m}} \text{ etc.} = q : \text{ alors, à cause de } (p+q)^m$$

$$= p^m + mp^{m-1} q + m.\frac{m-1}{2} p^{m-2} q^2 + m.\frac{m-1}{2}.\frac{m-2}{3}$$

$$p^{m-3} q^3 + \text{ etc.}, \text{ on aura}$$

$$\left(u^{\frac{1}{m}} + B u^{\frac{1+n}{m}} + Cu^{\frac{1+2n}{m}} + D u^{\frac{1+3n}{m}} + \text{etc.} \right)^m =$$

$$u^{\frac{1}{m}.m} + m u^{\frac{1}{m}(m-1)} \left(B u^{\frac{1+n}{m}} + Cu^{\frac{1+2n}{m}} + D u^{\frac{1+3n}{m}} + \text{etc.} \right)$$

$$+ m.\frac{m-1}{2} u^{\frac{1}{m}(m-2)} \left(B u^{\frac{1+n}{m}} + Cu^{\frac{1+2n}{m}} + D u^{\frac{1+3n}{m}} + \text{etc.} \right)^2$$

$$+ m.\frac{m-1}{2}.\frac{m-2}{3} u^{\frac{1}{m}(m-3)} \left(B u^{\frac{1+n}{m}} + Cu^{\frac{1+2n}{m}} + D u^{\frac{1+3n}{m}} \right)^3$$

$$+ \text{ etc. Or } 1^{\circ}. \ u^{\frac{1}{m}.m} = u^{\frac{m}{m}} = u; \ 2^{\circ}. \ m u^{\frac{1}{m}(m-1)}$$

$$\left(B u^{\frac{1+n}{m}} + Cu^{\frac{1+2n}{m}} + D u^{\frac{1+3n}{m}} + \text{etc.} \right)$$

$$= m B u^{\frac{m+n}{m}} + m Cu^{\frac{m+2n}{m}} + m D u^{\frac{m+3n}{m}} + \text{etc.}$$

$$3^{\circ}. \ m.\frac{m-1}{2} u^{\frac{1}{m}(m-2)} \left(B u^{\frac{1+n}{m}} + Cu^{\frac{1+2n}{m}} + D u^{\frac{1+3n}{m}} + \text{etc.} \right)^2,$$

en se bornant à la puissance $u^{\frac{m+3n}{m}} = m. \frac{m-1}{2} B^2 u^{\frac{m+2n}{m}}$

$+ m(m-1) BCu^{\frac{m+3n}{m}}$. 4°. $m. \frac{m-1}{2} . \frac{m-2}{3} u^{\frac{1}{m}(m-3)}$

$\left(Bu^{\frac{1+n}{m}} + Cu^{\frac{1+2n}{m}} + Du^{\frac{1+3n}{m}} + \text{etc.} \right)^3$, en se bornant

à la même puissance de u, ne fournit qu'un terme, savoir,

$m. \frac{m-1}{2} . \frac{m-2}{3} B^3 u^{\frac{m+3n}{m}}$. On a donc $y = u^m$

$+ m B u^{\frac{m+n}{m}} + \left(mC + m. \frac{m-1}{2} B^2 \right) u^{\frac{m+2n}{m}}$

$+ \left(mD + m(m-1)BC + m. \frac{m-1}{2} . \frac{m-2}{3} B^3 \right) u^{\frac{m+3n}{m}}$.

A présent, on trouvera aisément que le développement

de $\frac{b}{a} y^{m+n}$, en se bornant à $u^{\frac{m+3n}{m}}$, revient à $\frac{b}{a} u^{\frac{m+n}{m}}$

$+ \frac{b}{a}(m+n) Bu^{\frac{m+2n}{m}} + \frac{b}{a}(m+n) Cu^{\frac{m+3n}{m}} + \frac{b}{a}$

$(m+n)\left(\frac{m+n-1}{2} \right) B^2 u^{\frac{m+3n}{m}}$. En continuant ainsi,

on trouvera :

$$u = \left\{ \begin{array}{l} u + mB \\[1ex] + \dfrac{b}{a} \end{array} \right\} u^{\frac{m+n}{m}} \left\{ \begin{array}{l} + mC \\[1ex] + m.\dfrac{m-1}{2}B^2. \\[1ex] + \dfrac{b}{a}(m+n)B \\[1ex] + \dfrac{c}{a} \end{array} \right\} u^{\frac{m+2n}{m}}$$

$$\left\{ \begin{array}{l} + mD \\[1ex] + m(m-1)BC \\[1ex] + m.\dfrac{m-1}{2}.\dfrac{m-2}{3}B^3 \\[1ex] + \dfrac{b}{a}(m+n)C \\[1ex] + \dfrac{b}{a}(m+n)\left(\dfrac{m+n-1}{2}\right)B^2 \\[1ex] + \dfrac{c}{a}(m+2n)B \\[1ex] + \dfrac{d}{a} \end{array} \right\} u^{\frac{m+3n}{m}} + \text{etc.}$$

D'où l'on tire $u - u = 0$; ensuite $mB + \dfrac{b}{a} = 0$, ou

$$B = -\dfrac{b}{ma}; \quad mC + m.\dfrac{m-1}{2}B^2 + (m+n)\dfrac{bB}{a} + \dfrac{c}{a}$$

$= 0$; d'où $C = \dfrac{(m+1+2n)b^2}{2m^2} \dfrac{}{a^2} - \dfrac{c}{ma}$. Enfin on a...

$$mD + m(m-1)BC + m.\dfrac{m-1}{2}.\dfrac{m-2}{3}B^3 +$$

$$\frac{b}{a}(m+n)C + \frac{b}{a}(m+n)\frac{m+n-1}{2}B^2 + \frac{c}{a}(m+2n)B$$

$$+\frac{d}{a}=0,$$ qui devient, en substituant pour B et C leurs valeurs,

$$mD - m(m-1)\frac{b}{ma}\times\frac{mb^2+b^2+2nb^2-2mac}{2m^2a^2}$$

$$-m.\frac{m-1}{2}.\frac{m-2}{3}.\frac{b^3}{m^3a^3}+\frac{b}{a}(m+n)$$

$$\times\frac{mb^2+b^2+2nb^2-2mac}{2m^2a^2}+\frac{b}{a}(m+n)\frac{m+n-1}{2}.$$

$$\frac{b^2}{m^2a^2}-\frac{c}{a}(m+2n)\frac{b}{ma}+\frac{d}{a}=0.$$ Si on effectue les multiplications indiquées, on aura, après avoir ramené au même dénominateur, réduit, transposé et divisé par m,

$$D=\frac{\left\{\begin{array}{l}-2m^2b^3-3mb^3-b^3-6nb^3+6mabc-9mnb^3\\-9n^2b^3+18mnabc+6m^2abc-6a^2m^2d\end{array}\right\}}{6a^3m^3}$$

$$=-\left(\frac{2m^2+3m+1+6n+9mn+9n^2}{6m^3}\right)\times\frac{b^3}{a^3}$$

$$+\frac{m+5n+1}{m^2}\times\frac{bc}{a^2}-\frac{d}{am}.$$ Si l'on eût poussé plus loin le calcul, qui n'auroit d'autre difficulté que celle de la longueur, on trouveroit pour E et F les valeurs suivantes, savoir :

$$E=\left\{\begin{array}{l}\dfrac{\left\{\begin{array}{l}6m^3+44m^2n+96mn^2+64n^3+11m^2\\+48mn+48n^2+6m+12n+1\end{array}\right\}}{24m^4}\times\dfrac{b^4}{a^4}\\[4ex]-\left(\dfrac{2m^3+12mn+16n^2+3m+8n+1}{2m^3}\right)\dfrac{b^2c}{a^3}\\[3ex]+\dfrac{m+4n+1}{2m^2}.\dfrac{2bd+c^2}{a^2}-\dfrac{c}{am}\end{array}\right\}$$

$$F = \begin{cases} - \dfrac{\left(\begin{array}{l} 24m^4 + 250m^3n + 875m^2n^2 + 1250mn^3 + 625n^4 \\ + 50m^3 + 350m^2n + 750mn^2 + 500n^3 + 35m^2 \\ + 150mn + 150n^2 + 10m + 20n + 1 \end{array}\right)}{120\,m^5} \times \dfrac{b^5}{a^5} \\[2em] + \dfrac{\left\{\begin{array}{l} 6m^3 + 55m^2n + 150mn^2 + 125n^3 + 11m^2 \\ + 60mn + 75n^2 + 6m + 15n + 1 \end{array}\right\}}{6\,m^4} \times \dfrac{b^4c}{a^5} \\[2em] - \left(\dfrac{2m^2 + 15mn + 25n^2 + 3m + 10n + 1}{2\,m^3}\right)\left(\dfrac{b^2d + bc^2}{a^3}\right) \\[1.5em] + \dfrac{m + 5n + 1}{m^2} \cdot \dfrac{be + cd}{a^2} - \dfrac{f}{ma} \end{cases}$$

56. On voit donc que si $\dfrac{x - a}{a}$, ou $u = y^m + \dfrac{b}{a}\,y^{m+n}$

$+ \dfrac{c}{a}\,y^{m+2n} + \dfrac{d}{a}\,y^{m+3n} + $ etc., on a $y = u^{\frac{1}{m}}$

$- \dfrac{b}{ma}\,u^{\frac{1+n}{m}} + \left(\dfrac{m+1+2n}{2\,m^2} \cdot \dfrac{b^2}{a^2} - \dfrac{c}{ma}\right) u^{\frac{1+2n}{m}}$

$- \left(\dfrac{2m^2 + 3m + 1 + 3n(2 + 5m + 3n)}{6\,m^3} \cdot \dfrac{b^3}{a^3}\right.$

$\left. - \dfrac{m + 3n + 1}{m^2} \cdot \dfrac{bc}{a^2} + \dfrac{d}{am}\right) u^{\frac{1+3n}{m}}$ etc. Pour faire

quelques applications, supposons d'abord $m = n = 1$,

c'est-à-dire, qu'on ait $u = y + \dfrac{b}{a}\,y^2 + \dfrac{c}{a}\,y^3 + \dfrac{d}{a}\,y^4$

$+$ etc., on aura $y = u - \dfrac{b}{a}\,u^2 + \left(\dfrac{2\,b^2}{a^2} - \dfrac{c}{a}\right) u^3$

$$-\left(\frac{5b^3}{a^3}-\frac{5bc}{a^2}+\frac{d}{a}\right)u^4+\left(\frac{14b^4}{a^4}-\frac{21b^2e}{a^3}\right.$$

$$\left.+\frac{3(2bd+c^2)}{a^2}-\frac{e}{a}\right)u^5-\left(\frac{42b^5}{a^5}-\frac{84b^3c}{a^4}\right.$$

$$\left.+\frac{28b(bd+c^2)}{a^3}-\frac{7(be+cd)}{a^2}+\frac{f}{a}\right)u^6 \text{ etc.}$$

Supposons encore $\dfrac{x-\alpha}{a}$, ou $u=y+\dfrac{b}{a}y^3+\dfrac{c}{a}y^5$

$+\dfrac{d}{a}y^7+$ etc. ; ici $m=1$, $n=2$; et $y=u-\dfrac{b}{a}u^3$

$+\left(\dfrac{5b^2}{a^2}-\dfrac{c}{a}\right)u^5-\left(\dfrac{12b^3}{a^3}-\dfrac{8bc}{a^2}+\dfrac{d}{a}\right)u^7$ etc.

Exemple Ier. Exprimer en x la valeur de y dans l'équation $x=y-y^2+y^3-y^4+y^5-$ etc. ; ici $\alpha=0$,

$a=1$, $u=\dfrac{x-\alpha}{a}=x$, $b=-1$, $c=1$, $d=-1$,

$e=1$, $f=-1$, etc. Donc on a $y=x+x^2+x^3$

$+x^4+x^5+x^6+$ etc. Ex. IIe. Soit encore $x=1+\dfrac{y}{1}$

$+\dfrac{y^2}{1.2}+\dfrac{y^3}{1.2.3}+\dfrac{y^4}{1.2.3.4}+$ etc. ; on a $\alpha=1$, $a=1$,

$u=\dfrac{x-\alpha}{a}=x-1$, $b=\dfrac{1}{2}$, $c=\dfrac{1}{6}$, $d=\dfrac{1}{24}$, etc. ;

d'où $y=x-1-\dfrac{1}{2}(x-1)^2+\dfrac{1}{3}(x-1)^3-\dfrac{1}{4}(x-1)^4$

$+\dfrac{1}{5}(x-1)^5$ etc. Ex. IIIe. Soit enfin $x=y-\dfrac{y^3}{2.3}$

$+\dfrac{y^5}{2.3.4.5}-\dfrac{y^7}{2.3.4.5.6.7}+$ etc. ; ici l'on a

$$x = 0, a = 1, u = \frac{x-a}{a} = x, b = -\frac{1}{2.3}, c =$$

$$\frac{1}{2.3.4.5}, d = -\frac{1}{2.3.4.5.6.7}, \text{ etc. Donc } y = x$$

$$+ \frac{1}{2.3}x^3 + \left(\frac{3}{2^2.3^2} - \frac{1}{2.3.4.5}\right)x^5$$

$$-\left(-\frac{12}{2^3.3^3} + \frac{8}{2^2.3^2.4.5} - \frac{1}{2.3.4.5.6.7}\right)x^7 \text{ etc.}$$

$$= x + \frac{1}{2.3}x^3 + \frac{1.3}{2.4.5}x^5 + \frac{1.3.5}{2.4.6.7}x^7 + \text{ etc.}$$

ADDITION VII.

Des quantités exponentielles et logarithmiques.

57. On appelle quantités *exponentielles*, celles qui sont affectées d'*exposans* inconnus ou indéterminés: telles sont a^x, a^{b^y}. L'on voit d'abord, qu'étant donnée l'équation exponentielle la plus simple, ou $a^x = b$, aucune des règles d'Algébre données jusqu'à présent, ne pourroit servir à trouver, sans tâtonnement du moins, la valeur de x, en supposant connues celles de a et de b. Pour y parvenir, nous allons analyser cette équation ; et cette analyse nous conduira à la connoissance d'une nouvelle espèce de quantités, qui nous ont été inconnues jusqu'ici, et qui serviront à leur tour à résoudre toutes

sortes d'équations exponentielles. Pour atteindre ce double but, nous allons faire varier x dans l'équation a^x
$= b$; mais nous observerons d'abord que, comme b va-
riera en même-tems que x, nous substituerons à b la
variable y, c'est-à-dire, que nous prendrons l'équation exponentielle et générale $a^x = y$; et ensuite, que
pour que y varie en même-tems que x, il faut que la
quantité invariable a soit $>$ ou $<$ 1, puisque toute puissance possible de l'unité est 1. Cela posé, l'on voit que,
puisque $y = 1$, lorsque $x = 0$, 1°. dans le cas de $a > 1$,
si l'on suppose que x croisse sans cesse, y croîtra en
même-tems, jusqu'à devenir au-dessus de toute quantité
assignable, et qu'au contraire y diminuera, jusqu'à devenir au-dessous, si l'on suppose que x croisse continuellement, mais dans un sens négatif, puisqu'alors
$y = a^x$ devient $y = a^{-x} = \dfrac{1}{a^x}$: 2°. que, dans le
cas de $a < 1$, les valeurs de y marcheroient dans un sens
inverse du premier cas; on voit donc que, dans chacune
de ces hypothèses, on peut de la même équation $a^x = y$,
tirer pour y tous les nombres positifs possibles, soit entiers, soit fractionnaires.

58. L'exposant variable x, qui, par ses valeurs successives, engendre les différentes valeurs de y, s'appelle
le *logarithme* de y. Donc, si l'on représente le mot
logarithme par la lettre initiale l, on aura $x = ly$
$= la^x$, d'où l'on tire, à cause de $y = a^x$, cette nouvelle équation, $y = a^{ly}$. L'assemblage de tous les loga-

rithmes, calculés d'après un même nombre invariable a, s'appelle *système* de logarithmes, et ce nombre a s'appelle *la base*. L'on voit donc évidemment, 1°. que les logarithmes sont les exposans des puissances, auxquelles il faut élever successivement un même nombre invariable, pour produire successivement tous les nombres possibles; 2°. que la base est invariable dans le cours du même système, et variable pour chaque système; 3°. que par cela même, un même nombre peut avoir une infinité de logarithmes différens; 4°. que dans tout système, le logarithme de l'unité est toujours o, puisque, quelle que soit la base, on a toujours $a^{0} = 1$; 5°. que, dans tout système, le logarithme de zéro est l'infini négatif: en effet, dans $y = \dfrac{1}{a^{x}}$ qui convient à ce cas, y ne peut être au-dessous de toute quantité assignable, qu'autant que x sera au-dessus, et de plus, $\dfrac{1}{a^{x}} = a^{-x}$; 6°. enfin, et c'est ici le point le plus essentiel, que si l'on concevoit une table, où l'on eût rangé tous les nombres possibles les uns sous les autres, et à côté leurs logarithmes, dès lors les multiplications, divisions, élévations aux puissances, et extractions de racines, seroient réduites à des additions, soustractions, multiplications et divisions. En effet, puisque $y = a^{ly}$, pour un autre nombre y', on aura $y' = a^{ly'}$; donc si l'on multiplie, ou si l'on divise ces deux équations membre à membre, on aura yy', ou $\dfrac{y}{y'}$, c'est-à-dire, $yy'^{\pm 1}$ pour nouveau

premier membre, et $a^{ly} \times a^{ly'}$, ou $\dfrac{a^{ly}}{a^{ly'}}$, ou bien

$a^{ly \pm ly'}$ pour second ; donc, en prenant les logarithmes

de chaque nouveau membre, on a $l(yy'^{\pm 1}) = la^{ly \pm ly'}$

$= ly \pm ly'$; ce qui prouve d'abord que, pour avoir le logarithme du produit ou du quotient de deux nombres, il suffit d'ajouter ou de soustraire leurs logarithmes. Il n'est pas moins aisé de faire voir que, pour élever par loga-

rithmes un nombre à une puissance quelconque $\dfrac{m}{n}$, il

suffit de multiplier son logarithme par $\dfrac{m}{n}$; en effet, puis-

que $y = a^{ly}$, $y^{\frac{m}{n}} = \left(a^{ly} \right)^{\frac{m}{n}} = a^{\frac{m}{n}ly}$; donc $ly^{\frac{m}{n}} =$

$la^{\frac{m}{n}ly} = \dfrac{m}{n}ly$; ce qui, en faisant $n = 1$, donne aussi

$ly^{m} = mly.$

59. Ce n'étoit que pour nous faire mieux entendre, que nous avons exposé la formation des tables ci-dessus ; car, s'il falloit effectuer leur construction, elle deviendroit presque impossible ; elle seroit même en grande partie fort inutile, puisqu'il suffit, comme on le verra bientôt, de ne trouver que les logarithmes des nombres premiers, pour avoir ceux de tous les autres nombres qu'on puisse

imaginer. Voyons donc comment a étant une base quelconque, mais au-dessus de 1, et y étant un nombre premier, on peut généralement de l'équation $a^x = y$, tirer
les valeurs des logarithmes des nombres premiers. On
voit à l'instant que, à cause de la $^x = x = \mathrm{l}y$, le problème est ramené à trouver la valeur et le développement
de x en y. On peut y parvenir avec autant de facilité
que de promptitude, en supposant $y = 1 + u$; d'où

l'on tire aussitôt $y^m = (1+u)^m = 1 + mu + m.\dfrac{m-1}{2}u^2$

$+ m.\dfrac{m-1}{2}.\dfrac{m-2}{3}u^3 +$ etc. $= 1 + v$, en faisant v égal

à tout le développement du binome, hors l'unité. A
présent on peut supposer $\mathrm{l}(1+u) = Au + Bu^2 + Cu^3$
$+$ etc.; puisque les deux membres se réduisent à zéro,
lorsque $u = 0$: on aura donc aussi $\mathrm{l}(1+v) = Av + Bv^2$
$+ Cv^3 +$ etc. Mais $\mathrm{l}(1+u)^m = m\mathrm{l}(1+u) = \mathrm{l}(1+v)$;
on a donc $mAu + mBu^2 + mCu^3 +$ etc. $= Av + Bv^2$
$+ Cv^3 +$ etc. Il ne reste plus qu'à substituer la valeur
de v dans le second membre, pour avoir $mAu + mBu^2$

$+ mCu^3 +$ etc. $= mAu + \left(\dfrac{m(m-1)}{2}A + m^2 B\right)u^2$

$+ \left(\dfrac{m(m-1)(m-2)}{2.3}A + m^2(m-1)B + m^3 C\right)u^3 +$ etc.

Réduisant et comparant ensemble les coefficiens des mêmes
puissances de u, on aura $B = -\frac{1}{2}A$, $C = \frac{1}{3}A$, $D = -\frac{1}{4}A$, etc., ensorte que $\mathrm{l}(1+u) = Au + Bu^2 + Cu^3$

$$+ \text{etc.} = A\left(u - \tfrac{1}{2}u^2 + \tfrac{1}{3}u^3 - \tfrac{1}{4}u^4 + \tfrac{1}{5}u^5 - \text{etc.}\right);$$

donc, à cause de $u = y - 1$, $\mathrm{l}y$ ou $x =$

$$\left(y - 1 - \tfrac{1}{2}(y-1)^2 + \tfrac{1}{3}(y-1)^3 - \tfrac{1}{4}(y-1)^4 + \text{etc.}\right)$$

60. On voit que la quantité A reste indéterminée, et que par conséquent le même nombre y, ainsi que nous l'avions déjà remarqué (58), peut avoir une infinité de logarithmes différens. Mais comme le plus simple et le plus naturel des systêmes logarithmiques, est celui où l'on suppose $= 1$ le nombre A qu'on appelle le *module*, on a donné le nom de logarithmes *naturels*, à ceux qui ont été calculés d'après cette hypothèse. Ce fut sur cette espèce de logarithmes que tomba d'abord leur fameux inventeur, l'Ecossais Néper ou Napier, qui leur a fait donner le nom de logarithmes *Népériens* : enfin, on les appelle encore *hyperboliques*, à cause de leur rapport avec l'hyperbole équilatere, courbe Géométrique. Cela posé, l'on voit que tous les systêmes possibles de logarithmes, peuvent être ramenés à celui des logarithmes naturels, puisque, dans tout systême, le logarithme de y est égal au produit de son logarithme naturel par le module que nous allons bientôt déterminer. La difficulté est donc réduite à trouver les logarithmes naturels des nombres premiers. Mais malheureusement la série ci-dessus est divergente, quelques nombres entiers qu'on suppose pour y, hors le nombre 2 : encore dans ce cas où cette série devient $\mathrm{l}2 = 1 - \tfrac{1}{2} + \tfrac{1}{3} - \tfrac{1}{4} + \tfrac{1}{5} - \text{etc.}$, faudroit-il prendre un très-grand nombre de termes, pour avoir une approximation suffisante. Cherchons donc à nous procurer une série plus convergente. On a eu, en faisant $A = 1$, $\mathrm{l}(1 + u) = u - \tfrac{1}{2}u^2 + \tfrac{1}{3}u^3 - \tfrac{1}{4}u^4 + \text{etc.}$; donc $\mathrm{l}(1 - u) = -\left(u + \tfrac{1}{2}u^2 + \tfrac{1}{3}u^3 + \tfrac{1}{4}u^4 + \text{etc.}\right);$

et $l(1+u)-l(1-u)=l\frac{1+u}{1-u}=2(u+\frac{1}{3}u^3+\frac{1}{5}u^5+$ etc.$)$, série déjà bien plus convergente que la première, mais un peu incommode, parce que, pour obtenir le logarithme d'un nombre premier p, il faudroit chaque fois tirer la valeur de u de l'équation $\frac{1+u}{1-u}=p$; supposons donc, une fois pour toutes, que cette équation ait lieu; elle donnera $u=\frac{p-1}{p+1}$, et $lp=$

$$2\left(\frac{p-1}{p+1}+\frac{1}{3}\left(\frac{p-1}{p+1}\right)^3+\frac{1}{5}\left(\frac{p-1}{p+1}\right)^5+\text{etc.}\right).$$

Pour en donner un exemple, supposons $p=2$, on aura pour le logarithme naturel de 2,

$$2\left(\frac{1}{3}+\frac{1}{3}\cdot\frac{1}{3^3}+\frac{1}{5}\cdot\frac{1}{3^5}+\text{etc.}\right),$$

série très-convergente, et dont le huitième terme ne vaut que 0,000000009 : en réduisant en décimales tous ceux qui le précèdent, on trouvera, en écrivant l' pour désigner le logarithme naturel d'un nombre, que $l'2=0,69314718$. On trouveroit de même que $l'5=2(\frac{2}{3}+\frac{1}{3}(\frac{2}{3})^3+\frac{1}{5}\cdot(\frac{2}{3})^5+$ etc.$)=1,60943791$. Mais on peut avoir une série encore plus convergente, en réfléchissant que, dans la construction des tables, lorsqu'on cherche $l'p$, on est censé avoir $l'(p-1)$. Il suffira, pour obtenir cette dépendance entre les logarithmes, de faire

$$\frac{1+u}{1-u}=\frac{p}{p-1},$$ au lieu de l'égaler simplement à p;

car on aura $l'\frac{1+u}{1-u}=l'\frac{p}{p-1}=l'p-l'(p-1)$; d'ailleurs $u = \dfrac{1}{2p-1}$; donc, au lieu de $l'\dfrac{1+u}{1-u} =$

$2u(1 + \frac{1}{3}u^2 + \frac{1}{5}u^4 + \text{etc.})$, on aura $l'p = l'(p-1)$

$+ \dfrac{2}{2p-1}\left(1 + \dfrac{1}{3}\cdot\dfrac{1}{(2p-1)^2} + \dfrac{1}{5}\cdot\dfrac{1}{(2p-1)^4}\right.$

$\left. + \dfrac{1}{7}\cdot\dfrac{1}{(2p-1)^6} + \text{etc.}\right)$. Si l'on fait $p = 2$, on aura

$l'2 = l'1 + \dfrac{2}{3}\left(1 + \dfrac{1}{3}\cdot\dfrac{1}{3^2} + \dfrac{1}{5}\cdot\dfrac{1}{3^4} + \text{etc.}\right)$, qui, à

cause de $l'1 = 0$, est la même expression que ci-dessus ;
mais si l'on fait $p = 5$, on aura

$l'5 = l'4 + \dfrac{2}{9}\left(1 + \dfrac{1}{3}\cdot\dfrac{1}{9^2} + \dfrac{1}{5}\cdot\dfrac{1}{9^4} + \text{etc.}\right) = 2\,l'2$

$+ \dfrac{2}{9}\left(1 + \dfrac{1}{3}\cdot\dfrac{1}{9^2} + \dfrac{1}{5}\cdot\dfrac{1}{9^4} + \text{etc.}\right)$, série bien plus

convergente que l'autre. Il est encore d'autres séries
beaucoup plus rapides que cette dernière, et dont
Borda et le Cadastre se sont servis pour calculer leurs
tables ; mais, ces tables étant déjà faites, il est inutile
de s'arrêter à ces séries.

61. On voit qu'il sera facile, au moyen de la dernière
formule, de calculer les logarithmes des nombres premiers. Quant à ceux des autres nombres entiers, on les
aura au moyen des deux équations $l(yy') = ly + ly'$,

et $ly^m = mly$; ainsi, connoissant $l'2$ et $l'5$, on aura
$l'4 = l'2^2 = 2l'2$; $l'10 = l'(2\times5) = l'2 + l'5$, etc., etc.
Quant aux logarithmes des nombres fractionnaires ou des

fractions, qu'on peut exprimer généralement par $\dfrac{m}{n}$ et

$\frac{n}{m}$, en supposant $m > n$, on observera que, dans le premier cas, $l'\frac{m}{n} = l'm - l'n$, et que, dans le second, $\frac{n}{m}$ n'étant autre chose que 1 divisé par $\frac{m}{n}$, $l'\frac{n}{m} = l'1 - l'\frac{m}{n} = -(l'm - l'n) = -l'\frac{m}{n}$; d'où l'on voit, 1°. que le logarithme d'une fraction plus grande que l'unité, est égal à l'excès du logarithme du numérateur sur celui du dénominateur ; et 2°. que celui de la fraction inverse, et par conséquent au dessous de l'unité, est égal à celui de la fraction directe, mais affecté du signe $-$. Ainsi $l'\frac{1}{4} = -l'\frac{4}{1} = -(l'4 - l3)$; $l'\frac{1}{2} = -l'2$, etc.

62. Il ne nous reste plus à présent qu'à calculer les logarithmes pour un systême quelconque, ayant a généralement pour base. Or cela est fort aisé ; car on a d'abord $la = Al'a$, ensuite $1 = Al'a$, à cause de $la = 1$, enfin $A = \frac{1}{l'a}$: on voit donc qu'en général p étant un nombre quelconque, on obtient lp au moyen de l'équation $lp = \frac{l'p}{l'a}$. Ainsi, veut-on avoir $l2$, pour les logarithmes ordinaires ou des tables, où la base $a = 10$, on aura $l2 = \frac{l'2}{l'10}$: or $l'10 = l'2 + l'5 = (60) + 0,6931471\,8$ $+ 1,6094379\,1 = 2,3025850\,9$; donc $l2 = \frac{0,6931471\,8}{2,3025850\,9}$ $= 0,3010300\,0$, etc. Comme $\frac{1}{2,3025850\,9} = 0,4342944\,8,$

on voit que le module des tables est égal à ce nombre ; et de plus , comme il peut être souvent utile de l'avoir à un assez grand degré de précision , le voici calculé jusqu'à 15 décimales : $0,43429\,44819\,03252$. Réciproquement, pour changer les logarithmes ordinaires en hyperboliques , il faut multiplier les premiers par $2,3025850g$;

car de $lp = \dfrac{l'p}{l'a}$, on tire $l'p = lp \times l'a = lp \times 2,3025850g$.

63. Nous avons trouvé (59) pour la série qui donne x en y , ou le logarithme en fonction du nombre , $x = A\left(y - 1 - \frac{1}{2}(y-1)^2 + \frac{1}{3}(y-1)^3 - \text{etc.}\right)$, ou en faisant $A = 1$ et $y - 1 = z$, $x = z - \frac{1}{2}z^2 + \frac{1}{3}z^3 - \text{etc.}$ Proposons-nous le problême inverse , c'est-à-dire , de trouver z en x , ou le nombre en fonction du logarithme. Pour le résoudre , on commencera d'abord , à cause de $A = 1$, par réduire le logarithme proposé en hyperbolique ; après quoi l'on emploiera la méthode inverse des séries. On fera donc $z = Bx + Cx^2 + Dx^3 + Ex^4 + \text{etc.}$; ce qui donnera

$$x = \begin{cases} Bx + Cx^2 + Dx^3 + Ex^4 + \text{etc.} \\ \quad - \tfrac{1}{2}B^2 - BC - \tfrac{1}{2}C^2 \\ \qquad\qquad\qquad - BD \\ \quad + \tfrac{1}{3}B^3 + B^2C \\ \qquad\qquad - \tfrac{1}{4}B^4 \end{cases}$$

D'où l'on tire , pour déterminer B, C, D, E, etc. , les équations $B - 1 = 0$, $C - \frac{1}{2}B^2 = 0$, $D - BC + \frac{1}{3}B^3 = 0$, $E - \frac{1}{2}C^2 - BD + B^2C - \frac{1}{4}B^4 = 0$, etc. ; donc

$$B = 1, \quad C = \frac{1}{2}, \quad D = \frac{1}{6} = \frac{1}{2.3}, \quad E = \frac{1}{24} = \frac{1}{2.3.4} :$$

d'où

etc. d'où z ou $y - 1 = x + \dfrac{1}{2} x^2 + \dfrac{1}{2.3} x^3 + \dfrac{1}{2.3.4} x^4$

$+$ etc., et $y = 1 + x + \dfrac{1}{2} x^2 + \dfrac{1}{2.3} x^3 + \dfrac{1}{2.3.4} x^4$

$+$ etc. Appliquons cette série à la recherche de la base des logarithmes hyperboliques, c'est-à-dire, cherchons le nombre dont le logarithme hyperbolique est 1. On a

ici $x = 1$, et $y = 1 + 1 + \dfrac{1}{2} + \dfrac{1}{2.3} + \dfrac{1}{2.3.4} +$ etc.

série qui se réduit à 2,71828183. Telle est la base des logarithmes hyperboliques.

64. Tout ce qu'on a dit avant ce dernier article, fait voir suffisamment comment on pourroit, et comment on a pu calculer les tables ordinaires des logarithmes. Les plus exactes et les plus étendues qu'on ait publiées jusqu'à présent, sont les tables stéréotypes de *Callet*, qui contiennent les logarithmes de tous les nombres entiers, depuis 1 jusqu'à 102960. Pour les autres sortes de nombres, on a vu (61) comment on obtiendroit leurs logarithmes. Quant à la manière de se servir de ces tables, on la trouvera fort détaillée dans le discours qui les précède : nous omettrons donc ces détails purement numériques, pour nous occuper des nombreux usages auxquels on peut généralement employer les logarithmes ; et d'abord nous allons présenter dans un même tableau les diverses formules, où ils servent à abréger les opérations.

$$l(ab) = la + lb \ldots l\frac{a}{b} = la - lb \ldots la^m = m.la \ldots la^{\frac{m}{n}} = \frac{m}{n} la$$

$$l(abcd \text{ etc.}) = la + lb + lc + ld \text{ etc.} \ldots l\frac{abc \text{ etc.}}{mnp \text{ etc.}}$$

$$= la + lb + lc \text{ etc.} - (lm + ln + lp \text{ etc.})$$

$$l(a^n b^p c^q \text{ etc.}) = nla + plb + qlc \text{ etc.} \ldots l(a^{\frac{n}{m}} b^{\frac{q}{p}} c^{\frac{s}{r}} \text{ etc.})$$

$$= \frac{n}{m} la + \frac{q}{p} lb + \frac{s}{r} lc \text{ etc.}$$

$$l(a^2 - x^2) = l((a+x)(a-x)) = l(a+x) + l(a-x).$$

$$l\frac{a^4 - x^4}{(a-x)^3} = l\frac{(a^2+x^2)(a+x)(a-x)}{(a-x)^3} = l(a^2 + x^2)$$

$$+ l(a+x) - 2l(a-x)$$

$$l(a^2 b^2) - l(ab^3) + 2l\frac{a}{b^2} - l(3ab) + lb^2 = 2la - 4lb$$

$$- l3 = l\frac{a^2}{3b^4}, \text{ etc., etc.}$$

65. On va voir à présent avec quelle facilité on résoud, par les logarithmes, les équations exponentielles.

A-t-on en effet $a^x = b$? on en tire $xla = lb$; d'où $x = \dfrac{lb}{la}$; s'il s'agissoit de $a^{b^y} = c$, on auroit d'abord $b^y la = lc$, et, en prenant encore les logarithmes, $ylb + lla = llc$, d'où $y = \dfrac{llc - lla}{lb}$. Mais si l'on proposoit l'équation $x^x = a$, alors on ne pourroit se servir, pour la résoudre, d'aucun des moyens qu'on vient d'exposer ; nous allons bientôt en indiquer un; mais auparavant, nous appliquerons les logarithmes à la solution de plusieurs problèmes, dont on a déjà parlé (p. 89 et 263), concernant les règles d'intérêt composé, et les progressions par quotiens.

66. *Premier Probléme.* Un particulier place une somme de 24000^{tt} chez un banquier, à raison de 5 pour 100 par an; et, au lieu de retirer au bout de l'année et cette somme, et les intérêts qui se montent à 1200^{tt}, il laisse les 25200^{tt} au même intérêt, et continue ainsi pendant 6 ans; on demande combien il lui sera dû en tout au bout de ces six années? Soit en général 24000^{tt} ou le *capital* représenté par a, soit $r = 0{,}05$, ou l'intérêt annuel d'une livre, s la somme cherchée, t le tems. On voit qu'au bout de la première année, à cause de l'intérêt $= ar$, il sera dû $a + ar = a(1 + r)$; si l'on fait cette quantité $a(1 + r) = a'$, la somme s sera au bout de la seconde année $a' + a'r = a'(1+r) = a(1+r)^2$; on voit facilement qu'au bout de trois ans, $s = a(1+r)^3$, et en général qu'au bout de t d'années, $s = a(1+r)^t$; d'où l'on tirera quatre formules, qui donneront les valeurs de s, a, r et t; ces formules sont $s = a(1+r)^t$,

$$a = \frac{s}{(1+r)^t}, \quad r = \sqrt[t]{\frac{s}{a}} - 1; \quad \text{enfin } t = \frac{ls - la}{l(1+r)}.$$

Si l'on veut satisfaire maintenant à la question proposée, on se servira de la formule $s = a(1+r)^t$, qui revient à $s = 24000(1 + 0{,}05)^6$, d'où l'on tirera $s = 32162^{tt}$, 295375$= 32162^{tt}$ 6 s à-peu-près. Si l'on eût demandé de trouver le nombre d'années ou t, il auroit fallu se servir de la dernière formule $t = \dfrac{ls - la}{l(1+r)}$, qui deviendroit ici,

à cause de $s = 32162{,}295375$, $t = \dfrac{l32162{,}295375 - l24000}{l1{,}05}$,

K k 2

et l'on eût trouvé, au moyen des tables, que $t = 6$. Quoique ce dernier cas soit le seul où il faille nécessairement se servir de tables de logarithmes, cependant comme leur usage abrège beaucoup les opérations, nous allons donner à toutes les formules ci-dessus la forme logarithmique. Elles se changeront par là en $ls = la$

$$+ t\,l(1+r),\ la = ls - t\,l(1+r),\ l(1+r) = \frac{ls - la}{t},$$

et $t = \dfrac{ls - la}{l(1+r)}$.

67. *Deuxième problème.* On a vu (p. 262), qu'étant données pour les progressions par différences, les deux

équations, $\omega = a + d(n-1),\ s = (\omega + a)\dfrac{n}{2}$, et pour

les progressions par quotiens, ces deux-ci, $\omega = a\,q^{n-1}$,

$s = \dfrac{\omega q - a}{q-1}$, on pourroit résoudre ce problème général :

des cinq quantités, le premier terme a, le dernier ω, le nombre des termes n, la somme des termes s, enfin la différence d, ou le quotient q, trois étant connues, trouver les deux autres. On voit d'abord que ce problème offre vingt combinaisons, puisqu'il s'agit de combiner trois à trois cinq quantités différentes, ce qui

donne (p. 313) $\dfrac{5.\,4.\,3}{1.\,2.\,3} = 10$ manières, qui toutes servent

à trouver chacune des deux autres quantités. Si l'on part d'abord de l'équation I. $\omega = a + d(n-1)$, on trouvera, en regardant ω, d et n successivement comme inconnues,

II. $a = \omega - d(n-1)$. III. $d = \dfrac{\omega - a}{n-1}$, IV. $n = 1 + \dfrac{\omega - a}{d}$.

De l'équation V. $s = (\alpha + \omega)\dfrac{n}{2}$, on tire, VI. $\alpha = \dfrac{2s}{n} - \omega$,

VII. $\omega = \dfrac{2s}{n} - \alpha$, VIII. $n = \dfrac{2s}{\alpha + \omega}$. Si à présent dans

l'équation $s = (\alpha + \omega)\dfrac{n}{2}$, on substitue la valeur de ω

tirée de l'équation $\omega = \alpha + d(n - 1)$, on aura

$2s = (2a + dn - d)n$; d'où l'on tirera, IX. $\alpha = \dfrac{s}{n}$

$+ \dfrac{d - dn}{2}$, X. $d = \dfrac{2(s - \alpha n)}{n(n-1)}$, XI. $n = \dfrac{1}{2} - \dfrac{\alpha}{d}$

$+ \sqrt{\left(\dfrac{2s}{d} + \dfrac{1}{4} - \dfrac{\alpha}{d} + \dfrac{\alpha^2}{d^2} \right)}$, XII. $s = \dfrac{(2a + d(n-1))n}{2}$.

Si dans $s = \dfrac{\alpha n + \omega n}{2}$, on substitue la valeur de α prise

dans $\omega - \alpha = d(n-1)$, on trouvera $2s = 2\omega n - dn^2$

$+ dn$, d'où l'on tirera ces quatre autres formules,

XIII. $\omega = \dfrac{s}{n} + \dfrac{d(n-1)}{2}$, XIV. $d = \dfrac{2(\omega n - s)}{n(n-1)}$,

XV. $n = \dfrac{1}{2} + \dfrac{\omega}{d} + \sqrt{\left(- \dfrac{2s}{d} + \dfrac{1}{4} + \dfrac{\omega}{d} + \dfrac{\omega^2}{d^2} \right)}$,

XVI. $s = \dfrac{(\omega - dn + d)n}{2}$. Substituant enfin dans

$2s = \alpha n + \omega n$, la valeur de n prise dans la première

équation $\omega - \alpha = d(n-1)$, on aura $2s = \alpha + \omega + \dfrac{\omega^2 - \alpha^2}{d}$;

d'où l'on tire les quatre dernières formules, XVII. $\alpha = \tfrac{1}{2} d$

$+ \sqrt{\left(- 2ds + \tfrac{1}{4} d^2 + \omega d + \omega^2 \right)}$, XVIII. $\alpha = - \tfrac{1}{2} d$

$$+ \sqrt{\left(2ds + \tfrac{1}{4}d^2 - ad + a^2\right)}, \quad \text{XIX.}\ d = \frac{\omega^2 - \alpha^2}{2s - \alpha - \omega};$$

$$\text{XX.}\ s = \frac{\alpha + \omega}{2} + \frac{\omega^2 - \alpha^2}{2d}.$$

68. On vient de voir que la plus grande difficulté, qu'offre la solution du problême précédent, se réduisoit à la résolution d'une équation du second degré. Il n'en seroit pas de même pour les progressions par quotiens. Aussi, en parcourant les vingt cas qu'elles offrent à résoudre, ajouterons-nous des explications, qui serviront à éclairer la marche du Lecteur. D'abord, la première formule, $\omega = \alpha q^{n-1}$, donne immédiatement, I. $\omega = \alpha q^{n-1}$,

et II. $\alpha = \dfrac{\omega}{q^{n-1}}$; on en tire encore aisément . . . .

III. $q = \sqrt[n-1]{\dfrac{\omega}{\alpha}}$. Quant à n, on a $l\omega = l\alpha + (n-1)lq$;

d'où IV. $n = 1 + \dfrac{l\omega - l\alpha}{lq}$. La seconde formule . . . .

$s = \dfrac{\omega q - \alpha}{q - 1}$, donne immédiatement V. $s = \dfrac{\alpha q - \alpha}{q - 1}$,

ensuite on trouve facilement, VI. $\alpha = (\omega - s)q + s$,

VII. $\omega = \dfrac{s(q-1) + \alpha}{q}$, VIII. $q = \dfrac{s - \alpha}{s - \omega}$. Substituant dans la seconde, la valeur de ω prise dans la première,

on aura $s = \dfrac{\alpha q^n - \alpha}{q - 1}$, qui donne sur-le-champ,

IX. $s = \alpha\left(\dfrac{q^n - 1}{q - 1}\right)$, et X. $\alpha = s\left(\dfrac{q - 1}{q^n - 1}\right)$; pour q, on le déterminera d'après cette équation du degré n,

XI. $q^n - \dfrac{s}{\alpha}q + \dfrac{s}{\alpha} - 1 = 0$. Quant à n, on a d'abord

$\alpha q^n = \alpha + s(q-1)$, d'où $l\alpha + nlq = l(\alpha + s(q-1))$;

donc XII. $n = \dfrac{l(s(q-1)+\alpha) - l\alpha}{lq}$. Substituant dans

la même formule $s = \dfrac{\omega q - \alpha}{q-1}$, la valeur de $\alpha = \dfrac{\omega}{q^{n-1}}$,

on aura d'abord $s = \dfrac{\omega q - \dfrac{\omega}{q^{n-1}}}{q-1}$, d'où XIII. $s = \dfrac{\omega(q^n - 1)}{q^{n-1}(q-1)}$, et XIV. $\alpha = sq^{n-1}\left(\dfrac{q-1}{q^n-1}\right)$. Pour q et n, on trouvera d'une manière analogue aux formules XI et XII, XV. $q^n - \dfrac{s}{s-\omega}q^{n-1} + \dfrac{\alpha}{s-\omega} = 0$, et ...

XVI. $n = 1 + \dfrac{l\omega - l(\omega q - s(q-1))}{lq}$. Enfin, en substituant dans la même équation $s = \dfrac{\omega q - \alpha}{q-1}$, la valeur de $q = \sqrt[n-1]{\dfrac{\omega}{\alpha}}$, on aura $s = \dfrac{\omega\sqrt[n-1]{\dfrac{\omega}{\alpha}} - \alpha}{\sqrt[n-1]{\dfrac{\omega}{\alpha}} - 1} = \dfrac{\omega^{\frac{n}{n-1}} - \alpha^{\frac{n}{n-1}}}{\omega^{\frac{1}{n-1}} - \alpha^{\frac{1}{n-1}}}$: enfin XVII. $s = \dfrac{\omega^{\frac{n}{n-1}} - \alpha^{\frac{n}{n-1}}}{\omega^{\frac{1}{n-1}} - \alpha^{\frac{1}{n-1}}}$. Cette valeur de s pouvant être mise sous la forme . . . . . .

$$s = \frac{\omega\omega^{\frac{1}{n-1}} - \alpha\alpha^{\frac{1}{n-1}}}{\omega^{\frac{1}{n-1}} - \alpha^{\frac{1}{n-1}}}, \text{ on a } s\omega^{\frac{1}{n-1}} - s\alpha^{\frac{1}{n-1}} = \omega\omega^{\frac{1}{n-1}}$$

$$- \alpha\alpha^{\frac{1}{n-1}}, \text{ d'où l'on tire, pour obtenir } \omega \text{ et } \alpha, \text{ la même}$$

formule XVIII et XIX , $(s-\omega)\,\omega^{\frac{1}{n-1}} = (s-\alpha)\,\alpha^{\frac{1}{n-1}}.$
Quant à celle qui doit donner n, on la déduira très-facilement de cette dernière ; car elle donne . . . . . .

$$\frac{\omega^{\frac{1}{n-1}}}{\alpha^{\frac{1}{n-1}}} = \frac{s-\alpha}{s-\omega}, \text{ d'où l'on tire, en élevant chaque membre à}$$

la puissance $n-1$, $\dfrac{\omega}{\alpha} = \left(\dfrac{s-\alpha}{s-\omega}\right)^{n-1}$; et en prenant les

logarithmes, $(n-1)\left(\mathrm{l}(s-\alpha) - \mathrm{l}(s-\omega)\right) = \mathrm{l}\,\omega - \mathrm{l}\,\alpha$, d'où

enfin , XX. $n = 1 + \dfrac{\mathrm{l}\,\omega - \mathrm{l}\,\alpha}{\mathrm{l}(s-\alpha) - \mathrm{l}(s-\omega)}.$

69. Comme plusieurs de ces formules sont d'une application assez difficile , nous allons les faire servir à la solution de quelques problêmes. Ier. Un homme , après avoir joué à la loterie, suivant une progression par quotiens , a perdu en 7 fois 381 ^{ff} ; on sait que la dernière mise étoit de 192 ^{ff}. On demande quelle étoit la première ? Ici je connois $s = 381$, $\omega = 192$, $n = 7$,

et je cherche α ; j'aurai donc recours à la formule XIX. $(s-\alpha)\alpha^{\frac{1}{n-1}} = (s-\omega)\omega^{\frac{1}{n-1}}$, qui devient $(381-\alpha)\alpha^{\frac{1}{6}} = 189 \cdot 192^{\frac{1}{6}}$, d'où $381\,\alpha^{\frac{1}{6}} - \alpha^{\frac{7}{6}} = 189 \cdot 64^{\frac{1}{6}} \cdot 3^{\frac{1}{6}} = 189 \cdot 2 \cdot 3^{\frac{1}{6}}$. Faisons $\alpha^{\frac{1}{6}} = x$, il viendra, après avoir changé les signes, $x^7 - 381\,x + 378\sqrt[6]{3} = 0$; ici l'on voit que x doit être une fonction de $\sqrt[6]{3}$, pour que le premier membre puisse devenir zéro ; et en effet, si l'on fait $x = \sqrt[6]{3}$, on aura $3\sqrt[6]{3} - 381\sqrt[6]{3} + 378\sqrt[6]{3} = 0$. Donc $\alpha = x^6 = 3$. Donc la première mise étoit de 3ᵗᵗ. IIe. Problême. Si l'on eût, au lieu du premier terme, demandé le quotient de la progression, il eût fallu se servir de la formule XV, qui est $q^n - \frac{s}{s-\alpha}q^{n-1} + \frac{\omega}{s-\omega} = 0$, qui devient pour ce cas-ci, $q^7 - \frac{381}{189}q^6 + \frac{192}{189} = 0$, ou $q^7 - \frac{127}{63}q^6 + \frac{64}{63} = 0$, ou $63q^7 - 127q^6 + 64 = 0$, qui donne à l'instant les deux diviseurs commensurables $q-1$ et $q-2$; donc $q = 1$ ou $q = 2$; mais de ces deux valeurs, la dernière est la seule qui satisfasse au problême proposé. IIIe. Probl. Un dissipateur, qui chaque mois doubloit sa dépense, a perdu en peu de mois 76500ᵗᵗ, après avoir cependant commencé par 300ᵗᵗ seulement. On demande combien de mois a duré cette dépense? Ici on a $\alpha = 300$, $s = 76500$, $q = 2$, et on demande n. On prendra donc la formule XII, qui est $n = \frac{l(s(q-1)+\alpha) - l\alpha}{lq}$, qui devient . . . .

$$n = \frac{l(76500 + 300) - 1300}{12} = \frac{l76800 - 1300}{12} =$$

$$\frac{l\frac{76800}{150}}{12} = \frac{1256}{12} = \frac{12^8}{12} = \frac{812}{12} = 8.$$ Donc cet homme
s'est ruiné en 8 mois de tems. Cet exemple est remarqua-
ble, en ce que les logarithmes disparoissent à la fin de
l'opération.

70. Nous allons enfin appliquer les logarithmes à la
solution de ce problême ; trouver un nombre qui, élevé
à une puissance désignée par lui-même, soit égal à un
nombre proposé, à 2000, par exemple. On voit d'abord
que ce nombre ne peut être un entier ; car $4^4 = 256$,
et $5^5 = 3125$; il est donc entre 4 et 5. Supposons-le 4,5

ou $\frac{9}{2}$: on voit qu'il faudroit alors que $\left(\frac{9}{2}\right)^{\frac{9}{2}} = 2000$:

mais $\left(\frac{9}{2}\right)^{\frac{9}{2}} = \left(\frac{9}{2}\right)^4 \times \left(\frac{9}{2}\right)^{\frac{1}{2}} = \frac{6561}{16} \cdot \frac{3}{2} \sqrt{2}$ ne

fait à peu de chose près que 870. Le nombre cherché est
donc entre 4,5 et 5, c'est-à-dire, qu'il est près de 4,7
ou de 4,8. Rappellons-nous maintenant la règle de double
fausse position (p. 94). En l'appliquant à notre exemple,
nous dirons $5^5 = 3125$, et $4,8^{4,8}$, ou plutôt 4,8 . l 4,8
$= 3,269958$, logarithme de 1862 ; l'erreur est donc
$= 138$ dans ce cas, et $+ 1125$ dans l'autre ; multipliant
donc 4,8 par 1125, et 5 par 138, on aura pour produits 5400 et 690 ; on ajoutera ces produits, parce que
les erreurs sont de signes contraires, et par la même
raison, on divisera leur somme 6090 par 1263, somme
des erreurs : le quotient sera 4,82. On continuera ainsi,

en divisant à chaque fois la somme ou la différence des produits, par la somme ou la différence des erreurs, selon que celles-ci seront de signes contraires ou semblables; après six opérations, en y comprenant la première, on trouvera 4,8278 pour le nombre cherché.

71. On voit que cette méthode est fort longue : en voici une bien plus courte, et d'ailleurs générale. Soit donc $x = a$: après avoir trouvé, comme ci-dessus, pour a un nombre qui ne diffère pas de 1 du nombre cherché, nous supposerons, en appelant p ce nombre, que $x = p + z$; on aura donc $(p + z)^{p+z} = a$, d'où $(p+z)\,l(p+z) = la$. Mais $l(p+z) = lp + l\left(1 + \dfrac{z}{p}\right)$

$$= lp + A\left(\frac{z}{p} - \frac{1}{2}\frac{z^2}{p^2} + \text{etc.}\right);$$ donc $(p+z)\,l(p+z)$

$= plp + zlp + Az$, en négligeant tous les termes, où z passe le premier degré. On a donc $plp + zlp + Az$

$= la$; donc $z = \dfrac{la - plp}{lp + A}$, A étant égal à 0,4342945.

Si l'on veut appliquer cette formule à notre exemple où $a = 2000$, et où nous avons trouvé que $p = 4,8$; on

aura $z = \dfrac{l\,2000 - 4,8 . l\,4,8}{l\,4,8 + 0,4342945}$; mais $l\,2000 = 3,3010300$,

$l\,4,8 = 0,6812412$, et $4,8 . l\,4,8 = 3,2699579$; on aura

donc $z = \dfrac{0,0310721}{1,1155357} = 0,0278$; donc $x = p + z = 4,8$

$+ 0,0278 = 4,8278$. Si l'on vouloit approcher encore plus

de x, on supposeroit $p = 4,8278$, et on auroit . . :

$$z = \frac{12000 - 4,8278 \, l \, 4,8278}{14,8278 + 0,4342945} \; ; \; \text{mais} \, l \, 4,8278 = 0,6837493;$$

$4,8278 \, l \, 4,8278 = 3,3010047$; donc $z = \dfrac{0,0000253}{1,1180438} =$

$0,00002263$; donc $x = z + p = 0,00002263 + 4,8278$
$= 4,82782263$.

FIN.

TABLE

DES MATIERES.

NOTES SUR LA PREMIÈRE PARTIE.

ADDITIONS A LA PREMIÈRE PARTIE.

NOTES SUR LA QUATRIÉME PARTIE.

ADDITIONS A LA QUATRIEME PARTIE.

NOTES SUR LA CINQUIÈME PARTIE.

ADDITIONS A LA CINQUIÈME PARTIE.

FIN DE LA TABLE DES MATIÈRES.